U0311063

图　版

东方水韭 *Isoetes orientalis* H. Liu et Q. F. Wang，水韭科，国家 I 级重点保护野生植物，全球极危

泰宁峨嵋峰的中山湿地生境，分布于海拔1430~1440m的中山湿地

东海洋中山湿地中的桤木群落，分布于海拔1430~1440m的中山湿地

东海洋中山湿地中的野生睡莲群落，分布于海拔1430m的中山湿地

山地落叶阔叶林，分布于海拔1430~1630m的山体上部

山地落叶阔叶林林内结构

浙江山茶群落，分布于海拔1500~1520m的山体上部

浙江山茶 *Camellia chekiangoleosa* Hu，山茶科

鬣羚 *Capricornis sumatraensis* Bechstein，牛科，易危，国家II级重点保护野生动物，林剑声摄

毛冠鹿 *Elaphodus cephalophus* Milne-Edwards，鹿科，中国特有种，林剑声摄

小麂 *Muntiacus reevesi* Ogily，鹿科，王英永提供

华南兔 *Lepus sinensis* Gray，兔科，陈格宗摄

棕噪鹛 *Garrulax poecilorhynchus berthemyi* (David et Oustalet)，鹟科，林清贤摄

大拟啄木鸟 *Megalaima virens virens* (Boddaert)，须鴷科，林清贤摄

黄冠啄木鸟福建亚种 *Picus chlorolophus citrinocristatus* (Rickett)，啄木鸟科，林剑声摄

栗耳凤鹛 *Yuhina castaniceps* (Moore)，鹛科，李两传摄

北草蜥*Takydromus septentrionalis* Gakydrom，蜥蜴科，古进钦摄

东方蝾螈 *Cynops orientalis* (David)，蝾螈科，中国特有种，陈格宗摄

中国树蟾 *Hyla chinensis* (Güenther)，树蟾科，李两传摄

戴云湍蛙 *Amolops daiyunensis* Liu et Hu，蛙科，陈格宗摄

挂墩角蟾 *Megophrys kuatunensis* Pope，角蟾科，古进钦摄

长肢林蛙 *Rana longicrus* Stejneger，蛙科，古进钦摄

金裳凤蝶 *Troides aeacus* (Felder et Felder)，凤蝶科，古进钦摄

箭环蝶 *Stichophthalma howqua* (Westwood)，环蝶科

蚬蝶凤蛾 *Psychostrophia nymphidiaria* (Oberthur)，凤蛾科，陈格宗摄

交让木钩蛾 *Oreta insignis* Butler，钩蛾科，陈格宗摄

金盏拱肩网蛾 *Camptochilus sinuosus* Warren，网蛾科，古进钦摄

黄纹旭锦斑蛾 *Campylotes pratti* Leech，斑蛾科，李两传摄

金黄歧带尺蛾 *Trotocraspeda divaricata* (Moore)，尺蛾科，古进钦摄

台湾镰翅绿尺蛾 *Tanaorhinus formosanus* Okana，尺蛾科，古进钦摄

双斑青步甲 *Chlaenius bioculatus* Motsch.，步甲科，陈格宗摄

糙翅钩花萤 *Lycocerus asperipennis* (Fairmaire)，花萤科，陈格宗摄

南方红豆杉 *Taxus wallichiana* (Pilg.) Rehd. var. *mairei* (Lemee et Levl.) Cheng et L. K. Fu，红豆杉科，国家 I 级重点保护野生植物

斑叶兰 *Goodyera schlechtendaliana* Rchb. f.，兰科

小叶野山楂 *Crataegus cuneata* Sieb. et Zucc. var. *tangchungchangii* (F. P. Metcalf) T. C. Ku et Spongberg，蔷薇科

福建过路黄 *Lysimachia fukienensis* Hand.-Mazz.，报春花科

瘿椒树 *Tapiscia sinensis* Oliv.，瘿椒树科，福建省重点保护珍贵树木

满树星 *Ilex aculeolata* Nakai.，冬青科

白毛红蛋巢菌 *Nidula niveotomentosa* (P. Henn.) Lioyd，鸟巢菌科，李两传摄

红皮美口菌 *Calostoma cinnbarinus* (Desv.) Mass，美口菌科

福建峨嵋峰自然保护区
生物多样性研究

李振基　陈小麟　刘长明　金斌松　著

科学出版社

北京

内 容 简 介

本书是由福建峨嵋峰自然保护区科考队的专家、学者经较为系统的科学调查撰写而成。本书系统介绍了以东方水韭及其栖息地、珍稀雉科鸟类、海南虎斑鳽、大面积亮叶水青冈落叶阔叶林为主要保护对象的福建峨嵋峰自然保护区的自然社会概况、植物资源、植被资源、脊椎动物资源、昆虫资源、贝类资源、大型真菌资源等。全书共 61 万字，附有精美的照片和珍稀动植物分布图等。

本书可供自然保护区，野生动植物保护与管理、环境保护、生物学、医学、园艺学、林学等领域科研、教学和生产管理及政府决策人员参考。

图书在版编目(CIP)数据

福建峨嵋峰自然保护区生物多样性研究/李振基等著. —北京：科学出版社，2015.9

ISBN 978-7-03-044625-1

Ⅰ. ①福… Ⅱ. ①李… Ⅲ. ①自然保护区–生物多样性–研究–福建省 Ⅳ. ①S759.992.57

中国版本图书馆CIP数据核字(2015)第124822号

责任编辑：罗　静　矫天扬　岳漫宇　郝晨扬 / 责任校对：张凤琴
责任印制：肖　兴 / 封面设计：北京铭轩堂广告设计有限公司

科 学 出 版 社 出版
北京东黄城根北街 16 号
邮政编码：100717
http://www.sciencep.com
中国科学院印刷厂 印刷
科学出版社发行　各地新华书店经销
*
2015 年 9 月第 一 版　　开本：A4 (880 × 1230)
2015 年 9 月第一次印刷　　印张：18 1/4　插页：12
字数：610 000

定价：138.00 元

(如有印装质量问题，我社负责调换)

《福建峨嵋峰自然保护区综合科学考察报告》
编委会名单

著　者：李振基　陈小麟　刘长明　金斌松

参加科学考察人员：

厦门大学

　　李振基　陈小麟　丁振华　侯学良　林清贤　周晓平
　　丁　鑫　江凤英　田宇英　朱　攀　戴闽玥　孙　影
　　李燕飞　耿贺群　吕林玲　于小桐　靳明华　王　佳

福建农林大学

　　刘长明　谢宝贵　江　凡　刘新锐

南昌大学

　　吴小平　欧阳珊　金斌松　谢广龙

中山大学

　　王英永

江西省科学院

　　林剑声

台湾荒野保护协会

　　徐仁修　李两传　陈格宗　古进钦

泰宁县林业局

　　李祖贵　杨风景　江宝华　马必辉

福建峨嵋峰自然保护区管理处

　　白荣健　许可明　苑兆光　陈　健　王德福

前　　言

福建峨嵋峰自然保护区地处武夷山脉中段的泰宁县境内西北部，东经117°01′19″~117°10′17″，北纬26°52′25″~27°06′53″，东至泰宁的上青、杉城，南与泰宁的大田为界，西至建宁县，北与邵武市为界。全区总面积10 299.59hm²。主要保护对象为世界极度濒危的水生植物东方水韭及其栖息地——中山沼泽湿地群、珍稀雉科鸟类及其栖息地、全球濒危的海南虎斑鳽种群、大面积亚热带原生性亮叶水青冈落叶阔叶林，属野生生物类自然保护区。

保护区内的地貌属于中、低山地貌，海拔为400~1714m，最高峰峨嵋峰海拔1714m。本区地质构造主要表现为华夏系构造体，紧靠建宁—泰宁地质断裂带。由于火成岩多期次侵入，中生代地层较为发育。

福建峨嵋峰自然保护区属中亚热带季风气候区，四季分明，气候温暖湿润，光、热、水条件优越。根据泰宁县气象台资料记录，保护区年平均气温15.4℃，1月均温4.4℃，7月均温25.3℃，极端高温39.3℃，极端低温-11.0℃，年平均日照时数1720.7h，年平均无霜期286天，年平均降水量1913.0mm，年平均相对湿度82%以上。

地带性土壤为花岗岩风化发育成的红壤，分布于海拔850m以下，随着海拔的上升，表现出一定的垂直变化，850~1400m为山地黄壤，1400~1550m为山地黄棕壤，山顶为山地草甸土。

保护区主要由金溪水系组成，为树枝状水系。保护区内溪流狭窄，河床中多砾石，是典型的山地性河流，坡降大，水流急，降水量充沛，水力资源丰富。

自然保护区地处武夷山脉中段，资源丰富、物种繁多，保存了完整的武夷山脉中段代表性的生物区系，其森林生态系统具有中亚热带地带性的典型特征，形成了独特的生物群落，成为野生动物理想的栖息繁衍场所。

据调查，福建峨嵋峰自然保护区有11个植被型50个群系103个群丛，其中亮叶水青冈群落、浙江山茶群落、江南桤木群落、东方水韭群落、睡莲群落、武夷慈姑群落为这里的特色，在山顶的中山湿地中有不同演替阶段的湿地植被类型。

自然保护区内有维管束植物239科826属1938种。其中蕨类植物41科78属178种；裸子植物8科13属14种；被子植物190科735属1746种。调查到福建新纪录10种。在区系成分上，各类热带成分有366属，占本区总属数的53.67%，其中又以泛热带成分为主，占本区总属数的22.43%，各类温带成分计有316属，占本区总属数的46.33%，其中以北温带成分和东亚成分为主，各占本区总属数的15.10%和13.93%。

保护区内有丰富的珍稀濒危植物。其中国家Ⅰ级保护植物有东方水韭、南方红豆杉、伯乐树及历史栽培的银杏等4种，东方水韭在保护区内种群数量较大，在1000株以上；国家Ⅱ级保护植物有金毛狗、白豆杉、长叶榧树、鹅掌楸、厚朴、樟树、闽楠、浙江楠、莲、金荞麦、蛛网萼、山豆根、野大豆、花榈木、红豆树、半枫荷、大叶榉树、伞花木、喜树、香果树等20种及钩距虾脊兰、心叶球柄兰、鹤顶兰、细叶石仙桃等43种兰科植物；省级重点保护植物有江南油杉、长苞铁杉、柳杉、乐东拟单性木兰、黄山玉兰（黄山木兰）、沉水樟、黄樟、刨花润楠、黑叶锥、乌岗栎、青钱柳、瘿椒树（银鹊树）、银钟花等13种；模式标本种有渐狭鳞盖蕨、福建鳞盖蕨、龙安毛蕨、泰宁毛蕨、无齿鳞毛蕨、泰宁鳞毛蕨、无柄线蕨、泰宁假瘤蕨等8种。地方特有种有建宁金腰、武夷慈姑、大齿唇柱苣苔、仙霞铁线蕨、白背蒲儿根等。福建新纪录有浙江商陆、短梗菝葜、岩生薹草、卵叶阴山荠、水苎麻、糙叶水苎麻、总状山矾、狭序鸡矢藤、毛脉翅果菊、江西大青等10种。

保护区内经济植物资源非常丰富，有食用植物113种，药用植物784种，园林绿化植物232种，材用植物86种，鞣料植物39种，油脂植物有119种，芳香植物43种，蜜源植物121种，纤维植物86种。此外，还有不少树脂和树胶植物、色素植物、饲料植物、经济昆虫寄主植物、环境监测和抗污染植物、改良土壤植物和种质资源植物。

保护区内有脊椎动物 34 目 99 科 374 种。其中鱼类资源有 5 目 12 科 53 种，占福建省鱼类总种数的 24.68%；两栖类 2 目 7 科 26 种，占福建省两栖类总种数的 58.88%；爬行类 2 目 12 科 64 种，占福建省爬行类总种数的 56.48%；鸟类 17 目 47 科 187 种，占福建省鸟类总种数的 37.14%；兽类 8 目 21 科 44 种，占福建省兽类总种数的 55.23%。其中国家 I 级重点保护野生动物有 4 种，国家 II 级重点保护野生动物有 43 种，省重点保护的野生动物共 29 种，福建省一般保护动物 236 种。

保护区是雉科鸟类的天下，有白颈长尾雉、黄腹角雉、勺鸡、白鹇、白眉山鹧鸪等珍稀鸟类，山间盆地中有大量的交让木、亮叶水青冈、忍冬、高粱泡，为黄腹角雉、白鹇、白眉山鹧鸪等提供了秋天与春天足够的食物与栖息生境，坡面大面积的毛竹林则为白颈长尾雉与勺鸡等雉科鸟类提供了栖息与繁衍场所。同时在保护区内发现了 20 只左右的全世界 30 种最濒危鸟类之一的海南虎斑鳽。

在保护区内鱼类中，花鳗鲡是国家 II 级重点保护野生动物（1988）。

在保护区内两栖动物中，戴云湍蛙为福建特有种，7 种属于中国特有种，虎纹蛙被列入濒危野生动植物物种国际贸易公约（Convention on International Trade in Endangered Species of Wild Fauna and Flora, CITES）（2003）附录 II，且属于国家 II 级重点保护野生动物（1988）。

在保护区内爬行纲动物中，列入 CITES（2003）附录 II 的有平胸龟、蟒蛇、滑鼠蛇、舟山眼镜蛇，国家 I 级重点保护野生动物（1988）（蟒蛇）与国家 II 级重点保护野生动物（三线闭壳龟）各 1 种。蟒蛇是中国生物多样性的高度濒危物种。

在保护区内鸟类中，黄腹角雉、白颈长尾雉和游隼被列入 CITES（2003）附录 I，列入附录 II 的有 19 种；列入世界自然保护联盟（International Union for Conservation of Nature and Natural Resources, IUCN）红色名录中的濒危种 1 种（海南虎斑鳽）（2008），易危种（VU）1 种（黄腹角雉）；国家 I 级重点保护野生动物（1988）2 种（黄腹角雉和白颈长尾雉），国家 II 级重点保护野生动物（1988）31 种（海南虎斑鳽、鸳鸯、苍鹰、雀鹰、赤腹鹰、乌雕、白腹山雕、灰脸鵟鹰、普通鵟、黑翅鸢、白腹隼雕、林雕、黑鸢、蛇雕、鹰雕、游隼、红隼、白腿小隼、白鹇、勺鸡、草鸮、长耳鸮、雕鸮、领鸺鹠、斑头鸺鹠、鹰鸮、红角鸮、褐林鸮、灰林鸮、褐翅鸦鹃、小鸦鹃）；列入中国濒危动物红皮书的濒危物种 1 种（黄腹角雉）、易危物种 6 种（鸳鸯、黑翅鸢、蛇雕、褐翅鸦鹃、小鸦鹃、红头咬鹃）、稀有物种 2 种（林雕、乌雕）；属于中国及日本两国政府协定保护候鸟的有 41 种，中国及澳大利亚两国政府协定保护候鸟的有 11 种。

在保护区内哺乳动物中，列入 IUCN 红色名录（1996）中的易危种（VU）4 种，低危/依赖保护种 2 种；列入 CITES（2003）附录 I 的有黑熊、水獭、金猫、云豹和鬣羚 5 种，列入附录 II 的有猕猴、藏酋猴、穿山甲、豺、豹猫 5 种，列入附录 III 有小灵猫、大灵猫等 6 种；国家 I 级重点保护野生动物（1988）有云豹，国家 II 级重点保护野生动物有猕猴、藏酋猴、穿山甲、黑熊、豺、水獭、小灵猫、大灵猫、鬣羚等 9 种。

保护区内有昆虫 30 目（含蜱螨亚纲）267 科 1896 种。在福建峨嵋峰自然保护区已知的昆虫中，阳彩臂金龟为国家 II 级重点保护野生动物，金裳凤蝶等 7 种被列入《国家保护的有益的或者有重要经济、科学研究价值的陆生野生动物名录》（简称"三有名录"），也有些是重要的森林害虫或有益昆虫，兰姬尖粉蝶、山灰蝶、黑带薄翅斑蛾、台湾镰翅绿尺蛾和蚬蝶凤蛾为福建新纪录。

福建峨嵋峰自然保护区有贝类生物 2 纲 11 科。其中淡水蚌类仅河蚬 1 种，淡水螺类 4 科 6 种，陆生贝类 6 科 13 种。保护区内的贝类中拟阿勇蛞蝓科 5 种，巴蜗牛科 3 种，田螺科、环口螺科各 2 种，椎实螺科 2 种，蚬科、豆螺科、肋蜷科、耳螺科、瓦娄蜗牛科、钻头螺科各 1 种。

保护区内有大型真菌 13 目 40 科 159 种，估计保护区内的大型真菌在 300 种以上，野生食用菌资源十分丰富，正红菇、梨红菇、鸡㙡、红皮美口菌、高大环柄菇等珍稀种类具有较高的经济价值。

福建峨嵋峰自然保护区成立于 2001 年，2013 年已申报国家级自然保护区，申报面积为 10 299.59hm^2，其中核心区面积为 3500.04hm^2，缓冲区面积为 3321.91hm^2，实验区面积为 3477.64hm^2。

在长期研究的基础上，由厦门大学（总负责，并负责自然社会概况、植物资源、植被资源、动物资源、旅游资源与管理工作）、福建农林大学（负责昆虫资源与大型真菌资源工作）、南昌大学（鱼类资源与软体动物资源）和泰宁县林业局、福建峨嵋峰自然保护区管理处（负责地图绘制和基础工作）等单位的专家、学者组成了福建峨嵋峰自然保护区综合科学考察队，在保护区内作了较为系统的科学调查，取得了丰硕的成果，编写形成了本书。

　　本书吸收和概括了前人的研究成果和进一步的考察成果。由于水平有限，在编写过程中难免存在不足之处，敬请专家、读者批评指正。

著　者

2015 年 3 月

目　录

第一章 总 论[*]

第一节 自然条件概况

1.1 地 理 位 置

泰宁县地处福建省西北部，东连将乐，西接建宁，南临明溪，北靠邵武，西北紧贴江西黎川，土地总面积为 1539.38km²。

福建峨嵋峰自然保护区位于武夷山脉中段的泰宁县西北部，地处闽赣两省一市三县交界处，保护区范围：东至泰宁县的上青乡、杉城镇，南至泰宁县的大田，西与建宁县交界，北至邵武市。地理坐标为东经 117°01′19″～117°10′17″，北纬 26°52′25″～27°06′53″，距泰宁县城 10～30km，包括杉城镇的大坪村、帐干村、南溪村，上青乡的川里村、江边村，新桥乡的王明村、新桥村、枫元村、水源村、大源村、坑坪村、大兴村、汾信村，大田乡的料坊村、大田村，地跨 4 个乡（镇）15 个行政村。保护区总面积为 10 299.59hm²，其中核心区面积为 3500.04hm²，占保护区总面积的 33.9%；缓冲区面积为 3321.91hm²，占 32.3%；实验区面积 3477.64hm²，占 33.8%。

1.2 地 质 地 貌

泰宁由前震旦纪构成结晶基底和褶皱基底，构造运动极其发育，形成错综复杂的构造体系。控制本区山脉走向和河谷分布的主要构造体系有华夏系、新华夏系构造带。县境内产生多处断裂和差异性升降运动，形成了雄伟高耸、蜿蜒绵亘的山脉和大小不一、形态各异的溪谷盆地地貌。

福建峨嵋峰自然保护区在大地构造上属于加里东隆起带崇安—石城深断裂的西侧。岩浆活动强烈，以加里东侵入岩与燕山期侵入岩（花岗岩）分布最广。东部以中山代地层及岩浆侵入活动为主，西部则是古老的变质岩基底出露。构造线主要有北东和北西向两组。中生代地层基本上呈北东向展布。古老变质岩中发育韧性剪刀带，片麻理发育，地层变质揉皱强烈。地质岩层主要为云母花岗岩和变质岩。

地貌类型为中山地貌，区内地势险峻，地形复杂，区域差异大，崇山峻岭，峰峦叠嶂，山间盆地呈串珠排列，数十条溪涧树枝状展布其间。该区是福建母亲河——闽江的主要源头之一，也是泰宁县西北部重要的水源涵养区。峨嵋峰主峰海拔1714m，是泰宁县第二高峰。至本区低处际头（海拔 400m），相对高差 1314m。峨嵋峰保护区内连绵并列的千米以上的山峰有殳山、黄峰岩、峨嵋峰、金盘山、方金石和双门石等数十座，形成了泰宁县北部的中山带。其中海拔1500m 以上的中山台地面积近 1km²。大部分山势高峻，多陡坡和尖峭高峰，由于流水切割强烈，多为"V"形峡谷和深谷，山地坡度多为 30°～45°。

1.3 水 文

泰宁县是闽江的发源地之一，境内溪流交错，水系发达，流域范围广。所有溪流由濉溪、杉溪、铺溪汇集于金溪，然后进入闽江。全县流域面积在 50km² 以上的河流有濉溪、杉溪、铺溪、黄溪、北溪、交溪、上青溪、永兴溪、大渠溪、仁寿溪、瑞溪、大田溪、大布溪和开善溪。水力资源丰富，县境内及入县诸溪流年总流量共约 46 亿 m³；地下水总量为 3.09 亿 m³。

保护区内的溪流主要由上清溪、北溪、瑞溪、石塘溪汇入杉溪而进入金溪，溪流面窄，河床中多砾

*本章作者：丁振华[1]，许可明[2]，靳明华[1]，王佳[1]（1. 厦门大学环境与生态学院，厦门 361102；2. 福建峨嵋峰自然保护区管理处，泰宁 354400）

石，坡降大，水流急，是典型的山地性河流。

1.4 土　壤

泰宁县内具有红壤、山地黄壤、山地黄棕壤、山地草甸土、紫色土、水稻土 6 个土类，14 个亚类，37 个土属，山地土壤有红壤、山地黄壤、山地黄棕壤、紫色土和山地草甸土 5 类，可分为 11 个亚类，26 个土属；稻田土壤可分为 3 个亚类，11 个土属。从低海拔至高海拔，出现了明显的土壤类型渐变现象，即红壤—山地黄壤—山地黄棕壤—山地草甸土，主要以红壤为主，局部分布山地黄棕壤、粗骨性红壤和沼泽泥炭土。

1.5 气　候

泰宁县地处武夷山脉东南侧迎风坡，属中亚热带季风型山地性气候。夏季受海洋性气候影响有东南风；冬季受西北冷空气侵袭，又具有大陆性气候的特征。加上山区地势层次叠重，气候随海拔而变化，具有夏无酷暑、冬无严寒、温和湿润、四季分明等特点。年平均气温 15.4℃，1 月均温 4.4℃，7 月均温 25.3℃，极端高温 39.3℃，极端低温-11.0℃，年均日照时数 1720.7h，年平均无霜期 286 天，年平均降水量 1913.0mm，年平均相对湿度 82%以上。

第二节　自然资源概况

泰宁林业用地面积12.55 万 hm^2，有林地面积 11.7 万 hm^2，活立木总蓄积量 928 万 m^3。森林覆盖率76.7%，绿化程度93.4%，泰宁森林资源非常丰富，是我国南方林业重点县、国家级生态示范县、国家森林公园、中国生物圈网络成员。

2.1 植　被　概　况

按《中国植被》的划分方法，福建峨嵋峰自然保护区主要植被型有温性针叶林、针阔叶混交林、暖性针叶林、落叶阔叶林、常绿阔叶林、竹林、落叶阔叶灌丛、常绿阔叶灌丛、草甸、沼泽、水生植被 11 个。

福建峨嵋峰自然保护区主要群系有黄山松林、南方红豆杉林、雷公鹅耳枥林、钩锥林、栲林、甜槠林、米槠林、黑叶锥林、小叶青冈林、柯林、浙江山茶林、多脉青冈林、木荷林、毛竹林、杜鹃灌丛、满山红灌丛、云南桤叶树灌丛、扁枝越桔灌丛、江南桤木林、东方水韭群落、武夷慈姑群落等 50 个。

福建峨嵋峰自然保护区主要群丛有黄山松-满山红-黑紫藜芦群丛、钩锥-箬竹-中华里白群丛、栲-杜茎山-狗脊蕨群丛、甜槠-箬竹-中华里白群丛、黑叶锥-马银花-狗脊蕨群丛、浙江山茶-柃木一种-阔鳞鳞毛蕨群丛、波缘红果树-黑紫藜芦群丛、江南桤木-钝齿冬青-曲轴黑三棱群丛、东方水韭群丛、曲轴黑三棱群丛、武夷慈姑群丛等 103 个。

由于保护区地处武夷山脉中段，水热充沛，除具有典型的中亚热带常绿阔叶林森林生态系统外，在保护区内尚有亮叶水青冈林、浙江山茶林、江南桤木林、东方水韭群落、睡莲群落、武夷慈姑群落等具有特色的生物群落类型。

2.2 生物资源概况

2.2.1 植物资源概况

福建峨嵋峰自然保护区有维管束植物 239 科 826 属 1938 种。其中蕨类植物 41 科 78 属 178 种；裸子植物 8 科 13 属 14 种；被子植物 190 科 735 属 1746 种。调查到福建新纪录植物 10 种，包括浙江商陆 *Phytolacca zhejiangensis* W. T. Fan、短梗菝葜 *Smilax scobinicaulis* C. H. Wrigh、岩生薹草 *Carex saxicola* T. Tang et F. T. Wang、卵叶阴山荠 *Yinshania paradoxa* (Hance) Y. Z. Zhao、水苎麻 *Boehmeria macrophylla* Hornem.、糙叶苎麻 *Boehmeria macrophylla* Hornem var. *scabrella* (Roxb.) Long、总状山矾 *Symplocos botryantha* Franch、毛脉翅果菊 *Pterocypsela raddeana* (Maxim.) C. Shih、狭序鸡矢藤 *Paederia stenobotrya* Merr.、江西大青 *Clerodendrum kiangsiense* Merr. ex H. L. Li。

从种子植物属的区系地理成分看，各类热带成分有 366 属，占本区总属数（不包括世界分布属）的 53.67%，其中泛热带成分有 153 属，占本区总属数的 22.43%，热带亚洲（印度—马来西亚）成分有 83 属，占本区总属数的 12.17%，旧大陆热带成分有 50 属，占本区总属数的 7.33%，热带亚洲至热带大洋洲分布有 37 属，占本区总属数的 5.43%，热带亚洲至热带非洲分布有 27 属，占本区总属数的 3.96%；各类温带成分有 316 属，占本区总属数（不包括世界分布属）的 46.33%，其中北温带成分有 103 属，占本区总属数 15.10%，东亚（喜马拉雅—日本）成分有 95 属，占本区总属数 13.93%，东亚—北美间断分布成分有 54 属，占本区总属数 7.92%，温带亚洲分布仅有 4 属，占本区总属数 0.59%，地中海、西亚至中亚和中亚分布仅有 1 属，占本区总属数 0.15%，中国特有分布的有 28 属，占本区总属数 4.11%。

保护区内有丰富的珍稀濒危植物。其中国家 I 级保护植物有全球极危的东方水韭 *Isoetes orientalis* H. Liu et Q. F. Wang、南方红豆杉、伯乐树及历史栽培种银杏等 4 种，国家 II 级保护植物有金毛狗、白豆杉、长叶榧树、鹅掌楸、厚朴、樟树、闽楠、浙江楠、莲、金荞麦、蛛网萼、山豆根、野大豆、花榈木、红豆树、半枫荷、大叶榉树、伞花木、喜树、香果树等 20 种及钩距虾脊兰、心叶球柄兰、鹤顶兰、细叶石仙桃等 43 种兰科植物。省级重点保护珍贵树木有江南油杉、长苞铁杉、柳杉、乐东拟单性木兰、黄山玉兰、沉水樟、黄樟、刨花润楠、黑叶锥、乌岗栎、青钱柳、瘿椒树（银鹊树）、银钟花等 13 种。渐狭鳞盖蕨 *Microlepia attenuata* Ching、福建鳞盖蕨 *Microlepia fujianensis* Ching、龙安毛蕨 *Cyclosorus lunganensis* Ching、泰宁毛蕨 *Cyclosorus tarningensis* Ching、无齿鳞毛蕨 *Dryopteris integripinnata* Ching、泰宁鳞毛蕨 *Dryopteris tarningensis* Ching、无柄线蕨 *Colysis subsessilifolia* China、泰宁假瘤蕨 *Phymatopteris tarningensis* Ching 是这里的模式标本种。地方特有种有建宁金腰、武夷慈姑、大齿唇柱苣苔、仙霞铁线蕨、白背蒲儿根、川藻等。

福建新纪录有浙江商陆 *Phytolacca zhejiangensis* W. T. Fan、短梗菝葜 *Smilax scobinicaulis* C. H. Wrigh、岩生薹草 *Carex saxicola* T. Tang et F. T. Wang、卵叶阴山荠 *Yinshania paradoxa* (Hance) Y. Z. Zhao、水苎麻 *Boehmeria macrophylla* Hornem.、糙叶水苎麻 *Boehmeria macrophylla* Hornem. var. *scabrella* (Roxb.) Long、总状山矾 *Symplocos botryantha* Franch、狭序鸡矢藤 *Paederia stenobotrya* Merr.、毛脉翅果菊 *Pterocypsela raddeana* (Maxim.) C. Shih、江西大青 *Clerodendrum kiangsiense* Merr. ex H. L. Li 10 种。

保护区内经济植物资源非常丰富。有食用植物 113 种，药用植物 784 种，有水马桑、蝴蝶荚蒾、小花鸢尾等园林绿化植物 232 种，材用植物 86 种，鞣料植物 39 种，油脂植物 119 种，芳香植物 43 种，蜜源植物 121 种，纤维植物 86 种，此外，还有不少树脂和树胶植物、色素植物、饲料植物、经济昆虫寄主植物、环境监测和抗污染植物、改良土壤植物和种质资源植物。

2.2.2 脊椎动物资源概况

福建峨嵋峰自然保护区内有脊椎动物 34 目 99 科 374 种。

鱼类有 5 目 12 科 53 种（包括亚种）。主要经济鱼类有日本鳗鲡、花鳗鲡、鳡鱼、宽鳍鱲、马口鱼、扁圆吻鲴、平胸鲂、大眼华鳊、半刺厚唇鱼、黑脊倒刺鲃、鲶鱼、胡子鲶、粗唇鮠鱼、黄颡鱼等，常见鱼类有鳘、南方拟鳘、蛇鮈、薄颌光唇鱼等。其中，花鳗鲡属于国家 II 级重点保护野生动物（1988）。

两栖类有 2 目 7 科 26 种。其中，戴云湍蛙为福建特有种，黑斑肥螈、东方蝾螈、弹琴蛙、沼蛙、日本林蛙、阔褶蛙、花臭蛙 7 种属于中国特有种。虎纹蛙被列入 CITES（2003）附录 II，且属于国家重点保护野生动物（1988）的 II 级重点保护野生动物，其余 23 种无尾目两栖类属于福建省的一般保护动物，在维持生态平衡上，它们具有重要的生态价值。

爬行类有 2 目 12 科 64 种。其中，平胸龟、蟒蛇、滑鼠蛇、舟山眼镜蛇被列入 CITES 附录 II，有 13 种属于中国特有种，蟒蛇是中国生物多样性的高度濒危类群，是国家重点保护野生动物（1988）的 I 级保护动物，滑鼠蛇和舟山眼镜蛇为福建省重点保护野生动物，其余 54 种有鳞目爬行类属于福建省一般保护动物。在维持生态平衡上，它们具有重要的生态价值。

鸟类有 17 目 47 科 187 种。其中，列入 CITES 附录 I 的有黄腹角雉、白颈长尾雉和游隼 3 种，列入附录 II 的有 19 种（隼形目 11 种、鸮形目 6 种、画眉、红嘴相思鸟），列入附录 III 的有 3 种（牛背鹭、白鹭、绿翅鸭）；列入 IUCN 红色名录中的世界濒危种（EN）有海南虎斑鳽（2008）、易危种（VU）有黄腹角雉；国家 I 级重点保护野生动物（1988）有黄腹角雉和白颈长尾雉，国家 II 级重点保护野生动物（1988）有 31 种。列入中国濒危动物红皮书的濒危物种 1 种（黄腹角雉），易危物种 6 种（鸳鸯、黑翅鸢、蛇雕、褐翅鸦鹃、小鸦鹃、红头咬鹃），稀有物种 2 种（林雕、乌雕）。在双边国际性协定保护的候鸟中，属于中国及日本两国政府协定保护候鸟的有 41 种，中国及澳大利亚两国政府协定保护候鸟的有 11 种。福建省重点保护野生动物 21 种，福建省一般保护动物 146 种。此外，白头鹎属于中国的特有种，灰胸竹鸡、黑短脚鹎是中国生物多样性的重大科学价值类群。鸟类在维持生态平衡上，具有重要的生态价值。

哺乳动物有 8 目 21 科 44 种。藏酋猴、小麂（小黄麂）属于中国特有种。列入 IUCN 红色名录（1996）中的易危种（VU）4 种（黑熊、豺、云豹和鬣羚），低危/依赖保护种（LC/cd）2 种（猕猴、藏酋猴）。列入 CITES（2003）附录 I 的有 5 种（黑熊、水獭、金猫、云豹和鬣羚），附录 II 有 5 种（猕猴、藏酋猴、穿山甲、豺、豹猫），附录 III 有 6 种（黄腹鼬、黄鼬、果子狸、食蟹獴、小灵猫、大灵猫）。国家 I 级重点保护野生动物（1988）1 种（云豹），国家 II 级重点保护野生动物 9 种。福建省重点保护野生动物 6 种（黄腹鼬、黄鼬、食蟹獴、豹猫、毛冠鹿、棕鼯鼠），福建省一般保护动物 9 种，有小麂（小黄麂）、野猪和竹鼠等兽类。在保护区的哺乳动物中，云豹是中国生物多样性的高度濒危类群，猕猴、藏酋猴为具有重大科学价值的类群，是研究生态学、人类学、医学、生物学、行为学和心理学的重要动物。

2.2.3　昆虫资源概况

福建峨嵋峰自然保护区特有的生态环境为昆虫的栖息与繁衍提供了良好的条件。科考发现保护区内有昆虫纲（含蛛形纲蜱螨亚纲）30 目 267 科 1896 种，在区系成分上，东洋区成分 813 种，占总数的 42.88%，东洋—古北区成分 703 种，占总数的 37.08%，多区分布成分 246 种，占总数的 12.97%，全球广布成分 134 种，占总数的 7.07%。在类群组成上以鞘翅目和鳞翅目的种类最多，各占总数的 22.89% 和 22.42%；其次为膜翅目占总数的 12.13%；其他 27 目昆虫总和不到 43%。阳彩臂金龟为国家 II 级重点保护野生动物。7 种昆虫被列入"三有名录"：其中金裳凤蝶、箭环蝶、丽叩甲、双叉犀金龟具有重要观赏价值；双突多刺蚁、鼎突多刺蚁具有重要药用价值；中华蜜蜂是重要的种质资源。此外，五倍子蚜、神农洁蜣螂、双叉犀金龟也具有重要的药用价值；松毛虫赤眼蜂、广大腿小蜂则是重要的害虫天敌，在控制害虫方面具有重要意义；兰姬尖粉蝶、山灰蝶、黑带薄翅斑蛾、台湾镰翅绿尺蛾和蚬蝶凤蛾为福建新纪录。在保护区内，黄脊竹蝗、黑翅土白蚁、猕猴桃准透翅蛾、马尾松毛虫、中华彩丽金龟、松墨天牛、粗鞘杉天牛、星天牛、光肩星天牛等为重要害虫，危害较大。

2.2.4　贝类资源概况

福建峨嵋峰自然保护区有贝类生物 2 纲 11 科。其中淡水蚌类仅河蚬 1 种，淡水螺类 4 科 6 种，陆生贝类 6 科 13 种。其中拟阿勇蛞蝓科 5 种，巴蜗牛科 3 种，田螺科、环口螺科各 2 种，椎实螺科 2 种，蚬科、豆螺科、肋蜷科、耳螺科、瓦娄蜗牛科、钻头螺科各 1 种。

2.2.5　大型真菌资源概况

福建峨嵋峰自然保护区有大型真菌 13 目 40 科 159 种，估计保护区内的大型真菌数量在 300 种以上。

菌类是自然界物质大循环中重要的一环，保护真菌资源，对保护生物的多样性具有重要意义。保护区内野生食用菌资源十分丰富，有不少是珍稀种类，如正红菇、假蜜环菌、梨红菇等具有较高的经济价值。

2.3 旅 游 资 源

泰宁旅游资源丰富。根据全国旅游资源基本类型划分标准，泰宁旅游资源可分为地文、水域风光、生物、古迹与建筑、休闲健身、购物六大类、44 种，占总类型的 63.8%，其中尤以"碧水青山映红崖"的自然水域风光闻名于世。

泰宁旅游资源品位较高。目前已开发开放金湖、上清溪、猫儿、状元岩、泰宁古城、九龙潭、寨下大溪谷等游览区，初步建立了以"水上丹霞"景观为基础，融古建、岩寺、民俗、戏曲等人文景观为一体的独具特色的景观体系，被誉为"天下第一湖山"，具有很高的观赏、游憩和科考价值。

2005 年 2 月 11 日联合国教育、科学及文化组织世界地质公园评审大会上，泰宁荣膺"世界地质公园"这一世界级品牌，成为福建继武夷山之后的第二个世界级旅游区。

泰宁是国家重点风景名胜区、国家"5A"级旅游区、国家森林公园、国家地质公园、全国重点文物保护单位、国家非物质文化遗产、中国十佳魅力名镇、中国优秀旅游县、中国生物圈保护区网络成员单位，还是省级自然保护区、省级旅游经济开发区、省级旅游度假区。泰宁世界地质公园目前已开发金湖、上清溪、状元岩、猫儿山、九龙潭、金龙谷、泰宁古城、寨下大溪谷等景区，以水上丹霞、峡谷群落、洞穴奇观、原始生态为主要景观特点，集奇异性、多样性、休闲性、文化性为一身。有千姿百态的丹霞地貌与浩瀚湖水完美结合的百里金湖，有天为山欺、水求石放的上清溪峡谷深切曲流，有状元名士深山苦读的丹霞岩穴，有"闽中雄峤"的福建境内第二高峰金铙山，有被誉为"峡谷大观园"的金龙谷，有江南保存最完好、规模最大的明代民居尚书第古建筑群，有"一柱插地、不假片瓦"的悬空古刹甘露岩寺，有被文化部命名为"天下第一团"的国家非物质文化遗产梅林戏等。

此外，泰宁还是全国 21 个中央苏区县之一，老一辈无产阶级革命家周恩来、朱德、彭德怀、杨尚昆等都曾在此指挥红军作战，十大元帅有 7 位在泰宁生活过。留存有红军街、中国工农红军总部旧址、东方军司令部旧址等大批革命历史遗迹，2004 年红军街被列入全国"百个红色经典旅游景区"之一。

2009 年 1 月 30 日，中华人民共和国住房和城乡建设部、中国联合国教科文组织全国委员会报请国务院同意，将"中国丹霞"申报世界自然遗产的所有材料报送世界遗产中心。2010 年 8 月 1 日在巴西利亚举行的第 34 届世界遗产大会上，经联合国教科文组织世界遗产委员会批准，"中国丹霞"被正式列入《世界遗产名录》。

2012 年各景区游客接待量实现 148.6 万人次，年均递增量 11.9%，旅游收入 17.2 亿元，5 年实现翻两番。

第三节 社 会 经 济

3.1 县 域 简 况

泰宁县位于福建省西北部，面积为 1539.38km²，地处东经 116°35′~116°59′，北纬 26°31′~27°01′，历史悠久，自然条件优越，生态环境优美，生物多样性丰富，森林覆盖率高。先后被列为世界自然遗产地、世界地质公园、国家重点风景名胜区、国家"5A"级旅游区、国家级的生态示范区、国家森林公园、国家地质公园、全国重点文物保护单位、国家非物质文化遗产、中国十佳魅力名镇、中国优秀旅游县、中国生物圈保护区网络成员单位、省级旅游经济开发区、省级旅游度假区。

3.2　社　区　人　口

保护区地跨杉城、上青、新桥、大田 4 个乡（镇）15 个行政村，核心区和缓冲区内无居民，实验区内有部分村庄分散，共有 768 户，户籍人口 3328 人，其中常住人口 1840 人。人口全部分布在保护区的实验区内，人口密度为 18 人/km^2，全部为汉族。生产方式以农业和毛竹为主。

3.3　经　济　状　况

泰宁县耕地面积 1.31 万 hm^2，有效灌溉面积 1.1 万 hm^2，是福建产粮区之一。农业产值占工农业总产值的 53.7%。粮食作物以稻谷为主，其次为大豆等，经济作物有茶叶、油茶、锥栗、烟草等。有林地面积 12.55 万 hm^2，林木蓄积量 928 万 m^3，毛竹林面积 1.59 万 hm^2，立竹量 2401 万根，全县森林覆盖率 76.7%。林副产品有香菇、笋干、油桐、油茶等，其中新桥乡的明笋有千年历史。

保护区内耕地面积 397.8hm^2，区内村民主要从事农业种养与毛竹的经营，年产毛竹 10 万根，2012 年工农业总产值 6000 万元，年人均收入 8910 元，其中林业作为主要副业收入占 40%，占村财政收入的 40%左右，其产业结构以农林为主体。因此，林业在乡、村和林农的经济中占有重要的位置。

保护区周边社区基础设施良好，每个行政村都有乡村道路通达，交通较为便利。

3.4　文　化　教　育

泰宁县经过普及九年义务教育，改革调整中等教育结构，发展成人教育和职业技术教育，初步构建了基本适应社会、经济发展要求的三教统筹的教育框架。省级文明县城通过复检达标，教育"两基"达标工作通过省政府检查验收，农村卫生保健工作达到合格要求；计生工作上新台阶，人口自然增长率年均控制在 0.8%以内；村村通电视、通电话，科技与经济关系日趋紧密，2012 年科技对经济增长的贡献率比 2005 年上升了约 10 个百分点。

第二章 自 然 环 境[*]

第一节 地 质 概 况

1.1 地 层

泰宁由前震旦纪构成结晶基底和褶皱基底，构造运动极其发育，形成错综复杂的构造体系。控制本区山脉走向和河谷分布的主要构造体系有华夏系、新华夏系构造带。县境内产生多处断裂和差异性升降运动，形成了雄伟高耸、蜿蜒绵亘的山脉和大小不一、形态各异的溪谷盆地地貌。

1.2 侵 入 岩

1.2.1 主要地层和岩石

泰宁全境处于华夏系、新华夏系巨型构造——大隆起、大断裂带内，区内地层有缺失，岩浆岩岩性齐全，构造体系错综复杂。泰宁县内各地质年代所形成地层的总出露面积为1221.91km^2，占全县总面积的79.9%，最古老的地层为前震旦系麻源组、吴垱组，分布最广的为震旦系，其次是上侏罗系的南园组和上白垩一下第三系的赤石群，其在县境内的分布见表2-1。

表 2-1 泰宁出露地层简表

地层			厚度	岩性	主要出露地区
界	系	统、群、组			
新生界	第四系	全新统	3.6～12m	灰褐色黏质沙土、砂砾卵石	上青、朱口、城关、开善等沿阶地
		上中史新统龙海组	6～18.5m	黄白色砂质黏土、砂含泥质砂砾卵土	城关一带河沿阶地
	第三系	上第三系佛昙群	大于90m	黑绿色橄榄玄武岩	大洋嶂以东
		下第三系			
中生界	白垩系	上统 赤石群	因地而异，朱口地区厚达163m以上	紫红色砂砾岩、砾岩、钙质粉砂岩	三地—崇礤—长兴—丰岩—金坑—磜溪—金坑；龙湖—朱口—城关—梅口—大布、龙安一带
		下统 沙县组	随地而异，朱口为114m	钙质粉砂岩、细砂岩、砂砾岩	朱口、梅口
		石帽山群	319～1800m甚至以上	灰紫色凝灰岩、流纹岩、紫红色凝灰质砂砾岩、夹粉砂岩	大洋嶂东、大布举岚一带
	侏罗系	上统 板头组	1324m	深黑色页岩、泥岩、砂砾岩	大布的洪水坑
		南园组	大于365m	深灰色岩屑、晶屑凝灰岩、凝灰熔岩	龙安、官江、焦溪、茜元
		长林组		紫红色粉砂岩、长石石英砂岩	新桥南面、大布东坑

---

[*]本章作者：丁振华[1]，许可明[2]，靳明华[1]（1. 厦门大学环境与生态学院，厦门 361102；2. 福建峨嵋峰自然保护区管理处，泰宁 354400）

地层			厚度	岩性	主要出露地区
界	系	统、群、组			
中生界	侏罗系	中统津平组	中厚类杂	长石石英砂岩、细砂岩、粉砂岩、砂砾岩	大布南面、大田西侧
		下统梨山组	146m 以上	长石石英砂岩、砂砾岩	大布西侧、大布南面
	三叠系上统焦坑组		下、中统地层缺失，上统厚度不一	粉砂岩、细砂岩	大布、大田西侧
古生界	志留—寒武系			变质砂岩夹千枚岩	泰宁、邵武、将石边境；开善与下渠接合部，新桥至水源分水隘
元古界	震旦系	上统	4m	灰、灰绿色变粒岩夹云母片岩	新桥、龙湖、朱口、下渠
		下统	多层次厚度不一	灰、深灰色长石变粒岩、黑云斜长变粒岩	大田、梅口、城关
	前震旦系	吴挡组	2593～3400m	深灰色变质岩、变粒岩、云母片岩	开善岩坑牙各山以东
		麻源组		灰绿、灰白云母石英片岩、变粒岩	龙安南面和东面

1.2.2 构造

本地区的地质发展，经历了多次地质构造运动，它们长期相互复合，彼此干扰、改造、利用和迁就，形成多种构造体系，泰宁境内的地质构造是多向、多体系的。控制本区山脉走向和河谷分布的主要构造体系有华夏系、新华夏系构造带，为"多"字形构造，以扭动构造最为发育。区域主要构造变形方式及主要构造形迹特征简介如下。

1.2.2.1 东西、南北向构造

东西向构造：区内不发育，只在东部开善靠将乐边境见一布元向斜，卷入地层核部为寒武—志留系，两翼为前震旦系建瓯群及震旦系。大布溪和白崖—举岚崖顶—君石崖也都是东西走向结构。

南北向构造有二：一是南部弋口—龙安的南北向断裂。此断裂长约 25km，切穿赤石群，一直延伸至闽南平和的芦溪。断层面倾向东，倾角 65°～71°。二是龙湖东部的香岭向斜，核部由寒武—志留系组成，两翼出现震旦系。

1.2.2.2 华夏系构造

华夏系构造是华东主要地质构造体系，发生早，且具有长期活动历史。县境处在第二隆起带的东南翼，这是县西北部地势特高的前因。该断裂带的次一断裂在县境东部承接将乐安仁至泰宁下渠渠里——谢坑的断裂，延续 25km。

1.2.2.3 新华夏系构造

新华夏系构造是控制泰宁县境，自中、新生代以来的主要构造体系的主宰性构造体系。

邵武—广东河源大断裂带：它的原始是由地海浸地槽时期的凹陷带、循华夏系构造的断裂带，经新华夏系构造的继承利用和改造而形成的，全断裂带北起武夷山洋庄南至，广东河源，全长 720km，穿过县境长达 30km。

龙湖—梅口断裂带：它并列在邵武—河源断裂带西侧，在县内从上青—际下—梅口，以北东向斜贯县境达 30km。

新桥断裂带：起自光泽司前，经邵武直抵新桥，走向北东25°，在县境内延长20km。

吴家坊向斜：由县北进入，其西北翼为际下—金龙山断裂所切断。

大田上东坑向斜：仅向斜的东北部位于泰宁县境内，核部由漳平组组成，两翼为梨山组、焦坑组。

1.2.2.4 旋扭构造体系

在泰宁旋扭构造体系有不同程度的存在和反映。有两个花岗斑岩小岩体呈弧形侵入，其弧形内侧有一系列扭性断裂。新桥、上青交界的三仙栋一带花岗岩中断裂带向东北扭动，确定为旋扭构造。

泰宁属邵武—河源地震带。

1.2.3 岩浆岩

泰宁地区岩浆岩较为发育，以侵入岩为主，主要是各种中酸性-酸性岩。岩浆岩出露面积为310km²，占全县总面积的20.1%。主要出露于北部和西北部上青、新桥、大田一带，城关、开善和拥坑有小块零星分布。新生代有少量喷出岩（表2-2）。

泰宁地区的侵入岩，主要还有两种脉岩：一为伟晶岩岩脉，在县内主要分布于邵武—广东河源大断裂带南侧，呈北北东向的带状展布，从龙口、朱口到城关，西对建宁界，宽带20km，带宽36km，大小伟晶岩有数千条，但分异较好，具有形成工业可利用矿体的只占10%~15%，且大多数出于变质岩中。二是石英斑岩矿脉，分布于伟晶岩岩脉相反的一侧。最大岩脉宽18m，长数千米。

表2-2 侵入岩的侵入期次和岩性表

期次划分	主要岩性	主要岩体分布地区	产状	出露面积/km²	占全县面积比例/%	矿产
喜马拉雅期	石英斑岩、伟晶岩		岩脉、岩墙	8	0.05	高岭土
燕山运动期	石英闪长岩、花岗闪长岩 片麻状黑云母、花岗岩	开善 新桥	岩株、岩瘤 小岩株	54	0.35	云母、石英、磷灰石
加里东期	混合花岗岩、二云母花岗岩	上青、拥坑、长兴	岩株、岩瘤	234	15.20	铌钽稀土
其他	零星					

在侏罗纪，泰宁火山已经活跃起来，但只在震旦系上统南岩组的地层中发现夹有3层变质凝灰质细砂岩、变质凝灰岩。中生代侏罗纪时，泰宁火山活动十分活跃，在峨嵋峰、南阳岗、举岚一带地层中发现主要是以酸性火山熔岩为主，局部夹安山岩，有时相变为次花岗岩。泰宁最晚一次火山喷发是在晚第三纪，大洋嶂火山喷发的岩浆，成为墨绿色橄榄玄武岩，不整合地覆盖于赤山群上。

1.2.4 矿藏

泰宁是多种矿产聚集区。已发现矿产28种，其中金属矿8种，主要有金、银、铜、铁、铅、锌等，黄金潜在资源量10 300~12 800kg，伴生银500~800kg；硫铁矿内蕴经济的资源量5.5万kg；非金属矿20种，主要为高岭土、石英、钾长石、花岗岩、煤等9种。煤内蕴经济的资源量66.9万kg；泥煤内蕴经济的资源量8.44万kg；硅石潜在资源量800万t；高岭土潜在资源量1050万t；云母钾长石（共生）经济的基础储量154.8万t；钾长石经济的基础储量1.2万t；玛瑙内蕴经济的资源量144m³，含玛瑙率2.25%；饰面石材内蕴经济的资源量850万m³。

第二节　地　貌

由于地质构造，泰宁四周为大山所盘绕，境内形成溪谷盆地。全县地势总特征是：四周高，中部低，由西北向东南倾斜。

2.1　地　形

泰宁境内经长期自然冲刷、剥蚀和自然沉积，形成中山、低山、丘陵、盆地等地貌。

2.1.1　中山

县境内中山分布区切割深度达 600~800m，主要分布于县境西北和西南部、西部和东南部，中山地貌基岩多属于侏罗统举岚群火山沉积岩，部分为印支期二云母花岗岩和震旦系变质岩，山势险峻，坡度30°以上，切割强烈，沟谷大部分属"V"形狭谷。

2.1.2　低山

低山分布于上述中山地貌基部和其东南部，面积较为广阔，是泰宁主要地貌类型之一。切割深度在100~450m，基岩组成复杂，县西北部以印支期二云花岗岩为主，县东北部为震旦系变质岩，是泰宁最古老的岩层。低山地貌，由于经受长期的侵蚀、剥蚀和溪流的切割，山岭起伏比中山地貌舒缓，沟谷切割仍然强烈，多为"V"形谷，部分为"U"形谷。

2.1.3　丘陵

丘陵切割深度一般小于200m，分布广，面积大，占全县总面积的60%，是泰宁主体地貌，主要分布于县境中部和东北部，在水系两侧呈带状分布。

2.1.4　河谷盆地

沿泰宁溪流的珠状大小盆地成串，较大片的多发育于溪河交汇处。杉溪主要支流从县东部游源入境后，直至汇入金溪流向将乐，沿途有游源、龙湖、官田、洋发、梅林、朱口、音山、城关、南会、水礁、梅口、弋口等盆地。黄溪从将乐流入后，沿河有八里桥、朱家坊 2 个盆地。上清溪有永兴、上青、崇化盆地。北溪有新桥（中低山谷盆）、调村、洋川、邱洪、梅桥盆地，另外还有大田、开善、下渠、大渠、大布、龙安、大坑、丰岩、长兴等大小 30 个盆地。除新桥外，其他海拔都在 400m 以下，大多在 1km^{2}上下。中山、高丘陡峭地带还有泥石流地貌。

2.2　山　脉

境内山岭属武夷和杉岭山脉。

2.2.1　武夷山脉

主脉以北东—南西走向绵亘于闽赣分界线上，它斜贯县境西北角，分支有如下 2 个。
茶花隘支脉：由茶花隘向南东东—南东延伸至新桥乡西源村一带。

天台山—双峰嵊支脉：从五百隘起以南南西向经建宁西北角南延到县西建宁、泰宁边界的笔架山，总长 43km。

2.2.2 杉岭山脉

杉岭山脉与武夷主脉同向并列在福建一侧。其主脉从邵武南部入境，由县北的殳山—西北沿建、泰（宁）县界差向县境西南，长达 60 余千米，在县西北的峨嵋峰海拔 1713.7m，在县西南的金铙山白石顶海拔更高达 1858m。其另一最大支脉，从邵武入境，从县东北—东部，屏立在泰宁界外的将乐一侧，然后由宝台山斜入县界至宝阁峰、九峰，再由县境东南—西南直至泰宁、明溪县界线上的君子峰，在县境内全长也达 60 余千米。

2.2.3 山峰

全县共有大小山峰 9962 个，其中千米以上的山头 470 个，大部分分布在西北部、西南部边界线上。另外，800~1000m 的山头有 651 个，500~800m 的山头有 2673 个，500m 以下的山头有 6168 个。

县境内千米以上山峰，锯齿般的屏障林立于与邵武、建宁、江西黎川的县界东南侧、东侧，以及泰宁与将乐边界西侧，泰宁与明溪的边境北部。

2.3 自 然 景 观

由赤石群而形成的丹霞地貌，是新生代喜马拉雅运动的地质作用把中生代晚期和新生代早第三系形成的红色山麓相赤石群地层抬升。剥蚀形成的丹岩、赤壁和褐色的石林、奇峰地带，形成蔚为壮丽的自然景观。除了县北上清溪一带风景早已为远近闻名外，金湖形成后，在湖的西岸，沿邵武—河源地质断裂带的礁下—读书山，南接弋口—龙安断裂，总面积达 173km^2，占全县总面积的 11.2%。沿湖的丹山与碧水共成佳境，成为闻名国内外的旅游奇观。

第三节 气 候

泰宁县地处武夷山脉东南侧迎风坡，属中亚热带季风型山地性气候。夏季海洋性气候带来东南风；冬季受西北冷空气侵袭，又具有大陆性气候的特征。加上山区地势层次重叠，气候随海拔而变化，具有夏无酷暑、冬无严寒、温和湿润、四季分明等特点。春季：始 3 月，终 6 月，为气温回升、湿润多雨的季节。其中 3~4 月，寒冷，降雨交替；5~6 月为"梅雨"天气，冷、暖空气更换，势均力敌，降水量大，雨势猛，常导致山洪暴发，河水猛涨。夏季：始 7 月，终 9 月，为西南气流盛行、气温高、日照长、晴日多、水分蒸发量大的季节，常有雷阵雨或刮台风。秋季：始 10 月，终 11 月，为少雨多晴、日照较多、气温日降的季节。降水量少有利于晚稻抽穗扬花成熟，北方冷空气首次入侵多在此季。冬季：始 12 月，终次年 2 月，为气温低、日照短、雨季少的季节。

3.1 气 温

泰宁县气候温和，热量充足，每年平均气温为 15.5~17.2℃，≥0℃的总积温为 5412~6576℃，≥10℃，保证率 80% 的活动积温为 4113.6~5432.4℃，10~20℃甚至以上，保证率 80% 的活动积温为 3235.1~4525.1℃。

热量的时间分布多集中于夏季，春、秋两季次之，冬季最少。极端最高气温为 38.9℃，极端最低气温为 –10.6℃。

热量在同一时间的空间分布，则依海拔高程与坡向而异。在同一时间和海拔上：向阳南坡的日平均气温比背阳北坡高 0.4~0.6℃；在同一坡向上，海拔高程每升高 100m，平均气温南坡递减 0.58℃，北坡递减 0.49℃，大于 0℃的年积温则减少 230℃。

霜期的活动，在晴日的条件下，当日最低气温低于 3℃即可能出现霜冻。全县年平均有霜期为 113~151 天，初霜日期为 11 月 3 日~21 日，终霜日期为每年 3 月 13 日~4 月 2 日。霜期的地区分布依海拔高程而异，一般海拔每升高 100m，初霜和终霜的日期即相应提早或推迟 2~3 天。

3.2　日　　照

泰宁县地处北纬 26°34'~27°07'，日照长度（时数）在"冬至"为 10 小时 26 分，"夏至"为 13 小时 52 分，"春分"与"秋分"为 12 小时 8 分。全年可照时数为 4422h。由于山区地势高峻，雾日多、云量大，年平均日照时数的 39.3%。在一年中各季日照以夏、秋季最长。

光照强度（太阳辐射量）年平均为 91.25 千卡*/cm²。由于云日较多，直达辐射总量为 50~60 千卡/(cm²·年)，散辐射量约为 50 千卡/(cm²·年)。年辐射总量为 110~120 千卡/(cm²·年)，时间分布以夏季最强，春、秋两季次之，冬季较弱。

3.3　降水和蒸发

泰宁县降水量充沛，大气湿度高，年平均降水日数为 130~175 天，降水量 1725~1913mm，相对湿度为 84%，降水量最多的年份为 1975 年，降水量为 2278mm。

降水在季节分配上极不平衡，变化幅度大，每年 3~6 月为雨季，雨季长，多在 3 天以上，最长达 31 天，这一时期的降水量为 1050~1120mm，占年降水量 59%~63%，特别是 5 月、6 月，降雨强度大，降水量集中，多年平均月降水量在 300mm 以上，6 月底雨季基本结束，7 月、8 月多雷雨，雨期短，雨区大小不定，雨量多寡悬殊，这两个月降水量为 132~136mm。9 月至次年 2 月为少雨季节，月降水量为 43~113mm，多年平均降水量最少的 11 月只有 43.5mm。

降水量的空间分布，一般较平衡，由于东南低，西北高，降水趋势是从东南向西北逐渐递增。

县气象站多年平均相对湿度为 84%。一年中相对湿度最大时达 100%，相对湿度以 7 月最小，为 80%，历年相对湿度最小为 3%，出现在 1963 年 1 月。

蒸发分为陆面蒸发和水面蒸发两种。泰宁陆面蒸发变化较小，为 800mm 左右。

3.4　气　　压

平均气压为 97 560Pa，年际变化一般不大，7 月为一年中气压最低月份，月平均气压为 9671Pa，此后逐渐增高。9~10 月月际变化最为明显，可达 590Pa，10 月缓缓上升，至次年 1 月达到全年最高值 98 310Pa，此后又逐渐下降。

在正常情况下，一天气压变化曲线呈二峰二谷状，最高峰出现在 10~11 时，次峰出现在 23~24 时；最低谷出现在 15~16 时，次谷出现在 3~10 时。

3.5　风

泰宁地形是四周高，中部低。西北为武夷山主脉和杉岭山脉，为高峻的山峰所盘亘。县境内东北至中部转向东南为连珠状的河谷盆地，因此对风的影响极大。冬季寒潮南下，在县境西北受阻而减缓其来临。由于受山岭阻挡，尤其是以县境东南将乐、泰宁边界上的龙西山，宝台—九峰的拦截，南部又有云台山、君子峰等大山的掩护，台风刮到泰宁时风力已减小到无多大可能危害。县站附近 12 月至次年 1

---

　　*1 千卡＝1000cal＝4.1868×10³J

月以静风西南风为多,其余月,多为无风。县境内大风多在河口或山口通过。县城四周山岭环绕,故一年四季大多处于静风中。风向是冬季盛行东北风,夏季盛行西南风,这都与山脉及河谷的形状及走向有关。

3.6 灾害性天气

泰宁灾害性天气有低温、霜冻、连阴雨,其中以"三寒"危害最大。

倒春寒,出现在3月上旬早稻春播育秧阶段。由于冷空气频繁南下,日平均气温降到10℃以下,连续3天以上时,如出现在3月下旬就造成烂种,出现在4月上旬则死苗。

五月寒,出现在5~6月早稻孕穗期及抽穗扬花阶段的梅雨季节。日平均气温低于20℃连续3天以上时,会导致水稻花粉败育,抽穗不勾头,甚至出现白穗,引起产量下降。

秋寒,出现于9~10月初晚稻抽穗扬花期,如日平均气温下降至20℃以下连续3天时,会导致不能正常开花结果,轻者减产,严重时绝收。

3.7 气象资源评价

县境夹在两大隆起带之间,受地理位置和县境四周被大山环抱的影响,虽秋季冷空气和冬季寒潮威胁较大,但被西北武夷山脉和杉岭山脉重峦叠嶂所阻挡,影响较迟,危害也略轻些。相反,春、夏季候风因被东南部将泰边境的大山阻挡,气温、地温的提高大大迟于其他地区。然而县内各地受地形和垂直差异而造成的影响很大:春季回暖期,西北新桥一带中山地区比东南部迟10~13天;秋季受第一次冷空气影响又早5~7天。山岳地带,海拔每高100m,平均气温要下降0.6℃,相当于向北推移了60km,500~600m高度地区夏季与冬季天数相差不大,海拔600m以上地区,冬季天数要长于夏季近一个月。

泰宁池潭水电站建成而形成面积为39km²的人工湖——金湖。整个湖面海拔高程276m。金湖建成对小区气候具有显著的调节作用,湖内外气候起了明显变化。湖内年平均气温要比湖外高1.2℃,冬季则高出2℃。

第四节 水 文

泰宁降水量充沛,多年降水为1767.2mm(普洞站),年降水总量为27.67亿m³。金溪的三大支流——濉溪、杉溪、铺溪汇集于泰宁,除泰宁全境之水外,另有建宁全部、明溪西半部,及邵武、宁化、将乐部分地区诸多溪流之水也都流入泰宁。县境内及入县诸溪流年总流量共约46亿m³。根据泰宁降水和蒸发情况计算,泰宁径流深为1050~1120mm,并由西北向东南递减。

全县有人工水库23个,面积37.7km²,总库容8.96亿m³。其中池潭水库是池潭电站形成后的全省最大的人工湖,面积达5.4万亩*,库容8.7亿m³;水埠水库面积为800亩,库容0.127亿m³。

4.1 水 系

泰宁金溪属于富屯溪水系上游,它包括濉溪、杉溪、铺溪3条支流。其中,濉溪是主流,它发源于宁化县安远乡的井坑村向北流至建宁,再折向东至泰宁梅口与以西南走向来的杉溪汇合。杉溪是泰宁境内的最主要支流,它的干流——大溪(又名东溪、朱口溪),发源于邵武市南部禾坪北面的官尖峰东北麓,至归化滩口,与南来的铺溪汇合。铺溪,发源于明溪县城正北的王婆山(五谷仙顶)之西北,汇聚明溪县西半县诸水。从此,金系上游的杉溪、濉溪、铺溪终于汇为一水,通过泰宁县境东南良浅界头渡而流入将乐县境。总的看来,杉溪干流和金溪在本县境内由东北至东南的走向呈"C"形。另外,开善的开

---

*1亩≈666.7m²

善溪自成一系,南流至将乐竹丹而汇入金溪(表2-3)。

表2-3 境内12条主要溪流特征表

名称	杉溪	黄溪	北溪	交溪	上清溪	永兴溪大渠溪	仁寿溪	瑞溪	大田溪	大布溪	铺溪	开善溪
主河长/km	79.6	19.7	85.8	24.9	25.3	44.5	19.7	19.1	42	34.5	71.5	24.4
流域面积/km²	1125.0	102.1	124.7	108.5	147.1	155.7	54.5	52.2	217.7	199.8	1045.7	67.7
年均径流量/亿 m³	10.7	0.9	1.3	1.1	1.5	1.5		0.6	2.3	1.2	8.1	0.6

从濉溪的发源地至原梅口汇合杉溪处,主河道长 112.7km,其中,在泰宁境内长 17km,总比降为 4.88‰。流域面积 2018.7km,流量为 19.5 亿 m³。

泰宁县境地大山环绕,山峦起伏,降水量充沛,溪流纵横,落差较大,溪谷盆地成串,有丰富的水力资源,水电资源蕴藏量 17.5 万 kW。除了国家已建成的装机容量 10 万 kW 的池塘水电站磊墓机容量 3 万 kW 的良浅水电厂外,还有县、乡、村集资建成的 68 座小水电站。

4.2 地 下 水

泰宁县地下水总储存量年平均为 30911 万 t,地下水径流量 553.50t/天,水质良好,但绝大部分径流分散,只可作为小型供水水源。其类型有 4 种:①松散岩类孔隙水;②碎屑岩类空隙裂隙水;③红层裂隙水;④基岩裂隙水。其中基岩裂隙水又分为层状岩类裂隙水和块状岩类裂隙水。

全县多年平均年降水总量达 27.67 亿 m³,除蒸发 13 亿~14 亿 m³,补充地下水 12.67 亿~14.67 亿 m³,加上县外客流进入县境,全县水量的年平均总量达 58.87 亿~62.79 亿 m³。地下水总储存量年平均为 30911 万 t。全县水力资源理论蕴藏量为 16.4183 万 kW。

第五节 土 壤

5.1 成 土 母 质

泰宁境内岩浆岩、变质岩和沉积岩均有出露,岩浆岩多分布于县境西北部与西南部,变质岩分布于县境东北部和东南部,而沉积岩多形成条带状分布。在此基础上,形成红壤、山地黄壤、山地黄棕壤、紫色土、山地草甸土和水稻土6个土类、14个亚类、37个土属。

5.2 土 壤 类 型

泰宁县属于低纬度亚热带季风气候区,土壤脱铝富硅作用十分强烈,地带性红壤遍布各地,海拔850m以上地区因脱铝富硅过程相对较弱而分布山地黄壤。在地带性土壤分布区内因成土母质不同而形成非地带性土壤如紫色土和水稻土等。根据开发利用方式可以将区内土壤分为山地土壤和稻田土壤。

5.2.1 山地土壤

山地土壤占全区总面积的81.14%,主要有 5 个土类、11 个亚类、26 个土属。由于受气候影响,垂直因素对各类山地土壤形成的表现极为明显,在峨嵋峰地区(海拔1713m),红壤分布于海拔850m以下,850~1400m 为山地黄壤,1400~1550m 为山地黄棕壤,1550~1650m 为山地草甸土。

县内山地土壤有红壤、山地黄壤、山地黄棕壤、紫色土和山地草甸土5个土类。红壤分布最广,有5

个亚类、15个土属。主要分布于全县海拔850m以下的山地、丘陵地带，土层深厚，剖面红或浅红色，pH为4.1～5.0，肥力中等。质地多中壤土，且适用于材林和经济林生长。红壤的成土母岩主要为花岗岩、长石、云母片岩、石英砂岩、片麻岩。

山地黄壤有3个亚类、6个土属。黄壤的成土母岩主要为花岗岩、凝灰岩和砂岩，土壤铝化作用较强，质地为中壤至轻壤，pH为4.4～5.4，肥力中等，适于马尾松、黄山松、毛竹、药材生长。黄壤主要分布在大田、新桥、杉城海拔850～1400m的中山地带。

山地黄棕壤只有1个亚类、1个土属。土壤中盐基的淋溶作用好，全剖面呈黄棕色，地质为中壤，pH为4.1～4.5，肥力较好，适于柳杉、黄山松、林鹃花科植物、禾本科植物的生长，主要分布在新桥海拔1400～1550m的中山山坡及山鞍部，成土母岩主要为花岗岩。

紫色土具有1个亚类、2个土属，成土的母岩主要为赤石群表层风化物、坡积物，含蓝铁矿和菱铁矿，全剖面呈紫或紫红色，质地黏重。多为中壤至重壤，含钾量高，适于各种经济作物生长。紫色土分布在龙湖—朱口—城关—原梅口—大布、龙安一带，及三地、崇礁—将溪一带—长兴、丰岩、礁溪—金坑一带。

山地草甸土主要分布于峨嵋峰、君子峰主峰旁的凹处，可分为1个亚类、2个土属，其成土母岩主要为碎屑岩灰的砾岩、砂岩、粉砂岩、植物残体堆积物。草甸土表土层厚，表土棕红色，心土棕黄色，质地为中壤，有机质分解差，有效养分低，pH为4.5。

5.2.2 稻田土壤

全县稻田土壤都属于水稻土土类，面积占全县总土面积的7%，下分为3个亚类、11个土属。兹按亚类分述如下。

渗育性水稻土，广泛分布于全县各地的山坡、山冈、山脚缓坡上，尤以新桥、上青、大布、龙安、开善等乡为多。下分为5个土属：一是黄泥田，包括乌黄泥田、灰黄泥田、黄泥田2个土种；二是黄泥沙田，含黄泥骨灰、黄泥沙田2个土种；三是紫泥田，含泥质岩酸性紫色土、沙砾岩酸性紫色土2个土种；四是沙质田，含沙质田、黄沙田2个土种；五是白土泥田，包括白鳝泥田、白底田、茹粉田3个土种。整个水稻田渗育性水稻亚类均属表水型水稻土，它不受地下水影响，是在灌溉、降水淋溶条件下发育形成的。土龄短，发育较慢，酸性较强，肥力低，是中低产田的土壤类型。

潜水性水稻土，分布在全县各地的河谷、村庄周围的平洋田，及开阔的山垄田、垄口田。本土属土壤中有一个含铁、锰的锈纹锈斑或铁锰结核的斑淀层段，有明显的棱柱结构，从剖面可分出耕作层、犁底层、渗育层、斑淀层、青泥层或母质层的完整层次；发育较差的，缺失斑淀层。它包括3个土属：一是乌泥田，含乌泥田、黄底乌泥田、青底乌泥田、沙底乌泥田4个土种；二是灰泥田，含灰泥田、青底灰泥田、黄底灰泥田、沙底灰泥田4个土种；三是潮沙田，包括乌沙田、灰沙田2个土种。本亚类水稻土总体发育良好，熟化较高，养分较丰富，是高产的水稻土。

潜育性水稻土，分布在全县各地的山垄田和低洼田，以龙湖、朱口、上青、杉城等乡（镇）居多。地下水位一般为30cm以上，整个水体长期受地下水浸润，处于嫌气状态，还原作用强，有机质分解生成还原性物质，高价铁转为低价铁，在土体中形成蓝灰色或青灰色的潜育层，耕层土壤糊烂，有机质难分解，有效养分低。下分为青泥田（只青泥田1个土种）、冷烂田（包括冷水田、锈水田、浅脚烂泥田、深脚烂泥田4个土种）2个土属，都为亟待改造的低产稻田。

第六节 自 然 灾 害

本地区的自然灾害主要为气象灾害和地震灾害。气象灾害主要包括暴雨、夏秋干旱、大风和冰雹等灾害性气候。

暴雨：全县性降雨都集中在5～6月，由于暴雨来势猛，各溪流河床较浅，河道狭窄，坡降大，排水困难，水灾较为严重。

夏秋干旱：大雨过后常遇干旱，5~8 月为夏旱，而 9~10 月为秋旱。

大风：风速大于 17m/s 的大风，城关地区年均发生 8.6 次，大风一般是西南—西北向，主要是热雷阵雨过境，持续时间 10~20min。

冰雹：多发生于 4 月，通常由西南向东北方向移动。

地震：泰宁地处武夷山东翼，构造发育，自明朝永乐后至今有记载的地震有 7 次，分别发生于 1474 年、1603 年、1650 年、1745 年、1866 年、1918 年和 1945 年。

参 考 文 献

林鹏. 1990. 福建植被. 福州: 福建科学技术出版社

吴征镒. 1980. 中国植被. 北京: 科学出版社

第三章 植物资源[*]

第一节 物种组成

福建峨嵋峰自然保护区内有维管束植物 239 科 826 属 1938 种，占福建省野生维管束植物总属数的 65.92% 和总种数的 51.37%。其中蕨类植物 41 科 78 属 178 种，占福建省蕨类植物种类的 50.28%；裸子植物 8 科 13 属 14 种，占福建省裸子植物种类的 50.00%；被子植物 190 科 735 属 1746 种，占福建省被子植物种类的 51.49%。

1.1 植物大科分析

福建峨嵋峰自然保护区内种子植物有 198 科 748 属 1760 种。对科内所含物种数进行分组，含 100 种以上的大科有 1 个：禾本科 Gramineae（103/62）（种数/属数，下同）；含 50~99 种的较大科有 5 个：蔷薇科 Rosaceae（82/22）、菊科 Compositae（66/41）、唇形科 Labiatae（65/27）、蝶形花科 Papilionaceae（63/26）、莎草科 Cyperaceae（59/16），这 6 个物种数超过 50 种的科全为世界性大科，也是世界广布科；含 20~49 种的中等科有 14 个：兰科 Orchidaceae（43/27）、蓼科 Polygonaceae（40/6）、玄参科 Scrophulariaceae（37/16）、樟科 Lauraceae（37/8）、茜草科 Rubiaceae（36/20）、山茶科 Theaceae（35/7）、壳斗科 Fagaceae（31/6）、葡萄科 Vitaceae（30/6）、马鞭草科 Verbenaceae（27/6）、荨麻科 Urticaceae（26/9）、大戟科 Euphorbiaceae（23/10）、毛茛科 Ranunculaceae（22/9）、桑科 Moraceae（21/6）、伞形科 Umbelliferae（20/12）。以上 20 个科共包含有 866 种，占保护区内种子植物总种数的 49.20%，它们在保护区内具有重要地位，是构成福建峨嵋峰自然保护区植被的主要成分。例如，樟科、壳斗科等是森林群落组成中乔木层片的主要建群树种之一，也是我国热带和亚热带植物区系和植被的表征科；又如，山茶科、桑科、大戟科等这些科是构成森林群落林下灌木层的主要物种。

此外，含 10~19 种的科有 30 个，主要有卫矛科 Celastraceae（19/4）、冬青科 Aquifoliaceae（19/1）、山矾科 Symplocaceae（19/1）、绣球花科 Hydrangeaceae（18/7）、杜鹃花科 Rhodoraceae（18/5）、荚蒾科 Viburnaceae（18/2）、紫金牛科 Myrsinaceae（16/5）、鼠李科 Rhamnaceae（16/5）、芸香科 Rutaceae（15/7）、报春花科 Primulaceae（15/2）、堇菜科 Violaceae（15/1）、爵床科 Acanthaceae（14/11）、五加科 Araliaceae（14/8）、苦苣苔科 Gesneriaceae（14/8）、金缕梅科 Hamamelidaceae（13/8）、榆科 Ulmaceae（12/6）、石竹科 Caryophyllaceae（11/8）、安息香科 Styracaceae（11/5）、槭树科 Aceraceae（11/1）、十字花科 Cruciferae（10/6）等。

含 5~9 种的科有 42 个，主要有木兰科 Magnoliaceae（9/6）、锦葵科 Malvaceae（9/6）、铃兰科 Convallariaceae（9/5）、木犀科 Oleaceae（8/5）、茄科 Solanaceae（8/4）、越桔科 Vacciniaceae（8/2）等。

含 2~4 种的寡种科有 60 个，主要有松科 Pinaceae（4/3）、无患子科 Sapindaceae（3/3）、棕榈科 Palmaceae（3/3）等。

仅含 1 种的单种科有 46 科，如番荔枝科 Annonaceae、粟米草科 Molluginaceae、玉簪科 Hostaceae、油点草科 Calochortaceae、紫葳科 Bignoniaceae、水马齿科 Callitrichaceae、透骨草科 Phrymaceae、莲科 Nelumbonaceae、杨梅科 Myricaceae 等，其中单型科有 2 个，即连香树科 Cercidiphyllaceae 和大血藤科 Sargentodoxaceae。

---

*本章作者：李振基[1]，侯学良[2]，丁鑫[1]，许可明[3]，李燕飞[2]，耿贺群[2]，江凤英[1]，田宇英[1]（1. 厦门大学环境与生态学院，厦门 361102；2. 厦门大学生命科学学院，厦门 361102；3. 福建峨嵋峰自然保护区管理处，泰宁 354400）

1.2 属的数量分析

对福建峨嵋峰自然保护区种子植物 748 个属进行分组，可分为 6 组（表 3-1）。

含 20 种以上的大属有 3 个：蓼属 *Polygonum*、薹草属 *Carex* 和悬钩子属 *Rubus*，含种数 85 种。

含 15～19 种的属有 4 个，含种数 70 种，为冬青属 *Ilex*、山矾属 *Symplocos*、荚蒾属 *Viburnum* 和堇菜属 *Viola*，以上 7 个属大多分布于村旁路边，也是组成本区林下植被的重要成分。

含 10～14 种的中等属有 18 个，含种数 201 种，如珍珠菜属 *Lysimachia*、薯蓣属 *Dioscorea*、山茶属 *Camellia*、柃木属 *Eurya*、猕猴桃属 *Actinidia*、紫珠属 *Callicarpa*、葡萄属 *Vitis*、蛇葡萄属 *Ampelopsis*、栲属 *Castanopsis*、铁线莲属 *Clematis*、山胡椒属 *Lindera*、菝葜属 *Smilax* 等。

含 5～9 种的小属有 55 属，含种数 349 种，主要有栎属 *Quercus*、润楠属 *Machilus*、青冈属 *Cyclobalanopsis*、石楠属 *Photinia*、杜鹃属 *Rhododendron*、木姜子属 *Litsea*、蔷薇属 *Rosa*、泡花树属 *Meliosma*、卫矛属 *Euonymus*、胡枝子属 *Lespedeza* 等，这些属中有构成本区基带植被——常绿阔叶林的建群种、共建种，也有构成林下灌木层的主要物种。

表 3-1　福建峨嵋峰自然保护区种子植物属的数量分析

分组	属数/个	属的比例/%	所含种数	种的比例/%
单种属（1 种）	415	54.55	415	23.18
寡种属（2～4 种）	260	34.76	647	36.76
小属（5～9 种）	55	7.35	349	19.83
中等属（10～14 种）	18	2.41	201	11.42
较大属（15～19 种）	4	0.53	70	3.98
大属（≥20 种）	3	0.40	85	4.83
总计	748	100.00	1760	100.00

此外，含 2～4 种的寡种属有 260 个，含种数 647 种，主要有刚竹属 *Phyllostachys*、玉兰属 *Yulania*、木莲属 *Manglietia*、蕈树属 *Altingia*、鹅耳枥属 *Carpinus*、交让木属 *Daphniphyllum*、松属 *Pinus* 等。

含 1 种的单种属有 415 个，有一些为古老孑遗属，如红豆杉属 *Taxus*、鹅掌楸属 *Liriodendron*、金鱼藻属 *Ceratophyllum*、三白草属 *Saururus* 等。

总之，本区的属在数量分布上，主要以单种属、寡种属为优势；大属和较大属具有较强的热带性质，多构成低山灌草丛这一在人为干扰下由于逆行演替而形成的群落类型。

1.3 单种属野生种子植物分析

福建峨嵋峰自然保护区共有单种属的野生种子植物16个（表3-2），占保护区种子植物总属数的2.14%，在 16 个单种属中，裸子植物为 1 个属，被子植物为 15 个属。保护区众多的单种属一方面表明其植物区系起源的古老性，另一方面也说明了保护的重要性。

表 3-2　福建峨嵋峰自然保护区内的单种属种子植物

序号	所属科	属名	种名
1	银杏科	银杏属 *Ginkgo*	银杏 *Ginkgo biloba*
2	毛茛科	天葵属 *Semiaquilegia*	天葵 *Semiaquilegia adoxoides*
3	南天竹科	南天竹属 *Nandina*	南天竹 *Nandina domestica*
4	大血藤科	大血藤属 *Sargentodoxa*	大血藤 *Sargentodoxa cuneata*
5	防己科	风龙属 *Sinomenium*	风龙 *Sinomenium acutum*

续表

序号	所属科	属名	种名
6	三白草科	蕺菜属 *Houttuynia*	蕺菜 *Houttuynia cordata*
7	罂粟科	血水草属 *Eomecon*	血水草 *Eomecon chionantha*
8	石竹科	鹅肠菜属 *Myosoton*	鹅肠菜 *Myosoton aquaticum*
9	蔷薇科	棣棠花属 *Kerria*	棣棠花 *Kerria japonica*
10	漆树科	南酸枣属 *Choerospondia s*	南酸枣 *Choerospondias axillaris*
11	胡桃科	青钱柳属 *Cyclocarya*	青钱柳 *Cyclocarya paliurus*
12	川苔草科	川藻属 *Dalzellia*	川藻 *Dalzellia sessilis*
13	蓝果树科	喜树属 *Camptotheca*	喜树 *Camptotheca acuminata*
14	报春花科	假婆婆纳属 *Stimpsonia*	假婆婆纳 *Stimpsonia chamaedryoides*
15	唇形科	紫苏属 *Perilla*	紫苏 *Perilla frutescens*
16	水鳖科	黑藻属 *Hydrilla*	黑藻 *Hydrilla verticillata*

1.4　种子植物中国特有属与特有种

特有属（或其他分类单位）是指其分布限于某一自然地区或生境的植物属，是某一自然地区或生境植物区系的特有现象。中国特有属（或其他分类单位）是指其分布范围限于中国境内。中国种子植物特有属 239 属（吴征镒, 1991）。福建峨嵋峰自然保护区有中国特有属 12 个，包括 14 个种（表 3-3）。

表 3-3　福建峨嵋峰自然保护区种子植物中国特有属

序号	科	特有属	保护区种数/中国种数	分布范围
1	银杏科	银杏属 *Ginkgo*	1/1	东北、华北、华东、华中、华南、西南
2	罂粟科	血水草属 *Eomecon*	1/1	华东、华中（长江以南，南岭以北）
3	禾本科	箬竹属 *Indocalamus*	1/15	中国台湾、华东、华中
4	蜡梅科	蜡梅属 *Chimonanthus*	2/6	华东、华中、华南，延至越南、老挝
5	山茶科	石笔木属 *Tutcheria*	1/22	华南
6	榆科	青檀属 *Pteroceltis*	1/1	华北至华南，滇黔桂（石灰岩）
7	芸香科	枳属 *Poncirus*	1/2	华北、华东、华中、云南高原
8	省沽油科	瘿椒树属 *Tapiscia*	1/2	华东、华中、滇黔桂（延至越南北）
9	胡桃科	青钱柳属 *Cyclocarya*	1/1	中国台湾、华东、华中（滇东南、黔、桂）
10	川苔草科	川藻属 *Dalzellia*	1/1	福建
11	蓝果树科	喜树属 *Camptotheca*	1/1	华中（巴山以南，南岭以北）
12	紫草科	盾果草属 *Thyrocarpus*	2/3	东部至西南

第二节　种子植物区系

植物区系是在一定的自然地理条件，特别是自然历史条件综合作用下，植物界本身发展演化的结果。在影响植物区系的形成和发展的各种因素中，海陆的生成和变迁、气候的历史变迁等对植物区系的形成和分布具有特别重要的意义。

对植物区系的研究不仅适用于天然植物也适用于栽培植物，在具体研究过程中，可采用科、属、种等多个分类单位。在实际研究过程中，由于同一个属包含的种常具有同一起源和相似的进化趋势，属的分类学特征也相对稳定，占有比较稳定的分布区。同时在植物进化过程中，同一属内的植物随着地理环境的变化而发生分异，具有比较明显的地区性差异。因此属比科能够更具体地反映植物的系统发育、进化分异情况及地理特征。

2.1　科的分布区类型分析

早在 1940 年，德国学者 Vester（1940）就开展了科的分布区类型的划分工作，他将世界分布的科分为两个类型并提供了科的分布区图。其后 Good（1974）也进行了科的分布区的划分工作，Good 将科的分布区类型划分为世界及亚世界分布、热带分布、温带分布、间断分布、特有分布和不规则分布等 6 个分布区类型，并且提供若干科的分布区图。

吴征镒等（2003）在长年研究的基础上，对世界所有种子植物的科的分布进行了全面的划分，形成了世界种子植物科的分布区类型方案。经过分析整理，参照影响分布区形成的生态因素和地质因素，并且更加强调地质因素的思想，将世界所有科划分为 18 个大分布区类型，74 个变型。并沿用中国种子植物属分布区类型的表现方式，用数字 1~18 代表不同的分布区类型。其中 1~15 分布区类型与中国种子植物属分布区类型天然相合，中国种子植物科的分布区类型共有 15 个类型、24 个变型。此后在此基础上作了进一步的修订，对杉科、伯乐树科等作了调整（吴征镒，2003）。

福建峨嵋峰自然保护区共有种子植物 198 科，按照“中国种子植物科分布区类型方案”，共有 11 个分布区类型（包括变型）。

通过统计分析，在 11 个科的分布区类型及其变型中，世界广布和泛热带分布及其变型占绝对优势，分别占 26.77%和 30.30%，科的分布区类型及其变型结构详见表 3-4。

表 3-4　福建峨嵋峰自然保护区种子植物科的分布区类型统计

分布型代码	分布区类型及其变型	科数	比例/%
1	世界广布	53	26.77
2	泛热带分布及其变型	60	30.30
3	东亚及热带南美间断分布	13	6.56
4	旧世界热带分布	8	4.04
5	热带亚洲至热带大洋洲分布	3	1.51
7	热带亚洲分布及其变型	5	2.53
8	北温带分布及其变型	35	17.68
9	东亚及北美间断分布	11	5.55
10	旧世界温带分布及其变型	2	1.01
14	东亚分布及其变型	7	3.54
15	中国特有分布	1	0.51
合计		198	100.00

2.1.1　世界广布

本区有该分布区类型植物 53 科，占保护区种子植物所有科分布类型的 26.77%。它们分别是金鱼藻科 Ceratophyllaceae、马齿苋科 Portulacaceae、苋科 Amaranthaceae、藜科 Chenopodiaceae、石竹科 Caryophyllaceae、蓼科 Polygonaceae、泽泻科 Alismataceae、水鳖科 Hydrocharitaceae、眼子菜科 Potamogetonaceae、茨藻科 Najadaceae、浮萍科 Lemnaceae、兰科 Orchidaceae、莎草科 Cyperaceae、禾本科 Gramineae、毛茛科 Ranunculaceae、杨梅科 Myricaceae、堇菜科 Violaceae、十字花科 Cruciferae、榆科 Ulmaceae、桑科 Moraceae、瑞香科 Thymelaeaceae、杜鹃花科 Rhodoraceae、报春花科 Primulaceae、景天科 Crassulaceae、虎耳草科 Saxifragaceae、小二仙草科 Haloragaceae、蔷薇科 Rosaceae、柳叶菜科

Onagraceae、千屈菜科 Lythraceae、蝶形花科 Papilionaceae、酢浆草科 Oxalidaceae、远志科 Polygalaceae、鼠李科 Rhamnaceae、槲寄生科 Viscaceae、伞形科 Umbelliferae、接骨木科 Sambucaceae、败酱科 Valerianaceae、桔梗科 Campanulaceae、半边莲科 Lobeliaceae、睡菜科 Menyanthaceae、菊科 Compositae、木犀科 Oleaceae、龙胆科 Gentianaceae、茜草科 Rubiaceae、茄科 Solanaceae、旋花科 Convolvulaceae、菟丝子科 Cuscutaceae、紫草科 Boraginaceae、玄参科 Scrophulariaceae、狸藻科 Lentibulariaceae、车前科 Plantaginaceae、唇形科 Labiatae、水马齿科 Callitrichaceae。

世界广布科为保护区内的第二大分布类型，且所含物种数较多，如菊科、禾本科、蔷薇科、豆科、毛茛科、十字花科、唇形科、伞形科、石竹科、玄参科均为保护区内包含种数最多的科之一，但这些科中绝大多数为草本植物，尽管数量较多，但在生态系统中的重要程度不高。

2.1.2 泛热带分布及其变型

本区有该分布区类型及其变型共有 60 科，占种子植物总科数的 30.30%，属第一大分布类型。其中泛热带分布科有 48 科，它们是番荔枝科 Annonaceae、樟科 Lauraceae、金粟兰科 Chloranthaceae、马兜铃科 Aristolochiaceae、胡椒科 Piperaceae、落葵科 Basellaceae、天南星科 Araceae、薯蓣科 Dioscoreaceae、菝葜科 Smilacaceae、仙茅科 Hypoxidaceae、雨久花科 Pontederiaceae、鸭跖草科 Commelinaceae、谷精草科 Eriocaulaceae、棕榈科 Palmaceae、防己科 Menispermaceae、山茶科 Theaceae、藤黄科 Guttiferaceae、大风子科 Flacourtiaceae、葫芦科 Cucurbitaceae、秋海棠科 Begoniaceae、梧桐科 Sterculiaceae、锦葵科 Malvaceae、荨麻科 Urticaceae、大戟科 Euphorbiaceae、柿树科 Ebenaceae、紫金牛科 Myrsinaceae、野牡丹科 Melastomataceae、无患子科 Sapindaceae、漆树科 Anacardiaceae、含羞草科 Mimosaceae、芸香科 Rutaceae、苦木科 Simaroubaceae、楝科 Meliaceae、古柯科 Erythroxylaceae、凤仙花科 Balsaminaceae、卫矛科 Celastraceae、葡萄科 Vitaceae、檀香科 Santalaceae、铁青树科 Olacaceae、蛇菰科 Balanophoraceae、马钱子科 Strychnaceae、水团花科 Naucleaceae、夹竹桃科 Apocynaceae、萝藦科 Asclepiadaceae、破布木科 Cordiaceae、紫葳科 Bignoniaceae、爵床科 Acanthaceae 和牡荆科 Viticaceae。

另外还有 3 个变型，①热带亚洲-大洋洲和热带美洲分布，只有山矾科 Symplocaceae 1 个科；②热带亚洲-热带非洲和热带美洲分布，有鸢尾科 Iridaceae、椴树科 Tiliaceae、苏木科 Caesalpiniaceae 和醉鱼草科 Buddlejaceae 4 个科；③以南半球为主的泛热带分布有罗汉松科 Podocarpaceae、商陆科 Phytolaccaceae、粟米草科 Molluginaceae、石蒜科 Amaryllidaceae、山龙眼科 Proteaceae、桑寄生科 Loranthaceae 和桃金娘科 Myrtaceae 7 个科。

虽然从所包含种的数量看，该分布类型远少于世界广布科，但因该地区的优势科，如樟科、山茶科等，所以在保护区的森林生态系统中仍具有较高的重要值。

2.1.3 东亚及热带南美间断分布

本区有该分布区类型植物 13 科，占总科数的 6.56%，分别是木通科 Lardizabalaceae、杜英科 Elaeocarpaceae、桤叶树科 Cyrillaceae、川苔草科 Podostemaceae、安息香科 Styracaceae、省沽油科 Staphyleaceae、癭椒树科 Tapisciaceae、泡花树科 Meliosmaceae、冬青科 Aquifoliaceae、五加科 Araliaceae、天胡荽科 Hydrocotylaceae、苦苣苔科 Gesneriaceae、马鞭草科 Verbenaceae。

2.1.4 旧世界热带分布

本区有该分布区类型植物 8 科，占总科数的 4.04%，分别是天门冬科 Asparagaceae、秋水仙科 Colchicaceae、芭蕉科 Musaceae、五月茶科 Stilaginaceae、八角枫科 Alangiaceae、海桐花科 Pittosporaceae、胡麻科 Pedaliaceae、水蕹科 Aponogetonaceae。其中水蕹科是其热带亚洲、非洲和大洋洲间断或星散分布变型。

2.1.5　热带亚洲至热带大洋洲分布

本区有该分布区类型植物 3 科,仅占总科数的 1.51%,它们是百部科 Stemonaceae、姜科 Zingiberaceae、虎皮楠科 Daphniphyllaceae。

2.1.6　热带亚洲分布及其变型

在保护区内仅有 5 个科的植物属于本分布类型及其变型,占总科数的 2.53%,其中热带亚洲分布有重阳木科 Bischofiaceae。

其余 4 个科属于 3 个变型:①越南(或中南半岛)至华南或西南分布,有大血藤科 Sargentodoxaceae;②缅甸、泰国至华西南分布,有伯乐树科 Bretschneideraceae;③全分布区东达新几内亚分布,有竹柏科 Nageiaceae 和清风藤科 Sabiaceae。

2.1.7　北温带分布及其变型

本区共有该分布类型及其变型植物 35 科,占总科数的 17.68%,是第三大分布类型。其中北温带分布类型有 9 科,它们分别是松科 Pinaceae、重楼科 Trilliaceae、百合科 Liliaceae、油点草科 Calochortaceae、鬼臼科 Podophyllaceae、金丝桃科 Hypericaceae、越桔科 Vacciniaceae、忍冬科 Caprifoliaceae 和列当科 Orobanchaceae。

另外,还有 2 个变型:①温带和南温带间断分布变型共有柏科 Cupressaceae、杉科 Taxodiaceae、红豆杉科 Taxaceae、铃兰科 Convallariaceae、风信子科 Hyacinthaceae、肺筋草科 Nartheciaceae、藜芦科 Melanthiaceae、黑三棱科 Sparganiaceae、灯心草科 Juncaceae、罂粟科 Papaveraceae、紫堇科 Fumariaceae、金缕梅科 Hamamelidaceae、壳斗科 Fagaceae、桦木科 Betulaceae、胡桃科 Juglandaceae、黄杨科 Buxaceae、杨柳科 Salicaceae、鹿蹄草科 Pyrolaceae、梅花草科 Parnassiaceae、茅膏菜科 Droseraceae、胡颓子科 Elaeagnaceae、槭树科 Aceraceae、牻牛儿苗科 Geraniaceae、绣球花科 Hydrangeaceae、山茱萸科 Cornaceae 等 25 科;②欧亚和南美洲温带间断分布变型只有小檗科 Berberidaceae。

2.1.8　东亚及北美间断分布

属于该分布区类型的植物共有 11 科,占总科数的 5.56%,分别是木兰科 Magnoliaceae、八角科 Illiciaceae、五味子科 Schisandraceae、蜡梅科 Calycanthaceae、三白草科 Saururaceae、菖蒲科 Acoraceae、莲科 Nelumbonaceae、鼠刺科 Iteaceae、蓝果树科 Nyssaceae、荚蒾科 Viburnaceae、透骨草科 Phrymaceae。

2.1.9　旧世界温带分布及其变型

属于该分布区类型及其变型的共有 2 科,占总科数的 1.01%,萱草科 Hemerocallidaceae 和菱科 Trapaceae 均为旧世界温带分布类型。

2.1.10　东亚分布及其变型

属于该分布区类型及其变型的共有 7 科,占总科数的 3.54%,其中三尖杉科 Cephalotaxaceae、旌节花科 Stachyuraceae、猕猴桃科 Actinidiaceae、桃叶珊瑚科 Aucubaceae、青荚叶科 Helwingiaceae 5 科是东亚分布类型。

玉簪科 Hostaceae 和南天竹科 Nandinaceae 2 科属于中国-日本分布变型。

2.1.11 中国特有分布

中国特有分布共有 4 科，在保护区内只有银杏科 Ginkgoaceae 1 科。

2.2 属的分布区类型分析

在 1964 年，吴征镒全面分析了当时的中国种子植物 2980 个属的分布范围。他参考了影响分布的生态因素，特别强调和注重了影响分布区形成的地质事件及属分布区形成发展的历史植物地理因素，将当时已有记载的中国种子植物 2980 个属的分布范围概括为 15 个类型和 31 个变型,用固定的格式代表各种分布区，并讨论了存在于各类型之间的区别和联系，形成了最早的属分布区类型的划分。在 1983 年，吴征镒对中国全部的种子植物分布区类型进行了科学划分，并用数字代表每种分布区类型。1991 年，吴征镒又对这一分布区类型方案进行了进一步的调整。

福建峨嵋峰自然保护区的种子植物共有 747 属（197 科），按照《中国种子植物属的分布区类型和变型》方案（吴征镒，1991），保护区内属的分布区类型包括了 14 个分布区类型。由于福建峨嵋峰自然保护区地处泛古热带植物区向北极植物区的过渡地带，这里植物区系的地理成分较为复杂，包含有世界分布、泛热带分布及其变型、热带亚洲和热带美洲间断分布、旧热带分布及其变型、热带亚洲至热带大洋洲分布及其变型、热带亚洲至热带非洲分布及其变型、热带亚洲分布及其变型、北温带分布及其变型、东亚和北美洲间断分布及其变型、旧世界温带分布及其变型、温带亚洲分布、地中海区、西亚至中亚分布及其变型、东亚分布及其变型、中国特有分布，详见表 3-5。

表 3-5　福建峨嵋峰自然保护区种子植物属的分布区类型统计

序号	分布区类型	属数	占保护区属数比例%	中国属数	占中国该分布区类型比例%
1	世界分布	66	8.82	104	63.46
2	泛热带分布及其变型	153	20.45	362	42.27
3	热带亚洲和热带美洲间断分布	16	2.14	62	25.81
4	旧世界热带分布及其变型	50	6.68	177	28.25
5	热带亚洲至热带大洋洲分布及其变型	37	4.95	148	25.00
6	热带亚洲至热带非洲分布及其变型	27	3.61	164	16.46
7	热带亚洲分布及其变型	83	11.10	611	13.58
8	北温带分布及其变型	102	13.64	302	33.78
9	东亚和北美洲间断分布及其变型	54	7.22	124	43.55
10	旧世界温带分布及其变型	31	4.14	164	18.90
11	温带亚洲分布	4	0.53	55	7.27
12	地中海区、西亚至中亚分布及其变型	1	0.13	171	0.58
13	东亚分布及其变型	95	12.70	299	31.77
14	中国特有分布	29	3.88	257	11.28
总计		748	100.0	3116	24.01

2.2.1 世界分布

福建峨嵋峰自然保护区的种子植物有 66 属属于世界分布类型（隶属于 37 科），占保护区总属数的 8.82%，占全国该分布型的 63.46%。分别是金鱼藻属 Ceratophyllum、睡莲属 Nymphaea、商陆属 Phytolacca、苋属 Amaranthus、藜属 Chenopodium、繁缕属 Stellaria、蓼属 Polygonum、酸模属 Rumex、眼子菜属 Potamogeton、茨藻属 Najas、浮萍属 Lemna、紫萍属 Spirodela、羊耳蒜属 Liparis、沼兰属 Malaxis、灯

心草属 *Juncus*、地杨梅属 *Luzula*、薹草属 *Carex*、莎草属 *Cyperus*、荸荠属 *Eleocharis*、水莎草属 *Juncellus*、刺子莞属 *Rhynchospora*、水葱属 *Schoenoplectus*、藨草属 *Scirpus*、剪股颖属 *Agrostis*、马唐属 *Digitaria*、甜茅属 *Glyceria*、黍属 *Panicum*、早熟禾属 *Poa*、银莲花属 *Anemone*、铁线莲属 *Clematis*、毛茛属 *Ranunculus*、金丝桃属 *Hypericum*、堇菜属 *Viola*、碎米荠属 *Cardamine*、臭荠属 *Coronopus*、独行菜属 *Lepidium*、蔊菜属 *Rorippa*、珍珠菜属 *Lysimachia*、狐尾藻属 *Myriophyllum*、悬钩子属 *Rubus*、水苋菜属 *Ammannia*、槐属 *Sophora*、酢浆草属 *Oxalis*、老鹳草属 *Geranium*、远志属 *Polygala*、鼠李属 *Rhamnus*、茴芹属 *Pimpinella*、变豆菜属 *Sanicula*、半边莲属 *Lobelia*、鬼针草属 *Bidens*、飞蓬属 *Erigeron*、牛膝菊属 *Galinsoga*、鼠麴草属 *Gnaphalium*、千里光属 *Senecio*、苍耳属 *Xanthium*、龙胆属 *Gentiana*、拉拉藤属 *Galium*、酸浆属 *Physalis*、茄属 *Solanum*、狸藻属 *Utricularia*、车前属 *Plantago*、鼠尾草属 *Salvia*、黄芩属 *Scutellaria*、水苏属 *Stachys*、香科科属 *Teucrium*、水马齿属 *Callitriche*。这些植物主要分布在林缘、林内或路边。

2.2.2　泛热带分布及其变型

泛热带分布及其变型指普遍分布于东、西两半球热带地区的植物属，有不少属虽然分布到亚热带，甚至温带，但分布中心或原始类型仍在热带。这类植物我国约有 362 属，占全国总属数的 11.62%，其中 152 属延至亚热带，有 110 属延至温带。该分布类型主要起源于古南大陆。

泛热带分布类型包括分布遍及于东西半球热带地区的属，有不少属分布到亚热带，甚至温带，但共同的分布中心或原始类型仍在热带范围，这些属也属于这一成分。在福建峨嵋峰自然保护区泛热带分布及其变型共有 153 属（隶属于 63 科），占保护区总属数的 20.45%，比例最大，占全国该分布型的 42.27%。

其中有 142 属属于泛热带分布，它们分别是厚壳桂属 *Cryptocarya*、金粟兰属 *Chloranthus*、马兜铃属 *Aristolochia*、胡椒属 *Piper*、马齿苋属 *Portulaca*、落葵属 *Basella*、粟米草属 *Mollugo*、牛膝属 *Achyranthes*、莲子草属 *Alternanthera*、青葙属 *Celosia*、荷莲豆属 *Drymaria*、水车前属 *Ottelia*、苦草属 *Vallisneria*、大藻属 *Pistia*、薯蓣属 *Dioscorea*、菝葜属 *Smilax*、仙茅属 *Curculigo*、石豆兰属 *Bulbophyllum*、虾脊兰属 *Calanthe*、鸭跖草属 *Commelina*、聚花草属 *Floscopa*、谷精草属 *Eriocaulon*、球柱草属 *Bulbostylis*、裂颖茅属 *Diplacrum*、飘拂草属 *Fimbristylis*、水蜈蚣属 *Kyllinga*、砖子苗属 *Mariscus*、扁莎草属 *Pycreus*、珍珠茅属 *Scleria*、芦竹属 *Arundo*、臂形草属 *Brachiaria*、狗牙根属 *Cynodon*、龙爪茅属 *Dactyloctenium*、蟋蟀草属 *Eleusine*、野黍属 *Eriochloa*、黄茅属 *Heteropogon*、白茅属 *Imperata*、柳叶箬属 *Isachne*、鸭嘴草属 *Ischaemum*、假稻属 *Leersia*、千金子属 *Leptochloa*、求米属 *Oplismenus*、雀稗属 *Paspalum*、狼尾草属 *Pennisetum*、棒头草属 *Polypogon*、甘蔗属 *Saccharum*、囊颖草属 *Sacciolepis*、裂稃草属 *Schizachyrium*、狗尾草属 *Setaria*、鼠尾栗属 *Sporobolus*、木防己属 *Cocculus*、黄杨属 *Buxus*、红淡比属 *Cleyera*、厚皮香属 *Ternstroemia*、柞木属 *Xylosma*、秋海棠属 *Begonia*、杜英属 *Elaeocarpus*、黄麻属 *Corchorus*、刺蒴麻属 *Triumfetta*、马松子属 *Melochia*、苘麻属 *Abutilon*、木槿属 *Hibiscus*、黄花稔属 *Sida*、梵天花属 *Urena*、朴属 *Celtis*、山黄麻属 *Trema*、榕属 *Ficus*、苎麻属 *Boehmeria*、艾麻属 *Laportea*、冷水花属 *Pilea*、铁苋菜属 *Acalypha*、大戟属 *Euphorbia*、算盘子属 *Glochidion*、叶下珠属 *Phyllanthus*、乌桕属 *Sapium*、安息香属 *Styrax*、山矾属 *Symplocos*、柿属 *Diospyros*、紫金牛属 *Ardisia*、密花树属 *Rapanea*、茅膏菜属 *Drosera*、丁香蓼属 *Ludwigia*、节节菜属 *Rotala*、倒地铃属 *Cardiospermum*、羊蹄甲属 *Bauhinia*、云实属 *Caesalpinia*、决明属 *Cassia*、合萌属 *Aeschynomene*、猪屎豆属 *Crotalaria*、黄檀属 *Dalbergia*、鱼藤属 *Derris*、猪仔笠属 *Eriosema*、木蓝属 *Indigofera*、崖豆藤属 *Millettia*、油麻藤属 *Mucuna*、红豆属 *Ormosia*、鹿藿属 *Rhynchosia*、豇豆属 *Vigna*、丁癸草属 *Zornia*、花椒属 *Zanthoxylum*、古柯属 *Erythroxylum*、凤仙花属 *Impatiens*、南蛇藤属 *Celastrus*、卫矛属 *Euonymus*、冬青属 *Ilex*、白粉藤属 *Cissus*、青皮木属 *Schoepfia*、栗寄生属 *Korthalsella*、树参属 *Dendropanax*、鹅掌柴属 *Schefflera*、积雪草属 *Centella*、天胡荽属 *Hydrocotyle*、下田菊属 *Adenostemma*、白酒草属 *Conyza*、鳢肠属 *Eclipta*、地胆草属 *Elephantopus*、泽兰属 *Eupatorium*、豨莶属 *Siegesbeckia*、斑鸠菊属 *Vernonia*、素馨属 *Jasminum*、栀子属 *Gardenia*、耳草属 *Hedyotis*、巴戟天属 *Morinda*、九节木属 *Psychotria*、山黄皮属 *Randia*、钩藤属 *Uncaria*、牛皮消属 *Cynanchum*、牛奶菜属 *Marsdenia*、心萼薯属 *Aniseia*、打碗花属 *Calystegia*、马蹄金属 *Dichondra*、土丁桂属 *Evolvulus*、菟丝子属 *Cuscuta*、醉鱼草

属 *Buddleja*、母草属 *Lindernia*、蝴蝶草属 *Torenia*、狗肝菜属 *Dicliptera*、水蓑衣属 *Hygrophila*、紫珠属 *Callicarpa*、大青属 *Clerodendrum*、马鞭草属 *Verbena*、牡荆属 *Vitex*。

其中，杜英科的杜英属、五加科的树参属和鹅掌柴属、蝶形花科的黄檀属、樟科的厚壳桂属、桑科的榕属、大风子科的柞木属为热带、亚热带森林的伴生植物。冬青科的冬青属、山矾科的山矾属、紫金牛科的紫金牛属和密花树属是灌木层中最常见的，蝶形花科的崖豆藤属、油麻藤属和薯蓣科的薯蓣属是林内或林缘常见的藤本植物。冬青属、卫矛属和乌桕属等属的个别种一直分布到温带地区。此外，还有柿属、鸡矢藤属等属植物也是扩展到温带地区的木本或藤本植物。凤仙花科的凤仙花属和秋海棠科的秋海棠属则在亚热带常绿阔叶林中阴湿处较为常见。

福建峨嵋峰自然保护区泛热带分布区类型相近的有两个变型，其中热带亚洲、大洋洲和南美洲间断分布变型有罗汉松属 *Podocarpus*、黑莎草属 *Gahnia*、糙叶树属 *Aphananthe*、蓝花参属 *Wahlenbergia*、铜锤玉带草属 *Pratia* 和石胡荽属 *Centipeda* 等 5 属；热带亚洲、非洲和南美洲间断分布变型有土人参属 *Talinum*、湖瓜草属 *Lipocarpha*、簕竹属 *Bambusa*、桂樱属 *Laurocerasus* 和粗叶木属 *Lasianthus* 5 属。从这里可以看出，本区植物与大洋洲、南美洲和非洲的区系联系。

2.2.3 热带亚洲和热带美洲间断分布

该分布包括间断分布于美洲和亚洲温暖地区的热带属，在亚洲可能延伸到澳大利亚东北部或西南太平洋岛屿，但它们的分布中心都限于热带亚洲和热带美洲。我国植物属于这一类的约有 62 属，占全国属数的 1.99%，其中原产于美洲热带引种栽培而归化的有 50 余属。我国与热带美洲地区共有的成分不多。

福建峨嵋峰自然保护区这一分布类型共有 16 属（隶属于 14 科），占保护区总属数的 2.14%，分别是木姜子属 *Litsea*、楠木属 *Phoebe*、柃木属 *Eurya*、猴欢喜属 *Sloanea*、桤叶树属 *Clethra*、白珠树属 *Gaultheria*、山香圆属 *Turpinia*、无患子属 *Sapindus*、泡花树属 *Meliosma*、苦木属 *Picrasma*、假卫矛属 *Microtropis*、雀梅藤属 *Sageretia*、藿香蓟属 *Ageratum*、裸柱菊属 *Soliva*、野甘草属 *Scoparia* 和过江藤属 *Phyla*，其中楠木属、柃木属、泡花树属与猴欢喜属往往是我国热带、亚热带常绿森林或灌丛的重要组成。

我国与热带美洲共有成分不多，这是由于热带美洲或南美洲本来位于古南大陆西部，最早于侏罗纪末期就和非洲开始分裂，至白垩纪末期则和非洲完全分离。现在两地区植物区系微弱的联系，只是表明在第三纪以前它们的植物区系曾有共同的渊源。

2.2.4 旧世界热带分布及其变型

旧世界热带分布类型是指亚洲、非洲和大洋洲热带地区，也常称为古大陆热带，以与美洲新大陆、新热带相区别。这一类型比泛热带分布成分具有更强的热带性质和古老与保守成分，在我国属于这一地区分布成分的约有 177 属，其中只有约 10 属的分布延伸至温带。

福建峨嵋峰自然保护区属于这一分布类型共有 50 属（隶属于 42 科），占保护区种子植物总属数的 6.68%，占全国该分布型的 28.25%。其中旧世界热带分布类型有 41 属，分布到亚热带的有黄精叶钩吻属 *Croomia*、天门冬属 *Asparagus*、鹤顶兰属 *Phaius*、朱兰属 *Pogonia*、雨久花属 *Monochoria*、芭蕉属 *Musa*、山姜属 *Alpinia*、水竹叶属 *Murdannia*、杜若属 *Pollia*、细柄草属 *Capillipedium*、弓果黍属 *Cyrtococcum*、金茅属 *Eulalia*、省藤属 *Calamus*、千金藤属 *Stephania*、刺柊属 *Scolopia*、马㼎儿属 *Zehneria*、扁担杆属 *Grewia*、秋葵属 *Abelmoschus*、楼梯草属 *Elatostema*、五月茶属 *Antidesma*、酸藤子属 *Embelia*、杜茎山属 *Maesa*、蒲桃属 *Syzygium*、金锦香属 *Osbeckia*、老虎刺属 *Pterolobium*、狸尾豆属 *Uraria*、吴茱萸属 *Tetradium*、乌蔹莓属 *Cayratia*、桑寄生属 *Loranthus*、槲寄生属 *Viscum*、海桐花属 *Pittosporum*、一点红属 *Emilia*、玉叶金花属 *Mussaenda*、厚壳树属 *Ehretia*、石龙尾属 *Limnophila*、独脚金属 *Striga* 和香茶菜属 *Isodon*。延伸到温带的旧世界热带属有大戟科的野桐属 *Mallotus*、含羞草科的合欢属 *Albizia*、八角枫科的八角枫属 *Alangium*、楝科的楝属 *Melia*。

与本类型相近的热带亚洲、非洲和大洋洲间断分布变型有水蕹属 *Aponogeton*、瓜馥木属 *Fissitigma*、

水蛇麻属 *Fatoua*、百蕊草属 *Thesium*、乌口树属 *Tarenna*、匙羹藤属 *Gymnema*、长蒴苣苔属 *Didymocarpus*、杜根藤属 *Justicia* 和爵床属 *Rostellularia* 9 属。该类分布型起源于古南大陆。

2.2.5 热带亚洲至热带大洋洲分布及其变型

热带亚洲至热带大洋洲分布及其变型是指分布于旧大陆热带分布区东翼的种，其西端有时可到达马达加斯加，但一般不及非洲大陆。本成分主要起源于古南大陆。我国属于这一分布区的地理成分约有 148 属，占全国总属数的 4.75%。

福建峨嵋峰自然保护区中属于这一分布类型的有 37 属（隶属于 23 科），占保护区总属数的 4.95%，占全国该分布型的 25.00%，分别有樟属 *Cinnamomum*、黑藻属 *Hydrilla*、百部属 *Stemona*、开唇兰属 *Anoectochilus*、兰属 *Cymbidium*、葱叶兰属 *Microtis*、阔蕊兰属 *Peristylus*、石仙桃属 *Pholidota*、姜属 *Zingiber*、觿茅属 *Dimeria*、耳稃草属 *Garnotia*、薄稃草属 *Leptoloma*、淡竹叶属 *Lophatherum*、结缕草属 *Zoysia*、栝楼属 *Trichosanthes*、柘属 *Maclura*、黑面神属 *Breynia*、荛花属 *Wikstroemia*、小二仙草属 *Haloragis*、山龙眼属 *Helicia*、紫薇属 *Lagerstroemia*、野牡丹属 *Melastoma*、臭椿属 *Ailanthus*、齿果草属 *Salomonia*、崖爬藤属 *Tetrastigma*、蛇菰属 *Balanophora*、链珠藤属 *Alyxia*、毛麝香属 *Adenosma*、胡麻草属 *Centranthera*、通泉草属 *Mazus*、牛耳草属 *Boea*、白接骨属 *Asystasiella*、新耳草属 *Neanotis*、水蜡烛属 *Dysophylla*、广防风属 *Epimeredi*、小野芝麻属 *Galeobdolon*、野芝麻属 *Lamium*。

千屈菜科的紫薇属、瑞香科的荛花属、野牡丹科的野牡丹属、山龙眼科的山龙眼属植物等可分布到亚热带甚至温带。

樟属植物还是当地森林群落的重要组成，有些种类甚至是乔木树种，在一定程度上决定了群落的外貌特征。在保护区内没有该分布区类型的变型。本成分主要起源于古南大陆。

2.2.6 热带亚洲至热带非洲分布及其变型

热带亚洲至热带非洲分布及其变型是指分布于旧大陆热带分区西翼，从热带非洲至马来西亚，有的也分布到斐济等南太平洋岛屿，但不到澳大利亚大陆，这类分布区成分也是起源于古南大陆。我国属于这一地区分布的成分约有 164 属，占全国总属数的 5.26%。

在福建峨嵋峰自然保护区属于热带亚洲至热带非洲分布类型的植物有 27 属（隶属于 16 科），占保护区总属数的 3.62%，占全国该分布型的 16.46%。磨芋属 *Amorphophallus*、黄花独蒜属 *Spathoglottis*、荩草属 *Arthraxon*、荩竹属 *Microstegium*、芒属 *Miscanthus*、类芦属 *Neyraudia*、菅属 *Themeda*、草沙蚕属 *Tripogon*、藤黄属 *Garcinia*、假楼梯草属 *Lecanthus*、土密树属 *Bridelia*、蓖麻属 *Ricinus*、铁仔属 *Myrsine*、大豆属 *Glycine*、飞龙掌血属 *Toddalia*、钝果寄生属 *Taxillus*、常春藤属 *Hedera*、革命菜属 *Crassocephalum*、鱼眼草属 *Dichrocephala*、六棱菊属 *Laggera*、水团花属 *Adina*、狗骨柴属 *Tricalysia*、九头狮子草属 *Peristrophe*、孩儿草属 *Rungia*、腐婢属 *Premna* 25 属属于热带亚洲至热带非洲分布类型。杨桐属 *Adinandra* 和黑鳗藤属 *Stephanotis* 2 属是热带亚洲和东非间断分布变型。

这类成分也起源于古南大陆，但由于非洲古陆历来与古地中海相毗连，有不少属和古地中海植物区系发生一定联系。

2.2.7 热带亚洲分布及其变型

热带亚洲是旧大陆的中心部分，其范围包括印度、斯里兰卡、中南半岛、印度尼西亚、加里曼丹、菲律宾及伊里安等，东面可到斐济等南太平洋诸岛屿，但不到大洋洲大陆，其分布区的北部边缘到达我国西南、华南及台湾热带地区甚至更北地区。由于这一地区处于南、北古大陆的接触交汇地带，自第三纪以来生物气候条件未经巨大的动荡而保持相对稳定的状态，地区又有内部复杂的生境变化，因此成为世界上植物区系成分最丰富的地区之一，并且保存了大量第三纪古热带植物区系的后裔或残遗。我国属于这一类型的植物约有 611 属，占全国属数的 19.61%，本类型又富有古老或原始的单型和少型属，共有 260 多属，约占本类成分的 1/2，占全国单型、少型属的 1/4，因此这类成分也是我国植物区系中最丰富的成分。

在福建峨嵋峰自然保护区内，这一分布类型的成分有 83 属（隶属于 40 科），占保护区种子植物总属数的 11.10%，占全国该分布型的 13.58%。其中 64 属是热带亚洲分布，它们是竹柏属 Nageia、木莲属 Manglietia、含笑属 Michelia、南五味子属 Kadsura、山胡椒属 Lindera、润楠属 Machilus、新木姜子属 Neolitsea、草珊瑚属 Sarcandra、海芋属 Alocasia、芋属 Colocasia、犁头尖属 Typhonium、肖菝葜属 Heterosmilax、竹叶兰属 Arundina、贝母兰属 Coelogyne、石斛属 Dendrobium、厚唇兰属 Epigenium、斑叶兰属 Goodyera、球柄兰属 Mischobulbum、带唇兰属 Tainia、舞花姜属 Globba、沟稃草属 Aulacolepis、方竹属 Chimonobambusa、薏苡属 Coix、箬竹属 Indocalamus、河八王属 Narenga、棕竹属 Rhapis、轮环藤属 Cyclea、秤钩风属 Diploclisia、细圆藤属 Pericampylus、假蚊母树属 Distyliopsis、蚊母树属 Distylium、水丝梨属 Sycopsis、青冈属 Cyclobalanopsis、黄杞属 Engelhardtia、野扇花属 Sarcococca、交让木属 Daphniphyllum、山茶属 Camellia、绞股蓝属 Gynostemma、茅瓜属 Solena、构树属 Broussonetia、糯米团属 Gonostegia、紫麻属 Oreocnide、赤车属 Pellionia、蛇莓属 Duchesnea、柏拉木属 Blastus、清风藤属 Sabia、葛属 Pueraria、金橘属 Fortunella、梨果寄生属 Scurrula、常山属 Dichroa、吴茱萸五加属 Gamblea、野苦荬属 Ixeris、翅果菊属 Pterocypsela、流苏子属 Coptosapelta、蛇根草属 Ophiorrhiza、鸡矢藤属 Paederia、槽裂木属 Pertusadina、鳝藤属 Anodendron、花皮胶藤属 Ecdysanthera、野菰属 Aeginetia、蚂蝗七属 Chirita、穿心莲属 Andrographis、金足草属 Goldfussia 和假地皮消属 Leptosiphonium。

壳斗科的青冈属、樟科的润楠属和山胡椒属、山茶科的山茶属、胡桃科的黄杞属、金粟兰科的草珊瑚属及热带亚洲特有植物交让木属等皆在我国热带、亚热带森林中起着建群作用或是常见植物。此外，还有一些竹类，如箬竹属等在我国热带、亚热带森林中往往成为灌木层的优势种。这些植物大多数是第三纪古热带植物区系的后裔，表明我国热带、亚热带森林植被的古老性及其与更北部分布的温带森林在区系上发生的联系。亚热带森林中还有不少藤本植物如清风藤属、南五味子属。

热带亚洲植物区系成分主要是古南大陆和古北大陆南部（或热带劳亚古陆）起源。例如，黄杞属与南五味子属即是起源于古北大陆南部古老或原始的科属。

此外，在保护区内，蕈树属 Altingia、木荷属 Schima、梭罗树属 Reevesia、秋枫属 Bischofia、锦香草属 Phyllagathis、石椒草属 Boenninghausenia、大参属 Macropanax、金钱豹属 Campanumoea、凉粉草属 Mesona、假糙苏属 Paraphlomis10 属属于爪哇、喜马拉雅间断或星散分布到华南、西南的分布变型；独蒜兰属 Pleione、肉穗草属 Sarcopyramis、昆明鸡血藤属 Callerya、幌伞枫属 Heteropanax、帘子藤属 Pottsia 5 属为热带印度至华南分布的变型；赤杨叶属 Alniphyllum、陀螺果属 Melliodendron、异药花属 Fordiophyton、半蒴苣苔属 Hemiboea 4 属为越南（或中南半岛）至华南（或西南）分布的变型。

2.2.8　北温带分布及其变型

本分布型一般是指分布于欧洲、亚洲和北美洲温带地区的属。由于历史和地理的原因，有些属沿山脉向南延伸到热带山区，直至南半球温带，但其分布中心或原始类型仍在北温带。我国这一分布类型约有 302 属，占全国属数的 9.69%，几乎包括了北温带分布的所有典型的含乔木种的属。

在福建峨嵋峰自然保护区中有北温带分布类型及其变型 102 属（隶属于 55 科），占保护区总属数的 13.63%，属保护区第二大分布类型，仅次于泛热带分布的成分。其中 79 属于北温带分布类型：刺柏属 Juniperus、松属 Pinus、红豆杉科的红豆杉属 Taxus、萍蓬草属 Nuphar、细辛属 Asarum、漆姑草属 Sagina、何首乌属 Fallopia、泽泻属 Alisma、天南星属 Arisaema、黄精属 Polygonatum、百合属 Lilium、藜芦属 Veratrum、鸢尾属 Iris、金兰属 Cephalanthera、玉凤花属 Habenaria、舌唇兰属 Platanthera、绶草属 Spiranthes、野古草属 Arundinella、燕麦属 Avena、拂子茅属 Calamagrostis、野青茅属 Deyeuxia、稗属 Echinochloa、画眉草属 Eragrostis、乌头属 Aconitum、黄连属 Coptis、翠雀属 Delphinium、小檗属 Berberis、紫堇属 Corydalis、

栗属 *Castanea*、水青冈属 *Fagus*、栎属 *Quercus*、赤杨属 *Alnus*、桦木属 *Betula*、鹅耳枥属 *Carpinus*、胡桃属 *Juglans*、柳属 *Salix*、荠属 *Capsella*、椴属 *Tilia*、锦葵属 *Malva*、榆属 *Ulmus*、葎草属 *Humulus*、桑属 *Morus*、杜鹃花属 *Rhododendron*、鹿蹄草属 *Pyrola*、虎耳草属 *Saxifraga*、龙芽草属 *Agrimonia*、假升麻属 *Aruncus*、樱属 *Cerasus*、山楂属 *Crataegus*、海棠属 *Malus*、委陵菜属 *Potentilla*、蔷薇属 *Rosa*、花楸属 *Sorbus*、绣线菊属 *Spiraea*、梅花草属 *Parnassia*、胡颓子属 *Elaeagnus*、露珠草属 *Circaea*、槭属 *Acer*、盐肤木属 *Rhus*、葡萄属 *Vitis*、山茱萸属 *Cornus*、鸭儿芹属 *Cryptotaenia*、藁本属 *Ligusticum*、荚蒾属 *Viburnum*、忍冬属 *Lonicera*、香青属 *Anaphalis*、蒿属 *Artemisia*、紫菀属 *Aster*、蓟属 *Cirsium*、一枝黄花属 *Solidago*、白蜡树属 *Fraxinus*、琉璃草属 *Cynoglossum*、紫草属 *Lithospermum*、山罗花属 *Melampyrum*、玄参属 *Scrophularia*、风轮菜属 *Clinopodium*、活血丹属 *Glechoma*、地笋属 *Lycopus*、夏枯草属 *Prunella*。

许多成分是我国温带及亚热带山地落叶阔叶林的主要组成，但它们也经常出现在亚热带常绿阔叶林中。其中松属、栎属、水青冈属、椴树属、鹅耳枥属也是本区森林群落的重要组成部分，这些属内的一些种还是森林群落的优势种，如马尾松 *Pinus massoniana*、短柄枹 *Quercus serrata* var. *brevipetiolata*、细叶青冈 *Cyclobalanopsis gracilis*、水青冈 *Fagus longipetiolata*、雷公鹅耳枥 *Carpinus viminea* 等。

其北温带和南温带间断分布变型有无心菜属 *Arenaria*、卷耳属 *Cerastium*、蝇子草属 *Silene*、慈姑属 *Sagittaria*、雀麦属 *Bromus*、梯牧草属 *Phleum*、黑三棱属 *Sparganium*、唐松草属 *Thalictrum*、杨梅属 *Myrica*、越桔属 *Vaccinium*、景天属 *Sedum*、金腰属 *Chrysosplenium*、路边青属 *Geum*、稠李属 *Padus*、柳叶菜属 *Epilobium*、巢菜属 *Vicia*、当归属 *Angelica*、接骨木属 *Sambucus*、獐牙菜属 *Swertia*、茜草属 *Rubia*、婆婆纳属 *Veronica* 等 21 属；欧亚和南美洲间断分布变型有看麦娘属 *Alopecurus* 和柴胡属 *Bupleurum* 2 属。

2.2.9　东亚和北美洲间断分布及其变型

该分布类型及其变型是指间断分布于东亚和北美温带及亚热带地区的植物成分，有些可从亚洲延伸到印度-马来西亚，在美洲也可延至热带，个别属还出现于南非、澳大利亚或中亚，但它们的分布中心都分别在东亚和北美。我国属于这一区系成分的约 124 属，占全国属数的 3.98%，其中单型和少型的有 54 属，占本类型的 43.55%，表明这一成分的古老性。

在福建峨嵋峰自然保护区中有 54 属（隶属于 40 科），占保护区总属数的 7.22%，占全国该分布型的43.55%。其中东亚和北美洲间断分布有 53 属，它们分别是铁杉属 *Tsuga*、榧树属 *Torreya*、鹅掌楸属 *Liriodendron*、玉兰属 *Yulania*、八角属 *Illicium*、北五味子属 *Schisandra*、檫木属 *Sassafras*、三白草属 *Saururus*、金线草属 *Antenoron*、菖蒲属 *Acorus*、粉条儿菜属 *Aletris*、万寿竹属 *Disporum*、蜻蜓兰属 *Tulotis*、莲属 *Nelumbo*、十大功劳属 *Mahonia*、枫香树属 *Liquidambar*、栲属 *Castanopsis*、柯属 *Lithocarpus*、板凳果属 *Pachysandra*、南烛属 *Lyonia*、马醉木属 *Pieris*、山小檗属 *Hugeria*、银钟花属 *Halesia*、落新妇属 *Astilbe*、黄水枝属 *Tiarella*、鼠刺属 *Itea*、石楠属 *Photinia*、漆树属 *Toxicodendron*、皂荚属 *Gleditsia*、肥皂荚属 *Gymnocladus*、三籽两型豆属 *Amphicarpaea*、土圞儿属 *Apios*、香槐属 *Cladrastis*、山蚂蝗属 *Desmodium*、胡枝子属 *Lespedeza*、长柄山蚂蝗属 *Podocarpium*、紫藤属 *Wisteria*、勾儿茶属 *Berchemia*、蛇葡萄属 *Ampelopsis*、地锦属 *Parthenocissus*、绣球花属 *Hydrangea*、蓝果树属 *Nyssa*、楤木属 *Aralia*、香根芹属 *Osmorhiza*、流苏树属 *Chionanthus*、木犀属 *Osmanthus*、风箱树属 *Cephalanthus*、络石属 *Trachelospermum*、散血丹属 *Physaliastrum*、腹水草属 *Veronicastrum*、凌霄属 *Campsis*、透骨草属 *Phryma*、藿香属 *Agastache*。

其中一些在我国主要分布于西南至秦岭到长江以南的亚热带地区，在亚热带森林组成中占有重要地位，最明显的例子是壳斗科的栲属植物，甜槠 *Castanopsis eyrei*、苦槠 *Castanopsis sclerophylla*、钩锥 *Castanopsis tibetana*、毛锥 *Castanopsis fordii*、米槠 *Castanopsis carlesii*、栲 *Castanopsis fargesii*、枫香树 *Liquidambar formosana*、檫木 *Sassafras tzumu* 等都是常绿阔叶林的建群种。此外还有木兰科的鹅掌楸属、金缕梅科的枫香树属、壳斗科的柯属、蝶形花科的胡枝子属和小槐花属、蔷薇科的石楠属、葡萄科的蛇葡萄属、五加科的楤木属等。

其东亚和墨西哥间断分布变型有六道木属 *Abelia*。

2.2.10　旧世界温带分布及其变型

本分布型是指广泛分布于欧亚两洲中-高纬度温带和寒温带、个别种延伸到北非、亚非热带山地或澳大利亚的属。我国属于这一类型的成分有 164 属，占全国属数的 5.26%。单型属和少型属比较贫乏，而且大多数是草本，即具有北温带区系的一般特色。

在福建峨嵋峰自然保护区内，旧世界温带分布类型有 31 属（隶属于 19 科），占保护区总属数的 4.14%，占全国该分布型的 18.90%。其中旧世界温带分布有 23 属：剪秋罗属 *Lychnis*、鹅肠菜属 *Myosoton*、荞麦属 *Fagopyrum*、重楼属 *Paris*、萱草属 *Hemerocallis* 角盘兰属 *Herminium*、鹅观草属 *Roegneria*、三枝九叶草属 *Epimedium*、瑞香属 *Daphne*、梨属 *Pyrus*、菱属 *Trapa*、水芹属 *Oenanthe*、山芹属 *Ostericum*、沙参属 *Adenophora*、牛蒡属 *Arctium*、天名精属 *Carpesium*、菊属 *Dendranthema*、旋覆花属 *Inula*、莴苣属 *Lactuca*、橐吾属 *Ligularia*、筋骨草属 *Ajuga*、香薷属 *Elsholtzia*、益母草属 *Leonurus*。

榉树属 *Zelkova*、桃属 *Amygdalus*、马甲子属 *Paliurus*、窃衣属 *Torilis*、女贞属 *Ligustrum*、牛至属 *Origanum* 6 属是地中海区、西亚和东亚间断分布的变型。前胡属 *Peucedanum* 和绵枣儿属 *Scilla* 2 属是欧亚和南非洲间断分布的变型。由此可见，本区系与地中海、西伯利亚、欧洲及非洲有一定的联系。

另外，该分布类型植物多为草本，木本植物较少，只有女贞属、榉属、桃属、梨属等几个属，在本区系中不起主要作用。

2.2.11　温带亚洲分布

本分布型是指分布区主要限于亚洲温带，一般包括中亚（甚至西亚）、俄罗斯亚洲部分的南部和东西伯利亚，个别属延伸到北美西北部，南界至喜马拉雅山区，我国西南、华北至东北，朝鲜和日本北部，有些属至华中、华东的亚热带地区。我国属于这一类的成分不多，约 55 属，只占全国属数的 1.77%，其中以菊科、十字花科和伞形科居显著地位，北温带和旧大陆温带成分丰富，有 44 属约占本成分的 70%，是从北温带成分中分化衍生而来的。

该分布类型在保护区内有 4 属（隶属于 4 科），占保护区总属数的 0.53%，占全国该分布型的 7.27%。它们分别是大油芒属 *Spodiopogon*、杏属 *Armeniaca*、马兰属 *Kalimeris*、附地菜属 *Trigonotis*，分布于路边、田野。

2.2.12　地中海区、西亚至中亚分布及其变型

本分布型是指分布于现代地中海周围，经过小亚细亚半岛、西亚、伊朗、阿富汗至俄罗斯中亚和我国新疆、青藏高原至蒙古一带的属，即相当于世界植物区系分区中的地中海地区和西亚-中亚地区的范围。该分布类型我国约有 171 属，占全国属数的 5.49%，其中单型和少型属很丰富，约有 73 属，为本类型的 42.69%。这一分布类型起源于古地中海沿岸，并且与古南大陆有密切联系。

该类型在本区分布较少，只有黄连木属 *Pistacia*，为温带、热带亚洲、大洋洲和南美洲间断分布变型，占保护区内种子植物总属数的 0.13%，占全国该分布型的 0.58%。

2.2.13　东亚分布及其变型

该分布类型的范围是指从喜马拉雅到日本的属，其分布区一般向我国东北不超过俄罗斯境内的阿穆尔和日本北部至萨哈林，向西南不超过越南北部和喜马拉雅东部（或尼泊尔），向南最远到达菲律宾、苏门答腊及爪哇岛，向西北一般以我国各类森林的边界为界。它们和温带亚洲成分中的一些属的分布有时难以区分，但本类成分一般分布区较小。这一成分我国约有 299 属，占全国属数的 9.60%，其中单型和少型属极丰富，约有 200 属，该成分几乎都是森林植物区系。

在福建峨嵋峰自然保护区内,这一分布类型的植物有95属(隶属于64科),占保护区总属数的12.70%,是保护区第三大分布类型,占全国该分布型的31.77%。其中东亚分布类型有44属,它们分别是三尖杉属 *Cephalotaxus*、蕺菜属 *Houttuynia*、山麦冬属 *Liriope*、麦冬属 *Ophiopogon*、石蒜属 *Lycoris*、蜘蛛抱蛋属 *Aspidistra*、荞麦叶贝母属 *Cardiocrinum*、油点草属 *Tricyrtis*、无柱兰属 *Amitostigma*、刚竹属 *Phyllostachys*、金发草属 *Pogonatherum*、秋分草属 *Rhynchospermum*、棕榈属 *Trachycarpus*、野木瓜属 *Stauntonia*、蜡瓣花属 *Corylopsis*、檵木属 *Loropetalum*、旌节花属 *Stachyurus*、盒子草属 *Actinostemma*、花点草属 *Nanocnide*、油桐属 *Vernicia*、猕猴桃属 *Actinidia*、吊钟花属 *Enkianthus*、石斑木属 *Rhaphiolepis*、野海棠属 *Bredia*、茵芋属 *Skimmia*、溲疏属 *Deutzia*、四照花属 *Dendrobenthamia*、桃叶珊瑚属 *Aucuba*、青荚叶属 *Helwingia*、五加属 *Eleutherococcus*、败酱属 *Patrinia*、党参属 *Codonopsis*、兔儿风属 *Ainsliaea*、假福王草属 *Paraprenanthes*、帚菊属 *Pertya*、秋分草属 *Rhynchospermum*、蒲儿根属 *Sinosenecio*、黄鹌菜属 *Youngia*、蓬莱葛属 *Gardneria*、虎刺属 *Damnacanthus*、斑种草属 *Bothriospermum*、莸属 *Caryopteris*、石荠苎属 *Mosla*、紫苏属 *Perilla*。

另外,本分布类型还有两个变型,一是中国-喜马拉雅分布变型,本区有油杉属 *Keteleeria*、开口箭属 *Tupistra*、竹叶吉祥草属 *Spatholirion*、八月瓜属 *Holboellia*、人字果属 *Dichocarpum*、八角莲属 *Dysosma*、梧桐属 *Firmiana*、红果树属 *Stranvaesia*、南酸枣属 *Choerospondias*、冠盖藤属 *Pileostegia*、阴行草属 *Siphonostegia*、吊石苣苔属 *Lysionotus*、马铃苣苔属 *Oreocharis* 13 个属。

二是中国-日本分布变型,本区有柳杉属 *Cryptomeria*、虎杖属 *Reynoutria*、半夏属 *Pinellia*、玉簪属 *Hosta*、苦竹属 *Pleioblastus*、茶杆竹属 *Pseudosasa*、木通科的木通属 *Akebia*、风龙属 *Sinomenium*、天葵属 *Semiaquilegia*、南天竹属 *Nandina*、博落回属 *Macleaya*、化香树属 *Platycarya*、枫杨属 *Pterocarya*、山桐子属 *Idesia*、田麻属 *Corchoropsis*、白辛树属 *Pterostyrax*、假婆婆纳属 *Stimpsonia*、棣棠属 *Kerria*、野珠兰属 *Stephanandra*、野鸦椿属 *Euscaphis*、鸡眼草属 *Kummerowia*、雷公藤属 *Tripterygium*、枳椇属 *Hovenia*、梅花甜茶属 *Platycrater*、钻地风属 *Schizophragma*、白苞芹属 *Nothosmyrnium*、锦带花属 *Weigela*、双蝴蝶属 *Tripterospermum*、六月雪属 *Serissa*、萝藦属 *Metaplexis*、龙珠属 *Tubocapsicum*、鹿茸草属 *Monochasma*、泡桐属 *Paulownia*、松蒿属 *Phtheirospermum*、苦苣苔属 *Conandron*、茶菱属 *Trapella*、黄猄草属 *Championella*、香简草属 *Keiskea* 38 个属。

说明本区与日本的联系较为明显。其中柳杉属是典型的中国-日本分布,该属只有柳杉 *Cryptomeria fortunei* 和日本柳杉 *Cryptomeria japonica* 2 种,前者分布在我国,本区也有,后者分布于日本。另外,在本分布类型中,乔木型的属也较多,如南酸枣属、泡桐属、山桐子属、柳杉属、刚竹属、三尖杉属等10 余属,对本区森林群落的构建起着重要的作用。刚竹属的毛竹 *Phyllostachysedulis* 在本区还形成了大面积的纯林或混交林,南酸枣 *Choerospondias axillaris*、化香 *Platycarya strobilacea* 等也是森林群落的组成部分。

2.2.14　中国特有分布

中国特有分布是指以中国自然植物区为中心的植物类群,其分布局限于中国境内,或很少一部分植物的分布延伸至周边国家。特有属的研究,对于探讨某地区植物区系的性质、区划、起源、变迁,乃至其他植物区系的亲缘关系都有着十分重要的价值。我国特有成分257属,起源很复杂,特有古老木本属主要集中于我国北纬20°~40°,起源于古北大陆南部,远在第三纪以前即已形成和分化。

福建峨嵋峰自然保护区共有中国特有分布类型29属(隶属于24科),占保护区内总属数的3.88%,占全国该分布类型的11.28%。它们分别是银杏属 *Ginkgo*、杉木属 *Cunninghamia*、白豆杉属 *Pseudotaxus*、拟单性木兰属 *Parakmeria*、蜡梅属 *Chimonanthus*、酸竹属 *Acidosasa*、大血藤属 *Sargentodoxa*、血水草属 *Eomecon*、半枫荷属 *Semiliquidambar*、青钱柳属 *Cyclocarya*、川藻属 *Dalzellia*、石笔木属 *Tutcheria*、阴山荠属 *Yinshania*、青檀属 *Pteroceltis*、川藻属 *Dalzellia* 瘿椒树属 *Tapiscia*、伞花木属 *Eurycorymbus*、伯乐树属 *Bretschneidera*、枸橘属 *Poncirus*、草绣球属 *Cardiandra*、喜树属 *Camptotheca*、香果树属 *Emmenopterys*、秦岭藤属 *Biondia*、皿果草属 *Omphalotrigonotis*、盾果草属 *Thyrocarpus*、台地黄属

Titanotrichum、毛药花属 *Bostrychanthera*、四轮香属 *Hanceola*、四棱草属 *Schnabelia*、髯药草属 *Sinopogonanthera*。石笔木、伞花木、瘿椒树、大血藤在保护区的森林中均较为常见。这些属都是进化上比较原始、古老的成分，这在一定程度上说明本区系成分古老性的特点。

2.3 蕨类植物区系分析

福建峨嵋峰自然保护区内蕨类植物有41科78属，其中，世界分布20属，分别是：石松属 *Lycopodium*、石杉属 *Huperzia*、水韭属 *Isoetes*、卷柏属 *Selaginella*、笔管草属 *Hippochaete*、膜蕨属 *Hymenophyllum*、蕨属 *Pteridium*、粉背蕨属 *Aleuritopteris*、铁线蕨属 *Adiantum*、蹄盖蕨属 *Athyrium*、铁角蕨属 *Asplenium*、狗脊属 *Woodwardia*、鳞毛蕨属 *Dryopteris*、耳蕨属 *Polystichum*、石韦属 *Pyrrosia*、剑蕨属 *Loxogramme*、舌蕨属 *Elaphoglossum*、苹属 *Marsilea*、槐叶苹属 *Salvinia*、满江红属 *Azolla*。泛热带分布27属，分别是：松叶蕨属 *Psilotum*、垂穗石松属 *Palhinhaea*、马尾杉属 *Phlegmariurus*、瘤足蕨属 *Plagiogyria*、海金沙属 *Lygodium*、里白属 *Hicriopteris*、蔗蕨属 *Mecodium*、瓶蕨属 *Trichomanes*、碗蕨属 *Dennstaedtia*、姬蕨属 *Hypolepis*、鳞始蕨属 *Lindsawa*、乌蕨属 *Sphenomeris*、肾蕨属 *Nephrolepis*、凤尾蕨属 *Pteris*、碎米蕨属 *Cheilosoria*、隐囊蕨属 *Notholaena*、金粉蕨属 *Onychium*、凤丫蕨属 *Coniogramme*、短肠蕨属 *Allantodia*、毛蕨属 *Cyclosorus*、金星蕨属 *Parathelypteris*、假毛蕨属 *Pseudocyclosorus*、乌毛蕨属 *Blechnum*、复叶耳蕨属 *Arachniodes*、肋毛蕨属 *Ctenitis*、实蕨属 *Bolbitis*、书带蕨属 *Vittaria*。热带亚洲和热带美洲间断分布有金毛狗属 *Cibotium*、双盖蕨属 *Diplazium* 2 属，旧世界热带分布有莲座蕨属 *Angiopteris*、芒萁属 *Dicranopteris*、鳞盖蕨属 *Microlepia*、阴石蕨属 *Humata*、介蕨属 *Dryoathyrium*、线蕨属 *Colysis* 6属，热带亚洲至热带大洋洲分布有菜蕨属 *Callipteris*、针毛蕨属 *Macrothelypteris*、槲蕨属 *Drynaria*、革舌蕨属 *Scleroglossum* 4属，热带亚洲至热带非洲分布有角蕨属 *Cornopteris*、贯众属 *Cyrtomium*、瓦韦属 *Lepisorus*、星蕨属 *Microsorium*、盾蕨属 *Neolepisorus*、车前蕨属 *Antrophyum* 6 属，热带亚洲分布有藤石松属 *Lycopodiastrum*、锯蕨属 *Micropolypodium* 2属，北温带分布有紫萁属 *Osmunda*、卵果蕨属 *Phegopteris*、荚果蕨属 *Matteuccia* 3 属，东亚分布有假蹄盖蕨属 *Athyriopsis*、凸轴蕨属 *Metathelypteris*、伏石蕨属 *Lemmaphyllum*、骨牌蕨属 *Lepidogrammitis*、鳞果星蕨属 *Lepidomicrosorium*、假瘤蕨属 *Phymatopsis*、水龙骨属 *Polypodiodes*、石蕨属 *Saxiglossum* 8属。

有许多是古热带起源的，如里白科 Gleicheniaceae、蚌壳蕨科 Dicksoniaceae 等；热带亚洲起源者有莲座蕨科 Angiopteridaceae、金星蕨科 Thelypteridaceae 等；劳亚古大陆起源的以中国－喜马拉雅地区为其发展中心的有水龙骨科 Polypodiaceae、鳞毛蕨科 Dryopteridaceae、蹄盖蕨科 Athyriaceae 等；泛热带成分主要有铁线蕨科 Adiantaceae 等。常见的大型蕨类植物，如福建观音座莲、金毛狗等，都反映了福建峨嵋峰自然保护区植物区系的古老性。

2.4 种子植物区系地理成分统计分析

从福建峨嵋峰自然保护区种子植物属的区系地理成分看，各类热带成分有366属，占本区总属数（不包括世界分布属）的53.67%，其中泛热带成分有153属，占本区总属数的22.43%，热带亚洲（印度—马来西亚）成分有83属，占本区总属数的12.17%，旧大陆热带成分有50属，占本区总属数的7.33%，热带亚洲至热带大洋洲分布有37属，占本区总属数的5.43%，热带亚洲至热带非洲分布有27属，占本区总属数的3.96%；各类温带成分计有316属，占本区总属数（不包括世界分布属）的46.33%，其中北温带成分有103属，占本区总属数的15.10%，东亚（喜马拉雅—日本）成分有95属，占本区总属数的13.93%，东亚－北美间断分布成分有54属，占本区总属数的7.92%，温带亚洲分布仅有4属，占本区总属数的0.59%，地中海、西亚至中亚分布仅有1属，占本区总属数的0.15%，中国特有分布的有28属，占本区总属数的4.11%。

从以上可以看出各类热带成分中以泛热带成分最为显著，其次是北温带成分，再次是东亚（喜马拉雅—日本）成分和热带亚洲（印度—马来西亚）成分。不计算世界分布的成分，则福建峨嵋峰自然保护区各热带成分占 53.67%，各温带成分占 46.33%，与福建武夷山自然保护区（分别为 52.3%和 47.7%）、浙江省九龙山（分别为 47.6%和 52.4%）、云南省西双版纳（群落样地标本统计）（分别为 87.3%和 12.7%）种子植物区系成分进行比较表明，福建峨嵋峰自然保护区与浙江省九龙山和福建武夷山自然保护区较为相似，而与西双版纳植物区系相差较大。

2.5　植物区系的特征

2.5.1　植物种类丰富，热带、亚热带成分多

根据调查，保护区内有维管束植物 239 科 826 属 1938 种。其中蕨类植物 41 科 78 属 178 种；裸子植物 8 科 13 属 14 种；被子植物 190 科 735 属 1746 种。由此可见福建峨嵋峰自然保护区植物区系成分繁多。区系组成和这里具有较丰富的水热条件是一致的。

自然保护区森林群落的植物区系组成中，热带、亚热带的科属种类较多，含属种较多的科如壳斗科 Fagaceae（常绿种类）、樟科 Lauraceae、茜草科 Rubiaceae、蝶形花科 Papilionaceae、山茶科 Camelliaceae、大戟科 Euphobiaceae、紫金牛科 Myrsinaceae、桑科 Moraceae、桃金娘科 Myrtaceae、野牡丹科 Melastomaceae 都是热带、亚热带性科。属的分析表明，福建峨嵋峰自然保护区也以热带、亚热带成分为主。

2.5.2　区系成分复杂

福建峨嵋峰自然保护区植物区系成分很复杂，在 15 个分布区类型及其变型中，仅中亚分布及其变型未见，其他各种成分都有。以泛热带分布类型及其变型最多，达 153 属，如杜英属 Elaeocarpus、厚壳桂属 Cryptocarya、树参属 Dendropanax、鹅掌柴属 Schefflera 和乌桕属 Sapium 常为热带、亚热带森林中上层的优势或亚优势植物。冬青属 Ilex、山矾属 Symplocos、榕属 Ficus、紫金牛属 Ardisia、密花树属 Rapanea、卫矛属 Euonymus 植物在灌木层中最为常见，油麻藤属 Mucuna、菝葜属 Smilax 植物是林内或林缘常见的藤本植物。

热带亚洲分布及其变型在保护区中有 81 属，润楠属 Machilus、山茶属 Camellia、含笑属 Michelia、木荷属 Schima、交让木属 Daphniphyllum、黄杞属 Engelhardtia、水丝梨属 Sycopsis、草珊瑚属 Sarcandra 植物都是保护区常绿阔叶林中很常见的成分。

此外，旧世界热带分布类型及其变型的山姜属 Alpinia 有时成为常绿阔叶林的草本层优势种；热带亚洲、非洲和大洋洲分布类型的瓜馥木属 Fissitigma，热带亚洲至热带大洋洲分布类型的樟属 Cinnamomum、山龙眼属 Helicia、野牡丹属 Melastoma，热带亚洲至热带非洲分布及其变型的狗骨柴属 Tricalysia 也都较为常见。

东亚和北美洲间断分布的栲属 Castanopsis 植物，在亚热带常绿阔叶林的组成中占有重要地位，其中甜槠、苦槠、钩锥是福建峨嵋峰自然保护区亚热带常绿阔叶林的建群种，栲则为次生性常绿阔叶林的建群种。

2.5.3　区系起源古老，单型或寡型属占一定比例

福建峨嵋峰自然保护区植物区系发展悠久，由于第四纪冰川未直接影响到福建，第四纪前的植物得以繁衍延续，但由于冰川的进退引起的冷暖交替对保护区第四纪前的植物区系组成及其稳定性都有一定程度的干扰，福建峨嵋峰自然保护区的现代植物区系成分比较复杂，有许多成分是第三纪植物区系的直接后裔，有些则是其他区系延伸的结果，自然保护区中有不少是古老的科、属、种类，木兰科、壳斗科、桑科、番荔枝科、金缕梅科、大戟科、豆科、茜草科、百合科、棕榈科等在福建第三系、第四系地层中均有一些属、种的化石发现，这些科在保护区内都是属、种较多的科，水青冈属 Fagus、玉兰属 Yulania、

五味子属 *Schisandra*、猕猴桃属 *Actinidia*、南蛇藤属 *Celastrus*、鹅耳枥属 *Carpinus*、葡萄属 *Vitis* 等属的种类在保护区内都较为常见。

在保护区内有较多单型属或寡型属的代表,如蕨类植物水韭科的东方水韭、莲座蕨科的福建观音座莲 *Angiopteris fokiensis*、蚌壳蕨科的金毛狗 *Cibotium barometz*,裸子植物中红豆杉科的南方红豆杉 *Taxus wallichiana* var. *mairei*,被子植物中木兰科的鹅掌楸 *Liriodendron chinense*、大血藤科的大血藤 *Sargentodoxa cuneata*、三白草科的蕺菜 *Houttuynia cordata*、金粟兰科的草珊瑚 *Sarcandra glabra*、伯乐树科的伯乐树 *Bretschneidera sinensis*、胡桃科的青钱柳 *Cyclocarya paliurus* 等,这些种在科研上有特殊价值。

2.5.4 植被组成区系分析

从组成植被的主要科属地理成分分析,松属是北温带成分,其中马尾松广泛分布于汉水、淮河以南,是针叶林的建群种。杉属是我国特产,只有杉木,广泛分布于长江以南,是华东和华中地区代表树种。总之,保护区内针叶林建群种主要是华东、华南与华中地区的广布种,缺乏窄域性和喜热性种类。

组成常绿阔叶林的壳斗科、樟科、杜英科、木兰科、山茶科、金缕梅科、紫金牛科的属的分布区类型比较复杂,其中热带性属种类比较多,尤其是热带亚洲(印度—马来西亚)成分占有较重要地位,但是这些热带性属种都是广泛分布于亚热带,个别种可以分布到温带,缺乏局限于热带或南亚热带的种类,东亚—北美间断分布成分也有相当重要地位。中国特有属不多。北温带成分有猕猴桃科的猕猴桃属 *Actinidia*、绣球花科的绣球花属 *Hydrangea*、蔷薇科的花楸属 *Sorbus*、槭树科的槭属 *Acer*。

第三节 植物资源及分布

3.1 植物资源概况

福建峨嵋峰自然保护区的经济植物资源非常丰富,其中有许多可供食用与药用,是经济建设、人民生活的重要资源,有些是丰富的遗传资源,有的则可提供松香、松节油、各种芳香油、活性炭、笋干、香菇、木耳等各类林副产品,有的可以用于生态恢复。调查结果表明,福建峨嵋峰自然保护区有珍稀濒危和特有植物 94 种,有食用植物 113 种、药用植物 784 种、园林绿化植物 232 种、材用植物 86 种、鞣料植物 39 种、油脂植物 119 种、芳香植物 43 种、蜜源植物 121 种、纤维植物 94 种。此外,还有不少树脂和树胶植物、色素植物、饲料植物、经济昆虫寄主植物、环境监测和抗污染植物、改良土壤植物和种质资源植物。

3.2 珍稀濒危植物资源

在福建峨嵋峰自然保护区内,有珍稀濒危和特有植物共 94 种,其中国家 I 级保护植物有东方水韭、南方红豆杉、伯乐树及历史栽培的银杏等 4 种,东方水韭在保护区内种群数量较大;国家 II 级保护植物有金毛狗、白豆杉、长叶榧树、鹅掌楸、厚朴、樟树、闽楠、浙江楠、莲、金荞麦、蛛网萼、山豆根、野大豆、花榈木、红豆树、半枫荷、大叶榉树、伞花木、喜树、香果树等 20 种及钩距虾脊兰、心叶球柄兰、鹤顶兰、细叶石仙桃等 43 种兰科植物;省级重点保护珍贵树木有江南油杉、长苞铁杉、柳杉、乐东拟单性木兰、黄山玉兰、沉水樟、黄樟、刨花润楠、黑叶锥、乌冈栎、青钱柳、瘿椒树、银钟花等 13 种;渐狭鳞盖蕨 *Microlepia attenuata* Ching、福建鳞盖蕨 *Microlepia fujianensis* Ching、龙安毛蕨 *Cyclosorus lunganensis* Ching、泰宁毛蕨 *Cyclosorus tarningensis* Ching、无齿鳞毛蕨 *Dryopteris integripinnata* Ching、泰宁鳞毛蕨 *Dryopteris tarningensis* Ching、无柄线蕨 *Colysis subsessilifolia* China、泰宁假瘤蕨 *Phymatopteris tarningensis* Ching 是这里的模式标本种。区域特有种有建宁金腰 *Chrysosplenium jienningense* W. T. Wang、武夷慈姑 *Sagittaria wuyiensis* J. K. Chen、大齿唇柱苣苔 *Chirita juliae* Hance、仙霞铁线蕨 *Adiantum juxtapositum* Ching、白背蒲儿根 *Sinosenecio latouchei* (J. F. Jeffrey) B. Nord.等。CITES 附录Ⅲ植物有百日青 *Podocarpus nerifolius* D. Don。

福建新纪录有浙江商陆 *Phytolacca zhejiangensis* W. T. Fan、短梗菝葜 *Smilax scobinicaulis* C. H. Wrigh、岩生薹草 *Carex saxicola* T. Tang et F. T. Wang、卵叶阴山荠 *Yinshania paradoxa* (Hance) Y. Z. Zhao、水苎麻 *Boehmeria macrophylla* Hornem.、糙叶水苎麻 *Boehmeria macrophylla* Hornem. var. *scabrella* (Roxb.) Long、总状山矾 *Symplocos botryantha* Franch、狭序鸡矢藤 *Paederia stenobotrya* Merr.、毛脉翅果菊 *Pterocypsela raddeana* (Maxim.) C. Shih、江西大青 *Clerodendrum kiangsiense* Merr. ex H. L. Li 10 种。

(1) 东方水韭 *Isoetes orientalis* H. Liu et Q. F. Wang，水韭科，国家Ⅰ级重点保护野生植物

沼生挺水植物，根状茎肉质，块状，呈 3 瓣，其下长有多数二叉分歧的根。叶多数，螺旋状排列于根状茎上，线形，近轴面较平坦，远轴面呈圆形，基部黄白色，上部绿色，长 10～30cm，宽 2mm。叶的中央具有一个中柱通道，其周围有 4 个纵行气道，且气道内具有横隔膜将其隔开。叶基部鞘状，膜质，黄白色，腹部凹入形成一凹穴，其上有卵状三角形的叶舌，长 1.5～2.0mm，宽 2.0～3.0mm。凹穴内生有倒卵形的孢子囊，长 5～13mm，宽 3.8～4.5mm，具白色膜质盖；大孢子囊常生于外围叶片基部的向轴面，内有多数白色球状四面形的大孢子，直径为 350～450μm，其表面具脊条——网络状纹饰，纹饰突起较高；小孢子囊生于叶片基部的向轴面，内有多数灰色椭圆形的小孢子，长 19～29μm，其表面具矮刺状——瘤状突起。染色体 2n=66。

此前仅见在浙江松阳分布的报道，作者在考察过程中在峨嵋峰东海洋的山间湿地中也发现了东方水韭，种群数量较大。

在 IUCN 红皮书中，中华水韭为极危，东方水韭自中华水韭中分出，目前仅分布于浙江松阳与福建泰宁，因此，其濒危状况甚为严峻。

(2) 银杏 *Ginkgo biloba* L.，银杏科，国家Ⅰ级重点保护野生植物

落叶大乔木，高达 40m，渐危种。全国各地都有种植。福建以北部和西部山区较多，保护区内大树可能为历史上栽培。

其心材淡黄褐色，边材淡黄色，树干圆而通直，结构细，材质轻软，富弹性，有光泽，少变形开裂，是优良木材，可用于建筑、家具、装饰板、文具、仪器等。其种子可食用或药用，敛肺定喘。其叶可用来制造近年来研制的治疗冠心病的新药。其树型优美，入秋叶色金黄，是优良的城市绿化树种。

银杏是中生代孑遗的稀有树种，具有许多原始性状，对研究裸子植物系统发育、古植物区系、植物进化和系统分类等均有重要的科学价值。

(3) 南方红豆杉 *Taxus wallichiana* (Pilg.) Rehd. var. *mairei* (Lemee et Levl.) Cheng et L. K. Fu，红豆杉科，国家Ⅰ级重点保护野生植物

常绿乔木，高 15～20m。树皮灰褐色或红褐色。渐危种。为我国稀有而珍贵用材树种，分布于华南、西南、华中及江西、浙江、安徽、河南、陕西南部和甘肃南部。朝鲜、日本也有分布。福建各地常有零星散生。

其心材橘红色，边材淡黄褐色，纹理直，结构细，花纹美丽，材质优良，耐水湿，为水利工程的优良用材，也可用于高级家具、工艺品、装饰板、文具、仪器等。其树干通直，枝叶浓密，姿态优美，假种皮红色似红豆，是优良的城市绿化树种。

(4) 伯乐树 *Bretschneidera sinensis* Hemsl.，伯乐树科，国家Ⅰ级重点保护野生植物

落叶大乔木。稀有种。伯乐树又名钟萼木，单种科，为我国亚热带地区所特产；是国家Ⅰ级保护植物。伯乐树为落叶大乔木，高 15～20m；大树树皮有纵向裂纹，中等大小者树皮灰白色，平滑，小枝粗壮，暗红褐色，无毛，皮孔稍显著。奇数羽状复叶，长 30～80cm；小叶 3～6 对，对生或下部互生，薄革质，长圆形、狭卵形或狭倒卵形，长 9～18cm，宽 3.5～7.5cm，顶端渐尖，基部阔楔形或近圆形，稍不整正，全缘，侧脉两面均明显，上面无毛，下面灰白色，被短柔毛，稀在老时近无毛；小叶柄长 2～5mm，叶柄长 10～18mm，圆柱形，有槽。秋冬季节叶变黄色而后落叶。总状花序顶生，大型，长 20～30cm，花序轴密被锈色微柔毛；花美丽，粉红色或淡粉红色，直径约 4cm；花梗长 2～3cm；花萼钟形，长 1.2～2.0cm，顶端不具明显 5 齿，外面密被微柔毛；花瓣 5 片，倒卵形，长约 3.5cm，有长爪，着生

于萼筒上；雄蕊5~9枚；子房密被红褐色绒毛，3室，胚珠每室2个，蒴果椭圆球形或近球形，长2~4cm，熟时3瓣裂，木质；种子近球形，红色，长约12mm。花期5~6月，果期8~10月。为我国亚热带地区所特有，零散生长于海拔500~1100m的山坡林中或林缘。分布于广东、广西、四川、贵州、云南、湖南、湖北、江西、福建、浙江等省区。

伯乐树科是我国古老的单种属的科，对阐明被子植物的起源、进化及我国古地理的变迁等均有科学价值。

(5) 金毛狗 Cibotium barometz (L.) J. Sm.，蚌壳蕨科，国家II级重点保护野生植物

大型蕨类。高可达3m，叶簇生。叶为三回羽状。

福建省各地常见，东南沿海较多。保护区内较常见。

根状茎可入药，有补肝肾、强筋骨等功效，主治腰肌劳损、腰腿酸痛等症；植物体上的绒毛可治疗外伤性出血。

该科植物为热带亚洲、热带大洋洲和热带美洲间断分布的成分，对于研究蕨类植物的进化具有一定价值。

(6) 白豆杉 Pseudotaxus chienii (Cheng) Cheng，红豆杉科，国家II级重点保护野生植物

常绿灌木或小乔木，高达4m。稀有种。由于白豆杉分布星散，个体稀少，雌雄异株，天然更新困难。加之植被破坏，生境恶化，导致分布区逐渐缩小，资源日趋枯竭。

分布于浙江南部、福建北部、江西北部、西南部，湖南南部、西北部，广西东北部与广东北部等地；垂直分布于海拔900~1400m的陡坡深谷密林下或悬岩上。

白豆杉为阴性树种，一般喜生长在郁闭度高的林荫下，在干热和强光照下生长萎缩，干形弯曲。根系发达，岩缝内也可扎根。幼年生长缓慢。

白豆杉是第三纪残遗于我国的单种属植物。对研究植物起源与红豆杉科系统发育有科学价值。

(7) 长叶榧树 Torreya grandis Fort. ex Lindl.，红豆杉科，国家II级重点保护野生植物

常绿乔木。高可达8~15m。树皮深灰褐色。小枝平展或下垂，一年生枝绿色，二年生、三年生枝红褐色，有光泽。叶成两列，质硬，条状披针形，上部多向上方微弯，镰状，长3.5~9.0cm，宽3~4cm，上部渐窄，先端有渐尖的刺状尖头，基部渐窄，楔形，有短柄，上面光绿色，有两条浅槽及不明显的中脉，下面淡黄绿色，中脉微隆起，气孔带灰白色。种子倒卵圆形，肉质假种皮被白粉，长2~3cm，顶端有小凸尖，基部有宿存苞片，胚乳周围向内深皱。

长叶榧树是红豆杉科榧树属的古老孑遗植物，对研究属的分类、植物区系对第四纪冰期的气候等均有较重要的意义。

仅存于中国东南部的丹霞地貌地区的泰宁、邵武和浙江西南部。

致危因素没有停止，推测过去3个世代内种群数量至少减少30%。已被IUCN红皮书列为濒危(EN)，被中国物种红色名录列为易危，为我国II级重点保护野生植物。

(8) 鹅掌楸 Liriodendron chinense (Hemsl.) Sarg.，木兰科，国家II级重点保护野生植物

落叶大乔木。渐危种。它是我国第三纪孑遗树种，目前仅见于长江以南各省区。福建建宁、武夷山、柘荣、屏南等地有零星分布，资源稀少。

鹅掌楸在中生代和新生代曾有10余种，广布于北半球温带地区，现仅残存2种，1种产于北美，1种产于我国，成为东亚至北美洲间断分布的珍贵树种，对研究东亚、北美植物区系，古植物学和植物系统学等有一定意义。

(9) 厚朴 Houpoëa officinalis (Rehd. et Wils.) N. H. Xia et C. Y. Wu，木兰科，国家II级重点保护野生植物

落叶乔木。树皮灰褐色，粗糙而不裂。渐危种。它是我国亚热带特有的古老树种，主要分布于华中、华东、华南；福建北部山区有少量分布，以浦城、武夷山等地较多。

厚朴和日本厚朴及北美的6个种同属于 Rafidospermum 组；花托长，聚合果大，是木兰属具有较多原始性状的种类，对于研究东亚、北美植物区系的地理成分、起源及分类系统等均有一定的意义。树皮、根皮、花蕾等是著名的中药；木材轻软、细密，又是很好的用材树种。

(10) 樟 *Cinnamomum camphora* (L.) Presl.，樟科，国家 II 级重点保护野生植物

常绿大乔木，高 15~20m。主要分布于长江以南，为 1200m 以下常绿阔叶林的伴生树种；产于福建省各地。保护区内常见。

材质淡粉红色，有香气，耐腐，耐虫蛀，耐水湿，结构匀细，切面油润、光滑，美观，且易加工，是造船、车辆、建筑、高级家具、雕刻的上等用材。

木材、枝、叶和根可提取樟脑和樟油，供医药及香料工业用。

其树型高大，浓荫蔽地，可以作为主景树孤植于小区或交通岛，也可以列植于道路两侧，是优良的城市绿化树种。

(11) 闽楠 *Phoebe bournei* (Hemsl) Yang，樟科，国家 II 级重点保护野生植物

乔木，高 5~20m。稀有种。闽楠又称楠木，是中外有名的高级用材和雕刻工艺珍品。分布于广东、广西、贵州、湖南、湖北、福建、江西、浙江，在福建主要分布于闽北，由于择伐滥伐，大树几乎被砍光。

闽楠是我国东部的特有树种，对研究我国中亚热带植物区系及种质资源的保存等均有较重要的价值。

(12) 浙江楠 *Phoebe chekiangensis* C. B. Zhang，樟科，国家 II 级重点保护野生植物

樟科常绿乔木。渐危种。高达 20m。分布于浙江、江西东部、福建北部。福建产于沙县、邵武、松溪、南平、建宁、武平等地，生长于常绿阔叶林中。

树干通直，材质坚硬，可供建筑、家具等用材；树姿雄伟，枝叶浓密，为优良绿化树种。

(13) 莲 *Nelumbo nucifera* Gaertn.，莲科，国家 II 级重点保护野生植物

多年生水生草本；根状茎横生，肥厚，节间膨大，内有多数纵行通气孔道，节部缢缩，上生黑色鳞叶，下生须状不定根。叶圆形，盾状，直径25~90cm，全缘稍呈波状，上面光滑，具白粉，下面叶脉从中央射出，有1~2次叉状分枝；叶柄粗壮，圆柱形，长1~2m，中空，外面散生小刺。花梗和叶柄等长或稍长，也散生小刺；花直径10~20cm，美丽，芳香；花瓣红色、粉红色或白色，矩圆状椭圆形至倒卵形，长5~10cm，宽3~5cm，由外向内渐小，有时变成雄蕊，先端圆钝或微尖；花药条形，花丝细长，着生在花托之下；花柱极短，柱头顶生；花托（莲房）直径5~10cm。坚果椭圆形或卵形，长1.8~2.5cm，果皮革质，坚硬，熟时黑褐色；种子（莲子）卵形或椭圆形，长1.2~1.7cm，种皮红色或白色。花期6~8月，果期8~10月。

产于我国南北各省。自生或栽培在池塘或水田内。俄罗斯、朝鲜、日本、印度、越南、亚洲南部和大洋洲地区均有分布。

根状茎（藕）作蔬菜或提制淀粉（藕粉）；种子供食用。叶、叶柄、花托、花、雄蕊、果实、种子及根状茎均作药用；藕及莲子为营养品，叶（荷叶）及叶柄（荷梗）煎水喝可清暑热，藕节、荷叶、荷梗、莲房、雄蕊及莲子都富有鞣质，作为收敛止血药。叶为茶的代用品，又作包装材料。

(14) 金荞麦 *Fagopyrum cymosum* (Trev.) Meisn.，蓼科，国家 II 级重点保护野生植物

多年生草本。根状茎木质化，黑褐色。茎直立，高50~100cm，分枝，具纵棱，无毛。有时一侧沿棱被柔毛。叶三角形，长4~12cm，宽3~11cm，顶端渐尖，基部近戟形，边缘全缘，两面具乳头状突起或被柔毛；叶柄长可达10cm；托叶鞘筒状，膜质，褐色，长5~10mm，偏斜，顶端截形，无缘毛。花序伞房状，顶生或腋生；苞片卵状披针形，顶端尖，边缘膜质，长约3mm，每苞内具2~4花；花梗中部具关节，与苞片近等长；花被5深裂，白色，花被片长椭圆形，长约2.5mm，雄蕊8，比花被短，花柱3，柱头头状。瘦果宽卵形，具3锐棱，长6~8mm，黑褐色，无光泽，超出宿存花被2~3倍。花期7~9月，果期8~10月。

它是遗传种质资源。分布于云南、贵州、四川、重庆、湖南、湖北、江西、福建、浙江、江苏、陕西、西藏等地。印度、尼泊尔、克什米尔地区、越南、泰国也有分布。生长于海拔 250~3200m 的山谷湿地、山坡灌丛。福建北部各地常有零散生长。保护区内有分布，生长于村旁路边荒地或河沟岸边。

块根供药用，清热解毒、排脓去瘀。

(15) 蛛网萼 *Platycrater arguta* Sieb. et Zucc.，绣球花科，国家 II 级重点保护野生植物

落叶灌木，高0.5~3.0m；茎下部近平卧或匍匐状；小枝灰褐色，几乎无毛，老后树皮呈薄片状剥落。

叶膜质至纸质，披针形或椭圆形，长9～15cm，宽3～6cm，先端尾状渐尖，基部沿叶柄两侧稍下延成狭楔形，边缘有粗锯齿或小齿，上面散生短粗毛或近无毛，下面疏被短柔毛，脉上的毛稍密，侧脉7～9对，纤细，下面微凸，小脉稀疏网状，下面明显；叶柄长1～7cm，扁平，上面近基部具浅凹槽。伞房状聚伞花序近无毛；花少数，不育花具细长梗，梗长2～4cm；萼片3～4，阔卵形，中部以下合生，轮廓三角形或四方形，结果时直径2.5～2.8cm，先端钝圆，具小突尖，脉纹两面明显；孕性花萼筒陀螺状，长4～5mm，萼齿4～5，卵状三角形或披针形，长4.0～5.5mm，结果时长达7mm，先端长渐尖；花瓣稍厚，卵形，先端略尖，长约7mm，稍不等宽；雄蕊极多，花丝短，花药近圆形，长和宽约1mm；子房下位；花柱2，细长，结果时长达10mm，柱头小，乳头状。蒴果倒圆锥状，不连花柱长8～9mm，顶部宽6～8mm，具纵条纹；种子暗褐色，椭圆形，不连翅长0.6～0.8mm，宽0.5mm，扁平，具细脉纹，两端有长0.3～0.5mm的薄翅，先端的翅稍长而宽，基部的稍狭而短。花期7月，果期9～10月。

产于安徽、浙江、江西、福建，在福建分布于武夷山、光泽、建宁、泰宁。日本也有分布。生长于山谷水旁林下或山坡石旁灌丛中，海拔800～1800m。

(16) 山豆根 *Euchresta japonica* Hook. f. ex Regel.，蝶形花科，国家Ⅱ级重点保护野生植物

常绿小灌木或亚灌木，高30～100cm；茎基部稍呈匍匐状，分枝少；幼枝、叶柄、小叶下面、花序及小花梗均被淡褐色绒毛。羽状复叶具3小叶，叶片近革质，稍有光泽，倒卵状椭圆形或椭圆形，长4～9cm，宽2.5～5.0cm，先端钝，基部宽楔形或近圆形，全缘，侧脉5～6对。总状花序长7～14cm，总花梗长3.5～7.0cm；花蝶形，白色；萼长3～4mm，外被淡褐色短毛，萼齿极短，萼筒斜钟形；旗瓣长圆形，长10～13mm，翼瓣等长，龙骨瓣略短；雄蕊10枚，二体，花药丁字形着生；子房椭圆形，柄长约4mm。荚果肉质，椭圆形，长13～18mm，熟时深蓝色或黑色，有光泽，不开裂，果皮薄；种子1枚，长13～15mm。

产地主要位于中亚热带，星散生长于沟谷溪边常绿阔叶林下，喜阴湿、腐殖质丰富的生境。

(17) 野大豆 *Glycine soja* Sieb. et Zucc.，蝶形花科，国家Ⅱ级重点保护野生植物

一年生缠绕草本，为遗传种质资源。广布于全国各地，主要分布在长江流域和东北地区，福建各地及保护区内多为零星散生，朝鲜、日本、俄罗斯也有分布。资源虽然丰富，但近年来由于大规模开荒、放牧、农田改造、兴修水利及其他原因，植被破坏严重，生境完全改变，野大豆不断减少，分布区日益缩小。

野大豆与大豆 *Glycine max* (L.) Merr.是近缘种，具有许多优良性状，如抗寒、抗病、耐盐碱等；营养价值也较高，为牛、马、羊等牲畜所喜食，因此，应保护好这个种质资源。

(18) 花榈木 *Ormosia henryi* Prain，蝶形花科，国家Ⅱ级重点保护野生植物

小乔木，高5～8m。渐危种。分布于广东、广西、江西、湖南、湖北、云南、贵州、浙江、安徽、江苏等省区，在福建主要分布于闽北。在保护区内较常见，生长于山谷林缘或灌丛中。

其材质优良，边材黄白色，纹理细，可制作家具。

根、枝、叶可入药，有祛风散结、解毒散淤的功效。

树姿优雅，种子鲜红色，可以列植或配置于道路两侧或小区，是优良的城市绿化树种。

(19) 红豆树 *Ormosia hosiei* Hemsl. et Wils.，蝶形花科，国家Ⅱ级重点保护野生植物

乔木，高可达15～25m。渐危种。分布于广西、四川、江西、湖北、贵州、江苏、陕西、甘肃等省区，在福建主要分布于闽北。在保护区较常见，生长于山谷林缘或灌丛中。

其材质优良，木材坚硬，心材暗赤略黄色，光亮润滑，是上等家具、工艺雕刻、特种装饰的名贵用材。

树姿优雅，浓荫覆地，种子鲜红色，可以列植或配置于道路两侧或小区，是优良的城市绿化树种。

(20) 半枫荷 *Semiliquidambar cathayensis* Chang var. *fukienensis* Chang，金缕梅科，国家Ⅱ级重点保护野生植物

常绿乔木，高15～20m。分布于广东、广西、江西、湖南、贵州、海南等省区，在福建产于建宁、南平、南靖、龙岩、永春、松溪、漳平等地。星散分布于沟谷林缘、溪边密林中。保护区内见于王坪栋。

它是金缕梅科的寡种属植物，稀有种，为中国特有，有枫香树属和蕈树属两属的综合特征，对于研究金缕梅科及其系统发育有一定的学术价值。

其木材材质优良，旋刨性能良好，可制作旋刨制品。

根、茎及枝入药，有祛湿、舒筋活血之功效，主治类风湿关节炎、风湿性关节炎、跌打损伤、腰肌劳损。

(21) 大叶榉树 *Zelkova schneideriana* Hand.-Mazz.，榆科，国家Ⅱ级重点保护野生植物

落叶大乔木，高可达 30m。在我国分布于长江以南各省区，在福建产于南靖、龙岩、德化、建宁等地。保护区内低海拔的常绿阔叶林中常见。

木材坚实，结构匀细，少开裂，不变形，为高级家具、造船及桥梁等良材。树皮纤维可以作人造棉、绳索原料。

(22) 伞花木 *Eurycorymbus cavaleriei* (Levl.) Rehd. et Hand.-Mazz.，无患子科，国家Ⅱ级重点保护野生植物

稀有种。乔木或小乔木，高 6~20m。星散分布于我国湖北、湖南、江西、福建、台湾、广东、广西、云南、贵州等地，在福建产于泰宁、福州、福清、南平、三明、永安、建宁、长汀、连城等地，生长于海拔 150~1600m 的沟谷溪旁的常绿阔叶林中。伞花木为第三残遗于我国的特有单种属植物，对研究植物区系和无患子科的系统发育有科学价值。

(23) 喜树 *Camptotheca acuminata* Decne.，蓝果树科，国家Ⅱ级重点保护野生植物

落叶乔木，高可达 25m。在我国主要分布于广东、广西、湖北、湖南、云南、贵州、四川、江西、浙江、福建、安徽、江苏等省区，闽北森林中偶见。保护区内低海拔处河谷中天然分布。

喜树为江南各省公路常见的行道树，木材可作家具及造纸原料，根可以提取喜树碱用于抗癌。

喜树为我国特有的单种属植物，对研究植物区系和蓝果树科和珙桐科的系统发育具有科学价值。

(24) 香果树 *Emmenopterys henryi* Oliv.，茜草科，国家Ⅱ级重点保护野生植物

落叶大乔木，高可达 30m。稀有种。香果树是我国亚热带中山或低山地带所特有，广布于西南山区和长江流域一带，多系零散生长，由于乱砍滥伐，资源已极稀少。目前福建仅见于建宁、永安、南平、浦城、南靖等地。保护区内能构成小面积的天然群落，应严加保护。

香果树是我国特有的单种属植物，对研究茜草科的系统发育和我国南部、西南部的植物区系等均有一定的科学价值。

可供观赏，栽植于大草坪、风景林地或作行道树。是优良的城市绿化树种。

(25) 百日青 *Podocarpus nerifolius* D. Don，罗汉松科，CITES 附录Ⅲ植物

常绿乔木，高可达15 m。树皮灰褐色。分布于台湾、福建、广东、广西、云南、贵州、四川、湖南、西藏。越南、老挝、缅甸、印度、不丹、尼泊尔、印度尼西亚、马来西亚等国也有分布。

木材淡黄褐色，纹理直，结构细，硬度中等，耐水湿，抗腐力强，可用于家具、乐器、机械、车轮等用途。它又是良好的庭园绿化树种。

它被列入濒危野生动植物物种国际贸易公约（CITES）附录Ⅲ保护。

(26) 渐狭鳞盖蕨 *Microlepia attenuate* Ching，碗蕨科，模式原产地植物

植株高达 60cm，根状茎横走，密被绒毛。叶远生，柄长 25cm；叶片长圆状披针形，长约 40cm，中部宽 6~9cm，上部 1/3 长而渐狭，成一回羽状深裂；羽片 11~14 对，互生，斜展，有短柄，中部羽片长 8cm，宽 1.4cm，顶端渐尖；下部羽片略缩短，长约 5cm；小羽片约 14 对，稍斜展，长圆形，圆钝头，基部偏斜，近顶端稍具齿牙。叶脉两面可见，分叉。叶干时草质，粉绿色，两面有针状毛，羽轴上面无毛，下面密被柔毛。孢子囊群小，囊群盖杯状，近无毛。

产于泰宁，生长于岩隙间阴地。

(27) 福建鳞盖蕨 *Microlepia fujianensis* Ching，碗蕨科，模式原产地植物

植株高达 70cm。叶柄长 30cm，基部粗 2mm，草黄色，羽轴上面有糙毛；叶片长圆形，长约 40cm，宽约 36cm，先端渐尖，基部稍变狭，二回羽状；羽片约 15 对，近对生，狭长，斜展，披针形，长约 17cm，宽约 4.5cm，下部羽片稍缩短，先端长渐尖，基部不对称，具短柄，长 5mm；小羽片约 20 对，开展，披针形，长 2.4cm，基部宽 1cm，先端近渐尖，基部不对称，边缘羽状分裂，上边缘锐裂，裂片顶端有牙齿，叶干时草质，绿色，两面近无毛。孢子囊群小，着生于叶片边缘的小脉顶端，囊群盖杯形，近

无毛。

产于福建泰宁，生长于岩隙间阴地。

(28) 龙安毛蕨 *Cyclosorus lunganensis* Ching，金星蕨科，模式原产地植物

植株高 45cm。叶柄长约 13cm，淡紫色，基部疏被褐色线状披针形鳞片，向上近光滑；叶片长圆形，长约 32cm，中部宽约 10cm，顶端渐尖，基部变狭，二回羽状半裂；羽片约 18 对，互生，彼此疏离，长约 5cm，基部宽约 1cm，顶端锐尖，基部截形，边缘近全缘，羽状半裂，下部 4~5 对明显缩短，长 2.4cm；裂片约 16 对，开展，长圆形，顶端锐尖。叶脉每裂片 5~6 对，基部一对小脉和其上一对小脉联结并弯缺；叶干时纸质，呈不明显浅绿色，两面疏被短刚毛；叶轴稍被短糙毛。孢子囊群较大，彼此接近，每裂片 5~6 对；囊群盖硬，褐色，疏被柔毛。

产于福建泰宁，生长于山坡密林下。

(29) 泰宁毛蕨 *Cyclosorus tarningensis* Ching，金星蕨科，模式原产地植物

植株高不过 30cm。根状茎长而横走，先端及叶柄基部疏被灰褐色的披针形鳞片。叶远生；叶柄长约 10cm，粗 1mm，灰褐色或灰禾秆色，下部光滑，向上达叶轴被短柔毛；叶片长 19cm，宽 8cm，披针形，急尖头，基部不变狭，二回羽裂；羽片约 12 对，斜展，基部一对略较长，对生，距上一对稍远离，中部的互生，彼此接近，长 3.5~4.5cm，基部宽 1.0~1.4cm，向上略狭缩，然后又变宽，披针形，渐尖头，基部略不对称，上侧稍突出，平截，下侧斜出，羽裂达 2/3；基部一对裂片较长，上侧的尤甚，裂片钝尖头。叶脉下面略显，上面可见，侧脉斜上，基部一对的上侧一脉出自主脉基部，下侧一脉出自羽轴，先端交结成钝三角形网眼，并自交结点延伸出一条短的外行小脉到达缺刻下的透明膜质处，第二对侧脉的上侧一脉伸达缺刻，下侧一脉伸到缺刻以上的叶边。叶纸质，干后灰褐色，两面沿叶轴有细的短针毛，上面脉间有疏的短柔毛，下面脉间无毛。孢子囊群圆形，生于侧脉中部，每裂片 3~5 对；囊群盖小，厚膜质，棕色，偶有一二短柔毛，宿存。

产于福建泰宁，生长于灌丛下。

(30) 无齿鳞毛蕨 *Dryopteris integripinnata* Ching，鳞毛蕨科，模式原产地植物

植株高约 60cm。叶柄长约 28cm，直径约 2mm，禾秆色，基部密被开展的带黑色的披针形鳞片，叶柄上部至叶轴的鳞片较短小和稀疏；叶片长圆形，二回羽状，长约 32cm，宽约 11cm，顶端渐尖，基部圆形；羽片约 8 对，对生，斜展，短而狭，披针形，长约 8.5cm，基部宽约 1.7cm，顶端渐尖，基部圆形，两侧相等，基部一对稍短；小羽片约 10 对，开展，长圆形，长约 8mm，宽约 5mm，基部一对不缩短。叶干时硬纸质，浅黄色，上面光滑，下面沿中脉密被褐色泡状鳞片，叶轴疏被带黑色、披针形鳞片。孢子囊群较大且较密，互相贴近，紧靠中脉，着生于小羽片下半部，每边各 4~5 个；囊群盖较大，红褐色，坚硬，宿存。

产于福建泰宁，生长于海拔 900m 的山地荫蔽处。

(31) 泰宁鳞毛蕨 *Dryopteris tarningensis* Ching，鳞毛蕨科，模式原产地植物

植株高约 65cm。叶柄长约 30cm，直径约 3mm，草黄色，密被带黑色、开展的披针形鳞片；叶片狭长圆形，长 30~40cm，中部宽约 12cm，顶端渐尖，下部的侧生羽片以狭角强度向上斜展，二回羽状复叶；羽片约 9 对，近对生，彼此接近，基部不缩短，披针形，下部羽片长 12cm，宽约 3cm，顶端渐尖，基部圆形；小羽片较狭，约 15 对，开展，近中部的小羽片长圆形，长达 1.5cm，宽约 5mm，基部羽片几不呈耳状凸起，边缘有细锯齿，基部小羽片通常缩短。叶干时薄纸质，呈不明显的淡绿色，上面光滑，下面沿中脉密被褐色泡状鳞片，叶轴也密被黑色线状钻形鳞片。孢子囊群 4~6 对，沿中脉着生，且紧靠中脉，彼此密接、汇合；囊群盖褐色，坚实。

产于福建泰宁，生长于林下路旁。

(32) 无柄线蕨 *Colysis subsessilifolia* China，水龙骨科，模式原产地植物

植株高 34cm。根状茎匍匐，直径约 6mm，密生深褐色边缘具细齿的披针形鳞片；叶远生，披针形，宽 4.0~4.5cm，边缘为疏浅波状，基部突然狭缩成阔翅，翅宽 1.5cm，并下延几乎达叶柄基部；叶干时薄纸质，呈不明显的褐绿色，两面无毛；叶脉明显，开展。孢子囊群线形，沿侧脉着生，几乎达叶边，无囊群盖，孢子囊群中有鳞片状隔丝着生。

产于福建泰宁。土生或附生于阴湿岩石上，海拔 150～1000m。

(33) 泰宁假瘤蕨 *Phymatopteris tarningensis* Ching，水龙骨科，模式原产地植物

植株高 10～15cm。根状茎匍匐，粗约 2mm，顶端密被深褐色、披针形的小鳞片。叶远生；叶柄纤细，长 4～206cm，直径约 0.5mm，禾秆色，光滑无毛。叶片阔披针形，长 6～9cm，宽 1.5～2.0cm，基部圆楔形，全缘，有时呈稀疏的细波状。侧脉两面明显，斜展，间隔约 4mm；叶薄纸质，背面淡绿色，两面光滑无毛。孢子囊群中等大小，着生于近中脉两侧，排成一行；孢子圆球形，表面密被长小刺。

产于福建泰宁，生长于密林中。

(34) 建宁金腰 *Chrysosplenium jienningense* W. T. Wang，虎耳草科，区域特有种

多年生草本，高 11.5～12.5cm；无不育枝。茎被褐色卷曲柔毛，中部以上分枝。茎生叶互生，2～3枚，叶片近肾形，长 6～8mm，宽 7～13mm，先端钝圆，边缘具 9 浅齿（齿先端微凹，凹处具 1 疣点），基部心形，两面和边缘均具褐色柔毛；叶柄长 1.0～1.2cm，被褐色卷曲柔毛。聚伞花序较疏；花序分枝无毛，但苞腋具褐色腺毛；苞叶近肾形至近扁圆形，长 2.5～5.5mm，宽 3～8mm，边缘具 5～7 圆齿（齿先端具 1 疣点，齿缘疏生褐色睫毛），基部稍心形至圆状截形，两面无毛，柄长 0.8～3.0mm，无毛；花黄绿色，直径约 5mm；萼片在花期开展，阔卵形至扁圆形，长 1.3～1.7mm，宽 1.9～2.3mm，先端钝；雄蕊 8，花丝长约 0.4mm；子房近下位，花柱长约 0.3mm；花盘 8 裂，其周围具褐色乳头突起。花期 6 月。

产于建宁、泰宁、三明。生长于海拔700m左右的山地溪边阴处。

(35) 武夷慈姑 *Sagittaria wuyiensis* J. K. Chen，泽泻科，区域特有种

多年生沼生草本，高 40cm。叶挺水，直立。叶片箭形，全长约 15cm，顶裂片长 4.5～8.0cm，宽 2.5～6.0cm，具 7～9 脉，侧裂片长 6～9cm，具 5～7 脉，先端和末端均渐尖或急尖；叶柄长 26～28cm，基部具鞘，边缘近膜质，鞘内具珠芽。珠芽褐色，倒卵形，长 0.5～1.5cm，宽 0.3～0.8cm。花葶直立，挺水，高 32～60cm，圆柱状。圆锥花序长 15～20cm，具花 4 至多轮，每轮 3 花，最下一轮具分枝；苞片纸质，分离，或多少合生。花单性；外轮花被片长约 7mm，宽约 4mm，卵形，纸质，宿存，花后向上，包至心皮顶部，内轮花被片长 6～7mm，宽约 5mm，白色，与外轮近等长，或稍短；雌花通常 1 轮，稀 2 轮，具梗，梗长 1～2cm，直径 1.0～1.5mm；雄花多轮，花梗细长，雄蕊多数，通常 15～18 枚，花丝长 1.0～1.2mm，宽约 1mm，花药黄色，长约 2mm，宽约 1mm。花期 7～8 月。

产于福建武夷山和泰宁。生长于沼泽、山间盆地、沟谷浅水湿地及水田中，海拔500～1500m。模式标本采自福建武夷山。

(36) 江南油杉 *Keteleeria cyclolepis* Flous，松科，福建省重点保护珍贵树木

乔木，高达 20m，胸径达 80cm；树皮灰褐色，不规则纵裂；冬芽圆球形或卵圆形。叶条形，在侧枝上排列成两列，长 1.5～4.0cm，宽 2～4cm，先端圆钝或微凹，上面光绿色，通常无气孔线，下面色较浅，沿中脉两侧每边有气孔线 10～20 条，被白粉或白粉不明显；幼树及萌生枝有密毛。叶较长，宽达 4.5mm，先端刺状渐尖。球果圆柱形或椭圆状圆柱形，顶端或上部渐窄，长 7～15cm，径 3.5～6.0cm，中部的种鳞常呈斜方形或斜方状圆形，稀近圆形或上部宽圆，长 1.8～3.0cm，宽与长近相等，上部圆或微窄，鳞背露出部分无毛或近无毛；苞鳞中部窄，下部稍宽，上部圆形或卵圆形，先端三裂，中裂窄长，先端渐尖，侧裂钝圆或微尖，边缘有细缺齿；种翅中部或中下部较宽。种子10月成熟。

江南油杉为我国特有树种，产于云南东南部、贵州、广西西北部及东部、广东北部、湖南南部、江西西南部、浙江西南部、福建中北部，常生长于海拔340～1400m的山地。

(37) 长苞铁杉 *Tsuga longibracteata* Cheng，松科，福建省重点保护珍贵树木

乔木，高达 30m，胸径达 115cm；树皮暗褐色，纵裂；一年生小枝干时淡褐黄色或红褐色，光滑无毛，老枝颜色加深，侧枝生长缓慢，基部有宿存的芽鳞；冬芽卵圆形，先端尖，无毛，基部芽鳞的背部具纵脊。叶辐射伸展，条形，直，长 1.1～2.4cm，宽 1.0～2.5mm，上部微窄或渐窄，先端尖或微钝，上面平或下部微凹，有 7～12 条气孔线，微具白粉，下面中脉隆起、沿脊有凹槽，两侧各有 10～16 条灰白色的气孔线，基部楔形，渐窄成短柄，柄长 1～1.5mm。球果直立，圆柱形，长 2.0～5.8cm，径 1.2～2.5cm；中部种鳞近斜方形，长 0.9～2.2cm，宽 1.2～2.5cm，先端宽圆，中部急缩，中上部两侧突出，基部两边耳形，鳞背露出部分无毛，有浅条槽，熟时深红褐色；苞鳞长匙形，上部宽，边缘有细齿，先端有渐尖

或微急尖的短尖头，微露出；种子三角状扁卵圆形，长 4~8mm，下面有数枚淡褐色油点，种翅较种子为长，先端宽圆，近基部的外侧微增宽。花期 3 月下旬至 4 月中旬，球果 10 月成熟。

长苞铁杉为我国特有树种，产于海拔 300~2300m 的贵州东北部、湖南南部、广东北部、广西东北部、福建中部山区。要求气候温暖、湿润、云雾多、气温高、酸性红壤、黄壤地带。

(38) 柳杉 Cryptomeria fortunei Hooibrenk ex Otto et Dietr.，杉科，福建省重点保护珍贵树木

乔木，高达 40m，胸径可达 2m 以上；树皮红棕色，纤维状，裂成长条片脱落；大枝近轮生，平展或斜展；小枝细长，常下垂，绿色，枝条中部的叶较长，常向两端逐渐变短。叶钻形略向内弯曲，先端内曲，四边有气孔线，长 1~1.5cm，果枝的叶通常较短，有时长不及 1cm，幼树及萌芽枝的叶长达 2.4cm。雄球花单生叶腋，长椭圆形，长约 7mm，集生于小枝上部，成短穗状花序状；雌球花顶生于短枝上。球果圆球形或扁球形，径 1.2~2.0cm，多为 1.5~1.8cm；种鳞 20 个左右，上部有 4~5（很少 6~7）短三角形裂齿，齿长 2~4mm，基部宽 1~2mm，鳞背中部或中下部有一个三角状分离的苞鳞尖头，尖头长 3~5mm，基部宽 3~14mm，能育的种鳞有 2 粒种子；种子褐色，近椭圆形，扁平，长 4~6.5mm，宽 2~3.5mm，边缘有窄翅。花期 4 月，球果 10 月成熟。

柳杉为我国特有树种，产于浙江、福建、江西等地海拔 1100m 以下地带。在峨嵋峰海拔 1200m 处有柳杉群落，柳杉粗近 1m。

(39) 乐东拟单性木兰 Parakmeria lutungensis (Chun et C. H. Tsoong) Law，木兰科，福建省重点保护珍贵树木

濒危种。零星分布于我国热带至中亚热带。因其主干通直，材质优良，常遭砍伐；又因其花杂性，两性花植株仅占植株总数的 10%，而且雄蕊先熟，结实少，种子又被鸟吃，天然更新困难，林下幼苗、幼树极少。常绿乔木，高达 30m，胸径 90cm，主干通直，树皮灰白色，平滑。分布于浙江南部，江西南部，福建北部至西部，湖南东南、西南至西北，贵州东南部，广东北部、西南部，海南。生长于海拔 1000m 以下常绿阔叶林中，在福建见于闽中、闽北。

拟单性木兰属是我国特有的寡种属，本种花杂性，心皮有时退化为数枚至一枚，为木兰科中少见的类群，对研究木兰科植物系统发育有学术价值。树干通直，材质优良；树姿美丽，花大而色美，为珍贵的用材树种和城乡绿化树种。

(40) 黄山玉兰 Yulania cylindrica (E. H. Wilson) D. L. Fu，木兰科，福建省重点保护珍贵树木

渐危种。落叶乔木，高 8~10m。树皮灰白色，平滑。嫩枝、叶柄、叶背被淡黄色平伏毛。老枝紫褐色，皮揉碎有辛辣香气。叶膜质，倒卵形、狭倒卵形、倒卵状长圆形，长 6~14cm，宽 2~6.5cm，先端尖或圆，很少具短尾状钝尖，叶面绿色，无毛；下面灰绿色；叶柄长 0.5~2cm，有狭沟；托叶痕为叶柄长的 1/6~1/3。花先叶开放，直立；花蕾卵圆形，被淡灰黄色或银灰色长毛；花梗粗壮，长 1~1.5cm，密被淡黄色长绢毛，花被片 9，外轮 3 片膜质，萼片状，长 12~20mm，宽约 4mm，中间和里面两轮花被瓣状，白色，基部常红色，倒卵形，长 6.5~10cm，宽 2.5~4.5cm，基部具爪，内轮 3 片直立；雄蕊长约 10mm，药隔伸出花药成尖或钝尖，花丝淡红色；雌蕊群绿色，圆柱状卵圆形，长约 1.2cm。聚合果圆柱形，长 5~7.5cm，直径 1.8~2.5cm，下垂，初绿带紫红色后变暗紫黑色，成熟蓇葖排列紧贴，互相结合不弯曲；去种皮的种子褐色，心形，高 7~10mm，宽 9~11mm，侧扁，顶端具 V 形口，基部突尖，腹部具宽的凹沟。花期 5~6 月，果期 8~9 月。

产于安徽、浙江、江西、福建、湖北西南。生长于海拔 600~1700m 的山地疏林中。由于森林过度砍伐及产地群众每年早春采摘花蕾供药和践踏幼苗，天然更新困难，植株正日益减少。

黄山玉兰枝叶扶疏，花白果红，甚为美丽，是城镇林优良观赏绿化树种。花蕾入药，花芳香馥郁，可提取浸膏，用于调配香皂用的香精和化妆香精等。

(41) 沉水樟 Cinnamomum micranthum (Hay.) Hay.，樟科，福建省重点保护珍贵树木

常绿乔木，高可达 30m。已被列入中国植物红皮书渐危种。主要分布于海拔 800m 以下的山坡中下部，土壤湿度比较大或近沟谷边；是我国中亚热带南端至南亚热带的珍贵树种。分布于台湾、广东、广西、湖南、福建、江西、浙江，在福建常见，保护区内常见。

木材较樟木松软，可作樟木代用品。材质淡粉红色，有香气，纹理通直，结构匀细，切面油润、光

滑、美观，且易加工，是造船、车辆、建筑、高级家具、雕刻的上等用材。生长迅速，15 年即可成材，萌蘖力强。沉水樟是我国台湾省和大陆的间断分布种，对探索我国植物区系有一定意义；植株可提取芳香油，是工业上调制各种香精的重要原料之一；是优良的城市绿化树种。

(42) 黄樟 *Cinnamomum porrectum* (Roxb.) Kostern，樟科，福建省重点保护珍贵树木

常绿乔木，高 10～15m。渐危种。分布于华南、华东及华中地区 800m 以下的山坡中上部或山脊，在福建产于南靖、平和、永定、永安、武平、宁化。

木材可作樟木代用品。材质淡粉红色，有香气，纹理通直，结构匀细，美观，且易加工，是造船、车辆、建筑、高级家具、雕刻的上等用材。生长迅速。

(43) 刨花润楠 *Machilus pauhoi* Kanthira，樟科，福建省重点保护珍贵树木

常绿乔木，高 7～20m。分布于广东、广西、湖南、福建、江西、浙江，在福建产于南靖、龙岩、福州、大田、沙县、南平等地。保护区内常见，生长于阔叶林中。

心材稍带红色，树干圆而通直，纹理美观，为建筑、家具用材，为造纸、熏香的原料。

(44) 黑叶锥 *Castanopsis nigrescens* Chun et Huang，壳斗科，福建省重点保护珍贵树木

常绿乔木。渐危种。黑叶锥是福建特有而珍贵的用材树种，常见于龙岩、上杭、连城、沙县、永安、德化、建宁、泰宁、邵武、武夷山、长汀等地，近年来由于各地杂木林屡加砍伐，植株已明显减少，大树已罕见。保护区内数量不多。黑叶锥的边材暗灰褐色，心材淡灰黄色，材质坚重，不易变形，可作为桥梁、车轴、水工建筑、码头桩柱、家具等的用材。

(45) 乌冈栎 *Quercus phillyraeoides* A. Gray，壳斗科，福建省重点保护珍贵树木

常绿小乔木，高3～10m，分布于长江以南各省区及陕西，在福建产于武夷山、浦城、南平、大田、建宁、将乐、仙游、上杭、德化、永春等地。生长于海拔500m以上的岩石上。

(46) 青钱柳 *Cyclocarya paliurus* (Batal.) Ilkinsk.，胡桃科，福建省重点保护珍贵树木

落叶乔木，高可达 30m。分布于福建、广东、江西，在福建产于建宁、永春、南平、德化等地。青钱柳为古老的孑遗植物。

(47) 瘿椒树 *Tapiscia sinensis* Oliv.，瘿椒树科，福建省重点保护珍贵树木

落叶乔木，高8～15m，树皮灰黑色或灰白色，小枝无毛；芽卵形。奇数羽状复叶，长达30cm；小叶5～9，狭卵形或卵形，长6～14cm，宽3.5～6cm，基部心形或近心形，边缘具锯齿，两面无毛或仅背面脉腋被毛，上面绿色，背面带灰白色，密被近乳头状白粉点；侧生小叶柄短，顶生小叶柄长达12cm。圆锥花序腋生，雄花与两性花异株，雄花序长达25cm，两性花的花序长约10cm，花小，长约2mm，黄色，有香气；两性花：花萼钟状，长约1mm，5浅裂；花瓣5，狭倒卵形，比萼稍长；雄蕊5，与花瓣互生，伸出花外；子房1室，有1胚珠，花柱长过雄蕊；雄花有退化雌蕊。果序长达10cm，核果近球形或椭圆形，长仅达7mm。

产于浙江、安徽、湖北、湖南、广东、广西、四川、云南、贵州。生长在山地林中。模式标本采自四川。

(48) 银钟花 *Halesia macgregorii* Chun，安息香科，福建省重点保护珍贵树木

落叶乔木。渐危种，已被列入中国植物红皮书。是我国特有种，星散分布于广东、广西、湖南、福建、江西、浙江。由于过度砍伐林木，生境日趋恶化，加上天然更新能力低，植株越来越少，大树更罕见。银钟树属共6种，5种产于北美，1种产于我国，对研究亚洲与美洲两大陆的变迁关系及植物区系有一定意义。

材质轻软，白色，花果艳丽，入秋叶变红，是优良的庭园绿化和工艺上的用材树种。

(49) 野生兰科植物

福建峨嵋峰自然保护区有丰富的野生兰科植物资源，初步调查表明这里至少有以下 43 种：无柱兰 *Amitostigma gracile* (Bl.) Schltr.、金线兰 *Anoectochilus roxburghii* (Wall.) Lindl.、竹叶兰 *Arundina graminifolia* (D. Don) Hochr.、广东石豆兰 *Bulbophyllum kwangtungense* Schltr.、伞花石豆兰 *Bulbophyllum shweliense* W. W. Sm.、钩距虾脊兰 *Calanthe graciliflora* Hayata、无距虾脊兰 *Calanthe tsoongiana* Tang et Wang、银兰 *Cephalanthera erecta* (Thunb.) Bl.、金兰 *Cephalanthera falcata* (Thunb.) Lindl.、流苏贝母兰

Coelogyne fimbriata Lindl.、建兰 *Cymbidium ensifolium* (L.) Sw.、蕙兰 *Cymbidium faberi* Rolfe、多花兰 *Cymbidium floribundum* Lindl.、春兰 *Cymbidium goeringii* (Rchb. f.) Rchb. f.、寒兰 *Cymbidium kanran* Makino、墨兰 *Cymbidium sinense* (Andr.) Willd.、细茎石斛 *Dendrobium moniliforme* (L.) Sw.、单叶厚唇兰 *Epigeneium fargesii* (Finet) Gagnep.、斑叶兰 *Goodyera schlechtendaliana* Rchb. f.、绒叶斑叶兰 *Goodyera velutina* Maxim、鹅毛玉凤花 *Habenaria dentata* (Sw.) Schltr.、橙黄玉凤花 *Habenaria rhodochels* Hance、十字兰 *Habenaria sagittifera* Rchb. f.、叉唇角盘兰 *Herminium lanceum* (Thunb.) Vuijk.、镰翅羊耳蒜 *Liparis bootanensis* Griff.、长苞羊耳蒜 *Liparis inaperta* Finet、见血青 *Liparis nervosa* (Thunb.) Lindl.、香花羊耳蒜 *Liparis odorata* (Willd.) Lindl.、浅裂沼兰 *Malaxis acuminata* D. Don、小沼兰 *Malaxis microtatantha* (Schltr.) Tang et Wang、葱叶兰 *Microtis parviflora* R. Br.、心叶球柄兰 *Mischobulbum cordifolium* (Hook. f.) Schltr.、狭穗阔蕊兰 *Peristylus densus* (Lindl.) Santap. et Kapad.、鹤顶兰 *Phaius tankervilliae* (Ait) Bl.、细叶石仙桃 *Pholidota cantonensis* Rolfe、尾瓣舌唇兰 *Platanthera mandarinorum* Rchb. f.、小舌唇兰 *Platanthera minor* Rchb. f.、独蒜兰 *Pleione bulbocodioides* (Franch.) Rolfe、朱兰 *Pogonia japonica* Rchb. f.、苞舌兰 *Spathoglottis pubescens* Lindl.、绶草 *Spiranthes sinensis* (Pers.) Ames.、带唇兰 *Tainia dunnii* Rolfe、小花蜻蜓兰 *Tulotis ussuriensis* (Reg. et Maack) Hara，这些兰科植物均被列入濒危野生动植物物种国际贸易公约附录Ⅱ保护。

3.3 食用植物资源

淀粉与糖类植物是指食用、工业用或作为酿造原料的植物，本区有113种（含变种）可以供开发利用的淀粉与糖类植物。

1. 蕨 *Pteridium aquilinum* (L.) Kuhn var. *latiusculum* (Desv.) Underw.，蕨科。其叶嫩时拳卷状，可以和醋食用、腌制食用或晒干作蔬菜，其根去皮可作粉条，其味滑美。
2. 菜蕨 *Callipteris exculenta* (Retz.) J. Sm.，蹄盖蕨科。其叶嫩时拳卷状，可以炒食。
3. 乌毛蕨 *Blechnum orientale* L.，乌毛蕨科。其叶嫩时，叶柄可以炒食。
4. 狗脊蕨 *Woodwardia japonica* (L. f.) Sm.，乌毛蕨科。其根茎富含淀粉，可供食用或酿酒。
5. 银杏 *Ginkgo biloba* L.，银杏科。又名白果，其种子核果状，含淀粉及糖类67.7%，仁可炒食、煮食，作蜜饯或甜食。
6. 蕺菜 *Houttuynia cordata* Thunb.，三白草科。全株可炒熟或凉拌食用，可以小规模开发。
7. 马齿苋 *Portulaca oleracea* L.，马齿苋科。全株可炒熟食用，也可以晒干作干菜。
8. 青葙 *Celosia argentea* L.，苋科。嫩叶可作野菜或猪饲料。
9. 苦荞麦 *Fagopyrum tataricum* (L.) Gnertn，蓼科。种子可供食用或作饲料。
10. 红蓼 *Polygonum orientale* L.，蓼科。种子含淀粉及糖类40%以上，可制作饴糖和酿酒。
11. 酸模 *Rumex acetosa* L.，蓼科。嫩叶可作野菜或猪饲料。
12. 羊蹄 *Rumex japonicus* Houtt.，蓼科。嫩叶可作野菜或猪饲料。
13. 藜 *Chenopodium album* L.，藜科。幼苗及嫩叶可作野菜或猪饲料。
14. 慈姑 *Sagittaria trifolia* L. var. *sinensis* (Sim.) Makino，泽泻科。球茎可作蔬菜食用。
15. 磨芋 *Amorphophallus rivieri* Durieu，天南星科。块茎富含淀粉，味道鲜美，可食。
16. 大百部 *Stemona tuberosa* Lour.，百部科。嫩叶可以煮食。
17. 薯莨 *Dioscorea cirrhosa* Lour.，薯蓣科。块茎富含单宁，可以酿酒。
18. 福州薯蓣 *Dioscorea futschauensis* Uline ex R. Kunth，薯蓣科。块茎富含淀粉，可以作蔬菜食用。
19. 日本薯蓣 *Dioscorea japonica* Thunb.，薯蓣科。块茎可以作蔬菜食用。
20. 薯蓣 *Dioscorea opposita* Thunb.，薯蓣科。块茎可以作蔬菜食用。
21. 肖菝葜 *Heterosmilax japonica* Kunth，菝葜科。根茎含淀粉，可酿酒。
22. 尖叶菝葜 *Smilax arisanensis* Hay.，菝葜科。根茎含淀粉，可酿酒。
23. 菝葜 *Smilax china* L.，菝葜科。根茎含淀粉，可酿酒。
24. 土茯苓 *Smilax glabra* Roxb.，菝葜科。根茎含淀粉，可酿酒。

25. 暗色菝葜 *Smilax lanceifolia* Roxb. var. *opaca* A. DC.，菝葜科。根茎含淀粉，可酿酒。

26. 牛尾菜 *Smilax riparia* A. DC.，菝葜科。根茎含淀粉，可酿酒。

27. 多花黄精 *Polygonatum cyrtonema* Hua，铃兰科。根状茎肥厚，富含多糖，九蒸九晒后，可以代替粮食。

28. 长梗黄精 *Polygonatum filipes* Merr. ex C. Jeffrey et J. Mcewan，铃兰科。根状茎肥厚，富含多糖，可食。

29. 天门冬 *Asparagus cochinchinensis* (Lour.) Merr.，天门冬科。块根蒸晒去皮后可食，味道甘美，滋补止饥。

30. 野百合 *Lilium brownii* F. E. Brown ex Miellez，百合科。鳞茎富含淀粉，可食。

31. 莲 *Nelumbo nucifera* Gaertn.，莲科。根茎（藕）富含藕粉，营养丰富，莲子可煮食。

32. 木通 *Akebia quinata* (Thunb.) DC.，木通科。种子可榨油，供食用。

33. 野木瓜 *Stauntonia chinensis* DC.，木通科。果可生食。

34. 钝药野木瓜 *Stauntonia leucantha* Diels ex Wu，木通科。果可生食。

35. 小果山龙眼 *Helicia cochinchinensis* Lour.，山龙眼科。种子可提取淀粉，应除去氢氰酸。

36. 中华猕猴桃 *Actinidia chinensis* Planch.，猕猴桃科。落叶木质藤本。分布于广东、广西、江西、湖南、湖北、浙江、安徽等省区，生长于海拔 500～1400m 的山谷林缘或山坡灌丛中。保护区内常见，生长于林缘或灌丛中。果味甜，含多量糖类及维生素，可生食、制果酱、果脯等，花可提香精。根、藤和叶供药用，可清热利水、散淤止血。茎含果胶，可作造纸胶料。

37. 软枣猕猴桃 *Actinidia arguta* (Sieb. et Zucc.) Planch.，猕猴桃科。落叶木质藤本。广布种。保护区内常见；生长于海拔 700～1600m 以上的山谷或山顶林中。果柱状长圆形或圆球形，长 2～3cm，9～10 月成熟。味甜，含多量糖类及维生素，可生食、酿酒或制蜜饯和果脯等。

38. 异色猕猴桃 *Actinidia callosa* Lindl. var. *discolor* C. F. Liang，猕猴桃科。落叶木质藤本。分布于长江以南各省区。保护区内常见；生长于海拔 500～1300m 的山谷林缘、山坡路边或灌丛中。果含多量糖类及维生素，有待研究与开发。

39. 京梨猕猴桃 *Actinidia callosa* Lindl. var. *henryi* Maxim.，猕猴桃科。落叶木质藤本。分布于长江以南各省区及陕西与甘肃。在保护区内峨嵋峰一带有分布，生长于海拔 400～1700m 的山谷林缘、山坡灌丛中。果含多量糖类及维生素，有待研究与开发。

40. 毛花猕猴桃 *Actinidia eriantha* Benth.，猕猴桃科。落叶木质藤本。分布于长江以南各省区。保护区内极常见，生长于海拔 150～1700m 的山地林缘、溪边、山坡路边或灌丛中。果柱状或卵状圆柱形，长 2.5～4cm，含多量糖类及维生素，可生食，果期 8～10 月，保护区内蕴藏量较大。

41. 黄毛猕猴桃 *Actinidia fulvicoma* Hance，猕猴桃科。落叶木质藤本。分布于广东、湖南、江西、福建。保护区内有分布，生长于海拔 200～500m 的山谷林缘、山坡灌丛中或路旁。果含多量糖类及维生素，有待研究与开发。

42. 长叶猕猴桃 *Actinidia hemsleyana* Dunn，猕猴桃科。木质藤本。分布于江西、浙江、福建。闽中、闽北均有分布，保护区内常见，生长于海拔 500～1500m 的山地林缘或山坡灌丛中。果含多量糖类及维生素，可生食。

43. 小叶猕猴桃 *Actinidia lanceolata* Dunn，猕猴桃科。落叶木质藤本。分布于广东、湖南、江西、浙江、福建省区，在福建分布于闽北、闽中，保护区常见，生长于海拔 200～600m 的山谷林缘、河边、路旁、山坡灌丛中。果较小，含多量糖类及维生素，有待研究与开发。

44. 阔叶猕猴桃 *Actinidia latifolia* (Gardn. et Champ.) Merr.，猕猴桃科。落叶木质藤本。分布于长江以南各省区。保护区内有分布，生长于海拔 150～1000m 的山地林缘或山坡灌丛中。果长 1.5～3cm，8～9 月成熟，含多量糖类及维生素，可生食。

45. 黑蕊猕猴桃 *Actinidia melanandra* Franch.，猕猴桃科。木质藤本。分布于福建、浙江、江西、湖北、贵州、四川、陕西等省区。在保护区内有分布，生长于海拔 1500m 左右的山谷林中或山坡路边。果含多量糖类及维生素，有待研究与开发。

46. 清风藤猕猴桃 *Actinidia sabiaefolia* Dunn，猕猴桃科。落叶木质藤本。分布于湖南、江西、安徽、福建省区。保护区内有分布，生长于海拔 700～1350m 的山谷林缘或山坡路边。果含多量糖类及维生素，有待研究与开发。

47. 安息香猕猴桃 *Actinidia styracifolia* Liang，猕猴桃科。落叶木质藤本。分布于湖南、福建，在福建分布于闽北，保护区内有分布，生长于海拔 400～800m 的山谷林缘、河边及山坡灌丛中。果含多量糖类及维生素，有待研究与开发。

48. 南烛 *Vaccinium bracteatum* Thunb.，越桔科。果实成熟时味甜可食。

49. 短尾越桔 *Vaccinium carlesii* Dunn，越桔科。果实成熟时味甜可食。

50. 黄背越桔 *Vaccinium iteophyllum* Hance，越桔科。果实成熟时味甜可食。

51. 江南越桔 *Vaccinium mandarinorum* Diels，越桔科。果实成熟时味甜可食。

52. 油柿 *Diospyros oleifera* Cheng，柿树科。果可食。

53. 朱砂根 *Ardisia crenata* Sims.，紫金牛科。果可食。

54. 百两金 *Ardisia crispa* (Thunb.) A. DC.，紫金牛科。果可食。

55. 网脉酸藤子 *Embelia rudis* Hand.-Mazz.，紫金牛科。果微酸，可食。

56. 杜茎山 *Maesa japonica* (Thunb.) Moritzi. ex Zoll.，紫金牛科。果微甜，可食。

57. 野山楂 *Crataegus cuneata* Sieb et Zucc.，蔷薇科。果实可食，消食化积。

58. 小果野山楂 *Crataegus cuneata* Sieb. et Zucc. var. *tangchungchangii* (F. P. Metcalf) T. C. Ku et Spongberg，蔷薇科。果实可食，消食化积。

59. 桃 *Amygdalus persica* L.，蔷薇科。保护区内有较多桃树，疑为逸为野生者。

60. 钟花樱桃 *Cerasus campanulata* Maxim.，蔷薇科。果实可食，酸甜可口，味道鲜美。

61. 麻梨 *Pyrus serrulata* Rehd.，蔷薇科。果生食味酸而涩，腌制后别有风味。

62. 金樱子 *Rosa laevigata* Michx.，蔷薇科。果肉可食，富含维生素。

63. 寒莓 *Rubus buergeri* Miq.，蔷薇科。其聚合果酸甜可口，味道鲜美。

64. 山莓 *Rubus corchorifolius* L. f.，蔷薇科。其聚合果酸甜可口，味道鲜美。

65. 高粱泡 *Rubus lambertianus* Ser.，蔷薇科。其聚合果酸甜可口，味道鲜美。

66. 赤楠 *Syzygium buxifolium* Hook. et Arn.，桃金娘科。果实可食。

67. 土圞儿 *Apios fortunei* Maxim.，蝶形花科。块根含淀粉，可食。

68. 鸡头薯 *Eriosema chinense* Vog.，蝶形花科。块根可食用，并可提取淀粉及酿酒。

69. 野大豆 *Glycine soja* Sieb. et Zucc.，蝶形花科。种子富含蛋白质与脂肪，可以食用。

70. 常春油麻藤 *Mucuna sempervirens* Hemsl.，蝶形花科。种子可以食用和榨油。

71. 葛麻姆 *Pueraria montana* (Lour.) Merr.，蝶形花科。块根富含淀粉，名为"葛粉"，可以食用或酿酒。

72. 葛 *Pueraria montana* (Lour.) Merr. var. *lobata* (Willd.) Maesen et S. M. Almeida ex Sanjappa et Predeep，蝶形花科。块根含淀粉达 70%以上，名为"葛粉"，可以食用或酿酒。

73. 救荒野豌豆 *Vicia sativa* L.，蝶形花科。嫩茎叶可作蔬菜食用。

74. 锥栗 *Castanea henryi* (Skan) Rehd. et Wils.，壳斗科。坚果富含淀粉，味甜可食。

75. 茅栗 *Castanea seguinii* Dode，壳斗科。坚果含淀粉，可食。保护区内常见。

76. 米槠 *Castanopsis carlesii* (Hemsl.) Hayata，壳斗科。坚果含淀粉，味甜可食。

77. 甜槠 *Castanopsis eyrei* (Champ. ex Benth.) Tutch.，壳斗科。坚果含淀粉，味甜可食。

78. 栲 *Castanopsis fargesii* Franch.，壳斗科。坚果含淀粉，味甜可食。

79. 秀丽锥 *Castanopsis jucunda* Hance，壳斗科。坚果含淀粉，可食。

80. 苦槠 *Castanopsis sclerophylla* (Lindl.) Schott.，壳斗科。坚果含淀粉，味苦，用水浸提后可制成"苦槠豆腐"。当地普遍利用。

81. 钩锥 *Castanopsis tibetana* Hance，壳斗科。坚果含淀粉，味甜可食。

82. 多穗柯 *Lithocarpus polystachyus* (Wall. ex DC.) Rehd，壳斗科。嫩叶可作甜茶。

83. 华东山核桃 *Juglans cathayensis* Dode var. *formosana* (Hayata) A. M. Lu et R. H. Chang，胡桃科。种子富含油脂，可食。

84. 杨梅 *Myrica rubra* (Lour.) Sieb. et Zucc.，杨梅科。果实味酸甜，可以鲜食、制蜜饯或酿酒。

85. 葡蟠 *Broussonetia kaempferi* Sieb.，桑科。果实可鲜食或酿酒。

86. 构树 *Broussonetia papyrifera* (L.) L'Her. ex Vent.，桑科。果实可鲜食或酿酒。

87. 薜荔 *Ficus pumila* L.，桑科。蓇果可制凉粉，供食用。

88. 构棘 *Maclura cochinchinensis* (Lour.) Corner，桑科。果成熟时可食或酿酒。

89. 毛柘藤 *Maclura pubescens* (Trecul.) Z. K. Zhou et M. G. Gilbert，桑科。果成熟时可食。

90. 柘 *Maclura tricuspidata* (Lour.) Carriere，桑科。果可食或酿酒。

91. 蔓胡颓子 *Elaeagnus glabra* Thunb.，胡颓子科。果富含维生素，可食或供酿酒。

92. 宜昌胡颓子 *Elaeagnus henryi* Warb.，胡颓子科。果可生食、酿酒或制果酱。

93. 胡颓子 *Elaeagnus pungens* Thunb.，胡颓子科。果味甜，可食或供酿酒。

94. 枳椇 *Hovenia dulcis* Thunb.，鼠李科。果序轴膨大，肉质，多汁，富含糖，可生食、酿酒、熬糖。

95. 南酸枣 *Choerospondias axillaris* (Roxb) Burtt. et Hill.，漆树科。落叶乔木，生长于疏林中或沟谷林缘。果可供食用和酿酒。

96. 白蔹 *Ampelopsis japonica* (Thunb.) Makino，葡萄科。根含淀粉为20%~40%，可提取淀粉或酿酒。

97. 显齿蛇葡萄 *Ampelopsis grossedentata* (Hand.-Mazz.) W. T. Wang，葡萄科。又名甜茶，闽西北一带用其茎、叶作夏天解暑饮料。

98. 地锦 *Parthenocissus tricuspidata* (Sieb. et Zucc.) Planch.，葡萄科。果可供酿酒。

99. 蘡薁 *Vitis bryoniifolia* Bunge，葡萄科。果实可酿酒。

100. 小果葡萄 *Vitis balanseana* Planch.，葡萄科。果实可食。

101. 毛葡萄 *Vitis quinquangularis* Rehd.，葡萄科。果味甜，可生食或酿酒。

102. 水芹 *Oenanthe javanica* (Bl.) DC.，伞形科。嫩茎、叶可作蔬菜，可以小规模开发。

103. 败酱 *Patrinia scabiosaefolia* Fisch. ex Link，败酱科。嫩苗苦中带甘，可以炖汤、炒食或晒干作蔬菜。可以小规模开发。

104. 白花败酱 *Patrinia villosa* (Thunb.) Juss.，败酱科。嫩苗苦中带甘，可以炖汤、炒食或晒干作蔬菜。可以小规模开发。

105. 艾 *Artemisia argyi* Levl. et Van.，菊科。嫩苗可以入面食。

106. 白苞蒿 *Artemisia lactiflora* Wall.，菊科。嫩苗可以煮食。

107. 野艾蒿 *Artemisia lavandulaefolia* A. Gray，菊科。嫩苗可以入面食。

108. 鼠麴草 *Gnaphalium affine* D. Don，菊科。幼嫩植株可以炒食。

109. 马兰 *Kalimeris indica* (L.) Sch.-Bip.，菊科。幼嫩植株可以炒食。

110. 毡毛马兰 *Kalimeris shimadai* (Kitam.) Kitam.，菊科。幼嫩植株可以炒食。

111. 挂金灯 *Physalis alkekengi* L. var. *franchetii* (Mast.) Makino，茄科。果可食。

112. 豆腐柴 *Premna microphylla* Turcz.，马鞭草科。叶可制豆腐。

113. 甘露子 *Stachys sieboldi* Miq.，唇形科。地下根可作酱菜或泡菜，味道鲜美。

3.4　药用植物资源

福建峨嵋峰自然保护区是福建省得天独厚的一块绿洲，也是我国东南诸省难得的一座"天然药库"。据综合科学考察结果，福建峨嵋峰自然保护区内有药用维管束植物190科，784种（含变种），其中蕨类27科54种（含变种），裸子植物3科5种（含变种），被子植物160科725种（含变种与亚种）（部分栽培中草药未列入）。这些中草药资源的开发利用，对促进福建经济发展，振兴福建的中医药事业，将起着相当重要的作用。现按系统演化的先后顺序对这些药用植物的功效与用途一一简要介绍。

1. 藤石松 *Lycopodiastrum casuarinoides* (Spring) Holub，石松科。全草入药，能舒筋活络、祛风除湿、止血，主治风湿骨痛、跌打损伤、夜盲症、小儿盗汗、哮喘。

2. 石松 *Lycopodium japonicum* Thunb.，石松科。全草入药，能祛风除湿、舒筋活络，主治风湿骨痛。

3. 垂穗石松 *Palhinhaea cernua* (L.) Franco et Vasc.，石松科。全草入药，有祛风、止血、祛湿消肿之功效，主治风湿骨痛、腰痛、刀伤、小儿惊风、小儿疳积、盗汗、水肿、脚气肿。

4. 蛇足石杉 *Huperzia serrata* (Thunb.) Trev.，石杉科。全草入药，能舒筋活络、散淤止痛，主治跌打损伤、胆道蛔虫病、胆囊炎。

5. 深绿卷柏 *Selaginella doederleinii* Hieron.，卷柏科。全草入药，有清热利湿、凉血消肿、祛风之功效，治疗肝炎、痢疾、腮肿痛、烧伤、烫伤。

6. 兖州卷柏 *Selaginella involvens* (Sw.) Spring，卷柏科，为清热解毒药。全草入药，有清热利湿的功效，主治急性黄疸性肝炎、痢疾，也用于治疗癌症。保护区内常见，生长于海拔 500~1800m 疏林下路旁或岩石缝中。

7. 江南卷柏 *Selaginella moellendorfii* Heiron.，卷柏科。全草入药，有清热止血、利湿之功效，主治吐血、便血、崩漏、黄疸。

8. 卷柏 *Selaginella tamariscina* (Beauv.) Spring，卷柏科。全草入药，有清热解毒、祛湿利尿、舒筋活络、消炎止血的功效。

9. 笔管草 *Equisetum ramosissimum* Desf. subsp. *debile* (Roxb. ex Vauch.) Hauke，木贼科。全草入药，清热利湿、消炎明目，治疗目赤胀痛、急性黄疸性肝炎、淋病。

10. 福建观音座莲 *Angiopteris fokiensis* Hieron.，莲座蕨科。根状茎入药，祛风湿、解毒、止血，治疗肺燥咳嗽、子宫出血、风湿骨痛、痈疖肿毒。

11. 紫萁 *Osmunda japonica* Thunb.，紫萁科。根状茎及叶柄基部入药，清热解毒、止血，治疗感冒、鼻衄（即鼻出血）、痢疾、崩漏。

12. 华南紫萁 *Osmunda vachelii* Hook.，紫萁科。根状茎入药，清热解毒、驱虫、生肌。

13. 瘤足蕨 *Plagiogyria adnata* (Blume) Bedd.，瘤足蕨科。根状茎入药，主治流行性感冒、麻疹。

14. 里白 *Hicriopteris glauca* (Thunb.) Ching.，里白科。根状茎髓心入药，能止血，治疗鼻衄。

15. 光里白 *Hicriopteris laevissima* (Christ) Ching.，里白科。根状茎入药，行气、止血，治疗胃脘痛、鼻衄。

16. 海金沙 *Lygodium japonicum* (Thunb.) Sw.，海金沙科，为利水渗湿药。孢子入药，有利水通淋之功效，主治热淋、砂淋、血淋、膏淋。对金黄色葡萄球菌、福氏痢疾杆菌、绿脓杆菌、伤寒杆菌等及各种病毒有抑制作用。生长于林缘或溪沟草丛中。

17. 金毛狗 *Cibotium barometz* (L.) J. Sm.，蚌壳蕨科，为补阳药。根状茎可入药，有补肝肾、强筋骨等功效，主治腰肌劳损、腰腿酸痛等症，植物体上的绒毛可治疗外伤性出血。保护区内较常见，生长于山麓沟边及林下。

18. 华南鳞盖蕨 *Microlepia hancei* Prantl.，碗蕨科。全草入药，治疗风湿骨痛。

19. 边缘鳞盖蕨 *Microlepia marginata* (Houtt.) C. Chr.，碗蕨科。全草入药，清热解毒，治疗痈疖肿毒。

20. 乌蕨 *Sphenomeris chinensis* (L.) Maxon，鳞始蕨科。全草入药，有清热解毒、利湿之功效。主治痢疾、黄疸性肝炎、中暑发痧、急性支气管炎、毒蛇咬伤等。保护区内常见。

21. 姬蕨 *Hypolepis punctata* (Thunb.) Mett.，姬蕨科。全草入药，清热解毒，治疗烧伤、烫伤。

22. 蕨 *Pteridium aquilinum* (L.) Kuhn var. *latiusculum* (Desv.) Underw. ex Heller.，蕨科。叶、根状茎入药，根状茎治疗痢疾，叶治疗产后风湿骨痛，外用治疗外伤出血。

23. 刺齿凤尾蕨 *Pteris dispar* Kunze.，凤尾蕨科。全草及根入药，根止血，全草治疗肠疾、便血、风湿骨痛，外用治疗痈肿毒。

24. 剑叶凤尾蕨*Pteris ensiformis* Burm. f.，凤尾蕨科。全草入药，煎服治疗疟疾、下痢及淋病，外敷治疗腮腺炎、疗疮、湿疹。保护区内常见。

25. 井栏凤尾蕨 *Pteris multifida* Poir.，凤尾蕨科。根或全草入药，治疗跌打损伤、咳嗽、吐血、痢疾。

26. 半边旗 *Pteris semipinnata* L.，凤尾蕨科。全草入药，清热解毒、止血，治疗痢疾、跌打损伤，外用治疗外伤出血。

27. 野雉尾金粉蕨 *Onychium japonicum* (Thunb.) Kunze，中国蕨科。全草入药，有清热解毒、凉血止血、利尿之功效。主治外感风热、咽喉肿痛、吐血、便血、尿血、疮毒等。鲜叶捣烂外敷可止血、止痛。

28. 铁线蕨 *Adiantum capillus-veneris* L.，铁线蕨科。全草入药，能清热解毒、祛风除湿、利尿通淋，主治肺热咳嗽、周身结核。

29. 扇叶铁线蕨 *Adiantum flabellulatum* L.，铁线蕨科。中药名为"过坛龙"，全草入药，清热解毒、利水通淋，治疗痢疾、农药中毒、热淋，外用治疗跌打骨折、烧伤、烫伤。

30. 凤丫蕨 *Coniogramme japonica* (Thunb.) Diels，裸子蕨科。中药名为"散血藤"，全草或根状茎入药，祛风湿、解热毒，治疗淤血凝滞、筋骨风痛及疮毒红肿。

31. 渐尖毛蕨 *Cyclosorus acuminatus* (Houtt.) Nakai.，金星蕨科。根状茎入药，治疗烧伤、烫伤、痢疾。

32. 金星蕨 *Parathelypteris glanduligera* (Kunze) Ching.，金星蕨科。全草入药，治疗痢疾。

33. 延羽卵果蕨 *Phegopteris decursive-pinnata* (Van Hall) Fee，金星蕨科。根状茎入药，清热解毒，治疗水湿膨胀、疖毒溃疡。

34. 倒挂铁角蕨 *Asplenium normale* Don，铁角蕨科。全草入药，治疗肝炎。

35. 狭翅铁角蕨 *Asplenium wrightii* Eaton，铁角蕨科。根状茎入药，治疗疮疡肿毒。

36. 乌毛蕨 *Blechnum orientale* L.，乌毛蕨科。根状茎入药，有清热解毒、活血散淤之功效，嫩芽捣烂外敷可消炎去肿。

37. 顶芽狗脊 *Woodwardia unigemmata* (Makino) Nakai，乌毛蕨科。根状茎入药，杀蛔虫、绦虫、蛲虫、清热解毒、凉血、止血。生长于林下阴湿处。

38. 狗脊*Woodwardia japonica* (L. f.) Sm.，乌毛蕨科。根状茎入药，有解毒、祛风、驱虫、凉血、止血之功效，治疗风热感冒、湿热斑疹、吐血、肠风便血、血崩、血痢、带下。保护区内常见，生长于常绿阔叶林下。

39. 东方狗脊 *Woodwardia orientalis* Swartz，乌毛蕨科。根状茎入药，杀蛔虫、绦虫、蛲虫、清热解毒、凉血、止血。保护区内常见，生长于路边、溪河边。

40. 贯众*Cyrtomium fortunei* J. Sm.，鳞毛蕨科。根状茎入药，治疗流感、驱蛔虫。保护区内常见，生长于阴湿的石隙处。

41. 阔鳞鳞毛蕨 *Dryopteris championii* (Benth.) C. Chr. ex Ching，鳞毛蕨科。根状茎入药，清热解毒、止咳平喘，治疗烧伤、烫伤。

42. 黑足鳞毛蕨 *Dryopteris fuscipes* C. Chr.，鳞毛蕨科。根茎入药，外敷治疗毒疮溃疡、久不收口。保护区内常见，生长于常绿阔叶林下。

43. 肾蕨*Nephrolepis auriculata* (L.) Trimen，肾蕨科。根状茎入药，主治感冒、咳嗽、肠炎、腹泻，全草入药治疗五淋白浊、崩带、乳腺炎、产后水肿。保护区内常见。

44. 圆盖阴石蕨 *Humata tyermanni* Moore，骨碎补科。根状茎入药，有祛风除湿、清热凉血、利尿通淋之功效。

45. 抱石莲*Lepidogrammitis drymoglossoides* (Bak.) Ching，水龙骨科。全草入药，有祛风化痰、清热解毒、利湿消淤之功效，主治高热抽筋、急性肠胃炎、扁桃腺炎、咽喉肿痛、胆囊炎、淋巴结核、虚痨咯血、淋浊尿血、疔痈疮肿、跌打损伤。保护区内常见。

46. 粤瓦韦 *Lepisorus obscure-venulosus* (Hayata) Ching，水龙骨科。全草入药，治疗胃肠炎。

47. 瓦韦 *Lepisorus thunbergianus* (Kaulf.) Ching，水龙骨科。全草入药，利尿、止血，治疗淋病、痢疾、咳嗽、吐血、牙疳。

48. 江南星蕨 *Microsorium fortunei* (Moore) Ching，水龙骨科。全草入药，有退热、解毒、利尿、祛风除湿、活血止痛之功效。

49. 盾蕨 *Neolepisorus ovatus* (Bedd.) Ching，水龙骨科。全草入药，治疗吐血、小便不利、尿路感染，外用跌打损伤、烫伤。

50. 金鸡脚假瘤蕨 *Phymatopsis hastata* (Thunb.) Kitagawa ex H. Ito，水龙骨科。全草入药，清热解毒、凉血利尿，治疗伤寒热病、烦渴、惊风、扁桃体炎、细菌性痢疾、慢性肝炎、血淋、便血、痈肿疔疮。

51. 日本水龙骨 *Polypodiodes nipponica* (Mett.)Ching，水龙骨科。根状茎入药，治疗痢疾、鼻炎、风湿骨炎、骨折、跌打损伤。

52. 石韦 *Pyrrosia lingua* (Thunb.) Farwell，水龙骨科。全草入药，治疗急性肾炎水肿、小便不利、尿路感染、蛇伤、痢疾、风湿骨痛。

53. 庐山石韦 *Pyrrosia sheareri* (Bak.) Ching，水龙骨科。全草入药，有清热解毒、利尿通淋之功效。

54. 槲蕨 *Drynaria fortunei* (Kunze) J. Sm，槲蕨科。根状茎入药，补肾、活血、止血，治疗肾虚久泻及腰痛、跌打损伤、小儿疳积，外用治疗疮痈。

55. 马尾松 *Pinus massoniana* Lamb.，松科。分枝节、油、树脂、花粉入药，分枝节祛风湿、止痛、治疗关节疼痛、屈伸不利，油、树脂用于肌肉或关节痛，花粉燥湿收敛，治疗黄水疮、皮肤湿疹。

56. 柳杉 *Cryptomeria fortunei* Hooibrenk，杉科。树皮或球果入药，根皮治疗痈疮肿毒，球果用于咳嗽、崩漏。

57. 杉木 *Cunninghamia lanceolata* (Lamb.) Hook.，杉科。心材及树枝入药，治疗疝气痛、风湿骨痛，外用治疗跌打损伤、烧伤、烫伤、外伤出血、过敏性皮炎。

58. 三尖杉 *Cephalotaxus fortunei* Hook. f.，三尖杉科。全株、种子入药，从植株提取的生物碱，治疗急性白血病及淋巴肉瘤，种子润肺、止咳、消积。

59. 南方红豆杉 *Taxus wallichiana* (Pilg.) Rehd. var. *mairei* (Lemee et Levl.) Cheng et L. K. Fu，红豆杉科。叶能解毒，治疗咽喉肿痛，种子消积，治疗蛔虫病。

60. 厚朴 *Houpoëa officinalis* (Rehd. et Wils.) N. H. Xia et C. Y. Wu，木兰科。树皮与花入药，树皮温中下气、破积散满、化湿导滞，主治腹胀、肠炎、痢疾、咳喘，花宽中利气、开郁化湿，主治胸闷。树皮含挥发油，并含少量厚朴箭毒碱等。本品有较强的抗菌作用，抗菌谱较广，厚朴箭毒碱能使运动神经末梢麻痹。

61. 鹅掌楸 *Liriodendron chinensis* (Hemsl.) Sarg.，木兰科。树皮入药，祛水湿风寒。

62. 玉兰 *Yulania denudata* (Desr.) D. L. Fu，木兰科。花蕾入药，为镇痛剂，有通鼻窍、散风寒、止痛醒脑之功效，主治头痛、脑痛、疮毒痛、鼻炎等。

63. 黄山玉兰 *Yulania cylindrica* (E. H. Wilson) D. L. Fu，木兰科，花蕾入药，为镇痛剂，有通鼻窍、散风寒、止痛醒脑之功效，主治头痛、脑痛、疮毒痛、鼻炎等。

64. 瓜馥木 *Fissistigma oldhamii* (Hemsl.) Merr.，番荔枝科，为活血祛淤药。根供药用，有祛风活血等功效，可以治疗风湿骨痛。保护区内零星分布，生长于常绿阔叶林中。

65. 红毒茴 *Illicium lanceolatum* A. C. Smith.，八角茴香科。根入药，有祛风散结、活血祛淤、驱虫之功效。有毒，慎用！

66. 南五味子 *Kadsura longipedunculata* Finet et Gagnep.，五味子科。果、藤、叶入药，有行气活血、祛风消肿、驱虫止痛之功效，治疗气滞胀痛、胃痛、筋骨疼痛、月经痛、跌打损伤、无名肿毒。

67. 翼梗五味子 *Schisandra henryi* C. B. Clarke，五味子科。根、藤茎入药，有通经活血、强筋壮骨之功效，治疗痨伤吐血、肢节酸痛、心胃气痛、月经不调，果实用于咳嗽、盗汗、神经衰弱。

68. 华中五味子 *Schisandra sphenanthera* Rehd. et Wils.，五味子科。果实入药，有敛肺滋胃、涩精止泻、生津敛汗之功效，主治虚咳、健忘、失眠、盗汗、神经衰弱。藤茎入药，有通经活血、强筋壮骨之功效，根皮能健脾胃、助消化、生津止渴、止咳化痰、活血化淤、生肌长骨，主治消化不良、腹胀、久咳、劳伤。

69. 绿叶五味子 *Schisandra viridis* A. C. Smith，五味子科。根、藤茎、果实入药，根、藤茎养血消淤、理气化湿，治疗痨伤吐血、肢节酸痛、心胃气痛、月经不调，果实用于咳嗽、盗汗、神经衰弱。

70. 华南桂 *Cinnamomum austro-sinense* H. T. Chang，樟科。树皮入药，治疗风湿骨痛、疥癣。

71. 樟树 *Cinnamomum camphora* (L.) Presl.，樟科。根、树皮入药，有祛风散寒、消肿止痛之功效，主治跌打损伤、脚气、疥癣，果实用于胃寒腹痛、脚气。

72. 乌药 *Lindera aggregata* (Sims) Kosterm.，樟科。块根入药，有祛风行气、消肿止痛、消食健胃之功效，治疗风湿骨痛、小便频多、疝气。

73. 山胡椒 *Lindera glauca* (Sieb. et Zucc.) Bl.，樟科。根、叶、果实入药，治疗风湿骨痛，外用治疗痈疮肿毒、皮肤瘙痒。

74. 黑壳楠 *Lindera megaphylla* Hemsl.，樟科，为温里药。根、茎、叶入药，能散淤活络、祛风解毒。保护区内常见，生长于常绿阔叶林中或灌丛地。

75. 山橿 *Lindera reflexa* Hemsl.，樟科。根入药，有止血、消肿、行气、止痛之功效，主治疥癣、风疹、胃痛、痧症。

76. 山鸡椒 *Litsea cubeba* (Lour.) Per.，樟科，为温里药。根、茎、叶和果实均可入药，有祛风散寒、消肿止痛之效。全株治疗风湿骨痛、外感头痛，果实温中、散寒、健胃，用于脘腹冷痛、食欲缺乏、呕吐、腹泻，芳香油用于治疗冠心病、心绞痛。保护区内常见，生长于向阳山坡、灌丛、疏林或路旁等地。

77. 红楠 *Machilus thunbergii* Sieb. et Zucc.，樟科。根、树皮入药，治疗扭挫伤、呕吐、泄泻。

78. 绒毛润楠 *Machilus velutina* Champ. ex Benth.，樟科。根、叶入药，治疗支气管炎、烧伤、烫伤。

79. 新木姜子 *Neolitsea aurata* (Hay.) Koidz，樟科。根入药，治疗胃脘痛、水肿。

80. 锈叶新木姜子 *Neolitsea cambodiana* Lec.，樟科。叶入药，治疗痈疮肿毒。

81. 紫楠 *Phoebe sheareri* (Hemsl.) Gamble，樟科。根、叶入药，治疗水肿、腹胀、跌打损伤。

82. 檫木 *Sassafras tzumu* (Hemsl.) Hemsl.，樟科。根、茎、叶入药，治疗风湿骨痛、腰肌劳损、扭挫伤、水肿。

83. 山蜡梅 *Chimonanthus nitens* Oliv.，蜡梅科。根入药，主治跌打损伤、风湿、劳伤咳嗽、寒性胃病、感冒头痛。

84. 宽叶金粟兰 *Chloranthus henryi* Hemsl.，金粟兰科。全草入药，祛风除湿、活血散淤。

85. 多穗金粟兰 *Chloranthus multistachys* Pei，金粟兰科。全草入药，活血散淤、祛风解毒。

86. 台湾金粟兰 *Chloranthus oldhami* Solms-Laubach，金粟兰科。根及全草入药，有镇痛、解毒、消肿之功效，主治毒蛇咬伤。

87. 及已 *Chloranthus serratus* (Thunb.) Roem et Schutt.，金粟兰科。全草入药，活血散淤。

88. 草珊瑚 *Sarcandra glabra* (Thunb.) Nakai.，金粟兰科。全株入药，抗菌消炎、祛风通络、活血散结，治疗肺炎、阑尾炎、痈疮肿毒、风湿骨痛、跌打损伤、肿瘤。

89. 马兜铃 *Aristolochia debilis* Sieb. et Zucc.，马兜铃科。根入药，名"青木香"，有行气、解毒、消肿之功效，主治中暑、腹痛、毒蛇咬伤。藤入药有行气化湿、活血止痛之功效，果实能清肺降气、化痰止咳。

90. 管花马兜铃 *Aristolochia tubiflora* Dunn，马兜铃科。根入药，治疗胃脘痛，外用治疗毒蛇咬伤。

91. 尾花细辛 *Asarum caudigerum* Hance，马兜铃科。根入药，外用治疗跌打损伤，乳痈。有小毒。

92. 福建细辛 *Asarum fujianensis* J. R. Cheng et C. S. Yang，马兜铃科。根入药，功效同尾花细辛。

93. 蕺菜 *Houttuynia cordata* Thunb.，三白草科，为清热解毒药。多年生草本。本品为民间常用草药。全草入药，有清热解毒、利尿消肿、化痰止咳的功效，主治肺脓肿、痈肿、疮疖、中暑感冒、扁桃体炎、痢疾、白带等。全草含鱼腥素、挥发油、槲皮苷、异槲皮苷等。实验表明，未经加热的鲜汁对金黄色葡萄球菌有抑制作用。鲜草煎剂对流感杆菌、肺炎双球菌、痢疾杆菌及流感病毒等有抑制作用。经小白鼠实验证明有止咳作用。含大量钾盐，有利尿作用。保护区内山坡路旁湿地或沟边常见。

94. 三白草 *Saururus chinensis* (Lour.) Baill.，三白草科，为清热解毒药。多年生草本。根茎或全草入药，有清热利湿、消肿解毒的功效，主治风湿关节痛、高血压、尿道炎、痈肿疔疮。全草含挥发油，叶含槲皮素、金丝桃苷及异槲皮苷。本品对金黄色葡萄球菌、伤寒杆菌有抑制作用。保护区内零星散生，生长于河沟边上。

95. 山蒟 *Piper hancei* Maxim.，胡椒科。全草入药，祛风消肿，治疗跌打损伤、胃脘痛、毒蛇咬伤。

96. 风藤 *Piper kadsura* (Choisy) Ohwi，胡椒科。藤茎入药，祛风湿、通经络、理气，治疗风寒湿痹、关节疼痛、筋络拘挛、跌打损伤、哮喘、久咳。

97. 马齿苋 *Portulaca oleracea* L.，马齿苋科。全草入药，清热利尿，治疗痢疾、痈疮肿毒。

98. 土人参 *Talinum paniculatum* (Jacq.) Gaertn.，马齿苋科。根入药，为补虚、润肺、止血、下乳药，主治疗病后虚弱、虚老咳嗽、劳伤、月经不调、乳汁不足、多尿、遗尿。

99. 粟米草 *Mollugo pentaphylla* L.，粟米草科。全草入药，治疗腹痛、小儿疳积、结膜炎。

100. 鹅肠菜 *Myosoton aquaticum* (L.) Moench，石竹科。全草入药，清热解毒、活血、消肿，治疗小儿疳积、痢疾、乳腺炎、痈疮肿毒。

101. 漆姑草 *Sagina japonica* (Sw.) Ohwi，石竹科。全草入药，止痛，治疗痈疮肿毒。

102. 女娄草 *Silene aprica* Turcz. ex Fisch. et C. A. Mey，石竹科。全草入药，健脾胃、活血、通经、行水。

103. 鹤草 *Silene fortunei* Vis.，石竹科。全草入药，有清热凉血、止血止痛、利湿补虚之功效。

104. 繁缕 *Stellaria media* (L.) Cyr.，石竹科。全草入药，有清热解毒、活血祛淤、祛风表寒之功效，治疗痈疮肿毒、牙痛、痢疾。

105. 金线草 *Antenoron filiforme* (Thunb.) Roberty et Vautier，蓼科，为利水渗湿药。全草入药，有祛风除湿、抗菌消炎、止血散淤的功效，治疗咯血、崩漏、风湿骨痛、痢疾及多发性脓疡。根状茎可治疗跌打损伤、止血。生长于林缘或溪沟草丛中。

106. 短毛金线草 *Antenoron neofiliforme* (Nakai) Hara，蓼科。全草入药，有抗菌消炎、止血散淤、止痛的功效，治疗咯血、崩漏、风湿骨痛、痢疾及多发性脓疡。根状茎可治疗跌打损伤、止血。

107. 金荞麦 *Fagopyrum cymosum* (Trev.) Meisn.，蓼科。块根入药，有清热解毒、软坚散结、通经止痛之功效，主治咽喉炎、周身结核、肺脓肿、消化道疾病、月经不调，外用治疗痈疽毒疮、蛇虫咬伤。

108. 何首乌 *Fallopia multiflora* (Thunb.) Harald.，蓼科，为滋补强壮药。块根供药用，能滋阴壮阳、益精血，能抗动脉硬化和降低胆固醇，对流感病毒有抑制作用。临床应用治疗血虚体弱、须发早白、遗精带下等症，也可用于治疗动脉硬化、高血压病、冠心病、神经衰弱等症。

109. 萹蓄 *Polygonum aviculare* L.，蓼科。全草入药，有清热利尿、消炎解毒、杀虫之功效。

110. 毛蓼 *Polygonum barbatum* L.，蓼科。全草入药，拔毒生肌，治疗脓肿等。

111. 火炭母 *Polygonum chinense* L.，蓼科。全草入药，能清热解毒、利湿止痒，主治肠胃炎、痢疾、疗痈、虫蛇咬伤。

112. 水蓼 *Polygonum hydropiper* L.，蓼科。全草入药，利水消肿、清热解毒、驱虫止痢，主治腹泻痢疾、跌打损伤、痈疮肿毒、毒蛇咬伤。

113. 酸模叶蓼 *Polygonum lapathifolium* L.，蓼科。鲜茎叶入药，治疗痈疮肿毒、毒蛇咬伤。果实治疗水肿、咳嗽。

114. 长鬃蓼 *Polygonum longisetum* De Bruyn，蓼科。全草入药，消肿止痛，治疗肿疡、痢疾、腹痛。

115. 尼泊尔蓼 *Polygonum nepalense* Meisn.，蓼科。全草入药，能收敛、固肠、祛湿，主治赤白痢、大便失常、关节风痛等。

116. 荭蓼 *Polygonum orientale* L.，蓼科。全草入药，有祛淤破积、健脾利湿之功效。

117. 习见蓼 *Polygonum plebeium* R. Br.，蓼科。全草入药，有清热利尿、消炎解毒之功效。

118. 杠板归 *Polygonum perfoliatum* L.，蓼科。全草入药，利水消肿、清热解毒、止咳，治疗肾炎水肿、上呼吸道感染、百日咳、痢疾、湿疹、痈疮肿毒、毒蛇咬伤。

119. 丛枝蓼 *Polygonum posumbu* Hamilt.，蓼科。全草入药，利水消肿、清热解毒，主治关节炎、跌打损伤，外用治疗头疮、脚癣。

120. 刺蓼 *Polygonum senticosum* (Meisn.) Fr. et Savat.，蓼科。全草入药，有利水消肿、清热解毒之功效，主治顽固性痈疮、蛇头疮、毒蛇咬伤。

121. 戟叶蓼 *Polygonum thunbergii* Sieb. et Zucc.，蓼科。全草入药，有止泻、镇痛、祛风之功效。

122. 香蓼 *Polygonum viscosum* Buch.-Ham. ex D. Don，蓼科。全草入药，主治风湿病。

123. 虎杖 *Reynoutria japonica* Houtt.，蓼科。为利水渗湿药。根茎为民间常用草药，有清热利湿、活血止痛、散淤解毒的功效。主治烫火伤、便秘、肝炎、疖肿、外伤感染。根茎含有黄酮类、大黄素、大黄素甲醚等。其煎剂对金黄色葡萄球菌、大肠杆菌、绿脓杆菌等及各种病毒有抑制作用。大黄素、大黄素甲醚有泻下作用，有利胆、降压、降血脂、镇咳平喘及止血作用。保护区内常见，喜生长于山谷溪边。

124. 羊蹄 *Rumex japonicus* Houtt.，蓼科。根入药，杀虫、止血，治疗肺结核咯血、胃出血、便血。

125. 商陆 *Phytolacca acinosa* Roxb.，商陆科。根入药，散结利尿、消炎解毒，主治慢性肠胃炎、心囊水肿、肋膜炎、腹水、脚气、大小便不利。

126. 土荆芥 *Chenopodium album* L.，藜科。茎、叶入药，祛风止痛、解毒驱虫。

127. 藜 *Chenopodium ambrosioides* L.，藜科。全草入药，止泻、止痒，主治痢疾、腹泻、湿疹，外敷治疗虫咬伤。

128. 土牛膝 *Achyranthes aspera* L.，苋科。全草入药，清热利湿、解表，治疗外感发热、咽喉肿痛、烦渴、风湿骨痛、泌尿系统结石。

129. 牛膝 *Achyranthes bidentata* Bl.，苋科。根入药，补肝肾、强筋骨、通血脉，治疗下肢痉挛、经闭、高血压病、牙痛、鲠喉。

130. 莲子草 *Alternanthera sessilis* (L.) DC.，苋科。全草入药，治疗痢疾、牙痛、毒蛇咬伤、湿疹皮炎。

131. 刺苋 *Amaranthus spinosus* L.，苋科。全草入药，清热解毒、利湿消肿，主治毒蛇咬伤和淋巴肿大。

132. 青葙 *Celosia argentea* L.，苋科。全草入药，有清热燥湿、杀虫止血之功效，主治疥疮，种子有清肝明目之功效。

133. 野慈姑 *Sagittaria trifolia* L.，泽泻科。球茎入药，行血、通淋。

134. 金线蒲 *Acorus gramineus* Soland.，菖蒲科。根状茎入药，治疗骨折、腹痛、耳聋、毒蛇药伤、风湿痹痛。

135. 石菖蒲 *Acorus tatarinowii* Schott，菖蒲科。根状茎入药，治疗骨折、腹痛、耳聋、毒蛇药伤、风湿痹痛。

136. 野磨芋 *Amorphophallus variabilis* Bl.，天南星科，为外用药。块茎入药，有解毒消肿的功效，主治无名肿毒、颈淋巴结核、毒蛇咬伤。本品有毒，内服须久煎。保护区内有零星散生，生长于疏林下、林缘、溪边湿润地。

137. 一把伞南星 *Arisaema erubescens* (Wall.) Schott，天南星科。块茎入药，化痰止咳、消肿散结，治疗痰饮咳嗽、风湿痹痛，外用治疗蛇咬伤、疮疡肿毒。全草有毒，慎用！

138. 天南星 *Arisaema heterophyllum* Bl.，天南星科。块茎入药，化痰止咳，消肿散结，治疗痰饮咳嗽、风湿痹痛，外用治疗蛇咬伤，疮疡肿毒。全草有毒，慎用！

139. 滴水珠 *Pinellia cordata* N. E. Browm，天南星科。块茎入药，外用消肿解毒。

140. 半夏 *Pinellia ternata* (Thunb.) Breit，天南星科。块茎入药，燥湿化痰、止呕，治疗痰饮、咳喘、胸脘痞闷、恶心、呕吐、眩晕，外用治疗痈肿、急性乳腺炎、急性化脓性中耳炎、毒蛇药伤。有毒，慎用！

141. 浮萍 *Lemna minor* L.，浮萍科。全草入药，清热透疹、利尿消肿，治疗风热、感冒、麻疹不透、水肿、小便不利。

142. 大百部 *Stemona tuberosa* Lour.，百部科。块根入药，润肺止咳、杀虫，治疗肺结核、百日咳、蛔虫病。有毒，慎用！

143. 黄独 *Dioscorea bulbifera* L.，薯蓣科。块茎入药，称"黄药子"，有清热解毒、化痰散结、凉血止血的功效。可以治疗甲状腺功能亢进、甲状腺肿、咳嗽气喘、咯血、吐血、气瘿、疝气痛、疮疖、毒蛇咬伤。

144. 薯莨 *Dioscorea cirrhosa* Lour.，薯蓣科。块茎富含单宁，有止血、活血、养血的功效。主治崩漏、产后出血、咯血、尿血、上消化道出血、贫血等。

145. 福州薯蓣 *Dioscorea futschauensis* Uline ex R. Kunth，薯蓣科。块茎入药，含微量薯蓣皂苷元，有祛风利湿之功效。主治尿路感染、小便混浊、乳糜尿、白带、风湿性关节炎、腰膝酸痛、腹泻。

146. 粉背薯蓣 *Dioscorea collettii* Hook. f. var. *hypoglauca* (Palibin) Péi et C. T. Ting，薯蓣科。为祛风湿药。根茎入药，有祛风利湿的功效，主治风湿脾痛、腰膝疼痛、白带、疮毒。根茎分离出的薯蓣皂苷，可作为合成皮质酮的原料。保护区内零星散生，生长于山坡杂木林下或林缘。

147. 纤细薯蓣 *Dioscorea gracillima* Miq.，薯蓣科。根茎含薯蓣皂苷元，是合成甾体激素药物的原料。有祛风、利湿的功效。

148. 日本薯蓣 *Dioscorea japonica* Thunb.，薯蓣科。为滋养强壮药。块茎入药，健脾消积，治疗腹泻。外用治疗肿毒、火伤。

149. 薯蓣 *Dioscorea opposita* Thunb.，薯蓣科。为滋养强壮药，块茎入药，为常用的中药"淮山"，有健脾消积、益肺肾之功效。主治肿毒、冻疮、气喘、腹泻。

150. 褐苞薯蓣 *Dioscorea persimilis* Prain et Burkill，薯蓣科。块茎入药，有补脾肺、涩精气、消肿之功效。

151. 细柄薯蓣 *Dioscorea tenuipes* Franch. et Savat.，薯蓣科。根茎含多种甾体皂苷元，有祛风利湿、止痛、舒筋活血、止咳平喘祛痰之功效。主治风湿性关节炎、慢性支气管炎、咳嗽气喘。

152. 七叶一枝花 *Paris polyphylla* Sm.，重楼科。根茎入药，根茎有小毒，能清热解毒、化淤散结、祛淤消肿。临床用于治疗疮疖痈肿、毒蛇咬伤，也治疗慢性支气管炎、流行性乙型脑炎、流行性腮腺炎、过敏性鼻炎、蜂窝组织炎、急性淋巴结炎、痢疾、小儿高热、中暑等症。近年来也试用于治疗癌症，如肺癌，有一定的疗效。

153. 华重楼 *Paris polyphylla* Sm. var. *chinensis* (Franch.) Hara，重楼科。根茎入药，功效同七叶一枝花。

154. 菝葜 *Smilax china* L.，菝葜科，为祛风湿药。根状茎与叶可供药用，有祛风利湿及解毒消肿之功效。根状茎治疗风湿痹痛，嫩叶治疗疮疡肿痛，果实治疗肾炎。保护区内常见，见于林下、林缘、路边。

155. 土茯苓 *Smilax glabra* Roxb.，菝葜科，为清热解毒药。能健脾胃、强筋骨、祛风湿、利关节。临床应用于治疗反复发作的慢性溃疡和牛皮癣等慢性皮肤病、湿疹等。保护区内常见，生长于疏林下。

156. 暗色菝葜 *Smilax lanceifolia* Roxb. var. *opaea* A. DC.，菝葜科。根状茎入药，活血散淤、祛风除湿，治疗跌打损伤、风湿骨痛。

157. 牛尾菜 *Smilax riparia* DC.，菝葜科。根及根茎入药，治疗骨折、毒蛇咬伤、哮喘、支气管炎、风湿痹痛。

158. 山麦冬*Liriope spicata* (Thunb.) Lour.，铃兰科。块根入药，清热除烦、润肺止咳，治疗肺燥干咳、心烦口渴。

159. 沿阶草 *Ophiopogon bodinieri* Levl.，铃兰科。块根入药，润肺止咳、滋阴生津，治疗肺燥干咳、心烦口渴。

160. 多花黄精*Polygonatum cyrtonema* Hua，铃兰科。根状茎入药，补中益气，祛风湿、安五脏。补五老七伤，助筋骨，耐寒暑，益脾胃，润心肺。

161. 天门冬*Asparagus cochinchinensis* (Lour.) Merr.，天门冬科，为补阴药。块根入药，可清热降火，润肺祛湿，主治各种由风、寒、湿引起的肢体肿痛或麻木。还可以治疗咽干口渴、燥咳痰黏、咯血、百日咳、白喉、干燥性鼻炎。

162. 萱草 *Hemerocallis fulva* (L.) L.，萱草科。根及根状茎入药，利尿消肿，治疗水肿、小便不利。

163. 紫萼*Hosta ventricosa* (Salisb.) Stearn.，玉簪科。全草入药，治疗骨鲠喉，外用治疗蛇虫咬伤、痈疮肿毒。

164. 石蒜 *Lycoris radiata* (L. Herit) Herb.，石蒜科。鳞茎入药，外用治疗痈疮肿毒。全草有毒，慎用！

165. 野百合 *Lilium brownii* F. E. Brown ex Miellez，百合科。鳞茎入药，养阴润燥、清心安神，治疗阴虚久咳、痰中带血。

166. 黑紫藜芦 *Veratrum japonicum* (Baker) Loes. f.，藜芦科。根及根状茎入药，解毒、杀虫、止痛，治疗跌打损伤、痈疮肿毒。有毒，慎用！

167. 牯岭藜芦*Veratrum schindleri* Loes. f.，藜芦科。根及根状茎入药，解毒、杀虫、止痛，治疗跌打损伤、痈疮肿毒。有毒，慎用！

168. 仙茅*Curculigo orchioides* Gaertn.，仙茅科。根状茎入药，有补肾壮阳之功效。主治阳痿、遗精等。有小毒！

169. 金线兰 *Anoectochilus roxburghii* (Wall.) Lindl.，兰科。全草入药，全草药用，清热凉血、祛风利湿，可治疗腰膝痹痛、吐血、血淋、遗精、肾炎、小儿惊风、妇女白带、支气管炎、结合性脑膜炎、风湿和类风湿关节炎等。

170. 钩距虾脊兰 *Calanthe graciliflora* Hayata，兰科。全草入药，外用治疗疮疖。

171. 多花兰 *Cymbidium floribundum* Lindl.，兰科。全草入药，主治淋巴结核、尿路结石、小儿夜啼、淋浊、白带多、疮疖。

172. 细茎石斛 *Dendrobium moniliforme* (L.) Sw.，兰科。全草入药，有滋阴养肾、益胃、生津除烦之功效。主治口干烦渴、肺结核、食欲缺乏、病后虚弱。

173. 斑叶兰 *Goodyera schlechtendaliana* Rchb. f.，兰科。全草入药，有滋阴养肾、益胃、生津除烦之功效。主治肺结核、咳嗽、支气管炎。外用治疗毒蛇咬伤、疮疡痈肿。

174. 鹅毛玉凤花 *Habenaria dentata* (Sw.) Schltr.，兰科。块茎入药，有益肾、利湿、解毒之功效。主治疝气、头晕、白浊、白带等。

175. 见血青 *Liparis nervosa* (Thunb.) Lindl.，兰科，为止血药。全草入药，有清热解毒，凉血止血的功效，主治吐血、咯血、肠风便血、血崩、小儿惊风、疮疖肿毒、创伤出血。保护区内较少见，生长于溪边石缝间或林下阴处。

176. 细叶石仙桃*Pholidota cantonensis* Rolfe，兰科。全草入药，有清热凉血、滋阴润肺之效，可治疗咳嗽、高热、头晕、头痛等。

177. 绶草*Spiranthes sinensis* (Pers.) Ames.，兰科。全草入药，有益阴清热、润肺止咳、消肿散淤之功效。主治病后虚弱、阴虚内热、咳嗽吐血、咽喉肿痛、肺结核、头晕、腰酸、遗精、淋浊带下、疮疡痈肿等。

178. 鸭舌草 *Monochoria vaginalis* (Burm. f.) Presl ex Kunth，雨久花科。全草入药，清热解毒、止痛，外用治疗跌打损伤、毒蛇咬伤、疮疖、目赤肿痛。

179. 山姜 *Alpinia japonica* (Thunb.) Miq.，姜科。根状茎入药，治疗风湿性关节炎、跌打损伤、胃脘痛、牙痛。

180. 襄荷 *Zingiber mioga* (Thunb.) Rosc.，姜科。全草入药，治疗肾炎、咳嗽、月经不调。

181. 鸭跖草 *Commelina communis* L.，鸭跖草科。全草入药，清热解毒、利水消肿、治疗感冒、咽喉肿痛、尿路感染、疮痈肿毒。

182. 大苞鸭跖草 *Commelina paludosa* Bl，鸭跖草科。全草入药，治疗疮痈肿毒。

183. 聚花草 *Floscopa scandens* Lour.，鸭跖草科。全草入药，活血，治疗淋证。

184. 裸花水竹叶 *Murdannia nudiflora* (L.) Bronan，鸭跖草科。全草入药，治疗肺热咳嗽、目赤肿痛、疮痈肿毒。

185. 杜若 *Pollia japonica* Thunb.，鸭跖草科。全草入药，治疗胸痛、毒蛇咬伤。

186. 谷精草 *Eriocaulon buergerianum* Koern.，谷精草科。花序入药，祛风散热，明目散翳。

187. 白药谷精草 *Eriocaulon sieboldianum* Sieb. et Zucc.，谷精草科。花序入药，祛风散热，明目散翳。

188. 灯心草 *Juncus effusus* L.，灯心草科。全草入药，清心火、利尿，治疗失眠、尿少涩痛、咽喉肿痛、口疮。

189. 江南灯心草 *Juncus leschenaultii* Gay，灯心草科。全草入药，清热、利尿。

190. 丝叶球柱草 *Bulbostylis densa* (Wall.) Hand.-Mazz.，莎草科。全草入药，清凉、解热。

191. 花葶薹草 *Carex scaposa* Clarke，莎草科。全草入药，外用治疗跌打损伤。

192. 畦畔莎草 *Cyperus haspan* L.，莎草科。全草入药，治疗婴儿破伤风。

193. 碎米莎草 *Cyperus iris* L.，莎草科。全草入药，治疗痢疾。

194. 香附子 *Cyperus rotundus* L.，莎草科，为理气药。草本植物，路边、荒地常见。块茎入药，称香附。行气解郁，调经止痛。主要成分为香附子烯、香附子醇、脂肪酸及酚性物质。

195. 两歧飘拂草 *Fimbristylis dichotoma* (L.) Vahl，莎草科。全草入药，清热解毒，治疗小儿胎毒。

196. 黑莎草 *Gahnia tristis* Nees，莎草科。全草入药，治疗子宫脱垂。

197. 短叶水蜈蚣 *Kyllinga brevifolia* Rottb，莎草科。全草入药，清热、止咳、止痢，治疗急性气管炎、小儿高热、痢疾、刀伤出血。

198. 萤蔺 *Schoenoplectus juncoides* (Roxb.) Palla，莎草科。全草入药，止咳化痰，治疗咳嗽、百日咳。

199. 高秆珍珠茅 *Scleria terrestris* (L.) Fossett，莎草科。全草入药，治疗小儿麻疹、吐血。

200. 看麦娘 *Alopecurus aequalis* Sobal.，禾本科。全草入药，利湿消肿，治疗水肿、水痘。

201. 荩草 *Arthraxon hispidus* (Thunb.) Makino，禾本科。全草入药，止咳、定喘、杀虫。

202. 毛臂形草 *Brachiaria villosa* (Lam.) A. Camus.，禾本科。全草入药，治疗小便赤涩、大便秘结。

203. 薏苡 *Coix lacryma-jobi* L.，禾本科。根、种仁入药，根健脾和中、祛湿、利尿，治疗湿捆脾胃、咳嗽、水痘、拘挛，种仁健脾、渗湿、排脓，治疗脾虚泄泻、风湿疼痛、水肿、白带多。

204. 狗牙根 *Cynodon dactylon* (L.) Pers.，禾本科。全草入药，祛湿利尿、活血，治疗水肿、风湿骨痛、跌打损伤。

205. 稗 *Echinochloa crusgalli* (L.) Beauv.，禾本科。根、苗叶入药，治疗麻疹、金疮及损伤出血不止，捣敷或研末渗之。

206. 牛筋草 *Eleusine indica* (L.) Gaertn.，禾本科。全草入药，清热解毒、祛风利湿、散淤止血，治疗流行性乙型脑炎、肠炎、痢疾、风湿痹痛，外用治疗跌打损伤、外伤出血。

207. 知风草 *Eragrostis ferruginea* (Thunb.) Beauv.，禾本科。根入药，活血散淤，治疗跌打损伤。

208. 白茅 *Imperata cylindrica* (L.) Beauv.，禾本科。根状茎入药，清热、利尿、止血，治疗内热烦渴、咯血、吐血、尿血、肾炎水肿。

209. 箬竹 *Indocalamus tessellatus* (Munro) Keng. f.，禾本科。叶入药，清热止血，解毒消肿，治疗吐血、下血、小便不利、喉痹、痈肿。

210. 千金子 *Leptochloa chinensis* (L.) Nees，禾本科。全草入药，行水破血、攻积聚、散痰饮。

211. 淡竹叶 *Lophatherum gracile* Brongn，禾本科，为利水渗湿药。根、茎入药，清心、利尿、去热、降燥。根止痛，用于咽喉肿痛；茎、叶清热，利尿，用于烦热、小便黄少。保护区内毛竹林与常绿阔叶林中常见。

212. 五节芒 *Miscanthus floridulus* (Labill.) Warb.，禾本科。根茎部叶鞘内虫瘿入药，顺气发表、除淤、花序活血、通经，治疗月经不调。

213. 芒 *Miscanthus sinensis* Anderss.，禾本科。茎入药，利尿、解热、解毒，治疗风邪。

214. 类芦 *Neyraudia reynaudiana* (Kunth) Keng ex Hitchc.，禾本科。幼苗、叶入药，清热解毒、止血利尿，治疗毒蛇咬伤、尿路感染。

215. 铺地黍 *Panicum repens* L.，禾本科。根状茎入药，利尿、消肿、生肌、埋口，治疗骨鲠喉、小便不利、水肿、跌打损伤、蛇咬伤。

216. 狼尾草 *Pennisetum alopecuroides* (L.) Spreng.，禾本科。全草入药，清肺止咳，治疗肺热咳嗽、目赤肿痛。

217. 桂竹 *Phyllostachys bambusoides* Sieb. et Zucc.，禾本科。根茎及根入药，可除湿热、祛风寒。治疗咳嗽气喘、四肢麻痹和筋骨疼痛，箨叶可清血热，烧灰吃，透斑疹，花可治疗猩红热。

218. 囊颖草 *Sacciolepis indica* (L.) A. Chase，禾本科。全草入药，外用治疗跌打损伤。

219. 金丝草 *Pogonatherum crinitum* (Thunb.) Kunth，禾本科。全草入药，清热凉血、利尿通淋，治疗感冒高热、黄疸性肝炎、糖尿病、肾炎水肿、尿路感染、小儿疳积。

220. 棕叶狗尾草 *Setaria palmifolia* (Koen.) Stapf.，禾本科。根入药，治疗子宫脱垂。

221. 皱叶狗尾草 *Setaria plicata* (Lam.) T. Cooke，禾本科。全草入药，解毒、杀虫、化腐肉，治疗胎盘不下。

222. 棕榈 *Trachycarpus fortunei* (Hook.) H. Wendl.，棕榈科。根、叶柄、果实均可入药，根治疗淋证、小便不利，叶柄止血，治疗崩漏、便血、尿血，果实治疗痢疾、崩漏。

223. 莲 *Nelumbo nucifera* Gaertn.，莲科。种子入药，有养心、益肾、补脾、涩肠之功效，莲子心有清心火、强心降压之功效，荷叶、荷梗、莲蓬富含单宁，为收敛止血药。

224. 木通 *Akebia quinata* (Thunb.) DC.，木通科。茎、果实入药，有通经活络、清热利尿之功效，主治关节炎、风湿痛、腰痛、小便不畅。

225. 三叶木通 *Akebia trifoliata* (Thunb.) Koidz.，木通科。茎、果实入药，功效与木通相同。

226. 白木通 *Akebia trifoliata* (Thunb.) Koidz. var. *australis* (Diels) Rehd.，木通科。茎、果实入药，功效与木通相同。

227. 野木瓜 *Stauntonia chinensis* DC.，木通科。根、根皮入药，主治腋痈、睾丸肿大、痛经。

228. 大血藤 *Sargentodoxa cuneata* (Oliv.) Rehd. et Wils.，大血藤科。茎入药，有祛风除湿、活血通经之功效，主治筋骨疼痛、四肢麻木、经闭腹痛。

229. 木防己 *Cocculus orbiculatus* (L.) DC.，防己科。全株入药，治疗风湿骨痛，咽喉肿痛，水肿，毒蛇咬伤、痈疮肿毒。保护区内常见。

230. 秤钩风 *Diploclisia affinis* (Oliv.) Diels，防己科。根、茎入药，治疗风湿骨痛、跌打损伤、小便不利。

231. 细圆藤 *Pericampylus glaucus* (Lam.) Merr.，防己科。根入药，有祛风镇痉之功效，可以治疗毒蛇咬伤。

232. 风龙 *Sinomenium acutum* (Thunb.) Rehd. et Wils.，防己科。根入药，有祛风、通经络、利尿之功效，主治水肿、脑卒中、骨节疼痛、大小便不利。

233. 金线吊乌龟 *Stephania cepharantha* Hay. ex Yamam.，防己科。块根入药，能祛风清热、散淤消肿、解毒止痛，主治腮腺炎、毒蛇咬伤、无名肿毒、痢疾、肝炎、过敏性皮炎。

234. 粉防己 *Stephania tetrandra* S. Moore，防己科。根入药，止痛、消炎、利尿，主治水肿、小便不利、风湿骨痛，有肌松作用。

235. 秋牡丹 *Anemone hupenensis* Lem. var. *japonica* (Thunb.) Bowles et Stearn，毛茛科。全草入药，有杀虫散肿之功效，主治蜂蜇伤、疥癣。

236. 小木通 *Clematis armandii* Franch.，毛茛科。茎入药，称"川木通"，有清热利尿、通利血脉之功效，主治水肿、小便不畅、尿路感染、关节酸痛、乳汁不通。

237. 威灵仙 *Clematis chinensis* Osbeck，毛茛科。根入药，有祛风除湿、通经活血、化结软坚之功效，主治诸骨鲠喉、风湿性关节炎、反胃膈食、产后水肿、月内风、慢性盆腔炎。

238. 山木通 *Clematis finetiana* Levl. et Vant.，毛茛科。根、叶、茎入药，根治疗关节肿痛、腰膝冷痛，茎治疗尿路感染、小便不利、乳汁不通。

239. 单叶铁线莲 *Clematis henryi* Oliv.，毛茛科。叶、根入药，治疗胃脘痛、跌打损伤、咳嗽，外用治疗腮腺炎。

240. 短萼黄连 *Coptis chinensis* Franch. var. *brevisepala* W. T. Wang，毛茛科，清热燥湿药。本品全草入药，具泻火燥湿、解毒消肿之功效，可治疗肠胃炎、痢疾、咯血、糜烂性口腔炎、蛇头疗、蛇咬伤、湿疹。主要成分为小檗碱、黄连碱、药根碱等。小檗碱有广谱抗菌作用，能降压、利胆、松弛血管平滑肌等。保护区内零星散生，生长于沟谷阔叶林下或山地林下阴湿地。

241. 毛茛 *Ranunculus japonica* Thunb.，毛茛科。全草及根入药，治疗痢疾、黄疸、偏头痛、胃痛、风湿关节痛、鹤膝风、痈肿、恶疮、牙痛、火眼。有毒，慎用！

242. 石龙芮 *Ranunculus sceleratus* L.，毛茛科。全草入药，主治颈淋巴结核、截疟、风湿痛、痈肿、疮毒。

243. 尖叶唐松草 *Thalictrum acutifolium* (Hand.-Mazz.) Boivin，毛茛科。根、根状茎入药，治疗肝炎、痢疾、目赤肿痛。

244. 豪猪刺 *Berberis julianae* Schneid.，小檗科。根、茎入药，可清热解毒、利湿散淤。主治急性结膜炎、口腔炎、细菌性痢疾、肠胃炎。

245. 庐山小檗 *Berberis virgetorum* Schneid.，小檗科。根、茎入药，可清热解毒、利湿散淤。主治急性结膜炎、口腔炎、痢疾、疮疖。

246. 阔叶十大功劳 *Mahonia bealei* (Fort.) Carr.，小檗科，为清热解毒药。根茎入药，有清热利湿、消肿解毒的功效，主治痢疾、感冒、咳嗽、目赤肿痛、肠炎、肝炎、咽喉炎、结膜炎、湿疹、烫伤。本品含小檗碱。水煎剂对金黄色葡萄球菌、伤寒杆菌有中度敏感。也可作兽药，治疗牛肺病、咳嗽等。还可制作农药，防治稻苞虫等。保护区内常见，生长于400～1500m山坡灌丛中或林下。

247. 八角莲 *Dysosma versipellis* (Hance) M. Cheng，鬼臼科。根状茎入药，有化痰散结、解毒祛淤之功效，主治痨伤、咳嗽、瘿瘤、毒蛇咬伤。

248. 三枝九叶草 *Epimedium sagittatum* (Sieb. et Zucc.) Maxim，鬼臼科。全草入药，补肾壮阳、强筋骨、祛风湿，治疗阳痿、腰膝痿弱、四肢麻痹、神脾健忘、更年期高血压病。

249. 血水草 *Eomecon chionantha* Hance，罂粟科。根及根茎入药，行气活血、解毒，外用治疗毒蛇咬伤、痈疮肿毒、湿疹。有毒，慎用！

250. 博落回 *Macleaya cordata* (willd.) R.Br.，罂粟科。全草入药，外用治疗跌打损伤、痈疮肿毒、宫颈糜烂，灭蛆虫。

251. 北越紫堇 *Corydalis balansae* Prain，紫堇科。全草入药，拔毒、消肿，治疗痈疮肿毒、顽癣。

252. 紫堇 *Corydalis edulis* Mexim.，紫堇科。全草入药。煎服治疗肺结核咯血、遗精。鲜草捣汁治疗化脓性中耳炎。鲜根捣烂外敷秃疮、毒蛇咬伤。有毒，慎用！

253. 黄堇 *Corydalis pallida* (Thunb.) Pers，紫堇科。根入药，清热、拔毒、消肿，治疗痈疮、热疖、无名肿毒、风火眼痛。

254. 蕈树 *Altingia chinensis* (Champ.) Oliv. ex Hance，金缕梅科。根入药，治疗风湿、跌打损伤、瘫痪。

255. 杨梅叶蚊母树 *Distylium myricoides* Hemsl.，金缕梅科。根入药，治疗水肿。

256. 枫香树 *Liquidambar formosana* Hance，金缕梅科。根、叶、果实及树脂入药，根、叶、果实祛风除湿、通经活络、利水消肿，治疗偏瘫、风湿、水肿，树脂解毒止痛、止血生肌。

257. 檵木 *Loropetalum chinense* (R. Br.) Oliv.，金缕梅科。根、茎、叶、种子入药，根祛风、止痛，治疗牙痛，茎、叶清热解毒、凉血、止血、去腐生肌，外用治疗外伤出血、毒蛇咬伤。

258. 锥栗 *Castanea henryi* (Skan) Rehd. et Wils.，壳斗科。种仁入药，治疗失眠，生果打烂外敷治疗恶刺、铁皮入肉。

259. 苦槠 *Castanopsis sclerophylla* (Lindl.) Schott.，壳斗科。种仁、树皮、叶入药，种仁止泻痢，食之不饥，令健行，能除恶血、止渴，树皮、叶煮取汁，与产妇饮之，止血。

260. 钩锥 *Castanopsis tibetana* Hance，壳斗科。果实入药，治疗痢疾。

261. 小叶青冈 *Cyclobalanopsis myrsinaefolia* (Bl.) Oerst.，壳斗科。种仁、树皮及叶均可入药，治疗同苦槠。

262. 柯 *Lithocarpus glaber* (Thunb.) Nakai，壳斗科。韧皮部入药，治疗肝硬化腹水。

263. 多穗柯 *Lithocarpus polystachyus* (Wall. ex DC.) Rehd.，壳斗科。茎入药，祛风除湿、止痛，治疗风湿痹痛、骨折。

264. 亮叶桦 *Betula luminifera* Winkl.，桦木科。根入药，清热利尿，治疗小便不利、水肿。

265. 青钱柳 *Cyclocarya paliurus* (Batal.) Ilkinsk.，胡桃科。叶入药，外用治疗体癣。

266. 化香树 *Platycarya strobilacea* Sieb. et Zucc.，胡桃科。叶、果入药，叶杀虫、止痒，外用治疗疮疡肿毒、阴囊湿疹、顽癣。果实顺气祛风、消肿止痛、燥湿杀虫，治疗内伤胸胀、腹痛、筋骨疼痛、痈肿、湿疮。有毒，慎用！

267. 枫杨 *Pterocarya stenoptera* DC.，胡桃科。树皮入药，树皮治疗龋齿痛、烫火伤，叶杀虫、止痒，外用治疗疮疡肿毒。有小毒，慎用！

268. 杨梅 *Myrica rubra* (Lour.) Sieb. et Zucc.，杨梅科。根皮、果实入药，根皮散瘀止血，果实生津止渴、和胃消食、治疗烦渴、吐泻、痢疾。

269. 交让木 *Daphniphyllum macropodum* Miq.，虎皮楠科。叶和种子入药，主治疮疖红肿。

270. 杨桐 *Adinandra millettii* (Hook. et Arn.) Bentl. et Hook. f.，山茶科。全株入药，治疗胃脘痛。

271. 茶 *Camellia sinensis* (L.) Alston，山茶科。嫩叶入药，提神解渴、利尿止泻，治疗消化不良、泄泻、痢疾。

272. 微毛柃 *Eurya hebeclados* Ling，山茶科。根、茎、叶入药，治疗肝炎、烫伤、蛇咬伤、跌打损伤。

273. 细枝柃 *Eurya loquaiana* Dunn，山茶科。茎、叶入药，消肿、止痛，治疗风湿、跌打损伤。

274. 木荷 *Schima superba* Gardn. et Champ.，山茶科。根皮入药，外敷治疗疔疮、无名肿毒。

275. 厚皮香 *Ternstroemia gymnanthera* (Wight et Arn.) Sprague，山茶科。叶、花、果入药，外用治疗大疮、痈疮、乳腺炎，花揉烂搽癣，可止痒痛。

276. 木竹子 *Garcinia multiflora* Champ，藤黄科。树皮或果实入药，祛湿止痛、收敛生肌，治疗烧伤、烫伤、湿疹、口腔炎、牙周炎，外用树皮、果核粉或果油治疗痈疮溃烂，鲜果捣烂敷治疗铁砂入肉不出。

277. 小连翘 *Hypericum erectum* Thunb. et Murry，金丝桃科。全草入药，能收敛止血、镇痛。

278. 地耳草 *Hypericum japonicum* Thunb.，金丝桃科，为清热解毒药。全草入药，有清热利湿、消肿解毒的功效，主治肝炎、泻痢、小儿惊风、疳积、喉蛾、肠痈、疖肿、蛇咬伤。保护区内常见，生长于山坡、田埂、路旁等湿地。

279. 金丝桃 *Hypericum monogynum* L.，金丝桃科。根入药能祛风湿、止咳，治疗腰痛，果主治肺瘤、百日咳。

280. 金丝梅 *Hypericum patulum* Thunb. ex Muway，金丝桃科。根入药，有舒筋活血、催乳、利尿之功效。

281. 元宝草 *Hypericum sampsonii* Hance，金丝桃科。全草入药，活血、止血、解毒，治疗吐血、月经不调、跌打闪挫、痈肿疮毒。

282. 山桐子 *Idesia polycarpa* Maxim，大风子科。种子油入药，杀虫，治疗疥癣。

283. 戟叶堇菜 *Viola betonicifolia* Smith.，堇菜科。全草入药，清热解毒，治疗痈疮肿毒。

284. 尼泊尔堇菜 *Viola betonicifolia* Smith var. *nepalensis* (Ging.) W. Beck.，堇菜科。全草入药，清热解毒，治疗痈疮肿毒。

285. 深圆齿堇菜 *Viola davidii* Franch.，堇菜科。全草入药，清热解毒，鲜叶捣烂敷于狗咬伤处，即愈。

286. 七星莲 *Viola diffusa* Ging，堇菜科。全草入药，祛风、清热、利尿、解毒，治疗风热咳嗽、痢疾、淋浊、痈疮肿毒、烫伤。

287. 长萼堇菜 *Viola inconspicua* Bl.，堇菜科。全草入药，清热解毒、散淤消肿，治疗肠痈、疔疮、红肿疮毒、黄疸、淋浊。

288. 紫花地丁 *Viola philippica* Sasaki，堇菜科。全草入药，清热解毒，治疗痈疮肿毒。

289. 柔毛堇菜 *Viola principis* Boiss，堇菜科。全草入药，治疗痈疮肿毒。

290. 三角叶堇菜 *Viola triangulifolia* W. Beck.，堇菜科。全草入药，清热解毒，治疗结膜炎。

291. 萱 *Viola moupinensis* Franch.，堇菜科。全草入药，清热解毒，可以治疗跌打损伤及各种出血症。

292. 堇菜 *Viola verecunda* A. Gray，堇菜科。全草入药，清热解毒，治疗刀伤、无名肿毒，外用治疗恶疮。

293. 盒子草 *Actinostemma tenerum* Griff.，葫芦科。叶或种子入药，有利尿、消肿、清热解毒、祛湿之功效。主治水肿、小儿疳积、毒蛇咬伤。

294. 绞股蓝 *Gynostemma pentaphyllum* (Thunb.) Makino，葫芦科，为补气药。全草入药，有清热解毒、止咳祛痰、利胆作用，主治慢性支气管炎、胃溃疡、高血压、高胆固醇症，外用治疗蛇咬伤。全草含有几十种皂苷，其中有 4 种在结构上与人参皂苷完全一致。也具有与人参一样的提神、醒脑、健身的作用。保护区内较常见，生长于沟、谷旁或林下湿地。

295. 茅瓜 *Solena amplexicaulis* (Lam.) Gandhi，葫芦科。块根入药，有清热解毒、消肿散结之功效。

296. 栝楼 *Trichosanthes kirilowii* Maxim.，葫芦科。根、果实、果皮、种子分别为中药中的"天花粉"、"栝楼"、"栝楼皮"和"栝楼子"。根有清热生津、解毒消肿之功效，可以避孕。果实、种子和果皮有清热化痰、润肺止咳、滑肠的作用。

297. 周裂秋海棠 *Begonia circumlobata* Hance，秋海棠科。全草入药，清热解毒、散淤消肿。

298. 紫背天葵 *Begonia fimbristipula* Hance，秋海棠科。全草入药，有解毒、止咳、活血、消肿之功效。

299. 秋海棠 *Begonia evansiana* Andr.，秋海棠科。全草及块茎入药，有健胃、行血、消肿、驱虫之功效。

300. 裂叶秋海棠 *Begonia palmata* D. Don，秋海棠科。全草入药，有清凉、解毒、止痛之功效。

301. 掌裂叶秋海棠 *Begonia pedatifida* Levl.，秋海棠科。全草入药，有祛风、活血、利湿、解毒之功效。

302. 荠菜 *Capsella bursa-pastoris* (L.) Medic.，十字花科。全草入药，有清热凉血、平肝明目、止血、降压、利尿之功效，根入药煎水治疗结膜炎。

303. 弯曲碎米荠 *Cardamine flexuosa* With.，十字花科。全草入药，清热利湿、健胃、止泻。

304. 碎米荠 *Cardamine hirsuta* L.，十字花科。全草入药，治疗痢疾、腹胀。

305. 北美独行菜 *Lepidium virginicum* L.，十字花科。种子入药，名"葶苈子"，有下气行水、化痰平喘之功效。

306. 蔊菜 *Rorippa indica* (L.) Hiern，十字花科。全草入药，有清热利尿、活血通经之功效。

307. 杜英 *Elaeocarpus decipiens* Hemsl.，杜英科。根入药，治疗风湿、跌打损伤。

308. 猴欢喜 *Sloanea sinensis* (Hance) Hemsl.，杜英科。根入药，健脾和胃、祛风壮腰。

309. 田麻 *Corchoropsis tomentosa* (Thunb.) Makino，椴树科。叶入药，拔毒，治疗疥疮。

310. 扁担杆 *Grewia biloba* G. Don，椴树科。根、茎、叶入药，治疗脾虚食少、胸痞腹胀、崩带、小儿疳积。

311. 梧桐 *Firmiana simplex* (L.) F. W. Wight，梧桐科。叶、果、花入药，有清热解毒之功效。

312. 马松子 *Melochia corchorifolia* L.，梧桐科。茎、叶入药，消炎、止痒。

313. 苘麻 *Abutilon theophrasti* Medic.，锦葵科。根及全草入药，有祛风解毒之功效。

314. 木槿 *Hibiscus syriacus* L.，锦葵科。皮、叶、果实入药，清热、利湿、解毒、止痒，治疗肠风泻血、痢疾、脱肛、白带、疥癣，果实清肺化痰、治疗肺风痰喘。

315. 野葵 *Malva verticillata* L.，锦葵科。种子、根和叶入药，能利湿通窍、润便利尿、通乳，鲜茎、叶和根外敷可拔毒排脓，治疗疔疮疖痈。

316. 白背黄花稔 *Sida rhombifolia* L.，锦葵科。全草入药，有消炎解毒、祛风除湿、止痛之功效。

317. 地桃花 *Urena lobata* L.，锦葵科。根入药，主治白痢。

318. 梵天花 *Urena procumbens* L.，锦葵科。全草入药，祛风解毒，治疗痢疾、疮疡、风毒流注、毒蛇咬伤。

319. 糙叶树 *Aphananthe aspera* (Thunb.) Planch.，榆科。树皮及根皮入药，主治腰部损伤酸痛。

320. 紫弹树 *Celtis biondii* Pamp.，榆科。根皮含有 *N*-对羟基肉桂酰胺，有止咳作用，可以治疗老年慢性支气管炎；枝入药治疗腰骨痛；叶外敷，治疗疮毒溃烂。

321. 朴树 *Celtis sinensis* Pers.，榆科。根皮入药，主治腰部损伤酸痛。

322. 山油麻 *Trema dielsiana* Hand.-Mazz.，榆科。根皮治疗水泻，有接骨之效。

323. 榔榆 *Ulmus parvifolia* Jacq.，榆科。根、叶入药，有清热解毒、消肿止痛、止血之功效，外敷可以治疗疔各种恶疮疖肿。

324. 大叶榉树 *Zelkova schneideriana* Hand.-Mazz.，榆科。树皮清热、利水，叶凉心肺、除烦燥，治疗各种恶疮疖肿。

325. 葡蟠 *Broussonetia kaempferi* Sieb.，桑科。嫩枝叶、树汁或根皮入药，祛风、活血、利尿，治疗风湿痹痛、跌打损伤、虚肿、皮炎。保护区内常见，生长于路边。

326. 小构树 *Broussonetia kazinoki* Sieb. et Zucc.，桑科。根入药，有祛风、活血、利尿之功效。

327. 构树 *Broussonetia papyrifera* (L.) L'Her. ex Vent.，桑科。果实及根皮入药，有补肾利尿、强筋骨之功效，治疗虚肿、皮炎。乳汁可以治疗癣疮及蛇、虫、蜂、蝎、狗咬伤。

328. 天仙果 *Ficus erecta* Thunb. var. *beecheyana* (Hook. et Arn.) King，桑科。根入药，有祛风除湿之功效。

329. 台湾榕 *Ficus formosana* Maxim.，桑科。全株入药，治疗风湿性心脏病、肺虚咳嗽。

330. 异叶榕 *Ficus heteromorpha* Hemsl.，桑科。根能退热，可以治疗牙痛、久痢。

331. 粗叶榕 *Ficus hirta* Vahl，桑科。根入药，健脾化湿、行气止痛、舒筋活络，治疗风湿、跌打损伤、肝硬化腹水、慢性肝炎、病后体弱、产后缺乳、劳伤咳嗽。

332. 琴叶榕 *Ficus pandurata* Hance，桑科。根、叶入药，治疗风湿痹痛、病后虚弱。保护区内常见，多生长于溪流、河沟边。

333. 薜荔 *Ficus pumila* L.，桑科。茎、叶、花序托入药，茎、叶治疗风湿痹痛、痢疾、淋证、跌打损伤，花托清热解毒、催乳。保护区内常见，生长于村落附近墙头。

334. 珍珠莲 *Ficus sarmentosa* Buch.-Ham. ex J. E. Smith var. *henri* (King ex Oliv.) Corner，桑科。花序托、树叶入药，治疗口腔炎、缺乳、风湿、水肿，花序托治疗睾丸偏坠，便血。保护区内常见。

335. 变叶榕 *Ficus variolosa* Lindl. ex Benth.，桑科。根入药，主治关节风湿痹痛、腰痛、胃和十二指肠溃疡、中暑、发痧、缺乳、跌打损伤、疖肿等（孕妇忌用）。

336. 葎草 *Humulus scandens* (Lour.) Merr.，桑科。全草入药，治疗痢疾、肺结核病。保护区内常见，生长于村落附近路边。

337. 构棘 *Maclura cochinchinensis* (Lour.) Corner，桑科。根入药，祛风利湿、活血通经，治疗风湿性关节炎、黄疸、淋浊、闭经、劳伤咯血、跌打损伤、疔疮痈肿。

338. 毛柘藤 *Maclura pubescens* (Trecul.) Z. K. Zhou et M. G. Gilbert，桑科。根皮入药，清热凉血、通络。

339. 鸡桑 *Morus australis* Poir.，桑科。叶入药，清热，治疗感冒咳嗽。保护区内常见。

340. 大叶苎麻 *Boehmeria longispica* Steud.，荨麻科。茎叶治疗皮肤瘙痒。

341. 苎麻 *Boehmeria nivea* (L.) Gaud.，荨麻科。根、叶有清热解毒、利尿消肿、安胎之功效。

342. 庐山楼梯草 *Elatostema stewardii* Merr.，荨麻科。全草入药，有活血化淤、消肿止咳之功效，主治扭伤、挫伤、风湿性关节炎、蛇伤。

343. 糯米团 *Gonostegia hirta* (Bl.) Miq.，荨麻科。全草入药，有散淤消肿、健胃、止血之功效，主治吐血、白带、痈肿、跌打损伤、腹泻，外用治疗疮疖，拔砂。

344. 紫麻 *Oreocnide frutescens* (Thunb.) Miq.，荨麻科。全草入药，清热解毒，治疗感冒发热。

345. 赤车 *Pellionia radicans* Wedd.，荨麻科。全草入药，消肿、止痛，治疗跌打损伤。

346. 冷水花 *Pilea notata* C. H. Wright，荨麻科。全草入药，清热利湿，治疗黄疸、肺痨。

347. 矮冷水花 *Pilea peploides* (Gaud.) Hook. et Arn.，荨麻科，为外用药。全草为民间蛇药。浸酒服，渣贴于囟门（划破皮肤使之出血），治疗毒蛇咬伤。保护区内常见，喜生长于阴湿的坡地、墙脚及沟谷边。

348. 铁苋菜 *Acalypha australis* L.，大戟科。全草入药，清热、利水、杀虫、止血，治疗痢疾、腹泻、咳嗽吐血、便血、子宫出血、疳积、腹胀、皮炎、湿疹、创伤出血。

349. 算盘子 *Glochidion puberum* (L.) Hutch.，大戟科。果实、叶、根均可入药，果实治疗疝气、淋浊、腰痛，叶清热利湿、解毒消肿，治疗痢疾、黄疸、淋浊、带下、感冒、咽喉肿痛、痈疖、膝疮、皮肤瘙痒，根清热利湿、活血解毒，治疗痢疾、黄疸、白浊、崩漏、跌打损伤。

350. 白背叶 *Mallotus apelta* (Lour.) Muell.-Arg.，大戟科，为活血祛淤药。叶、根入药，有柔肝活血、健脾化湿等功效。治疗淋浊、胃痛、口疮、溃疡、跌打损伤、蛇咬伤、外伤出血。保护区内常见，生长于灌丛中、路边或村旁。

351. 青灰叶下珠 *Phyllanthus glaucus* Wall.，大戟科。根入药，主治小儿疳积。

352. 蜜柑草 *Phyllanthus matsumurae* Hayata，大戟科。全草入药，清肝明目、消疳止痢，治疗肝炎、黄疸、暑热腹泻、红白痢、水肿。

353. 叶下珠 *Phyllanthus urinaria* L.，大戟科。全草入药，清肝明目、渗湿利水，治疗小儿疳积、肾炎水肿、尿路感染结石、肝炎、黄疸、暑热腹泻、红白痢。

354. 山乌桕 *Sapium discolor* (Champ. ex Benth.) Muell.-Arg.，大戟科。根、叶入药，叶治疗毒蛇咬伤、痈肿，根利水通便、去淤消肿，治疗大便秘结、白浊、跌打损伤、蛇咬伤、皮肤瘙痒。

355. 白木乌桕 *Sapium japonicum* (Sieb. et Zucc.) Pax et Hoffm，大戟科。根皮入药，散淤消肿、利尿。

356. 乌桕 *Sapium sebiferum* (L.) Roxb.，大戟科。根皮或茎皮入药，利水、消积、杀虫、解毒，治疗水肿、膨胀、二便不通、湿疮、疥癣、疔毒。

357. 油桐 *Vernicia fordii* (Hemsl.) Airy Shaw，大戟科。根、叶、果实入药，杀虫止痒、拔毒生肌，外用治疗痈疮肿毒、湿疹。

358. 木油树 *Vernicia montana* Lour.，大戟科。根、叶、果实入药，杀虫止痒、拔毒生肌，外用治疗痈疮肿毒、湿疹。

359. 酸味子 *Antidesma japonicum* Sieb. et Zucc.，五月茶科。叶入药，治疗胃脘痛、痈疮肿毒。

360. 重阳木 *Bischofia polycarpa* (Levl.) Airy-Shaw.，重阳木科。树皮、叶、根入药，根主治风伤骨痛和痢疾，叶治疗无名肿毒。

361. 毛瑞香 *Daphne kiusiana* Miq. var. *atrocaulis* (Rehd.) F. Maekawa，瑞香科。茎及根皮入药，祛风除湿、活血止痛。

362. 了哥王 *Wikstroemia indica* (L.) C. A. Mey，瑞香科，为清热解毒药，灌木。保护区内常见，生长于灌丛中、路旁或草地。分布于长江以南各省区。越南至印度也有分布。根及叶供药用，有清热解毒、化痰散结及通经利水之功效。本种植物有毒，入药时要小心。内服需久煎，以减少其毒性。体质虚弱者及孕妇忌服。

363. 北江荛花 *Wikstroemia monnula* Hance，瑞香科。根入药，有清热解毒、化痰散结及通经利水之功效。

364. 中华猕猴桃 *Actinidia chinensis* Planch.，猕猴桃科，为利水渗湿药，藤本。保护区内常见，生长于山谷林缘或灌丛中。分布于广东、广西、江西、湖南、湖北、浙江、安徽、江苏、河南等省区。根、藤和叶供药用，可清热利水、散淤止血。

365. 毛花猕猴桃 *Actinidia eriantha* Benth.，猕猴桃科。根及叶入药，清热利湿、活血、消肿、解毒，治疗肺热失音、淋浊、带下、颜面丹毒、淋巴结炎、皮炎、痈疮肿毒。

366. 云南桤叶树 *Clethra delavayi* Franch.，桤叶树科。叶入药，外用治疗皮肤瘙痒。

367. 刺毛杜鹃 *Rhododendron championae* Hook.，杜鹃花科。根入药，治疗疗咳嗽。

368. 西施花 *Rhododendron latoucheae* Fr.，杜鹃花科。根入药，有镇痛的功效。

369. 满山红 *Rhododendron mariae* Hance，杜鹃花科。花、叶、嫩枝、根皮入药，镇咳、祛痰，主治慢性支气管炎。

370. 毛果杜鹃 *Rhododendron seniavinii* Maxim.，杜鹃花科，为止咳平喘药，灌木。保护区内常见，喜生长于向阳山坡灌木丛中。分布于浙江南部、贵州、湖南等地。全株入药，有止咳化痰作用，主治慢性支气管炎。本品为"满山白糖浆"组成药。

371. 杜鹃 *Rhododendron simsii* Planch.，杜鹃花科。花、果实、根入药，和血、调经、祛风湿，治疗月经不调、闭经、崩漏、跌打损伤、风湿痛、吐血。

372. 扁枝越桔 *Vaccinium japonicum* Miq. var. *sinicum* (Nakai) Rehder，越桔科。嫩枝可以治疗跌打损伤。

373. 美丽马醉木 *Pieris formosa* (Wall.) D. Don，越桔科。叶含梫木毒素，煎水可以治疗皮肤病。

374. 南烛 *Vaccinium bracteatum* Thunb.，越桔科。果实、叶、根可入药，益肾固精、强筋明目、止泻、消肿、散淤止痛。

375. 鹿蹄草 *Pyrola calliantha* H. Andr.，鹿蹄草科。全草入药，强筋壮骨、祛风除湿，治疗风湿骨痛、咳嗽。

376. 赤杨叶 *Alniphyllum fortunei* (Hemsl.) Makino，安息香科。枝、叶入药，外用治疗水肿。

377. 赛山梅 *Styrax confusus* Hemsl.，安息香科。根、叶、果实、全株入药，全株止泻、止痛，根治疗胃脘痛，叶止血生肌、消肿，果实治疗感冒、发热。有小毒！

378. 越南安息香 *Styrax tonkinensis* (Pierre) Craib ex Hartw.，安息香科。种子油称"白花油"，入药，树脂称"安息香"，有开窍、祛痰、行血、辟秽之功效，主治心绞痛、产后血晕、睾丸肿痛。

379. 羊舌树 *Symplocos glauca* (Thunb.) Lour.，山矾科。树皮入药，治疗感冒发热。

380. 光叶山矾 *Symplocos lancifolia* Sieb. et Zucc.，山矾科。根、叶入药，根用于跌打损伤，叶外用治疗疮疖、鸡眼、外伤出血。

381. 黄牛奶树 *Symplocos laurina* (Retz.) Wall.，山矾科。树皮入药，治疗感冒发热。

382. 白檀 *Symplocos paniculata* (Thunb.) Miq.，山矾科。根、叶均可入药，根用于感冒发热、疟疾、急性肾炎、水胀、疮疖，叶用于外伤出血、毒蛇咬伤。

383. 老鼠矢 *Symplocos stellaris* Brand.，山矾科。根入药，治疗跌打损伤。

384. 山矾 *Symplocos sumuntia* Buch.-Ham. ex D. Don，山矾科。根、叶、花入药，用于外伤出血。

385. 微毛山矾 *Symplocos wikstroemiifolia* Hayata，山矾科。枝叶入药，用于外伤出血。

386. 野柿 *Diospyros kaki* L. f. var. *silvestris* Makino，柿树科。根、果实、宿萼、柿霜均可入药，根治疗吐血，果实用于肺燥咳嗽，宿萼用于呃逆，柿霜用于咽喉痛，咳嗽。

387. 君迁子 *Diospyros lotus* L.，柿树科。果实入药，有止渴去烦、润泽、镇心之功效。

388. 罗浮柿 *Diospyros morrisiana* Hance，柿树科。茎皮、叶、果实均可入药，治疗腹泻、痢疾、烧烫伤。

389. 九管血 *Ardisia brevicaulis* Diels，紫金牛科。根或全草入药，祛风清热、散淤消肿，治疗咽喉肿痛、风火牙痛、风湿筋骨疼痛、腰痛、跌打损伤、无名肿痛。

390. 小紫金牛 *Ardisia chinensis* Benth，紫金牛科。全株入药，治疗跌打损伤。

391. 朱砂根 *Ardisia crenata* Sims.，紫金牛科。根入药，清热解毒、散淤止痛，治疗上呼吸道感染、扁桃体炎、急性咽喉炎、白喉、丹毒、淋巴结炎、劳伤吐血、心胃气痛、风湿骨痛、跌打损伤。

392. 百两金 *Ardisia crispa* (Thunb.) A. DC.、紫金牛科。根及根茎入药、清热、祛痰、利湿，治疗咽喉肿痛、肺病咳嗽、湿热、黄疸、肾炎水肿、痢疾、白浊、风湿骨痛、牙痛、睾丸肿痛。

393. 紫金牛 *Ardisia japonica* (Thunb.) Bl.，紫金牛科。全株及根入药，治疗肺结核、咯血、咳嗽、慢性支气管炎、跌打损伤、风湿痹痛、黄疸性肝炎、睾丸炎、白带、尿路感染、闭经等。

394. 虎舌红 *Ardisia mamillata* Hance，紫金牛科。它是民间常用的中草药。有清热、利湿、活血止血、去腐生肌之功效。治疗风湿跌打、外伤出血、小儿疳积、产后虚弱、月经不调、肺结核、肝炎、胆囊炎等。

395. 莲座紫金牛 *Ardisia primulaefolia* Gardn. et Champ.，紫金牛科。全草入药，有补血之功效。治疗肺结核咯血、崩漏、痛经、痢疾、黄疸、跌打损伤、风湿痹痛、疮疖、毛虫刺伤。

396. 山血丹 *Ardisia punctata* Lindl.，紫金牛科。根入药，有通经活血、祛风止痛之功效。外洗去无名肿毒。

397. 九节龙 *Ardisia pusilla* A. DC.，紫金牛科。全株入药，活血通络，治疗跌打损伤、风湿筋骨疼痛、腰痛。

398. 罗伞树 *Ardisia quinquegona* Bl.，紫金牛科。全株入药，有清热解毒、消肿之功效。主治跌打损伤。

399. 网脉酸藤子 *Embelia rudis* Hand.-Mazz.，紫金牛科。根、茎入药，治疗闭经、月经不调、风湿闭痛。

400. 杜茎山 *Maesa japonica* (Thunb.) Moritzi. ex Zoll.，紫金牛科。根、叶入药，祛风、解疫毒、消胀，治疗感冒、头痛眩晕、寒热燥热、水肿、腰痛。

401. 密花树 *Rapanea neriifolia* (Sieb. et Zucc.) Mez.，紫金牛科。叶入药，治疗跌打损伤。

402. 广西过路黄 *Lysimachia alfredii* Hance，报春花科。全草入药，治疗黄疸性肝炎、尿路感染、痢疾、腹泻、骨折、跌打损伤。

403. 细梗香草 *Lysimachia capillipes* Hemsl.，报春花科。全草入药，治疗感冒、咳喘、风湿痛、月经不调。

404. 泽珍珠菜 *Lysimachia candida* Lindl.，报春花科。全草入药，主治无名肿毒、瘤疮、跌打损伤。

405. 过路黄 *Lysimachia christinae* Hance，报春花科。全草入药，有清热解毒、利尿消炎之功效，外敷治疗化脓性炎症、烧伤、烫伤。

406. 珍珠菜 *Lysimachia clethroides* Duby.，报春花科。全草入药，有通经活血、润肺之功效。

407. 临时救 *Lysimachia congestiflora* Hemsl.，报春花科。全草入药，祛风散寒，治疗感冒、咳嗽、全身疼痛、腹泻。

408. 星宿菜 *Lysimachia fortunei* Maxim.，报春花科。全草入药，有清热利湿、活血通经之功效，主治咳嗽咯血、感冒、肝炎、支气管哮喘、风湿性关节炎、暑热症、小儿疳积。

409. 点腺过路黄 *Lysimachia hemsleyana* Maxim.，报春花科。全草入药，功效同过路黄。

410. 轮叶过路黄 *Lysimachia klattiana* Hance，报春花科。全草入药，主治高血压与毒蛇咬伤。

411. 假婆婆纳 *Stimpsonia chamaedryoides* Wright et A. Gray，报春花科。全草入药，治疗疮疡肿毒、毒蛇咬伤。

412. 东南景天 *Sedum alfredii* Hance，景天科。全草入药，有散寒、理气之功效，主治咽喉肿毒、目赤、痢疾、痈肿、丹毒、烧伤、烫伤、外伤出血。

413. 凹叶景天 *Sedum emarginatum* Migo.，景天科。全草入药，有清热解毒、利湿消肿、止血之功效，治疗咽喉肿毒、目赤、痢疾、痈肿、丹毒、烧伤、烫伤、外伤出血。

414. 佛甲草 *Sedum lineare* Thunb.，景天科。全草入药，清热解毒、消肿止血，治疗咽喉肿毒、目赤、痢疾、痈肿、丹毒、烧伤、烫伤、外伤出血。

415. 垂盆草 *Sedum sarmentosum* Bge.，景天科。全草入药，清热解毒、消肿止血，治疗咽喉肿毒、目赤、痢疾、痈肿、丹毒、烧伤、烫伤、外伤出血。

416. 大叶金腰 *Chrysosplenium macrophyllum* Oliv.，虎耳草科。全草入药，主治小儿惊风。

417. 虎耳草 *Saxifraga stolonifera* Meerb.，虎耳草科。全草入药，消炎、解毒，治疗急性中耳炎、风热咳嗽，外用治疗风疹瘙痒。

418. 黄水枝 *Tiarella polyphylla* D. Don.，虎耳草科。全草入药，有清热解毒、消肿止痛之功效，主治无名肿毒、疔疮、肝炎、咳嗽。

419. 峨眉鼠刺 *Itea omeiensis* C. K. Schneid.，鼠刺科。根、花入药，为滋补药，治疗咳嗽、咽喉痛。

420. 小二仙草 *Haloragis micrantha* (Thunb.) R. Br. ex Sieb. et Zucc.，小二仙草科。全草入药，清热通便、活血、解毒，治疗二便不通、热淋、赤痢、便秘、月经不调、跌打损伤、烫伤。

421. 龙芽草 *Agrimonia pilosa* Ledeb.，蔷薇科。全草、根及冬芽入药，全草收敛、止血、消肿杀虫，治疗咯血、吐血、便血、尿血、崩漏、痢疾，外用治疗痈疮肿毒。

422. 梅 *Armeniaca mume* Sieb.，蔷薇科。干燥未成熟果实入药，收敛生津、安蛔驱虫，治疗久咳、虚热烦渴、久泻、痢疾、便血、尿血、血崩、蛔厥腹痛、呕吐、钩虫病、牛皮癣。

423. 野山楂 *Crataegus cuneata* Sieb et Zucc.，蔷薇科。果实入药，消食化积、散淤，治疗食积停滞、脘腹胀满、痛经、产后淤血腹痛、高血脂症。

424. 蛇莓 *Duchesnea indica* (Andr.) Focke，蔷薇科。全草入药，清热解毒、调经，治疗狂犬咬伤、月经不调、毒蛇咬伤。

425. 光叶石楠 *Photinia glabra* (Thunb.) Maxim，蔷薇科。叶入药，清热、利尿、止痛。

426. 小叶石楠 *Photinia parvifolia* (Pritz.) Schneid，蔷薇科。根入药，行血、活血、止痛，治疗牙痛、黄疸、乳痈。

427. 石楠 *Photinia serrulata* Lindl.，蔷薇科。根、叶入药，利尿、镇静解热、祛风止痛，治疗高热头痛、风湿麻痹，有小毒。

428. 翻白草 *Potentilla discolor* Bge.，蔷薇科。带根全草入药，有清热解毒、止血消肿之功效。

429. 豆梨 *Pyrus calleryana* DC.，蔷薇科。根、果实入药，根治疗肝炎，果实开胃消食、止痢、止泻、镇咳。

430. 沙梨 *Pyrus pyrifolia* (Burm. f.) Nakai，蔷薇科。果实入药，生津、润燥、清热化痰，治疗热病津伤烦渴、热咳。

431. 石斑木 *Rhaphiolepis indica* (L.) Lindl.，蔷薇科。叶入药，治疗痢疾、感冒、跌打损伤。

432. 小果蔷薇 *Rosa cymosa* Tratt.，蔷薇科。根入药，治疗跌打损伤、风湿痹痛。

433. 软条七蔷薇 *Rosa henryi* Boulens，蔷薇科。根入药，治疗月经不调。

434. 金樱子 *Rosa laevigata* Michx.，蔷薇科。根、果实入药，根收敛、壮腰补肾，果实益肾、涩精、止泻、治疗遗精、尿频、久泻。

435. 寒莓 *Rubus buergeri* Miq.，蔷薇科。根、叶入药，根清热解毒、活血止痛，治疗胃痛吐酸、黄疸性肝炎、吐泻、白带，叶能补阴益精，用作强壮药。

436. 掌叶复盆子 *Rubus chingii* Hu，蔷薇科。未成熟果实入药，补肝肾、缩小便、助精、明目，治疗阳痿、遗精、溲数、遗溺、虚劳、目暗。

437. 山莓 *Rubus corchorifolius* L. f.，蔷薇科。果实、根、叶入药，根叶行气、消肿止痛，治疗痢疾、跌打损伤，果实醒酒、止咳、去痰、解毒，治疗痛风、淡毒、遗精。

438. 蓬蘽 *Rubus hirsutus* Thunb.，蔷薇科。根、叶入药，清热解毒，治疗伤暑吐泻、风火头痛、感冒、黄疸。

439. 高粱泡 *Rubus lambertianus* Ser.，蔷薇科。叶、根入药，根清热散淤、止血，治疗崩漏、胃脘痛，叶治疗外伤出血、肺病咯血。

440. 太平莓 *Rubus pacificus* Hance，蔷薇科。全株入药，主治产后腹痛、发热。

441. 茅莓 *Rubus parvifolius* L.，蔷薇科。全草入药，清热解毒、利尿，治疗尿路感染、肾结石、跌打损伤、风湿、痢疾、感冒、疮疡肿毒，外用治疗皮肤瘙痒。

442. 锈毛莓 *Rubus reflexus* Ker.，蔷薇科。根、叶入药，根治疗风湿痹痛，叶治疗牙痛。

443. 空心泡 *Rubus rosaefolius* Smith，蔷薇科。根、果入药，根清热、收敛，外用治疗跌打损伤、慢性髓炎，果实治疗夜尿多、阳痿、遗精。

444. 红腺悬钩子 *Rubus sumatranus* Miq.，蔷薇科。根入药，治疗风湿骨痛。

445. 中华绣线菊 *Spiraea chinensis* Maxim.，蔷薇科。根入药，主治咽喉肿痛。

446. 盾叶茅膏菜 *Drosera peltata* Smith ex Willdenow，茅膏菜科。全草入药，有祛风活络、活血止痛之功效，主治跌打损伤、腰肌劳损、风湿关节痛等。

447. 匙叶茅膏菜 *Drosera spathulata* Labill.，茅膏菜科。全草入药，有祛风活络、活血止痛之功效，主治小儿疳积、赤白痢、跌打损伤、风湿关节痛等。

448. 小果山龙眼 *Helicia cochinchinensis* Lour.，山龙眼科。种子入药，外用治疗烧伤、烫伤。

449. 蔓胡颓子 *Elaeagnus glabra* Thunb.，胡颓子科。果实入药，收敛止泻，治疗肠炎腹泻。

450. 宜昌胡颓子 *Elaeagnus henryi* Warb.，胡颓子科。茎叶入药，驳骨散积、消肿止痛、止咳，治疗风湿腰痛、哮喘、黄肿、跌打损伤。

451. 胡颓子 *Elaeagnus pungens* Thunb.，胡颓子科。果实入药，治疗泻痢、消渴、喘咳。

452. 华南蒲桃 *Syzygium austrosinense* (Merr. et Perry) Chang et Miau，桃金娘科。全株入药，有收敛之效。

453. 赤楠 *Syzygium buxifolium* Hook. et Arn.，桃金娘科。根或根皮入药，健脾利湿、平喘、散淤，治疗水肿、跌打损伤、烫伤。

454. 南方露珠草 *Circaea mollis* Sieb. et Zucc.，柳叶菜科。全草入药，治疗内伤、蛇咬伤、四肢痛，外用治疗皮肤过敏。

455. 卵叶丁香蓼 *Ludwigia ovalis* Miq.，柳叶菜科。全草入药，有清热解毒、利尿消肿之功效。

456. 南紫薇 *Lagerstroemia subcostata* Koehne，千屈菜科。花入药，有解毒散淤之功效。

457. 圆叶节节菜 *Rotala rotundifolia* (Buch.-Ham. ex Roxb.) Koehne，千屈菜科。全草入药，清热解毒、消肿利尿，治疗热痢、水肿、淋病、痛经等。

458. 秀丽野海棠 *Bredia amoena* Diels，野牡丹科。全株入药，有活血通经之功效。

459. 鸭脚茶 *Bredia sinensis* (Diels.) H. L. Li，野牡丹科。叶可治疗感冒，根入药可治疗疟疾。

460. 地菍 *Melastoma dodecandrum* Lour.，野牡丹科。全草入药，活血止血、清热解毒，治疗痛经、产后腹痛、血崩、带下、便血、痢疾。

461. 金锦香 *Osbeckia chinensis* L.，野牡丹科。根或带根全草入药，祛风化湿、止血消淤，治疗咳嗽、哮喘、痢疾、泄泻、吐血、咯血、便血等症。

462. 朝天罐 *Osbeckia opipara* C. Y. Wu et C. Chen，野牡丹科。根入药，治疗咯血、痢疾、咽喉痛。

463. 叶底红 *Phyllagathis fordii* (Hance) C. Chen，野牡丹科。全株入药，有止痛、止血、祛淤之功效。

464. 楮头红 *Sarcopyramis nepalensis* Wall.，野牡丹科。全草入药，清肺热、祛肝火，治疗风湿痹痛、耳鸣耳聋等。

465. 野鸦椿 *Euscaphis japonica* (Thunb.) Kanitz.，省沽油科。果实或种子入药，温中理气、消肿止痛，治疗胃痛、寒疝、泻痢、脱肛、子宫下垂、睾丸肿痛。

466. 锐尖山香圆 *Turpinia arguta* (Lindl.) Seem.，省沽油科。叶入药，治疗咽喉炎、扁桃体炎，预防感冒，疗效显著。

467. 无患子 *Sapindus mukorossii* Gaertn.，无患子科，为清热解毒药。树叶、果肉、种子、种仁、树根、树皮均有不同的药效，具有消热、祛痰、消积、杀虫等功效。

468. 青榨槭 *Acer davidii* Franch.，槭树科。花入药，治疗结膜炎、小儿消化不良。

469. 南酸枣 *Choerospondias axillaris* (Roxb) Burtt. et Hill.，漆树科，为外用药。树皮及果可入药，主治烫火伤。保护区内有零星分布，生长于疏林中或沟谷林缘。

470. 盐肤木 *Rhus chinensis* mill. 漆树科，为收涩药。根茎入药，有化痰定喘、调中补气的功效，主治慢性支气管炎、冠心病、风湿关节痛。果、五倍子有敛肺固肠、滋肾涩精、止血、止汗功效，主治肺虚咳嗽、盗汗、遗精、外伤出血。保护区内常见，生长于山坡或路旁灌木丛中。

471. 野漆树 *Toxicodendron succedaneum* (L.) O. Kuntze.，漆树科。根、叶入药，根治疗子宫脱垂，叶止血生肌，治疗跌打损伤、疮疖。树液有毒，慎用！

472. 木蜡树 *Toxicodendron sylvestre* (Sieb. et Zucc.) O. Kuntze，漆树科。根皮、叶、果实入药，根皮补肾壮阳，治疗阳痿，叶止血，果实治疗蛇伤。树液有毒，慎用！

473. 笔罗子 *Meliosma rigida* Sieb. et Wils.，清风藤科。果实入药，治疗咳嗽、感冒，止痛。

474. 龙须藤 *Bauhinia championii* (Benth.) Benth.，苏木科。根与藤入药，有活血、散淤、祛风、活络、镇静和止痛之功效。

475. 鄂羊蹄甲 *Bauhinia glauca* (Wall. ex Benth.) Benth. subsp. *hupehana* (Carib.) T. C. Chen，苏木科。根与藤入药，有活血、散淤、消肿之功效。主治痢疾、疝气、睾丸肿痛。

476. 云实 *Caesalpinia decapetala* (Roxb.) Alston，苏木科。根、茎及果入药，有发表散寒、通经活血、解毒驱虫之功效。

477. 山槐 *Albiziakalkora* (Roxb.) Prain，含羞草科。树皮入药，行气活血、消肿止痛。

478. 合萌 *Aeschynomene indica* L.，蝶形花科。全草入药，治疗小儿疳积，外用治疗疮疡肿痛、皮肤瘙痒。

479. 土圞儿 *Apios fortunei* Maxim.，蝶形花科。块根入药，有散积理气、解毒补脾、清热镇咳之功效。

480. 网络崖豆藤 *Callerya reticulata* (Benth.) Schot，蝶形花科，为活血祛淤药。根与藤可供药用，有舒筋、活血之功效。治疗腰膝酸痛麻木、遗精、盗汗、月经不调、跌打损伤。保护区内常见，生长于灌丛中。

481. 假地蓝 *Crotalaria ferruginea* Grah. ex Benth.，蝶形花科。全草入药，有解毒透疹、补中益气之功效。外敷能消肿解毒。

482. 猪屎豆 *Crotalaria pallida* Ait.，蝶形花科。根与全草能开郁散结、解毒除湿。种子有补肝肾、固精之功效。

483. 野百合 *Crotalaria sessiliflora* L，蝶形花科。全草入药，清热利湿、解毒，治疗痢疾、疮疖、小儿疳积及试治癌症。

484. 藤黄檀 *Dalbergia hancei* Benth.，蝶形花科。茎或根入药，茎行气，止痛、破积，治疗心胃气痛、久伤积痛、气喘，根强筋骨、宽肋、活络，树脂止血、治疗肚痛、心气痛。

485. 黄檀 *Dalbergia hupeana* Hance，蝶形花科。根皮入药，治疗疮疥，杀虫。

486. 中南鱼藤 *Derris fordii* Oliv.，蝶形花科。茎、叶入药，可以洗疮毒。

487. 小槐花 *Desmodium caudatum* (Thunb.) DC.，蝶形花科。全草入药，有祛风利湿、活血散淤、利尿清热、消积之功效。主治咳嗽吐血、水肿、小儿疳积、痈疮溃疡、跌打损伤。

488. 假地豆 *Desmodium heterocarpon* (L.) DC.，蝶形花科。全株入药，根健胃、消痰止咳，治疗虚寒性咳嗽及小儿疳积，叶同醋捣烂外敷，治疗脓疮及埋口生肌。

489. 糙毛假地豆 *Desmodium heterocarpon* (L.) DC. var. *strigosum* van Meeuwen，蝶形花科。全草入药，清热，主治跌打损伤。

490. 小叶三点金 *Desmodium microphyllum* (Willd.) DC.，蝶形花科。全草入药，清热、利湿、解毒，治疗泌尿系统结石、慢性胃炎、慢性支气管炎、小儿疳积、膝疮。

491. 饿蚂蝗 *Desmodium multiflorum* DC.，蝶形花科。花枝煎水服，有清汗表热之功效。

492. 三点金 *Desmodium triflorum* (L.) DC.，蝶形花科。全草入药，解表消食。

493. 鸡头薯 *Eriosema chinense* Vog.，蝶形花科。块根入药，有滋阴、清热、祛痰、消肿之功效。

494. 野大豆 *Glycine soja* Sieb. et Zucc.，蝶形花科。种子入药，有强壮利尿、平肝敛汗之功效。

495. 宜昌木蓝 *Indigofera ichangensis* Craib.，蝶形花科。根入药，有清热解毒、消肿之功效。

496. 鸡眼草*Kummerowia striata* (Thunb.) Schindl.，蝶形花科。全草入药，清热解毒、健脾利湿，治疗感冒发热、暑湿吐泻、痢疾、传染性肝炎、热淋、白浊。

497. 胡枝子 *Lespedeza bicolor* Turcz.，蝶形花科。茎、叶入药，有润肺清热、利水通淋、解毒之功效。主治肺热咳嗽、百日咳、淋病、疮疖、毒蛇咬伤。

498. 中华胡枝子*Lespedeza chinensis* G. Don，蝶形花科。根或全草入药，有清热止痢之功效。主治急性细菌性痢疾、关节痛。

499. 截叶铁扫帚 *Lespedeza cuneata* (Dum. Cours.) G. Don，蝶形花科。全草或带根全草入药，有益肝明目、活血清热、益肺养阴、散淤消肿之功效。主治遗精、遗尿、白浊、白带、哮喘、胃痛、劳伤、小儿疳积。

500. 美丽胡枝子 *Lespedeza formosa* (Vog.) Koehne，蝶形花科。根入药，有凉血、消肿、除湿解毒之功效。

501. 铁马鞭*Lespedeza pilosa* (Thunb.) Sieb. et Maxim.，蝶形花科。全草入药，治疗体虚、久热不退、腹部胀痛、水肿、痈疽、指疗。

502. 香花崖豆藤*Millettia dielsiana* Harms，蝶形花科。藤入药，有活血舒筋之功效。主治腰膝酸痛、麻木瘫痪、月经不调。

503. 白花油麻藤 *Mucuna birdwoodiana* Tutch.，蝶形花科。藤入药，有补血、通经、强筋骨之功效。

504. 常春油麻藤 *Mucuna sempervirens* Hemsl.，蝶形花科。藤入药，有活血、化淤、通筋脉之功效。

505. 花榈木 *Ormosia henryi* Prain，蝶形花科。根、枝、叶入药，有祛风散结、祛淤解毒之功效。

506. 尖叶长柄山蚂蝗 *Podocarpium podocarpum* (DC.) Yang et Huang var. *oxyphyllum* (DC.) Yang et Huang，蝶形花科。全草入药，促进呼吸。

507. 葛麻姆 *Pueraria montana* (Lour.) Merr.，蝶形花科。根、花入药，治疗感冒发热、烦渴、呕吐。

508. 葛 *Pueraria montana* (Lour.) Merr.var. *lobata* (Willd.) Maesen et S. M. Almeida ex Sanjappa et Predeep，蝶形花科。叶、花、种子、藤茎、根均可入药，根开阳解肌、透疹止泻、除烦止渴，治疗伤寒、烦热消渴、泄泻、痢疾、斑疹不透、心绞痛、耳聋，叶用于金疮止血，花解酒醒脾，藤茎治疗痈肿、喉痹。

509. 菱叶鹿藿*Rhynchosia dielsii* Harms，蝶形花科。茎叶或根入药，清热，主治小儿惊风，不宜多用！

510. 鹿藿 *Rhynchosia volubilis* Lour.，蝶形花科。果入药，能镇咳祛痰、祛风和血、解毒驱虫。

511. 苦参*Sophora flavescens* Ait.，蝶形花科。根、种子及全草入药，根含苦参碱，能清热利尿、燥湿驱虫、抗菌消炎。种子含金雀花碱，可明目。全草可健胃、驱虫，治疗赤痢、肠道出血。

512. 猫尾草 *Uraria crinita* (L.) Desv. ex DC.，蝶形花科。全草入药，能消肿、驱虫，治疗疮毒。

513. 小巢菜*Vicia hirsuta* (L.) S. F. Gray，蝶形花科。全草入药，有活血、平胃、利五脏、明耳目之功效，外敷可治疗疗疮。

514. 救荒野豌豆 *Vicia sativa* L.，蝶形花科。全草入药，有活血、平胃、利五脏、明耳目之功效，外敷可治疗疗疮。

515. 短豇豆 *Vigna unguiculata* (L.) Walp. subsp. *cylindrica* (L.) Verdc.，蝶形花科。种子入药，能健胃补气。

516. 野豇豆 *Vigna vexillata* (L.) Benth.，蝶形花科。根入药，能代参作补气药。

517. 紫藤 *Wisteria sinensis* (Sims.) Sweet，蝶形花科。茎、皮及花入药，能解毒、驱虫、止泻。

518. 丁癸草*Zornia diphylla* (L.) Pers.，蝶形花科。全草入药，清热解毒、祛淤消肿，能治疗小儿疳积、疮疽、毒蛇咬伤。

519. 臭节草*Boenninghausenia albiflora* (Hook.) Meisn.，芸香科。全草入药，煎服治疗肚痛，叶捣烂外敷治疗烫伤。

520. 山橘 *Fortunella hindsii* (Champ. ex Benth.) Swing.，芸香科。叶入药，祛风、散淤生新，外敷用于治疗跌打损伤，止燥咳。

521. 枸橘 *Poncirus trifoliata* (L.) Raf.，芸香科。根皮治疗牙痛、痔疮、便血，树皮治疗水肿、骨节肿痛，棘刺治疗水肿、牙痛，叶有理气、祛风、消肿、散结之功效，果实有破气、祛痰、消积之功效。

522. 茵芋 *Skimmia reevesiana* Fortune，芸香科。茎叶入药，治疗风湿痹痛、四肢挛急两足软弱。

523. 密果吴萸 *Tetradium ruticarpum* (A. Juss.) Hartley，芸香科，为温里药。未成熟果实入药，有温中散寒、开郁止痛的功效，主治胁及腹冷痛、腰痛、溃疡性口腔炎、脚气、疝气、湿疹、黄水疮。保护区内较常见，生长于疏林中。

524. 飞龙掌血 *Toddalia asiatica* Lam.，芸香科。根或根皮入药，祛风、止痛、散淤、止血，治疗风湿疼痛、胃痛、跌打损伤、吐血、刀伤出血、经闭、痛经。

525. 椿叶花椒 *Zanthoxylum ailanthoides* Sieb. et Zucc，芸香科。果实入药，温中、燥湿、杀虫、止痛，治疗心腹冷痛、寒饮、泄泻、冷痢、湿痹、赤白带下、齿痛。

526. 竹叶花椒 *Zanthoxylum armatum* DC.，芸香科。果实、种子入药，消肿止痛、杀虫，治疗毒蛇咬伤、胃脘痛，外用治疗跌打损伤，种子止呕、驱蛔虫，外用治疗刀伤、乳痈。

527. 花椒簕 *Zanthoxylum scandens* Bl.，芸香科。根入药，治疗风湿痹痛、跌打损伤。

528. 青花椒 *Zanthoxylum schinifolium* Sieb. et Zucc.，芸香科。果皮入药，有温中散寒、除湿、止痛、杀虫之功效。

529. 臭椿 *Ailanthus altissima* Sw.，苦木科，为收涩药。树皮、根皮、果皮入药，有清热利湿、收敛止痢之效。保护区内常见，生长于山坡、沟边村旁。

530. 苦木 *Picrasma quassioides* (D. Don) Benn，苦木科。树皮或根皮入药，有清热、燥湿、解毒、杀虫之功效。

531. 楝 *Melia azedarach* L.，楝科。根、树皮、果入药，有清热、燥湿、止痛、杀虫之功效。

532. 酢浆草 *Oxalis corniculata* L.，酢浆草科。全草入药，清热利湿、凉血散淤、消肿解毒，治疗泄泻、痢疾、黄疸、淋病、赤白带下、麻疹、吐血、咽喉肿痛、痈肿、脱肛、跌打损伤、烫伤。

533. 黄花倒水莲 *Polygala fallax* Hemsl.，远志科，为利水渗湿药。根入药，有补脾益肾、滋阴降火的功效，主治急性黄疸性肝炎、月经不调、劳倦乏力、子宫脱垂、白带、风湿关节痛、跌打损伤。保护区内常见，生长于坑沟边或林荫下。

534. 狭叶香港远志 *Polygala hongkongensis* Forb. et Hemsl. var. *stenophylla* (Hayata) Migo，远志科。根入药，有补脾益肾、滋阴降火的功效，主治月经不调、腰膝酸痛。

535. 瓜子金 *Polygala japonica* Houtt.，远志科。全草入药，有活血散淤、祛痰止咳之功效，主治跌打损伤、咳嗽、失眠。

536. 齿果草 *Salomonia cantoniensis* Lour.，远志科。全草入药，有解毒消肿、散淤止痛之功效，主治痈疮肿毒、毒蛇咬伤。

537. 大芽南蛇藤 *Celastrus gemmatus* Loes，卫矛科。藤茎入药，祛风湿、活血脉，治疗筋骨疼痛、四肢麻木、小儿惊风、痧症、痢疾。

538. 扶芳藤 *Euonymus fortunei* (Turcz.) Hand.-Mazz.，卫矛科。茎、叶入药，有行气活血、舒筋散淤、止血之功效，主治肾虚腰痛、风湿性关节炎。

539. 疏花卫矛 *Euonymus laxiflorus* Champ. ex Benth.，卫矛科。根、茎、果实入药，根、茎用于湿痹痛、跌打损伤、骨折、体虚脱肛，果实治疗心脏病。

540. 大果卫矛 *Euonymus myrianthus* Hemsl.，卫矛科。全株入药，治疗风湿痹痛、跌打损伤。

541. 雷公藤 *Tripterygium wilfordii* Hook. f.，卫矛科，为祛风湿药。根木质部入药，有祛风活络、破淤镇痛的功效，主治类风湿关节炎、风湿性关节炎、麻风、肿瘤。本品含 3 种二萜的环氧化合物，有明显的抗白血病作用，对人鼻咽癌有抑制作用。保护区内较常见，生长于向阳山坡灌木丛中。

542. 秤星树 *Ilex asprella* (Hook. et Arn.) Champ. ex Benth.，冬青科。根入药，清热解毒、生津、活血，治疗感冒、头痛眩晕、热病烦渴、痧气、热泻、肺痈、咯血、喉痛、淋病、痈毒、跌打损伤。

543. 冬青 *Ilex chinensis* Sims，冬青科。果实、叶、皮均可入药，果实祛风、补虚，治疗风湿痹痛、痔疮，叶治疗烫伤、溃疡久不愈合、闭塞性脉管炎、支气管炎、肺炎、尿路感染、菌痢、外伤出血，补益肌肤。

544. 榕叶冬青 *Ilex ficoidea* Hernsl.，冬青科。根入药，清热解毒、祛风止痛。治疗肝炎、跌打肿痛。

545. 毛冬青 *Ilex pubescens* Hook. et Arn.，冬青科。根入药，清热解毒、活血通脉，治疗热风感冒、肺热喘咳、喉头水肿、扁桃体炎、痢疾、冠心病、偏瘫、脉管炎、丹毒、烫伤及多种炎症。

546. 铁冬青 *Ilex rotunda* Thunb.，冬青科。叶、皮均可入药，有清热利湿、消肿止痛之功效。

547. 三花冬青 *Ilex triflora* Bl.，冬青科。根入药，治疗疮疡肿毒。

548. 多花勾儿茶 *Berchemia floribunda* (Wall.) Brongn.，鼠李科。茎、叶入药，清热、凉血、利尿、解毒，治疗黄疸、风湿腰痛、经前腹痛、风毒流注、伤口红肿。根入药，能祛风除湿、散淤消肿、止血。

549. 枳椇 *Hovenia dulcis* Thunb.，鼠李科。果序轴膨大，肉质、多汁，主治风湿、醒酒，种子为清凉利尿药，能醒酒，主治热病消渴、醉酒、烦渴、呕吐、发热等。

550. 马甲子 *Paliurus ramosissimus* (Lour.) Poir.，鼠李科。全株入药，解毒、消肿、活血、驱寒。

551. 长叶冻绿 *Rhamnus crenata* Sieb. et Zucc.，鼠李科。为清热凉血药。根皮入药，有清热凉血、解毒杀虫的功效，外用治疗疥疮、湿疹、麻风、蛔虫病。本品有毒，须慎用。也可用于除四害和农业害虫。保护区内常见，生长于山坡灌丛中，常见。

552. 尼泊尔鼠李 *Rhamnus napalensis* (Wall.) Law，鼠李科。根入药，治疗风湿痹痛。

553. 钩刺雀梅藤 *Sageretia hamosa* (Wall.) Brongn.，鼠李科。根入药，治疗风湿痹痛、跌打损伤。

554. 雀梅藤 *Sageretia thea* (Osbeck) Johnst.，鼠李科。根、叶入药，根化痰止咳，治疗肺热咳嗽，外用治疗疮疡肿毒。

555. 广东蛇葡萄 *Ampelopsis cantoniensis* (Hook. et Arn.) Planch.，葡萄科。根或全株入药，消炎解毒，主治骨髓炎、急性淋巴结炎、急性乳腺炎、脓疮、湿疹、丹毒、疖肿、嗜盐菌食物中毒。

556. 三裂蛇葡萄 *Ampelopsis delavayana* Planch. ex Franch.，葡萄科。根皮供药用，有消肿止痛、舒筋活血、止血的功效。

557. 光叶蛇葡萄 *Ampelopsis glandulosa* (Wall.) Momiy. var. *hancei* (Planch.) Momiy.，葡萄科。全株入药，清热解毒、祛湿消肿。有小毒！

558. 显齿蛇葡萄 *Ampelopsis grossedentata* (Hand.-Mazz.) W. T. Wang，葡萄科。全株、叶入药，全株治疗感冒，外用治疗体癣，根治疗感冒发热，外用治疗疮疖。

559. 异叶蛇葡萄 *Ampelopsis humilifolia* Bge var. *heterophylla* (Thunb.) K. Koch.，葡萄科。根状茎入药，外用治疗疮疡肿毒。

560. 白蔹 *Ampelopsis japonica* (Thunb.) Makino，葡萄科。全株或块根入药，清热解毒、消肿止痛，可以治疗火烫伤、冻疮。

561. 乌蔹莓 *Cayratia japonica* (Thunb.) Gagnep.，葡萄科。全草或根入药，清热利湿、解毒消肿，治疗痈肿、疔疮、丹毒、风湿痛、黄疸、痢疾、尿血、白浊。

562. 苦郎藤 *Cissus assamica* (Law.) Craib，葡萄科。全株入药，舒筋活络、祛风除湿，治疗风湿痹痛、跌打损伤，外用治疗疮疖。

563. 异叶地锦 *Parthenocissus dalzielii* Gagnep.，葡萄科。根或茎入药，祛风除湿、通络、止血、解毒，治疗风湿痹痛、偏头痛、风湿疮毒、骨折。

564. 地锦 *Parthenocissus tricuspidata* (Sieb. et Zucc.) Planch.，葡萄科。根或茎入药，能破淤血、消肿毒、止痛、祛风。

565. 三叶崖爬藤 *Tetrastigma hemsleyanum* Diels. et Gilg.，葡萄科。全株入药，清凉解热、活血舒筋。

566. 蘡薁 *Vitis bryoniifolia* Bunge，葡萄科。全株入药，祛风湿、消肿毒。

567. 小果葡萄 *Vitis balanseana* Planch.，葡萄科。茎、叶供药用，有祛湿消肿、利尿的功效。

568. 刺葡萄 *Vitis davidii* Foex.，葡萄科。全株入药，活血、消积。

569. 毛葡萄 *Vitis quinquangularis* Rehd.，葡萄科。根入药，清热利尿、消肿止痛、祛风湿，治疗痢疾、风湿骨痛、烫伤。

570. 锈毛钝果寄生 *Taxillus levinei* (Merr.) H. S. Kiu，桑寄生科。全株入药，有补肝肾、祛风湿、强筋骨、安胎下乳之功效。

571. 桑寄生 *Taxillus sutchuenensis* (Lecomte.) Danser，桑寄生科。全株入药，有补肝肾、祛风湿、强筋骨、安胎下乳之功效。

572. 槲寄生 *Viscum coloratum* (Komar.) Nakai，槲寄生科。全株入药，有强筋骨、安胎下乳之功效，主治腰背酸痛。

573. 棱枝槲寄生 *Viscum diospyrosicolum* Hayata，槲寄生科。全株入药，主治慢性支气管炎、风湿性关节炎。

574. 常山 *Dichroa febrifuga* Lour.，绣球花科。根、叶入药，主治小儿惊风、痈疮肿毒、跌打损伤。

575. 圆锥绣球 *Hydrangea paniculata* Sieb.，绣球花科。根、茎髓心入药，根用于骨折，茎髓心利水。

576. 冠盖藤 *Pileostegia viburnoides* Hook. f. et Thomas.，绣球花科。根入药，治疗腰脚酸痛。

577. 尖叶四照花 *Dendrobenthamia angustata* (Chun) Fang，山茱萸科。全株入药，外用治疗水肿。

578. 喜树 *Camptotheca acuminata* Decne，蓝果树科。果实或根入药，试治各种癌症、白血病、银屑病及血吸虫病引起的肝、脾肿大等。

579. 八角枫 *Alangium chinense* (Lour.) Harms.，八角枫科。根、叶、花均可入药，祛风、通络、散淤、镇痛，并有麻痹及松弛肌肉作用。

580. 瓜木 *Alangium platanifolium* (Sieb. et Zucc.) Harms，八角枫科。根、叶、花均可入药，功效同八角枫。

581. 楤木 *Aralia chinensis* L.，五加科。根皮入药，有镇痛消炎、祛风行气、除湿活血之功效。主治风湿痹痛、胃炎、肾炎等，外敷治疗刀伤。

582. 黄毛楤木 *Aralia decaisneana* Hance，五加科。根皮入药，有祛风除湿、散淤消肿之功效。主治风湿痹痛、肝炎、肾炎等。

583. 长刺楤木 *Aralia spinifolia* Merr.，五加科。根入药，散瘀消肿、拔毒，治疗吐血、崩漏、蛇伤、风湿痹痛、溃疡病、跌打损伤。

584. 树参 *Dendropanax dentiger* (Harms.) Merr.，五加科。根、茎入药，有祛风除湿、舒筋活血之功效。主治风湿痹痛、半身不遂、扭挫伤、偏头痛。

585. 五加 *Eleutherococcus gracilistylus* W. W. Smith，五加科，为祛风湿药和强壮药。根皮或叶入药，根皮入药称"五加皮"。祛风湿、壮筋骨、活血祛淤。可以用根皮浸泡制成"五加皮酒"。

586. 白簕 *Eleutherococcus trifoliatus* (L.) S. Y. Hu，五加科，为祛风湿药。全草入药，有祛风除湿、清热解毒的功效，主治风湿关节痛、坐骨神经痛、感冒、咳嗽、湿疹。保护区内多见，生长于林缘或灌木丛中。

587. 常春藤 *Hedera nepalensis* K. Koch var. *sinensis* (Tobl.) Rehd.，五加科。全株入药，有祛风、利湿、平肝、解毒之功效，治疗风湿性关节炎、肝炎等，外用可以治疗疔疮痈肿。

588. 短梗幌伞枫 *Heteropanax brevipedicellatus* Li，五加科。根与树皮入药，可以治疗跌打损伤、烫伤和疮毒。

589. 短梗大参 *Macropanax rosthornii* (Horms.) Wu ex Hoo，五加科。根、叶入药，有祛风除湿、化淤生新之功效，可以治疗骨折、风湿性关节炎。

590. 穗序鹅掌柴 *Schefflera delavayi* (Fr.) Harms ex Diels，五加科。根或根皮入药，通大便、消肿毒、祛风活络、发表，主治跌打损伤。

591. 积雪草 *Centella asiatica* (L.) Urban，天胡荽科，为清热解毒药。有清热解毒、止血利尿、活血祛淤之功效，主治暑泻、痢疾、黄疸、跌打损伤、恶疮、痈疽、颈淋巴结核、皮肤肿毒等。

592. 红马蹄草 *Hydrocotyle nepalensis* Hook.，天胡荽科。全草入药，治疗跌打损伤、感冒、咳嗽痰血。

593. 天胡荽 *Hydrocotyle sibthorpioides* Lam.，天胡荽科。全草入药，有清热、利尿、消肿、解毒之功效，可以治疗淋证、黄疸性肝炎、肾炎、火眼、百日咳、痢疾、小便不利等。

594. 破铜钱 *Hydrocotyle sibthorpioides* Lam. var. *batrachium* (Hance) Hand.-Mazz.，天胡荽科。全草入药，治疗淋证、黄疸性肝炎、肾炎、肝火头痛、火眼、百日咳等。

595. 北柴胡 *Bupleurum chinense* DC.，伞形科。根入药，有发表祛风、清肝利胆、升阳通经之功效，主治头痛感冒、虚劳骨蒸、月经不调、黄疸等。

596. 鸭儿芹 *Cryptotaenia japonica* Hassk.，伞形科。全草入药，有活血祛淤、镇痛止痒之功效，主治肺炎、肺脓肿、淋病、疝气、风火牙痛、皮肤瘙痒。

597. 藁本 *Ligusticum sinense* Oliv.，伞形科。根茎入药，有散风寒、燥湿之功效，主治风寒头痛、腹痛泄泻，外用治疗疥癣。

598. 白苞芹 *Nothosmyrnium japonicum* Miq.，伞形科。根入药，为镇痉止痛药。

599. 短辐水芹 *Oenanthe benghalensis* Benth. et Hook. f.，伞形科。全草入药，有清热、降压之功效。

600. 水芹 *Oenanthe javanica* (Bl.) DC.，伞形科。全草及根入药，有清热凉血、止痛、止血、降压之功效，可以治疗高血压、肝炎、跌打损伤、骨折、血带。

601. 中华水芹 *Oenanthe sinense* Dunn，伞形科。全草入药，治疗头痛、跌打损伤。

602. 隔山香 *Ostericum citriodorum* (Hance.) Yuan et Shan，伞形科。根入药，有祛风止痛、活血散淤、止咳祛痰之功效。

603. 前胡 *Peucedanum decursivum* (Miq.) Maxim.，伞形科。根入药，有止咳祛痰、健胃、镇痛、活血、散风之功效，主治风热咳嗽、痰稠、呕逆等。

604. 白花前胡 *Peucedanum praeruptorum* Dunn.，伞形科。根入药，有宣散风热、下气、消痰之功效，主治感冒咳嗽、支气管炎、疔肿、呕逆、胸膈慢闷。

605. 薄片变豆菜 *Sanicula lamelligera* Hance，伞形科。全草入药，清热、解毒，主治风寒感冒、咳嗽、闭经等。

606. 直刺变豆菜 *Sanicula orthacantha* S. Moore，伞形科。全草入药，清热、解毒，主治麻疹后热毒未尽、耳热瘙痒、跌打损伤。

607. 小窃衣 *Torilis japonica* (Houtt.) DC.，伞形科。果实与根入药，治疗虫疾腹痛，外用作为消炎药。

608. 窃衣 *Torilis scabra* (Thunb.) DC.，伞形科。果实入药，能驱蛔虫。

609. 狭叶海桐 *Pittosporum glabratum* Lindl. var. *neriifolium* Rehd. et Wils.，海桐花科。全株入药，清热除湿，根能消炎镇痛。

610. 海金子 *Pittosporum illicioides* Mak.，海桐花科。根、茎、叶入药，根解毒、活血、消肿，治疗阳痿、胃脘痛、风湿骨痛、扭伤、蛇咬伤、皮肤瘙痒。

611. 南方荚蒾 *Viburnum fordiae* Hance，荚蒾科。全株入药，治疗吐血、骨折、烧烫伤、月经不调、肝炎。

612. 吕宋荚蒾 *Viburnum luzonicum* Rolfe，荚蒾科。枝、叶入药，治疗跌打损伤。

613. 茶荚蒾 *Viburnum setigerum* Hance，荚蒾科。根、果实入药，根治疗吐血。

614. 接骨草 *Sambucus chinensis* Lindl.，接骨木科。为活血祛淤药。根、茎、叶入药，有活血消肿的功效，主治骨折疼痛、风湿关节痛、肾炎、传染性肝炎。保护区内较常见，生长于山脚、河边、林下潮湿处。

615. 锈毛忍冬 *Lonicera ferruginea* Rehd.，忍冬科。花蕾入药，治疗风热感冒、咽喉肿痛、肺炎、痢疾、疮疡肿毒。

616. 忍冬 *Lonicera japonica* Thunb.，忍冬科，为清热解毒药。花蕾入药，清热、解毒、通络，主治外感风热、传染性肝炎、热毒血痢。保护区内蕴藏量较大。

617. 败酱 *Patrinia scabiosaefolia* Fisch. ex Link.，败酱科。全草入药，治疗阑尾炎、痢疾、胃肠炎、传染性肝炎、结膜炎、产后淤血腹痛、疮疡肿毒。

618. 白花败酱 *Patrinia villosa* (Thunb.) Juss., 败酱科, 为清热解毒药。全草入药, 有清热解毒的功效, 主治阑尾炎、痢疾、咽喉炎、感冒。本品含皂苷、白花败酱苷等。对葡萄球菌、乙型链球菌及病毒均有抑制作用。1977 年版中华人民共和国药典将其和败酱同列为败酱的正品, 但福建所用败酱仍为十字花科菥蓂 (苏败酱), 多从省外调入。保护区内常见, 生长于山坡或沟边湿地。

619. 杏叶沙参 *Adenophora axilliflora* Roxb., 桔梗科。根入药, 有祛痰止咳之功效。主治咳嗽。

620. 轮叶沙参 *Adenophora tetraphylla* (Thunb.) Fisch., 桔梗科。根入药, 有养阴清肺之功效。主治咳嗽。

621. 金钱豹 *Campanumoea javanica* Bl. ssp. *japonica* (Makino) Hong, 桔梗科。根入药, 有补脾润肺、生津通乳之功效。治疗体虚乏力、咳嗽、风湿骨痛。

622. 羊乳 *Codonopsis lanceolata* (Sieb. et Zucc.) Trautv., 桔梗科。根入药, 有强壮、补气血之功效。主治病后体虚、乳汁不足、疮疡肿毒、乳腺炎、瘰疬、咳嗽。

623. 蓝花参 *Wahlenbergia marginata* (Thunb.) A. DC. , 桔梗科, 为化痰药。全草入药, 有疏风解表、宣肺化痰的功效, 主治风寒感冒、劳倦乏力、慢性支气管炎、小儿疳积、自汗盗汗、白带多。保护区内常见, 生长于山野、路边、田埂等潮湿地。

624. 半边莲 *Lobelia chinensis* Lour., 半边莲科。全草入药, 有清热解毒、消肿之功效。治疗晚期血吸虫病腹水、肝硬化腹水、肝炎、毒蛇咬伤、疮疡肿毒。

625. 江南山梗菜 *Lobelia davidii* Franch., 半边莲科, 为止咳平喘药。全草入药, 有祛痰止咳、利尿消肿、清热解毒的功效, 主治感冒发热、肝硬化腹水、水肿、毒蛇咬伤。保护区内常见, 生长于山地林边或沟边较阴湿处。

626. 铜锤玉带草 *Pratia nummularia* (Lam.) A. Br., 半边莲科。全草入药, 治疗肺热咳嗽、淋巴结炎、疮疡肿毒、小便不利、小儿疳积、目赤, 外用治疗骨鲠喉。

627. 下田菊 *Adenostemma lavenia* (L.) O. Kuntze, 菊科。全草入药, 治疗风热感冒、咽喉痛、传染性肝炎, 外用治疗乳痈、蛇伤。

628. 藿香蓟 *Ageratum conyzoides* L., 菊科。全草入药, 治疗风热感冒、痢疾、子宫脱垂、扁桃体炎。

629. 杏香兔儿风 *Ainsliaea fragrans* Champ. ex Benth., 菊科。全草入药, 治疗咽喉肿痛、咳嗽、小儿疳积、周身结核、骨髓炎、蛇伤、风湿骨痛。

630. 香青 *Anaphalis sinica* Hance, 菊科。全草入药, 有祛风解表、消炎止痛、止咳平喘之功效。

631. 奇蒿 *Artemisia anomala* S. Moore, 菊科。全草入药, 治疗传染性肝炎、月经不调、感冒, 外用治疗麻风。

632. 青蒿 *Artemisia apiacea* Hance, 菊科。全草入药, 有清热解毒、祛风止痒之功效。

633. 艾蒿 *Artemisia argyi* Levl. et Van., 菊科。全草入药, 有理气、驱寒、祛湿、温经、止血、安胎之功效。

634. 牡蒿 *Artemisia japonica* Thunb., 菊科。全草入药, 治疗感冒、风湿骨痛、高血压病、小儿疳积, 外用治疗跌打损伤、疮痈肿毒。

635. 野艾蒿 *Artemisia lavandulaefolia* A. Gray, 菊科。全草入药, 功效同艾。

636. 三脉紫菀 *Aster ageratoides* Turcz., 菊科。带根全草入药, 有祛风、清热解毒、祛痰止咳之功效。

637. 鬼针草 *Bidens bipinnata* L., 菊科。全草入药, 治疗感冒、阑尾炎、传染性肝炎、肺炎、小儿惊风, 外用治疗乳痈、蛇伤、骨鲠喉。

638. 狼杷草 *Bidens tripartita* L., 菊科。全草入药, 治疗感冒、扁桃体炎、胃肠炎、闭经, 外用治疗扭伤。

639. 鹅不食草 *Centipeda minima* (L.) A. Br. et Ascher., 菊科。全草入药, 治疗鼻塞不通、头痛、百日咳、慢性支气管炎、小儿疳积, 外用治疗肥厚性鼻炎、结膜炎。

640. 大蓟 *Cirsium japonicum* Fisch. ex DC., 菊科。根入药, 治疗吐血、尿血、便血、崩漏、咳嗽、蛇伤、疮疡肿毒。

641. 刺儿菜 *Cirsium segetum* (Willd.) M. V. B.，菊科。全草入药，为利尿及止血剂，有凉血、消肿、散淤之功效，治疗吐血、尿血、便血、崩漏、咳嗽、疮疡肿毒，可以催乳。

642. 野塘蒿 *Conyza bonariensis* (L.) Cronq.，菊科。全草入药，主治感冒、疟疾、急性关节炎及外伤出血。

643. 小蓬草 *Conyza canadensis* (L.) Cronq.，菊科。全草入药，治疗尿血、水肿、肝炎、胆囊炎、传染性肝炎。

644. 野茼蒿 *Crassocephalum crepidioides* (Benth.) S. Moore，菊科。全草入药，行水、利尿。

645. 野菊 *Dendranthema indicum* (L.) Des Moul.，菊科。头状花序入药，治疗疮疡肿毒、目赤肿痛、头痛眩晕。

646. 鳢肠 *Eclipta prostrata* L.，菊科。全草入药，有凉血、止血、消肿、强壮之功效。

647. 地胆草 *Elephantopus scaber* L.，菊科。全草入药，有清热解毒、利水消肿之功效，主治感冒、菌痢、肠胃炎、扁桃体炎、咽喉炎、肾炎水肿、结膜炎、痈疽肿毒。

648. 一点红 *Emilia sonchifolia* (L.) DC.，菊科。全草入药，有凉血解毒、活血散淤之功效，主治菌痢、肠胃炎、咽喉炎、跌打损伤、毒疮。

649. 一年蓬 *Erigeron annuus* (L.) DC.，菊科。全草入药，主治疟疾、淋巴结炎、肠胃炎、消化不良、毒蛇咬伤。

650. 白头婆 *Eupatorium japonicum* Thunb.，菊科。全草入药，发表散寒、透麻疹。治疗脱肛、麻疹不透、寒湿腰痛、风寒咳嗽。

651. 鼠麹草 *Gnaphalium affine* D. Don，菊科。茎叶入药，有止咳祛痰之功效，主治气喘、支气管炎、溃疡、创伤、高血压。

652. 马兰 *Kalimeris indica* (L.) Sch.-Bip.，菊科。全草入药，治疗感冒、流行性感冒、痢疾、胃肠炎、尿路感染。

653. 六棱菊 *Laggera alata* (Roxb.) Sch-Biq.，菊科。全草入药，治疗感冒发热、蛇伤、口腔炎、过敏性皮炎、传染性肝炎、胃肠炎、小儿惊风。

654. 千里光 *Senecio scandens* Buch.-Ham.，菊科，为清热解毒药。全草入药，有清热解毒的功效，主治疗疮疖肿、上呼吸道感染。水煎剂有广谱抗菌作用。保护区内较常见，生长于山坡、路旁及林缘灌丛中。

655. 豨莶 *Siegesbeckia orientalis* L.，菊科。全草入药，祛风湿、利筋骨、降血压，治疗四肢麻痹、筋骨疼痛、腰膝无力、急性肝炎、高血压病、外伤出血。

656. 一枝黄花 *Solidago decurrens* Lour.，菊科。全草入药，治疗风寒感冒，外用治疗疮疡肿毒。

657. 夜香牛 *Vernonia cinerea* (L.) Less，菊科。全草入药，治疗小儿惊风，外用治疗骨折。

658. 苍耳 *Xanthium sibiricum* Pat ex Widder，菊科。带总苞的果实入药，治疗鼻炎、鼻窦炎、头痛、过敏性鼻炎、皮肤瘙痒、风湿骨痛。有毒，慎用！

659. 黄鹌菜 *Youngia japonica* (L.) DC.，菊科。全草入药，治疗痢疾、感冒、尿路感染，外用治疗蛇伤、乳痈。

660. 苦枥木 *Fraxinus insulare* Hemsl.，木犀科。枝、叶入药，外用治疗风湿痹痛。

661. 清香藤 *Jasminum lanceolarium* Roxb.，木犀科。根、茎入药，用于骨鲠喉、蛇咬伤、跌打损伤、骨折、风湿痹痛。

662. 华素馨 *Jasminum sinense* Hemsl.，木犀科。花入药，清热解毒，治疗疮疖。

663. 小蜡 *Ligustrum sinense* Lour.，木犀科。根、叶入药，清热解毒、止痛止痒，治疗口腔溃疡、慢性咽炎、湿疹、跌打损伤。

664. 蓬莱葛 *Gardneria multiflora* Makino，马钱子科。根入药治疗风湿性关节炎，叶捣烂外敷创伤。

665. 五岭龙胆 *Gentiana davidii* Franch.，龙胆科。全草入药，清热解毒、利尿，治疗肝炎、尿路感染、结膜炎、疮痈肿毒。

666. 双蝴蝶 *Tripterospermum chinense* (Migo) H. Sm. et S. Nilsson，龙胆科。全草入药，清热解毒，治疗支气管炎、肺脓肿、肺结核、小儿高热、痈疮肿毒。

667. 水团花 *Adina pilulifera* (Lam.) Franch. et Drake，水团花科。根、茎、叶入药，清热、凉血、止痛，治疗小儿惊风，外用治疗外伤出血、痈疮肿毒、皮肤湿疹。

668. 细叶水团花 *Adina rubella* Hance，水团花科。根、茎、叶入药，功效同水团花。

669. 风箱树 *Cephalanthus occidentalis* L.，水团花科。叶、花、根入药，有清热解毒、收敛止痒、化湿消肿之功效。

670. 流苏子 *Coptosapelta diffusa* (Champ. ex Benth) Steenis，茜草科。地上部分入药，治疗疥疮、湿疹。

671. 虎刺 *Damnacanthus indicus* (L.) Gaertn. f.，茜草科。根入药，止痛、祛风湿。治疗肺结核、腰痛、风湿骨痛。

672. 猪殃殃 *Galium aparine* L. var. *echinospermum* (Wallr.) Cuf.，茜草科。全草入药，有清热解毒、利尿消肿、止痛之功效，主治阑尾炎、疮疖、便血、尿血。

673. 四叶葎 *Galium bungei* Steud.，茜草科。全草入药，有清热利湿、消肿解毒之功效，主治痢疾、吐血、肺炎、尿道炎、毒蛇咬伤、跌打损伤、口腔炎。

674. 栀子 *Gardenia jasminoides* Ellis，茜草科。全草入药，治疗黄疸型肝炎、痢疾。

675. 金毛耳草 *Hedyotis chrysotricha* (Palisb.) Merr.，茜草科。全草入药，消肿止痛、止血，治疗水肿、毒蛇咬伤、跌打损伤、骨折。

676. 白花蛇舌草 *Hedyotis diffusa* Willd.，茜草科。全草入药，清热解毒，治疗肺热、咳嗽、阑尾炎、痢疾、黄疸、盆腔炎、痈肿疔疮、毒蛇咬伤、肿瘤。

677. 纤花耳草 *Hedyotis tenelliflora* Bl.，茜草科。全草入药，消炎、祛风湿，治疗风湿骨痛、四肢麻痹、小儿疳积、跌打损伤、毒蛇咬伤、痢疾。

678. 羊角藤 *Morinda umbellata* L.，茜草科。根、茎入药，祛风活络。治疗风湿、水肿、脊椎骨痛、跌打损伤。

679. 黐花 *Mussaenda esquirolii* Levl.，茜草科。枝、叶入药，清热解毒，治疗感冒、咽喉肿痛、痢疾。

680. 玉叶金花 *Mussaenda pubescens* Ait. f.，茜草科，为清热解毒药。茎、叶入药，清热解毒、止血，主治外感风热、热毒血痢、麻疹、刀伤出血。

681. 日本蛇根草 *Ophiorrhiza japonica* Bl.，茜草科。全草入药，清肺止咳、活血散淤，治疗咳嗽、月经不调、跌打损伤。

682. 短小蛇根草 *Ophiorrhiza pumila* Champ. ex Benth.，茜草科。根、叶入药，消肿、解毒。

683. 鸡矢藤 *Paederia scandens* (Lour.) Merr.，茜草科。全草入药，祛风活血，治疗泄泻、痢疾、胃脘痛、小儿头疮、小儿疳积、毒蛇咬伤、跌打损伤。

684. 蔓九节 *Psychotria serpens* L.，茜草科。全株入药，有舒筋活血、祛风止痛、凉血消肿之功效，主治风湿痹痛、坐骨神经痛、痈疮肿毒。

685. 东南茜草 *Rubia argyi* (Levl. et Vant) Hara，茜草科。全草入药，有活血、止血之功效，主治咯血、吐血、尿血、水肿肾炎、痛经、闭经、血栓闭塞性脉管炎、跌打损伤。

686. 茜草 *Rubia cordifolia* L.，茜草科。根去皮治疗牙痛，叶汁治疗白癣。

687. 白马骨 *Serissa serissoides* (DC.) Druce，茜草科。全株入药，治疗感冒、角膜白斑、乳痈、肝炎、小儿疳积。

688. 白花苦灯笼 *Tarenna mollissima* (Hook. et Arn.) Robins.，茜草科。根入药，有祛风利湿、温补脾胃之功效，主治慢性肾炎、风湿性关节炎、白带。

689. 钩藤 *Uncaria rhynchophylla* (Miq.) Miq. et Havile.，茜草科，为平肝药。带钩茎枝入药，清热平肝、熄风定惊、降血压。主治头晕目眩、高热、惊痫、高血压。保护区内常见。

690. 链珠藤 *Alyxia sinensis* Champ. ex Benth.，夹竹桃科。根入药，治疗牙痛、胃脘痛、风湿痹痛、跌打损伤。有小毒！

691. 酸叶胶藤 *Ecdysanthera rosea* Hook. et Arn.，夹竹桃科。全株入药，有清热利尿、祛淤止痛之功效，主治咽喉肿痛、肾炎、肠胃炎、风湿性关节炎、跌打损伤。

692. 紫花络石 *Trachelospermum axillare* Hook. f.，夹竹桃科。全株入药，解表发汗、通经活络、止痛，治疗感冒、肺结核、支气管炎、风湿痹痛、跌打损伤。

693. 短柱络石 *Trachelospermum brevistylum* Hand.-Mazz.，夹竹桃科。茎入药，治疗风湿痹痛。

694. 络石 *Trachelospermum jasminoides* (Lindl.) Lem.，夹竹桃科。茎、叶入药，祛风、通络、止血、消淤，治疗风湿痹痛、吐血、产后恶露不行。

695. 白薇 *Cynanchum atratum* Bunge，萝藦科。根与部分根状茎入药，有清热、凉血之功效。

696. 牛皮消 *Cynanchum auriculatum* Royle. ex Wight，萝藦科。茎、叶入药，催乳、补气，治疗角膜白斑。全株有毒，慎用！

697. 白前 *Cynanchum glaucescens* (Decne.) Hand.-Mazz.，萝藦科。根与部分根状茎入药，有祛痰、止咳之功效。

698. 徐长卿 *Cynanchum paniculatum* (Bunge) Kitagawa，萝藦科。全草入药，有祛风止痛、解毒消肿之功效，主治毒蛇咬伤、胃气痛、肠胃炎、腹水。

699. 柳叶白前 *Cynanchum stauntonii* (Decne.) ScArtes，萝藦科。根与部分根状茎入药，有祛痰、止咳之功效。

700. 酸浆 *Physalis alkekengi* L. var. *franchetii* (Mast.) Makino、茄科。果入药，有清热解毒之功效。

701. 白英 *Solanum lyratum* Thunb.，茄科。全草入药，有清热解毒、祛风利湿之功效。主治小儿惊风、风火牙痛、急性胃肠炎、咽喉肿痛、风湿骨痛。

702. 龙葵 *Solanum nigrum* L.，茄科。全草入药，治疗疮痈肿痛、尿路感染、小便不利、肿瘤。

703. 少花龙葵 *Solanum photeinocarpum* Nakam. et Odash.，茄科。根、叶入药，有散淤止痛、止咳平喘之功效。

704. 打碗花 *Calystegia hederacea* Wall.，旋花科。全草入药，有调经活血、滋阴补虚之功效。

705. 旋花 *Calystegia sepium* (L.) R. Br.，旋花科。根入药，主治白带、白浊、疝气、疖疮。

706. 马蹄金 *Dichondra repens* Forst.，旋花科。全草入药，有清热利尿、祛风止痛、止血生肌、消炎解毒、杀虫接骨之功效。主治黄疸型肝炎、急慢性肝炎、痢疾、肺出血、利尿结石。

707. 土丁桂 *Evolvulus alsinoides* (L.) L.，旋花科。全草入药，有散淤止痛、清热祛湿之功效。主治支气管哮喘、咳嗽、跌打损伤、腰腿痛、头晕目眩、消化不良等。

708. 南方菟丝子 *Cuscuta australis* R. Br.，菟丝子科。种子入药，有滋补肝肾、益精壮阳、养血、润燥之功效。主治头晕耳鸣、腰膝酸软、遗精、尿频余沥、胎动不安。

709. 菟丝子 *Cuscuta chinensis* Lam.，菟丝子科。种子入药，治疗头晕耳鸣、腰膝酸软、遗精、尿频余沥、胎动不安。

710. 日本菟丝子 *Cuscuta japonica* Choisy，菟丝子科。种子入药，治疗头晕耳鸣、腰膝酸软、遗精、尿频余沥、胎动不安。

711. 附地菜 *Trigonotis peduncularis* (Trev.) Benth，紫草科。全草入药，治疗胃寒痛、吐血、跌打损伤。

712. 白背枫 *Buddleja asiatica* Lour.，醉鱼草科。根、叶、果入药，根主治腹胀、风湿关节痛、跌打损伤，叶主治感冒、痢疾、痈疽，果主治小儿疳积。有毒性，慎用！

713. 醉鱼草 *Buddleja lindleyanum* Fort.，醉鱼草科。全株入药，有祛风除湿、止咳化痰、散淤、杀虫之功效，主治支气管炎、咳嗽、哮喘、风湿关节炎、跌打损伤，外用治疗创伤出血、烧伤、烫伤。有毒性，慎用！

714. 长蒴母草 *Lindernia anagallis* (Burm. f.) Pennell，玄参科。全草入药，有清热、消肿、通淋、利湿之功效。治疗乳痈、蛇伤、脓疮、跌打损伤、腮腺炎。

715. 狭叶母草 *Lindernia angustifolia* (Benth.) Wettst.，玄参科。全草入药，有清热、利湿、和胃、祛淤之功效。

716. 泥花草 *Lindernia antipoda* (L.) Alston，玄参科。全草入药，有祛淤、消肿、解毒、利尿之功效。

717. 母草 *Lindernia crustacea* (L.) F. Muell.，玄参科。全草入药，有清热、利湿、止痢、解毒之功效。治疗胸膜炎、肾炎、水肿、感冒、乳痈、蛇伤、跌打损伤、消化不良、痢疾。

718. 旱田草 *Lindernia ruellioides* (Colsm.) Pennell，玄参科。全草入药，有止血生肌、清心润肺之功效。治疗小儿疳积、蛇伤、口腔炎、痢疾。

719. 通泉草 *Mazus japonicus* (Thunb.) O. Kuntze，玄参科。全草入药，治疗偏头痛、消化不良、疔疮、烫伤。

720. 沙氏鹿茸草 *Monochasma savatieri* Franch. ex Maxim.，玄参科。全草入药，主治感冒、心烦、咳嗽、吐血、赤痢、便血、月经不调等。

721. 玄参 *Scrophularia ningpoensis* Hemsl.，玄参科。根入药，有滋阴降火、消肿解毒之功效。

722. 阴行草 *Siphonostegia chinensis* Benth.，玄参科。全草入药，有清热、利湿、活血、祛淤之功效。

723. 腺毛阴行草 *Siphonostegia laeta* S. Moore，玄参科。全草入药，有清热、利湿、活血、祛淤之功效。

724. 爬岩红 *Veronicastrum axillare* (Sieb.-Zucc.) Yamazaki，玄参科。全草入药，有清热、行水、消肿、解毒之功效。主治血吸虫病引起的腹水。

725. 腹水草 *Veronicastrum stenostachyum* (Hemsl.) Yamazaki，玄参科。全草入药，有清热、行水、消肿、解毒之功效。主治血吸虫病。

726. 野菰 *Aeginetia indica* L.，列当科。全草入药，主治咽喉肿痛、利尿感染、骨髓炎、疔疮。

727. 羽裂唇柱苣苔 *Chirita pinnatifida* (Hand.-Mazz.) Burtt.，苦苣苔科。全草入药，治疗痢疾、跌打损伤。

728. 凌霄 *Campsis grandiflora* (Thunb.) K. Schum.，紫葳科。根、茎、叶、花入药，根茎叶治疗急性胃肠炎、风湿骨痛、跌打损伤，花治疗经闭、小腹胀痛、皮肤瘙痒、酒糟鼻。

729. 穿心莲 *Andrographis paniculata* (Burm. f.) Nees，爵床科。全草入药，有清热泻火、消肿解毒之功效。主治消化系统与呼吸系统的各种炎症、高血压，外用治疗疮疡肿毒、毒蛇咬伤。

730. 白接骨 *Asystasiella chinensis* (S. Moore) E. Hossain，爵床科。叶与根状茎入药，可以止血。

731. 狗肝菜 *Dicliptera chinensis* (L.) Nees，爵床科。全草入药，有清热解毒、消肿止痛之功效。治疗感冒、咽喉肿痛、肺炎、痢疾、急性肝炎，外用治疗疮疡肿毒、毒蛇咬伤。

732. 水蓑衣 *Hygrophila salicifolia* (Vahl.) Nees.，爵床科。全草入药，治疗小儿疳积、蛇伤。

733. 九头狮子草 *Peristrophe japonica* (Thunb.) Bremek.，爵床科。全草入药，有解表发汗、消肿解毒之功效。主治感冒、口腔炎、咽喉肿痛、小儿高热、赤痢，外用治疗疮疡肿毒、毒蛇咬伤。

734. 山蓝 *Peristrophe roxburghiana* (Schult.) Bremek.，爵床科。叶入药，主治痰火、咳嗽。

735. 爵床 *Rostellularia procumbens* (L.) Nees，爵床科。全草入药，有清热利湿、消肿解毒之功效。主治肝炎、痢疾、急性肾炎、肺炎、乳腺炎、感冒发热、咽喉肿痛、小儿疳积，外用治疗疮疡肿毒。

736. 挖耳草 *Utricularia bifida* L.，狸藻科。全草入药，治疗中耳炎。

737. 车前草 *Plantago asiatica* L.，车前草科，为利水渗湿药。全草及种子入药，利尿、明目、养肝，主治下腹胀痛、小便不畅、目赤眼浊、暑湿泄泻、痰多咳嗽。

738. 大车前 *Plantago major* L.，车前草科。全草及种子入药，功效同车前草。

739. 透骨草 *Phryma leptostachya* L.，透骨草科。全草入药，能催产，外敷能祛疮毒。

740. 紫珠 *Callicarpa bodinieri* Levl.，马鞭草科。全株或根入药，有清凉止血的功效，主治月经不调、白带、虚劳和产后血气痛、风寒感冒。外用治疗蛇丹毒。

741. 白棠子树 *Callicarpa dichotoma* (Lour.) K. Koch，马鞭草科。全株入药，有止血镇痛、散淤消肿之功效。主治感冒、跌打损伤、气血淤滞、外伤肿痛，叶外敷可以止血。

742. 杜虹花 *Callicarpa formosana* Rolfe，马鞭草科。叶与根入药，有止血镇痛、散淤消肿之功效。主治吐血、鼻衄、咯血、创伤出血等，根可以治疗风湿痛、扭挫伤、喉炎、结膜炎。

743. 老鸦糊*Callicarpa giraldii* Hesse. ex Rehd.，马鞭草科。全株入药，有清热、解毒、和血之功效。主治崩漏、裤带疮。

744. 红紫珠 *Callicarpa rubella* Lindl.，马鞭草科，为止血药。根、叶入药，有清凉止血的功效，主治吐血、尿血、痔疮出血、外伤出血、毒蛇咬伤。民间用根炖肉服，可通经和治疗妇女白带症，嫩芽可治疗癣。保护区内较常见，生长于山坡、河谷的林中或灌丛中。

745. 兰香草 *Caryopteris incana* (Thunb.) Miq.，马鞭草科。全株入药，有解表祛风、祛痰止咳、散淤止痛之功效。

746. 臭牡丹 *Clerodendrum bungei* Steud.，马鞭草科。全株入药，有祛风解毒、消肿止痛之功效。

747. 大青 *Clerodendrum cyrtophyllum* Turcz.，马鞭草科，为清热解毒药。根、叶入药，具有广谱抗菌作用，有清热、泻火、利尿、凉血、解毒之功效。主治各种病毒和细菌性感染。

748. 白花灯笼 *Clerodendrum fortunatum* L.，马鞭草科。根入药，有清热降火、消炎解毒、止咳镇痛之功效。鲜叶捣烂外敷可以散淤、消肿、止痛。

749. 桢桐 *Clerodendrum japonicum* (Thunb.) Sweet，马鞭草科。全株入药，有清热利湿、散淤消肿之功效。

750. 海州常山*Clerodendrum trichotomum* Thunb.，马鞭草科。全株入药，有祛风除湿、清热利尿、止痛、平肝降压之功效。

751. 豆腐柴 *Premna microphylla* Turcz.，马鞭草科。全株入药，有清热解毒、消肿止血之功效。主治毒蛇咬伤、无名肿毒、创伤出血。

752. 马鞭草*Verbena officinalis* L.，马鞭草科。全草入药，有凉血散淤、清热解毒、通经利尿、驱虫消胀之功效。

753. 黄荆 *Vitex negundo* L.，牡荆科。全株入药，种子为清凉性镇静、镇痛药，叶有祛风、止痛之功效，根可以驱蛲虫。

754. 牡荆 *Vitex negundo* L. var. *cannabifolia* (Sieb. et Zucc.) Hand.-Mazz.，牡荆科。全株入药，功效同黄荆。

755. 藿香 *Agastache rugosa* (Fisch. et Mey.) O. Ktze.，唇形科。全草入药，主治感冒、中暑、胸腹胀满、恶心呕吐、食欲缺乏。

756. 金疮小草*Ajuga decumbeens* Thunb.，唇形科。全草入药，主治痈疽、疔疮、鼻衄、咽喉炎、肠胃炎、急性结膜炎、烫伤、狗咬伤。

757. 紫背金盘*Ajuga nipponensis* Makino，唇形科。全草入药，主治痈疽、疔疮、咽喉炎、肠胃炎、急性结膜炎等，外用有镇痛、散血、止血之功效。

758. 细风轮菜 *Clinopodium gracile* (Benth.) O. Ktze.，唇形科。全草入药，有清热解毒、祛淤凉血、利尿之功效。主治感冒头痛、中暑腹痛、痢疾、乳腺炎、痈疽肿毒、荨麻疹、过敏性皮炎、跌打损伤等。

759. 香薷 *Elsholtzia ciliata* (Thunb.) Hyland.，唇形科。全草入药，主治急性肠胃炎、暑湿感冒、头痛发热、恶寒无汗、腹痛吐泻、霍乱、水肿、鼻衄、口臭、小便不利。

760. 海州香薷 *Elsholtzia splendens* Nakai ex F. Maekawa，唇形科。全草入药，有发汗解表、和中利湿之功效，主治暑湿感冒、头痛发热、恶寒无汗、腹痛吐泻、小便不利。

761. 广防风 *Epimeredi indica* (L.) Rothm.，唇形科。全草入药，有祛风、除湿、解毒之功效。主治风湿骨痛、感冒发热、腹痛呕吐、皮肤湿疹、瘙痒、毒虫咬伤等。

762. 日本活血丹 *Glechoma grandis* (A. Gray) Kupt.，唇形科。全草入药，主治膀胱结石、尿道结石、伤风咳嗽、吐血、尿血、妇科病、小儿支气管炎、惊风、黄疸、肺结核、糖尿病、风湿性关节炎、跌打损伤、骨折、外伤出血等。

763. 香茶菜*Isodon amethystoides* (Benth.) Hara，唇形科。全草入药，治疗闭经、乳痈、跌打损伤，根入药，治疗劳伤、筋骨酸痛、疮毒、毒蛇咬伤。

764. 线纹香茶菜 *Isodon lophanthoides* (Buch.-Ham. ex D. Don) Hara，唇形科。全草入药，主治急性黄疸型肝炎、急性胆囊炎、咽喉炎和妇科病。

765. 野芝麻 *Lamium barbatum* Sieb. et Zucc.，唇形科。全草入药，主治跌打损伤、小儿疳积。花治疗子宫及泌尿系统疾病。

766. 益母草 *Leonurus artemisia* (Lour.) S. Y. Hu，唇形科，为妇科药。全草入药，有活血通经、祛淤消水之功效。主治肾炎、水肿、尿血、便血、牙龈肿痛、乳腺炎、丹毒、金疮肿毒。嫩苗尚有补血作用。花可以治疗贫血体弱。种子利尿，可治疗肾炎水肿、子宫脱垂、眼疾。

767. 硬毛地笋 *Lycopus lucidus* Turrcz. var. *hirsutus* Regel，唇形科，为妇科药。全草入药，有通经利尿之功效。对产前产后诸病有效。根名"地笋"，为金疮肿毒良剂。

768. 石香薷 *Mosla chinensis* Maxim.，唇形科。全草入药，主治中暑发热、感冒恶寒、急性肠胃炎、消化不良、痢疾、跌打损伤、毒蛇咬伤、皮肤瘙痒等。

769. 小鱼仙草 *Mosla dianthera* (Buch.-Ham.) Maxim.，唇形科。全草入药，治疗感冒头痛、头晕、皮肤瘙痒。

770. 石荠苎 *Mosla scabra* (Thunb.) C. Y. Wu et H. W. Li，唇形科。全草入药，治疗感冒头痛、跌打损伤，外用治稻田皮炎。

771. 牛至 *Origanum vulgare* L.，唇形科。全草入药，可以预防感冒，治疗中暑、感冒、头痛。

772. 紫苏 *Perilla frutescens* (L.) Britt，唇形科。全草入药，茎平气安胎，治疗胎动不安，叶散寒、发表、理气，主治鱼蟹中毒引起的腹痛呕吐、风寒感冒、咳嗽，种子止咳、祛痰、平喘。

773. 野生紫苏 *Perilla frutescens* (L.) Britt var. *acuta* (Thunb.) Kudc.，唇形科。全草入药，药效同紫苏。

774. 夏枯草 *Prunella vulgaris* L.，唇形科。全草入药，祛风通经、清肝散结。主治口眼歪斜、筋骨肿痛、周身结核等。

775. 南丹参 *Salvia bowleyana* Dunn.，唇形科。根入药，可以代替"丹参"，为通经药。有祛淤、生新、活血、调经之功效。

776. 华鼠尾草 *Salvia chinensis* Benth.，唇形科。全草入药，主治肝炎、乳腺炎、痛经、骨痛、面部神经麻痹、赤白带、噎隔。

777. 荔枝草 *Salvia plebeia* R. Br.，唇形科。全草入药，广泛用于跌打损伤、无名肿毒、流感、咽喉肿痛、小儿惊风、吐血、鼻衄、乳痈、尿道炎、胃癌、高血压等。

778. 红根草 *Salvia prionitis* Hance，唇形科。全草入药，主治菌痢、腹泻、腹痛、感冒。

779. 地梗鼠尾草 *Salvia scapiformis* Hance，唇形科。全草入药，能强筋壮骨、补虚益损。

780. 四棱草 *Schnabelia oligophylla* Hand.-Mazz.，唇形科。全草入药，主治经闭、感冒。保护区内河边常见。

781. 半枝莲 *Scutellaria barbata* D. Don，唇形科。全草入药，可代替益母草，有清热解毒、活血祛淤之功效。主治阑尾炎、肝炎、咽喉炎、尿道炎、咯血、尿血、胃痛、跌打损伤，外用治疗蛇咬伤、痈疮肿毒。

782. 韩信草 *Scutellaria indica* L.，唇形科。全草入药，清热解毒、活血止痛。治疗胸肋胀痛、肺脓肿、痢疾、肠炎、白带多，外用治疗痈疮、毒蛇咬伤。

783. 缩茎韩信草 *Scutellaria indica* L. var. *subacaulis* (Sun ex C. H. Hu) C. Y. Wu et C. Chen，唇形科。全草入药，清热解毒、消肿止痛。

784. 血见愁 *Teucrium viscidum* Bl.，唇形科。全草入药，清热、消肿、止血，治疗咽喉肿痛、咯血。

3.5　园林绿化植物资源

　　绿地作为城市规划与建设的一个重要组成部分，它在改善城市生态环境和美化城市方面起着重要作用。城市绿地给人们增添了美丽的自然景观，也为居民和游人提供了休息和游览的场所，丰富了居民的文化生活，城市中通过规划，合理配置种植花草树木，可以与城市建筑艺术相得益彰，美化了城市环境，也为投资和旅游创造了良好的环境。自然保护区中高度的生物多样性为城市中绿地物种的多样化提供了保障，使得城市的规划师能得心应手地将不同的植物应用于不同的地带、不同的场合、不同的层次。与此同时，室内摆设花卉的生产也成为大有发展希望的行业之一。

福建峨嵋峰自然保护区自然地理环境较为复杂，植物种类丰富，其中有许多具有开发利用价值的园林花卉植物资源，保护区内的兰科植物达27属43种，墨兰、春兰、寒兰、建兰均较常见，凤尾蕨科、金星蕨科、铁角蕨科、鳞毛蕨科的复叶耳蕨属、木兰科、秋海棠科、山茶科、野牡丹科、杜英科、杜鹃花科、紫金牛科、蔷薇科、蝶形花科、桑科、葡萄科、茜草科、百合科等都有许多种类可引种驯化后供城市园林绿化或家居摆设，不少城市园林绿化上已得到应用的种类在这里有天然分布，我们把在保护区科学考察中发现的园林花卉植物加以整理，选取其中部分种类加以介绍。

（1）主景树

这类树木主干近直立，但到一定高度就已分枝，且分枝粗大，幼树树冠圆头型，一定大小后树冠成浑圆形，成为各地的风水树。樟树 Cinnamomum camphora 为常绿大乔木，树型高大，浓荫蔽地，可以作为主景树孤植于小区或交通岛，也可以列植于道路两侧。作用相似的还有沉水樟 Cinnamomum micranthum、南方红豆杉。尖叶四照花树姿优美，叶色亮绿，花白色，核果红艳，可以应用于小区、人行道、公园、风景林地。枫香树 Liquidambar formosana 为落叶大乔木，树干通直，气势雄伟，深秋红叶妍艳，美丽壮观，可以群植、孤植或丛植于风景林地、公园。南酸枣修柯长枝，羽叶疏展，生长迅速，可以用于公园、风景林地。榆科的朴树、紫弹树 Celtis biondii、榔榆 Ulmus parvifolia 枝条开展，绿荫浓郁，可配置于公园、风景林地或小区。

（2）行道树

这类树木往往为塔形或圆柱形，可以引导视线向上，突出空间垂直方向和高度感，这类植物群体和空间会给人以超过实际高度的感觉，可以应用于道路、大草坪、风景林地。深山含笑 Michelia maudiae 为常绿乔木，在保护区常绿阔叶林中习见；树形美观，早春开花，花大，白色，鲜艳，味清香，早为园林爱好者所培育；可以孤植、列植或配置栽培于小区、公园、植物园供观赏，也可作街道行道树。沉水樟生长快速，干形通直，枝叶茂密，老叶变红；可以孤植、列植或点缀于小区、公园、植物园，也可以作街道行道树。红楠 Machilus thunbergii 在阔叶林中习见；其叶柄、果梗红色，树型优美，可以孤植、列植或点缀于小区、公园、植物园。此外，还有虎皮楠科的虎皮楠，五加科的树参，胡桃科的黄杞都可以用作行道树。

（3）配置树种

这类树木一般为小乔木，野趣岸然，适宜于孤植或适宜于配置于庭院、草坪、小区，以观花、观果或观叶。

浙江山茶 Camellia chekiangoleosa 为常绿小乔木，在区内形成矮林或分布于常绿阔叶林内，其花色鲜红艳丽，叶亮绿，可以配植于公园或植物园。石笔木 Tutcheria spectabilis 株形美观，花色金黄，鲜艳夺目，可广泛栽培供观赏。桃叶石楠 Photinia prunifolia、椤木石楠 Photinia davidsoniae 和光叶石楠 Photinia glabra 均枝繁叶茂，早春嫩叶绛红色，初夏白花点点，秋末红果累累，艳丽夺目，可列植或配置。花榈木 Ormosia henryi 和木荚红豆 Ormosia xylocarpa 树姿优雅，种子鲜红色，可以列植或配置于道路两侧或小区。杨梅 Myrica rubra 为常绿乔木，枝叶茂密，树冠球形，夏季红果累累，可群植于坡地、园路拐角处。铁冬青 Ilex rotunda 为优良观果树种，叶浓绿且硬，配以朱红色的小果，可以孤植或群植于小区、公园。作用相似的还有冬青 Ilex chinensis、香冬青 Ilex suaveolens 等。野鸦椿 Euscaphis japonica 树姿优美，叶形秀美，经霜变红，入秋红果艳丽，悬于枝头，可以孤植或配置于公园、庭院、池畔、小区。楝 Melia azedarach 修柯长枝，羽叶疏展，夏季紫蓝色花淡雅秀丽，入秋串串黄果悬挂枝头，甚为可爱，可以孤植或配置于小区、庭院。石灰花楸 Sorbus folgneri 树型美观，幼枝、叶下面密被白色棉毛，花白色，微风吹拂，绿白相间，别有一番风味，是很有观赏价值的园林植物之一。此外，还有木兰科的黄山玉兰，厚皮香科的厚皮香、亮叶厚皮香，山龙眼科的小果山龙眼，桃金娘科的华南蒲桃、轮叶蒲桃，藤黄科的木竹子，金缕梅科的细柄蕈树、蚊母树、水丝梨，壳斗科的毛锥、栲、小叶青冈、柯，省沽油科的山香圆都可以用作配置树种。

（4）观叶树

这类树木往往主干短而虬曲，主枝横斜伸展，飘逸，尤其入秋后叶色转为红色或黄色，绚丽诱人。

槭树科植物为落叶乔木，多分布于温带地区，部分种类在保护区内有零星分布。其中五裂槭 *Acer oliverianum* 姿态优美，叶形秀丽，秋叶红艳，灿烂若霞，可以配置于公园、小区，不可多得。同属的樟叶槭 *Acer cinnamomifolium*、紫果槭 *Acer cordatum*、青榨槭 *Acer davidii*、亮叶槭 *Acer lucidum*、岭南槭 *Acer tutcheri* 除叶形稍差外，也可以用于绿化。杜英科的山杜英 *Elaeocarpus sylvestris*、中华杜英 *Elaeocarpuschinensis*、杜英 *Elaeocarpus decipiens*、日本杜英 *Elaeocarpus japonicus* 枝叶茂密，秋冬至早春部分树叶转为绯红色，红绿相间，鲜艳悦目，可以丛植、列植或群植于公园、风景林地、道路两侧。大戟科的乌桕 *Sapium sebiferum*、山乌桕 *Sapium discolor* 和白木乌桕 *Sapium japonicum* 秋叶红艳，绚丽诱人，可以配置或混植于池畔、湖滨、草坪、风景林地。黄连木 *Pistacia chinensis* 树型秀丽，枝叶繁茂，春秋羽叶呈红色或黄色，十分美丽，可以配置于公园、风景林地、小区。蓝果树 *Nyssa sinensis* 为落叶乔木，树干挺直，叶茂荫浓，入秋叶转绯红，分外艳丽，可以应用于小区、道路、公园、风景林地。

（5）赏花树

这类树木通常繁花似锦，适宜于成片或成行种植以供观赏。

刺毛杜鹃 *Rhododendron championae* 3月初开始开花，花大而密集，盛开时布满全株，在严冬尚未结束的大地上，显得格外优雅、艳丽。钟花樱桃早春开花，花先叶开放或花叶同时开放，花玫瑰红色至深红色，花姿娇柔，万紫千红，别具风韵，用以布置园林、庭园公园，更显芳菲烂漫的春日胜境。赤杨叶在早春开花，当花盛开时大型的花序，密集的白色或带粉红色的花朵盖满树冠，给人以春色满园，如花似锦的享受，适于作公园风景树。此外，还有木兰科的玉兰、深山含笑，安息香科的银钟花、小叶白辛树都可以用作赏花树。

（6）片植灌木

这类植物一般生长速度较慢，长势整齐，无须修剪。而且色彩清新，片植后观花、观叶或观果的效果很好。

西施花 *Rhododendron latoucheae* 早春3月底开花，花色为红、粉红、红白相间及纯白等，而且往往在同一植株中就有多种色彩，加上花盛开时花数极多，几乎充满整个树丛，极为鲜艳，是值得引种的野生园林花卉。灯笼树 *Enkianthus chinensis*，在保护区的疏林或灌木丛中可见，春节前后，繁花盛开，可作新春观赏花卉。扁枝越桔 *Vaccinium japonicum* var. *sinicum*，在保护区内习见，扁枝越桔株型美观，扁平的小枝、带红绿色的叶子及紫红色的下垂小花给人以优美的感受。黄花倒水莲 *Polygala fallax* 又名观音串，保护区的密林下阴湿处习见。花序大，花黄色至橙黄色，鲜艳，可作为庭园美化树种，可以片植或列植于公园、小区。金丝桃 *Hypericum monogynum* 聚伞花序顶生，金黄色，花丝纤细，绚丽可爱，可以片植或列植于花坛、路口，或栽植于自然式庭院。圆锥绣球的株型美观，花、叶颜色鲜艳，花序圆锥形，花先白色，后淡紫色，开花时节，花团锦簇，令人悦目怡神，都是园林绿化、美化的优良植物种类，可以片植、丛植于公园、庭院、交通绿地。蝶形花科的美丽胡枝子 *Lespedeza formosa*、胡枝子 *Lespedeza bicolor*、中华胡枝子 *Lespedeza chinensis* 和细梗胡枝子 *Lespedeza virgata* 都可以用于园林绿化，花色艳丽，耐干旱、瘠薄，根系发达，萌蘖力强，丛植、列植均可。瑞木 *Corylopsis multiflora* 在春季花先叶开放，下垂花序蜡黄色，密集，鲜艳，是园林花卉中很值得开发的树种之一。特别是在清明时节，其花盛开，可以片植或丛植于小区，还可作花环及插花的好材料。中国旌节花 *Stachyurus chinensis*，在保护区内习见，生长于路旁灌木丛中，花序穗状，鲜红色，早春，密集下垂的穗状花序随风飘动，有如古代战旗的飘带，栽培观赏别具一格。台湾榕 *Ficus formosana* 为常绿灌木，叶形漂亮，适应性强，可以片植于林地下或丛植于草坪上。作用相似的还有琴叶榕 *Ficus pandurata*、异叶榕 *Ficus heteromorpha*。此外，还有金粟兰科的草珊瑚，小檗科的阔叶十大功劳，瑞香科的毛瑞香、北江荛花，杜鹃花科的马银花、杜鹃，越桔科的美丽马醉木、南烛、江南越桔，紫金牛科的小紫金牛、朱砂根、虎舌红、山血丹，水团花科的水团花，茜草科的栀子、山黄皮、狗骨柴、白马骨，忍冬科的蝴蝶荚蒾，马鞭草科的桢桐也都是片植植物的好材料。

（7）造型灌木

这类植物耐修剪，可以根据庭院的主人或绿地管理者的要求进行修剪，使之成方形、圆形、圆柱形或其他复杂的形状。

黄杨 *Buxus sinica*、匙叶黄杨 *Buxus harlandii*、尖叶黄杨 *Buxus sinica* var. *aemulans* 均生长缓慢，形态优雅，耐修剪，可用于花坛、绿篱或盆景。檵木 *Loropetalum chinense* 树姿优美，叶茂花繁，光彩夺目，宜片植或丛植于坡地、园路拐角处。小果蔷薇 *Rosa cymosa* 小花白色，聚生枝顶成伞房花序，可孤植修剪造型，或攀援作垂直绿化材料。金樱子 *Rosa laevigata* 花白色，可孤植修剪造型，或攀援作垂直绿化材料。雀梅藤 *Sageretia thea* 为藤状灌木，生长健壮，姿态飘逸，疏密有致，可以应用于绿篱、垂直绿化，或配置于山坡岩间。同属的钩刺雀梅藤 *Sageretia hamosa* 作用相似。冬青科的秤星树 *Ilex asprella*，叶似梅叶，茎上具白色圆形的皮孔，雅致，可以列植成为篱笆。疏花卫矛 *Euonymus laxiflorus* 为灌木，枝叶扶疏，姿态优美，入秋叶色红艳，可以配置于小区或公园。长叶冻绿 *Rhamnus crenata* 枝叶繁茂，入秋后黑果黄叶，可以配置于风景林缘或列植为绿篱。竹叶花椒 *Zanthoxylum armatum* 姿态优美，适应性强，可以列植作绿篱。

（8）配置灌木

这类植物较为高大或花、果色彩较为显眼，孤植或配置的效果更好。

尖萼红山茶 *Camellia edithae* 见于常绿阔叶林林下，花较大，鲜红色，适于庭院、公园栽培观赏。石斑木 *Rhaphiolepis indica* 枝叶繁茂，花白色而染粉红，花心橙红色，美丽动人，宜用于园路拐角处。鸭脚茶 *Bredia sinensis* 常见，花粉红色至紫色，叶嫩绿色，可栽培于庭院阴湿处供观赏。朝天罐 *Osbeckia crinita* 常见，适应性强，总状花序，花紫红色，美丽可爱，为夏、秋季观花植物，宜栽植于自然式庭院。毛柱郁李 *Cerasus pogonostyla*，花红色至粉红色，花萼钟状，高雅富贵，开发价值较高。胡颓子 *Elaeagnus pungens* 为常绿灌木，枝条开展，叶背银色，花含芳香，红果下垂，甚为可爱，可以孤植于草坪、公园，配置于林缘或作绿篱。此外，木兰科的野含笑，海桐花科的狭叶海桐，蜡梅科的山蜡梅，茜草科的鲡花，马鞭草科的紫珠、华紫珠、白棠子树、红紫珠也都可以用作配置灌木。

（9）垂直绿化植物

异叶地锦 *Parthenocissus dalzielii* 为落叶藤本，蔓茎纵横，翠叶遮盖如屏，入秋后叶色金黄或艳红，十分艳丽，可以通过吸盘、气根攀附于岩石或树木上，宜应用于外墙、陡坡、假山的绿化。白背爬藤榕 *Ficus sarmentosa* var. *nipponica* 为木质藤本，枝叶扶疏，叶形美丽，常攀附于树干、屋墙或岩石上。珍珠莲 *Ficus sarmentosa* var. *henryi* 为木质藤本，叶形美丽，常攀附于树干、屋墙或岩石上。扶芳藤 *Euonymus fortunei* 为常绿匍匐灌木，生长繁茂，终年苍翠，可以配置于老树、假山、岩石边，可以用于公园、小区垂直绿化。常春藤为常绿匍匐灌木，生长繁茂，终年苍翠，可以配置于老树、假山、岩石边，可以用于公园、小区垂直绿化。蔓九节为常绿匍匐灌木，生长繁茂，终年苍翠，可以配置于老树、假山、岩石边，可以用于公园树木与假山的装饰。粉叶羊蹄甲 *Bauhinia glauca* 为攀缘藤本，叶形美丽，枝条低垂，枝叶茂密，花白如雪，可用于达成道路两侧的藤架。网络崖豆藤的花紫色或玫瑰红色，多而密集，成圆锥花序生长于枝顶，适应性强，可用于攀援花架、花廊，或植于坡地、风景林缘。白花油麻藤 *Mucuna birdwoodiana* 为常绿高大木质藤本，生长快，花序长，花灰白色，素丽，为南方庭园蔽荫的优良绿化植物。常春油麻藤 *Mucuna sempervirens* 花深紫色，宜可用于庭园绿化。多花勾儿茶 *Berchemia floribunda* 为落叶攀援灌木，枝梢横展，叶秀花繁，开花季节，如满树积雪，秋后红果累累，鲜艳夺目，可以用于攀附花架，或植于围墙、陡坡、假山石旁。此外，还有葡萄科的东南葡萄，忍冬科的忍冬，五味子科的南五味子，毛茛科的毛柱铁线莲，马兜铃科的马兜铃，茜草科的玉叶金花都是垂直绿化的好材料。

（10）草地绿化植物

这类草本植物需要一定的光照，花或叶色彩鲜艳。

金线草 *Antenoron filiforme*，花期花梗与花鲜红色，甚为可爱，可以片植于公园或植物园疏林下。细茎石斛 *Dendrobium moniliforme*，在保护区内河谷疏林中树干上附生，适于布置山石盆景。此外，还有石松科的垂穗石松，卷柏科的江南卷柏，紫萁科的华南紫萁，骨碎补科的圆盖阴石蕨，肾蕨科的肾蕨，三白草科的三白草，马齿苋科的土人参，锦葵科的梵天花、地桃花，菊科的马兰，报春花科的珍珠菜，百合科的野百合，玉簪科的紫萼，菖蒲科的金钱蒲、石菖蒲，石蒜科的石蒜，兰科的见血青、绶草均适于布置山石盆景。

（11）湿地应用植物

睡莲 *Nymphaea tetragona* 在保护区内的东海洋野生，是一种花叶并赏的水面绿化材料，可装饰喷泉、庭院等，于酷热的夏季给人们带来清凉，在污水处理上还有水体净化的作用，在很多地方得到推广，是不可多得的湿地美化、净化植物。武夷慈姑 *Sagittaria wuyiensis* 在保护区内东海洋分布，可以花叶并赏，可以广泛用于湿地造景。紫背天葵 *Begonia fimbristipulata* 为多年生肉质柔嫩草本，保护区内密林下阴湿岩石上习见，特别在砂岩地段较多；长江以南各省区广布；全草肉质血红色，鲜艳可爱，适于布置大型山水盆景或园林喷水池、人造瀑布的阴湿假山岩石。长瓣马铃苣苔 *Oreocharis auricula* 为多年生肉质草本，在保护区内较多，常生长于阴湿的岩石上，其花序红色，鲜艳美观，可栽培观赏。此外秋海棠科的周裂秋海棠 *Begonia circumlobata*、槭叶秋海棠 *Begonia digyna* 也都可以栽培观赏。

（12）室内摆设植物

这类草本植物耐阴，但较为耐旱，可以摆放于室内供观赏。蕨类的深绿卷柏 *Selaginella doederleinii*、刺齿凤尾蕨 *Pteris dispar*、剑叶凤尾蕨 *Pteris ensiformis*、半边旗 *Pteris semipinnata*、肾蕨 *Nephrolepis auriculata*、圆盖阴石蕨 *Humata tyermanni*、江南星蕨 *Microsorium fortunei*、光石韦 *Pyrrosia calvata* 等都是较好的室内摆设植物，可以摆放于室内供观赏。兰科的建兰 *Cymbidium ensifolium* 花期长，从5～11月（通常7～10月）都能开花。春兰 *Cymbidium goeringii* 在春节前后开花，令人愉快的清香馨人肺腑。寒兰 *Cymbidium kanran* 10月中旬至12月下旬盛花，微香清爽，花色变异类型多。鹤顶兰 *Phaius tankervilliae* 为多年生，花朵鲜艳，长势幽雅。此外玉簪科的紫萼，百合科的九龙盘，兰科的金线兰、流苏贝母兰、大斑叶兰、带叶兰、带唇兰等都可以供室内摆设。

3.6　材用植物资源

福建峨嵋峰自然保护区材用植物有86种。青冈、多脉青冈、闽楠、杉木、马尾松、沉水樟、樟树、毛竹等是本区的优势材用植物资源。

杉木是我国重要用材树种之一，材质细，纹理直，易加工，且耐腐，是建筑、家具等的重要原料。南方红豆杉的木材红褐色，纹理直，结构细，花纹美丽，材质优良，耐水湿，为水利工程的优良用材，也可用于家具、建筑、装饰板、文具、仪器等。深山含笑 *Michelia maudiae* 为常绿乔木，其木材可供家具、建筑等用途。樟树 *Cinnamomum camphora*、沉水樟 *Cinnamomum micranthum*、黄樟 *Cinnamomum porrectum* 等材质淡粉红色，有香气，耐腐，耐虫蛀，纹理通直，结构匀细，切面油润、光滑、美观，且易加工，是造船、车辆、建筑、高级家具、雕刻的上等用材；生长迅速，15年即可成材，萌蘖力强。闽楠为常绿大乔木，保护区内常见，生长于山地、沟谷的阔叶林中，树干圆而通直，木材黄褐色略带浅绿色，材质坚韧，结构匀细，有香气，纹理美观，不变形，削面光泽美观，尤其能防潮、耐腐，久不变质，为上等建筑、高级家具、造船、雕刻、精密仪器木模等良材。刨花润楠 *Machilus pauhoi* 心材稍带红色，树干圆而通直，纹理美观，为建筑、家具用材。黑壳楠 *Lindera megaphylla* 为常绿乔木，木材纹理直，可作装饰薄木、家具及建筑的用材。毛锥 *Castanopsis fordii* 心材红褐色，边材淡红色，树干圆而通直，纹理直，材质坚重，少变形开裂，耐腐，耐水湿，油漆性能良好，可用于造船、家具、体育器械、装饰板、文具、仪器等的用材。青冈 *Cyclobalanopsis glauca* 木材黄褐色，材质坚韧，强度大，耐腐，耐撞击，耐磨损，耐水湿，油漆性能良好，可用于造船、纺织工业、体育器械、木工工具、车辆、农具等的用材。同属的小叶青冈 *Cyclobalanopsis gracilis*、多脉青冈 *Cyclobalanopsis multinervis* 用途相似。黄杞 *Engelhardtia roxburghiana* 木材暗紫色，纹理直，结构细致，材质稍硬，可供家具、用具、天花板等的用材。产区群众尤喜欢选其作为家具面板材。朴树 *Celtis sinensis* 为落叶乔木，木材轻而硬，可制作家具。臭椿 *Ailanthus altissima* 为落叶乔木，木材供制车辆和家具。南酸枣 *Choerospondias axillaris* 为落叶乔木，木材可制作家具。银钟花 *Halesia macgregorii* 的树干通直，木材纹理致密，可供制作各种家具和农具。陀螺果 *Melliodendron xylocarpum* 的木材纹理直，结构细，可供制作家具、雕刻、板材等。野茉莉 *Styrax japonica*、芬芳安息香*Styrax odoratissimus*、栓叶安息香*Styrax suberifolius*、越南安息香*Styrax tonkinensis*的木材都纹理直，结构致密，可作为细工用材等。赤杨叶*Alniphyllum fortunei*则材质轻软，纹理直，容易干燥，可以用于火柴杆、铅笔杆、家具、造纸等。野柿*Diospyros kaki* var. *silvestris*和君迁子*Diospyros lotus*的木材质地硬重，纹理细致，可作为文具、家具、雕刻等用材。

3.7 鞣质与染料资源

鞣质与染料植物是指含鞣质的植物，为制革工业的化工原料。本区鞣料植物有 39 种及变种。臭椿*Ailanthus altissima* 的树皮可提制栲胶。南酸枣的树皮和叶可提取栲胶。此外松科的马尾松，杉科的杉木，樟科的樟树，蓼科的虎杖、羊蹄，山茶科的油茶、木荷，野牡丹科的地菍，杜英科的中华杜英、山杜英，大戟科的算盘子、乌桕，苏木科的龙须藤，金缕梅科的檵木、枫香树，杨梅科的杨梅，桑科的构树，冬青科的铁冬青，苦木科的臭椿，楝科的楝，槭树科的青榨槭，省沽油科的野鸦椿，漆树科的盐肤木，胡桃科的黄杞、枫杨，山茱萸科的灯台树，五加科的常春藤，杜鹃花科的杜鹃，柿树科的油柿，景天科的费菜，蔷薇科的龙芽草、小果蔷薇、金樱子，茜草科的栀子、茜草，菝葜科的菝葜，薯蓣科的薯莨都是单宁植物，可以用于鞣料或染料。

3.8 油料资源

油料植物是指食用油、工业用油及油漆工业原料的植物资源，本区共有油料植物123种。本区最丰富的油料植物是浙江山茶和油茶*Camelliaoleifera*，含油量都很高，榨油可供食用，前者在保护区内构成一定面积的群落。茶*Camellia sinensis*种子油可作为精密机械的润滑油。瓜馥木的花可提取芳香油，为香精原料，种子油可供调制化妆品及工业用。黑壳楠*Lindera megaphylla*为常绿乔木，常见生长于常绿阔叶林中或灌丛地，种仁含油，为不干性油，为制皂原料，种子含油，可供制皂用。山鸡椒*Litsea cubeba*常见，生长于向阳山坡、灌丛、疏林或路旁等地，种子含油，为工业用油。了哥王的种子富含油脂，可制作肥皂。白背叶的种子富含油脂，可供制肥皂与油墨等用。朴树为落叶乔木，生长于林缘、村落、路边，木材轻而硬，可制作家具，种子油可作润滑油。光叶山黄麻*Trema cannabina*为小乔木，生长于山坡灌丛中或林缘，种子油可供润滑与制肥皂用。臭椿*Ailanthus altissima*为落叶乔木，保护区内常见，生长于山坡、沟边村旁，种子可榨油。黑莎草为多年生草本，保护区内常见，生长于山坡灌丛中、林缘或路边，种子油供工业用及食用。

此外，油脂植物还有松科的马尾松，杉科的杉木，红豆杉科的南方红豆杉，竹柏科的竹柏，樟科的樟树、沉水樟、黄樟、香桂、乌药、狭叶山胡椒、香叶树、山胡椒、豺皮樟、黄绒润楠、绒毛润楠、红楠、紫楠、檫木，藜科的藜，苋科的青葙，鸭跖草科的鸭跖草，木通科的木通，山茶科的短柱茶、连蕊茶、红皮糙果茶、厚皮香，藤黄科的木竹子，大风子科的山桐子、柞木，葫芦科的盒子草，十字花科的荠菜、碎米荠、北美独行菜，杜英科的杜英，梧桐科的梧桐，锦葵科的地桃花，榆科的紫弹树，桑科的构树、薜荔，荨麻科的苎麻，大戟科的算盘子、东南野桐、山乌桕、白木乌桕、乌桕，紫金牛科的朱砂根，安息香科的赛山梅、栓叶安息香，山矾科的山矾、白檀，报春花科的星宿菜，蔷薇科的光叶石楠、桃、腺叶桂樱，山龙眼科的小果山龙眼，省沽油科的野鸦椿，漆树科的野漆树，蝶形花科的合萌、藤黄檀、野大豆、胡枝子、香花崖豆藤、苦参，壳斗科的柯，鼠李科的马甲子，苦木科的臭椿，楝科的楝，胡桃科的枫杨，八角枫科的毛八角枫，五加科的楤木，伞形科的鸭儿芹，木犀科的白蜡树、小腊，茜草科的栀子，菊科的狼杷草、苍耳，车前草科的车前草，牡荆科的牡荆，唇形科的藿香、益母草、野生紫苏、荔枝草等。

树脂树胶植物还有松科的马尾松，猕猴桃科的软枣猕猴桃、中华猕猴桃、阔叶猕猴桃，蔷薇科的桃，金缕梅科的枫香树，葡萄科的乌蔹莓，夹竹桃科的紫花络石。

3.9　香料资源

香料又称芳香油，是芳香植物组织中挥发性成分的总称，用于香皂、化妆品及调味品等。本区香料植物有 43 种。黑壳楠为常绿乔木，保护区内常见，生长于常绿阔叶林中或灌丛地，果皮、叶含芳香油，可作调香原料，种仁含油，为不干性油，为制皂原料，叶和果皮可提取芳香油，种子含油，可供制皂用。瓜馥木花可提取芳香油，为香精原料。山鸡椒常见，生长于向阳山坡、灌丛、疏林或路旁等地，花、叶、果皮是提制柠檬醛的原料。黄山玉兰 *Yulania cylindrica* 的花芳香馥郁，可提取浸膏，用于调配香皂用的香精和化妆香精。中华猕猴桃为藤本，较常见，生长于山谷林缘或灌丛中，花可提香精。

此外，松科的马尾松，杉科的杉木，木兰科的野含笑、深山含笑，五味子科的南五味子，樟科的樟树、黄樟、沉水樟、香叶树、山胡椒、乌药、紫楠，百合科的野百合，兰科的建兰、春兰、寒兰，莎草科的香附子，金缕梅科的枫香树，杨梅科的杨梅，芸香科的密果吴萸、竹叶花椒，安息香科的赛山梅、野茉莉、芬芳安息香、栓叶安息香、越南安息香，山矾科的黄牛奶树、光亮山矾、微毛山矾，蔷薇科的小果蔷薇，木犀科的清香藤、小蜡，夹竹桃科的络石，茜草科的栀子，忍冬科的忍冬，菊科的艾、牡蒿，牡荆科的牡荆，唇形科的藿香也都是香料植物。

3.10　蜜源植物

保护区内有 121 种蜜粉植物，为维持昆虫的多样性和发展社区居民养蜂事业奠定了良好的基础。

金裳凤蝶主要取食密果吴萸 *Tetradium ruticarpum* 和大青的花粉。圆锥绣球在盛花时，多种斑蝶、凤蝶和小昆虫纷至沓来。多种多样的植物为各种各样的昆虫生活奠定了良好的基础。

大戟科的山乌桕 *Sapium discolor* 为落叶小乔木，在保护区内习见，生长于山坡疏林中。山乌桕初夏开花，泌蜜期 20~30d，是夏季重要的蜜源植物之一，山乌桕泌蜜丰富，蜜蜂爱采，蜜质较好，淡琥珀色，结晶颗粒较细，甘甜适口，香味较淡。蝶形花科的截叶铁扫帚 *Lespedeza cuneata* 在保护区内常见，生长于干旱山坡灌木丛中，其花期长，夏、秋开花，蜜粉丰富，有利于蜂群繁殖。杜英科的山杜英 *Elaeocarpus sylvestris* 在保护区内习见，夏季开花，泌蜜丰富，粉少，对蜂群繁殖有利，是亚热带山区良好的蜜源植物。猕猴桃科的中华猕猴桃较常见，生长于山谷林缘或灌丛中，是较好的蜜源植物。

此外，松科的马尾松，杉科的杉木，樟科的香叶树、山鸡椒、紫楠，十字花科的荠菜、印度蔊菜，马齿苋科的马齿苋，蓼科的火炭母、虎杖、扛板归，苋科的青葙，酢浆草科的酢浆草，壳斗科的米槠、甜槠、罗浮锥、栲、毛锥、黑叶锥、青冈、小叶青冈、柯、硬壳柯、港柯、多穗柯，山龙眼科的小果山龙眼，山茶科的木荷、杨桐、微毛柃、细枝柃、格药柃、细齿叶柃 *Eurya nitida*，杨梅科的杨梅，杜英科的中华杜英、杜英、日本杜英，梧桐科的梧桐，锦葵科的地桃花、梵天花，榆科的榔榆，桑科的构树、桑，猕猴桃科的软枣猕猴桃、毛花猕猴桃、阔叶猕猴桃，桤叶树科的云南桤叶树，杜鹃科的马银花、杜鹃，柿树科的野柿，安息香科的赤杨叶、栓叶安息香，山矾科的光叶山矾、白檀、老鼠矢，蔷薇科的龙芽草、蛇莓、光叶石楠、桃、豆梨、沙梨、麻梨、石斑木、小果蔷薇、金樱子、高粱泡、茅莓、石灰花楸，大戟科的白背叶、白木乌桕、乌桕、油桐，重阳木科的重阳木，苏木科的龙须藤，蝶形花科的胡枝子、美丽胡枝子，金缕梅科的枫香树，冬青科的秤星树、毛冬青、冬青、铁冬青、三花冬青，鼠李科的马甲子，苦木科的臭椿，楝科的楝，漆树科的南酸枣、盐肤木、野漆树，山茱萸科的灯台树，五加科的五加、白簕、楤木、树参、常春藤，醉鱼草科的醉鱼草，忍冬科的忍冬，菊科的鬼针草、大蓟、野菊、马兰、一枝黄花，车前草科的车前草，厚壳树科的粗糠树，玄参科的白花泡桐 *Paulownia fortunei*、台湾泡桐 *Paulownia kawakamii*，列当科的野菰，马鞭草科的兰香草、马鞭草，牡荆科的牡荆，唇形科的益母草、石荠苎、紫苏、夏枯草、鼠尾草、荔枝草、水苏也都是蜜源植物。

3.11 纤 维 资 源

纤维植物是指编制、造纸、人造棉及纺织工业原料的植物资源。本区有纤维植物89种。

毛竹*Phyllostachys edulis*资源较为丰富，竹秆供建筑、梁柱、棚架、脚手架及各种竹器、竹编、竹制家具等，幼秆为造纸原料，笋味甜美，冬笋、春笋均供食用。箬竹*Indocalamus tessellatus*地下茎复轴型，秆高1～1.5m，径0.5～0.8cm，节间长5～25cm，保护区内多见，秆可作毛笔杆、竹筷，叶可为粽叶、制斗笠、船篷等用。了哥王的茎皮富含纤维，为造纸的良好原料，在保护区内常见，生长于灌丛中、路旁或草地。白背叶的茎皮纤维可作为织麻袋、制绳索及混纺的原料，在保护区内常见，生长于灌丛中、路边或村旁。网络崖豆藤、朴树、光叶山黄麻在保护区内常见，茎皮纤维均可作为人造棉及造纸的原料。瓜馥木和南酸枣的茎皮纤维可制作麻绳等。蕨的纤维可制作绳索。黑莎草的秆叶可搓绳索及作为造纸、制纤维板的原料等。

此外，五味子科的南五味子，莎草科的萤蔺，禾本科的野古草、刺芒野古草、拂子茅、薏苡、稗、牛筋草、白茅、五节芒、芒、狼尾草、斑茅、皱叶狗尾草、狗尾草，大血藤科的大血藤，防己科的木防己、风龙，胡桃科的枫杨，榆科的糙叶树、紫弹树、珊瑚朴、山油麻、山黄麻、榔榆、大叶榉树，桑科的葡蟠、构树、小构树、构棘、柘、天仙果、台湾榕、异叶榕、琴叶榕、薜荔、白背爬藤榕、变叶榕、桑，荨麻科的大叶苎麻、苎麻、紫麻，胡颓子科的胡颓子，瑞香科的毛瑞香、了哥王、北江荛花，山矾科的老鼠矢，椴树科的田麻、扁担杆、刺蒴麻，梧桐科的梧桐、马松子，锦葵科的黄葵、苘麻、木槿、梵天花，大戟科的东南野桐，苏木科的粉叶羊蹄甲，蝶形花科的藤黄檀、中南鱼藤、胡枝子、香花崖豆藤、苦参，卫矛科的南蛇藤，葡萄科的乌蔹莓，槭树科的青榨槭，八角枫科的八角枫、瓜木，蓝果树科的喜树，木犀科的小蜡，夹竹桃科的紫花络石、络石，水团花科的细叶水团花，茜草科的玉叶金花、鸡矢藤、钩藤，荚蒾科的南方荚蒾，牡荆科的牡荆等的纤维也可以加以利用。

第四节 维管束植物名录

由厦门大学环境与生态学院、福建农林大学植保学院等的专家、学者组成了福建峨嵋峰自然保护区科考队，对这里的植被、植物资源、植物区系等进一步作了较为系统和全面的科学调查，经过植物标本采集、鉴定、整理，这里有维管束植物18纲123目239科826属1938种。其中蕨类植物7纲10目41科78属178种；裸子植物3纲5目8科13属14种；被子植物8纲108目190科735属1746种。被子植物中木兰纲5目6科21种，樟纲3目3科43种，胡椒纲2目3科9种，石竹纲5目8科68种，百合纲24目36科320种，毛茛纲5目10科56种，金缕梅纲5目7科64种，蔷薇纲57目117科1164种。

本名录中，蕨类植物科的排列按秦仁昌系统（1978），裸子植物按吴征镒等（2006）的新系统，被子植物按吴征镒等（2003）的八纲分类系统。科以下等级的属、种、亚种、变种、变型等均按拉丁字母顺序排列。

Ⅰ. 蕨类植物门 Pteridophyta

Ⅰ-1. 松叶蕨纲 Psilotopsida

Ⅰ-1-1 松叶蕨目 Psilotales

一、 松叶蕨科 Psilotaceae

1. 松叶蕨 *Psilotum nudum* (L.) Beauv.

Ⅰ-2. 石松纲 Lycopsida

Ⅰ-2-1 石松目 Lycopodiales

二、　石杉科 Huperziaceae

2.　蛇足石杉 *Huperzia serrata* (Thunb.) Trev.

3.　闽浙马尾杉 *Phlegmariurus minchegensis* Ching

三、　石松科 Lycopodiaceae

4.　扁枝石松 *Diphasiastrum complanatum*(L.) Holub

5.　藤石松 *Lycopodiastrum casuarinoides* (Spring) Holub

6.　石松 *Lycopodium japonicum* Thunb.

7.　垂穗石松 *Palhinhaea cernua* (L.) Franco et Vasc.

Ⅰ-2-2 卷柏目 Selaginellales

四、　卷柏科 Selaginellaceae

8.　薄叶卷柏 *Selaginella delicatula* (Desv. ex Poir.) Alston

9.　深绿卷柏 *Selaginella doederleinii* Heiron.

10.　异穗卷柏 *Selaginella heterostachys* Bak.

11.　兖州卷柏 *Selaginella involvens* (Sw.) Spring

12.　细叶卷柏 *Selaginella labordei* Heiron. ex Christ

13.　耳基卷柏 *Selaginella limbata* Alston

14.　江南卷柏 *Selaginella moellendorffii* Heiron.

15.　伏地卷柏 *Selaginella nipponica* Franch. et Sav.

16.　卷柏 *Selaginella tamariscina* (Beauv.) Spring

17.　翠云草 *Selaginella uncinata* (Desv. ex Poir.) Spring

Ⅰ-3. 水韭纲 Isoetopsida

Ⅰ-3-1 水韭目 Isoetales

五、　水韭科 Isoetaceae

18.　东方水韭 *Isoetes orientalis* H. Liu & Q. F. Wang

Ⅰ-4. 木贼纲 Sphenopsida

Ⅰ-4-1 木贼目 Equisetales

六、　木贼科 Equisetaceae

19.　笔管草 *Equisetum ramosissimum* Desf. subsp. *debile* (Roxb. ex Vauch.) Hauke

Ⅰ-5. 厚囊蕨纲 Eusporangiopsida

Ⅰ-5-1 观音座莲目 Marattiales

七、　观音座莲科 Angiopteridaceae

20.　福建观音座莲 *Angiopteris fokiensis* Hieron.

Ⅰ-6. 原始薄囊蕨纲 Protoleptosporangiopsida

Ⅰ-6-1 紫萁目 Osmundales

八、　紫萁科 Osmundaceae

21.　粗齿紫萁 *Osmunda banksiifolia* (Presl) Kuhn

22.　紫萁 *Osmunda japonica* Thunb.

23.　华南紫萁 *Osmunda vachellii* Hook.

Ⅰ-7. 薄囊蕨纲 Leptosporangiopsida

Ⅰ-7-1 水龙骨目 Polypodiales

九、　瘤足蕨科 Plagiogyriaceae

24.　瘤足蕨 *Plagiogyria adnata* (Blume) Bedd.

25. 华中瘤足蕨 *Plagiogyria euphlebia* (Kunze) Mett.

26. 镰羽瘤足蕨 *Plagiogyria falcata* Copel.

27. 华东瘤足蕨 *Plagiogyria japonica* Nakai

十、 里白科 Gleicheniaceae

28. 芒萁 *Dicranopteris pedata* (Houtt.) Nakaike

29. 中华里白 *Hicriopteris chinensis* (Rosenst.) Ching

30. 里白 *Hicriopteris glauca* (Thunb.) Ching

31. 光里白 *Hicriopteris laevissima* (Christ) Ching

十一、海金沙科 Lygodiaceae

32. 海金沙 *Lygodium japonicum* (Thunb.) Sw.

十二、膜蕨科 Hymenophyllaceae

33. 华东膜蕨 *Hymenophyllum barbatum* (v. d. B.) Bak.

34. 蕗蕨 *Mecodium badium* (Hook. et Grev.) Cop.

35. 多果蕗蕨 *Mecodium polyanthos* (Sw.) Copel.

36. 管苞瓶蕨 *Vandenboschia birmanica* (Bedd.) Ching

十三、蚌壳蕨科 Dicksoniaceae

37. 金毛狗 *Cibotium barometz* (L.) J. Sm.

十四、碗蕨科 Dennstaediaceae

38. 光叶碗蕨 *Dennstaedtia scabra* (Wall.) Moorevar. *glabrescens* (Ching) C. Chr.

39. 溪洞碗蕨 *Dennstaedtia wilfordii* (Moore) Christ

40. 渐狭鳞盖蕨 *Microlepia attenuata* Ching

41. 福建鳞盖蕨 *Microlepia fujianensis* Ching

42. 华南鳞盖蕨 *Microlepia hancei* Prantl

43. 边缘鳞盖蕨 *Microlepia marginata* (Houtt.) C. Chr.

十五、鳞始蕨科 Lindsaeaceae

44. 团叶鳞始蕨 *Lindsaea orbiculata* (Lam.) Mett.

45. 乌蕨 *Sphenomeris chinensis* (L.) Maxon

十六、姬蕨科 Hypolepidaceae

46. 姬蕨 *Hypolepis punctata* (Thunb.) Mett. ex Kuhn

十七、蕨科 Pteridiaceae

47. 蕨 *Pteridium aquilinum* (L.) Kuhn var. *latiusculum* (Desv.) Underw.

十八、凤尾蕨科 Pteridaceae

48. 凤尾蕨 *Pteris cretica* L. var. *intermedia* (Christ) C. Chr.

49. 刺齿半边旗 *Pteris dispar* Kunze

50. 剑叶凤尾蕨 *Pteris ensiformis* Burm. f.

51. 傅氏凤尾蕨 *Pteris fauriei* Hieron.

52. 井栏凤尾蕨 *Pteris multifida* Poir. ex Lam.

53. 半边旗 *Pteris semipinnata* L.

54. 蜈蚣草 *Pteris vittata* L.

十九、中国蕨科 Sinopteridaceae

55. 多鳞粉背蕨 *Aleuritopteris anceps* (Blanford) Panigrahi

56. 银粉背蕨 *Aleuritopteris argentea* (Gmel.) Fée

57. 毛轴碎米蕨 *Cheilosoria chusana* (Hook.) Ching et Hsing

58. 碎米蕨 *Cheilosoria mysurensis* (Wall. ex Hook.) Ching et Shing

59. 薄叶碎米蕨 *Cheilosoria tenuifolia* (Burm.) Trev.

60. 隐囊蕨 *Notholaena hirsuta* (Pior.) Desv.

61. 野雉尾金粉蕨 *Onychium japonicum* (Thunb.) Kunze

二十、铁线蕨科 Adiantaceae

62. 铁线蕨 *Adiantum capillus-veneris* L.

63. 长尾铁线蕨 *Adiantum diaphanum* Bl.

64. 扇叶铁线蕨 *Adiantum flabellulatum* L.

65. 仙霞铁线蕨 *Adiantum juxtapositum* Ching

二十一、 裸子蕨科 Hemionitidaceae

66. 凤丫蕨 *Coniogramme japonica* (Thunb.) Diels

二十二、 车前蕨科 Antrophyaceae

67. 长柄车前蕨 *Antrophyum obovatum* Bak.

二十三、 书带蕨科 Vittariaceae

68. 书带蕨 *Haplopteris flexuosa* (Fee) E. H. Crane

69. 平肋书带蕨 *Haplopteris fudzinoi* (Makino) E. H. Crane

二十四、 蹄盖蕨科 Athyriaceae

70. 中华短肠蕨 *Allantodia chinensis* (Bak.) Ching

71. 毛柄短肠蕨 *Allantodia dilatata* (Bl.) Ching

72. 薄盖短肠蕨 *Allantodia hachijoensis* (Nakai) Ching

73. 江南短肠蕨 *Allantodia metteniana* (Miq.) Ching

74. 淡绿短肠蕨 *Allantodia virescens* (Kunze) Ching

75. 耳羽短肠蕨 *Allantodia wichurae* (Mett.) Ching

76. 假蹄盖蕨 *Athyriopsis japonica* (Thunb.) Ching

77. 毛轴假蹄盖蕨 *Athyriopsis petersenii* (Kunze) Ching

78. 长江蹄盖蕨 *Athyrium iseanum* Rosenst.

79. 菜蕨 *Callipteris esculenta* (Retz.) J. Sm.

80. 角蕨 *Cornopteris decurrenti-alata* (Hook.) Nakai

81. 厚叶双盖蕨 *Diplazium crassiusculum* Ching

82. 单叶双盖蕨 *Diplazium subsinuatum* (Wall.) Tagawa

83. 华中介蕨 *Dryoathyrium okuboanum* (Makino) Ching

二十五、 金星蕨科 Thelypteridaceae

84. 渐尖毛蕨 *Cyclosorus acuminatus* (Houtt.) Nakai et H. Ito.

85. 干旱毛蕨 *Cyclosorus aridus* (Christ) H. Ito

86. 齿牙毛蕨 *Cyclosorus dentatus* (Forsk.) Ching

87. 龙安毛蕨 *Cyclosorus lunganensis* Ching

88. 华南毛蕨 *Cyclosorus parasiticus* (L.) Farwell

89. 泰宁毛蕨 *Cyclosorus tarningensis* Ching

90. 针毛蕨 *Macrothelypteris oligophlebia* (Bak.) Ching

91. 微毛凸轴蕨 *Metathelypteris adscendens* (Ching) Ching

92. 疏羽凸轴蕨 *Metathelypteris laxa* (Franch. et Sav.) Ching

93. 钝角金星蕨 *Parathelypteris angulariloba* (Ching) Ching

94. 金星蕨 *Parathelypteris glanduligera* (Kunze) Ching

95. 光脚金星蕨 *Parathelypteris japonica* (Bak.) Ching

96. 延羽卵果蕨 *Phegopteris decursive-pinnata* (van Hall) Fee

97. 普通假毛蕨 *Pseudocyclosorus subochthodes* (Ching) Ching

98. 紫柄蕨 *Pseudophegopteris pyrrhorachis* (Kunze) Ching

二十六、 铁角蕨科 Aspleniaceae

99. 华南铁角蕨 *Asplenium austro-chinense* Ching

100. 厚叶铁角蕨 *Asplenium griffithianum* Hook.

101. 虎尾铁角蕨 *Asplenium incisum* Thunb.

102. 胎生铁角蕨 *Asplenium indicum* Sledge

103. 倒挂铁角蕨 *Asplenium normale* Don

104. 长叶铁角蕨 *Asplenium prolongatum* Hook.

105. 华中铁角蕨 *Asplenium sarelii* Hook.

106. 铁角蕨 *Asplenium trichomanes* L.

107. 三翅铁角蕨 *Asplenium tripteropus* Nakai

108. 半边铁角蕨 *Asplenium unilaterale* Lam.

109. 狭翅铁角蕨 *Asplenium wrightii* Eaton

二十七、 乌毛蕨科 Blechnaceae

110. 乌毛蕨 *Blechnum orientale* L.

111. 东方狗脊 *Woodwardia orientalis* Swartz

112. 狗脊 *Woodwardia japonica* (L. f.) Sm.

113. 顶芽狗脊 *Woodwardia unigemmata* (Makino) Nakai

二十八、 球子蕨科 Onocleaceae

114. 东方荚果蕨 *Matteuccia orientalis* (Hook.) Trev.

二十九、 鳞毛蕨科 Dryopteridaceae

115. 多羽复叶耳蕨 *Arachniodes amoena* (Ching) Ching

116. 大片复叶耳蕨 *Arachniodes cavalerii* (Christ) Ching

117. 中华复叶耳蕨 *Arachniodes chinensis* (Rosenst.) Ching

118. 刺头复叶耳蕨 *Arachniodes exilis* (Hance.) Ching

119. 华南复叶耳蕨 *Arachniodes festina* (Hance.) Ching

120. 斜方复叶耳蕨 *Arachniodes rhomboidea* (Wall.) Ching

121. 异羽复叶耳蕨 *Arachniodes simplicior* (Makino) Ohwi

122. 镰羽贯众 *Cyrtomium balansae* (Christ) C. Chr.

123. 贯众 *Cyrtomium fortunei* J. Sm.

124. 暗鳞鳞毛蕨 *Dryopteris atrata* (Wall.) Ching

125. 阔鳞鳞毛蕨 *Dryopteris championii* (Benth.) C. Chr. ex Ching

126. 迷人鳞毛蕨 *Dryopteris decipiens* (Hook.) O. Ktze.

127. 黑足鳞毛蕨 *Dryopteris fuscipes* C. Chr.

128. 假异鳞毛蕨 *Dryopteris immixta* Ching

129. 京鹤鳞毛蕨 *Dryopteris kinkiensis* Koidz.

130. 无齿鳞毛蕨 *Dryopteris integripinnata* Ching

131. 南平鳞毛蕨 *Dryopteris nanpingensis* C. Chr. et Ching

132. 太平鳞毛蕨 *Dryopteris pacifica* (Nakai) Tagawa

133. 无盖鳞毛蕨 *Dryopteris scottii* (Bedd.) Ching

134. 奇羽鳞毛蕨 *Dryopteris sieboldii* (Van Houtt.) O. Ktze.

135. 稀羽鳞毛蕨 *Dryopteris sparsa* (Don) O. Ktze.

136. 泰宁鳞毛蕨 *Dryopteris tarningensis* Ching

137. 异鳞鳞毛蕨 *Dryopteris varia* (L.) O. Ktze.

138. 无盖耳蕨 *Polystichum gymnocarpium* Ching

139. 小戟叶耳蕨 *Polystichum hancockii* (Hance) Diels

140. 黑鳞耳蕨 *Polystichum makinoi* Tagawa

141. 戟叶耳蕨 *Polystichum tripteron* (Kunze) Presl

142. 对马耳蕨 *Polystichum tsus-simense* (Hook.) J. Sm.

三十、三叉蕨科 Aspidiaceae

143. 亮鳞肋毛蕨 *Ctenitis subglandulosa* (Hance.) Ching

三十一、 实蕨科 Bolbitidaceae

144. 华南实蕨 *Bolbitis subcordata* (Cop.) Ching

三十二、 舌蕨科 Elaphoglossaceae

145. 华南舌蕨 *Elaphoglossum yoshinagae* (Yatabe) Makino

三十三、 肾蕨科 Nephrolepidaceae

146. 肾蕨 *Nephrolepis auriculata* (L.) Trimen

三十四、 骨碎补科 Davalliaceae

147. 圆盖阴石蕨 *Humata tyermani* Moore

三十五、 水龙骨科 Polypodiaceae

148. 线蕨 *Colysis elliptica* (Thunb.) Ching

149. 宽羽线蕨 *Colysis elliptica* (Thunb.) Ching var. *pothifolia* Ching

150. 无柄线蕨 *Colysis subsessilifolia* China

151. 伏石蕨 *Lemmaphyllum microphyllum* Presl.

152. 披针骨牌蕨 *Lepidogrammitis diversa* (Rosenst.) Ching

153. 抱石莲 *Lepidogrammitis drymoglossoides* (Bak.) Ching

154. 鳞果星蕨 *Lepidomicrosorium buergerianum* (Miq.) Ching et K. H. Shing

155. 扭瓦韦 *Lepisorus contortus* (Christ) Ching

156. 庐山瓦韦 *Lepisorus lewisii* (Baker) Ching

157. 粤瓦韦 *Lepisorus obscure-venulosus* (Hayata) Ching

158. 瓦韦 *Lepisorus thunbergianus* (Kaulf.) Ching

159. 江南星蕨 *Microsorum fortunei* (Moore) Ching

160. 盾蕨 *Neolepisorus ovatus* (Bedd.) Ching

161. 恩氏假瘤蕨 *Phymatopteris engleri* (Luerss.) Pic. Serm.

162. 金鸡脚假瘤蕨 *Phymatopteris hastata* (Thunb.) Pic. Serm.

163. 泰宁假瘤蕨 *Phymatopteris tarningensis* Ching

164. 屋久假瘤蕨 *Phymatopteris yakushimensis* (Makino) Pic. Serm.

165. 日本水龙骨 *Polypodiodes niponica* (Mett.) Ching

166. 相近石韦 *Pyrrosia assimilis* (Bak.) Ching

167. 光石韦 *Pyrrosia calvata* (Baker) Ching

168. 石韦 *Pyrrosia lingua* (Thunb.) Parwell

169. 庐山石韦 *Pyrrosia sheareri* (Bak.) Ching

170. 石蕨 *Saxiglossum angustissimum* (Gies.) Ching

三十六、 槲蕨科 Drynariaceae

171. 槲蕨 *Drynaria roosii* Nakai.

三十七、 禾叶蕨科 Grammitidaceae

172. 叉毛锯蕨 *Micropolypodium cornigera* (Bak.) X. C. Zhang

173. 锯蕨 *Micropolypodium okuboi* (Yatabe) Hayata

三十八、 剑蕨科 Loxogrammaceae

174. 中华剑蕨 *Loxogramme chinensis* Ching

175. 柳叶剑蕨 *Loxogramme salicifolia* (Makino) Makino

Ⅰ-7-2 苹目 **Marsileales**

三十九、 苹科 **Marsileaceae**

176. 苹 *Marsilea quadrifolia* L.

Ⅰ-7-3 槐叶苹目 **Salviniales**

四十、槐叶苹科 **Salviniaceae**

177. 槐叶苹 *Salvinia natans* (L.) All.

四十一、 满江红科 **Azollaceae**

178. 满江红 *Azolla imbricata* (Roxb.) Nakai

Ⅱ. 种子植物门 **Spermatophyta**

Ⅱ-1. 裸子植物亚门 **Gymnospermae**

Ⅱ-1-1 银杏纲 **Ginkgopsida**

Ⅱ-1-1-1 银杏目 **Ginkgoales**

一、 银杏科 **Ginkgoaceae**

179. 银杏 *Ginkgo biloba* L.

Ⅱ-1-2 松杉纲 **Coniferopsida**

Ⅱ-1-2-1 松杉目 **Coniferales**

二、 柏科 **Cupressaceae**

180. 刺柏 *Juniperus formosana* Hayata

三、 杉科 **Taxodiaceae**

181. 柳杉 *Cryptomeria fortunei* Hooibrenk

182. 杉木 *Cunninghamia lanceolata* (Lamb.) Hook.

四、 松科 **Pinaceae**

183. 江南油杉 *Keteleeria cyclolepis* Flous

184. 马尾松 *Pinus massoniana* Lamb.

185. 黄山松 *Pinus taiwanensis* Hayata

186. 长苞铁杉 *Tsuga longibracteata* Cheng

Ⅱ-1-3 红豆杉纲 **Taxopsida**

Ⅱ-1-3-1 罗汉松目 **Podocarpales**

五、 罗汉松科 **Podocarpaceae**

187. 百日青 *Podocarpus neriifolius* D. Don

六、 竹柏科 **Nageiaceae**

188. 竹柏 *Nageia nagi* (Thunb.) Kuntze

Ⅱ-1-3-2 三尖杉目 **Cephalotaxales**

七、 三尖杉科 **Cephalotaxaceae**

189. 三尖杉 *Cephalotaxus fortunei* Hook. f.

Ⅱ-1-3-3 红豆杉目 **Taxales**

八、 红豆杉科 **Taxaceae**

190. 白豆杉 *Pseudotaxus chienii* (Cheng) Cheng

191. 南方红豆杉 *Taxus wallichiana* Zucc. var. *mairei* (Lemee et Levl.) Cheng et L. K. Fu

192. 长叶榧树 *Torreya jackii* Chun

Ⅱ-2. 被子植物亚门 Angiospermae

Ⅱ-2-1 木兰纲 Magnoliopsida

Ⅱ-2-1-1 木兰目 Magnoliales

一、 木兰科 Magnoliaceae

193. 厚朴 *Houpoëa officinalis* (Rehd. et Wils.) N. H. Xia et C. Y. Wu

194. 鹅掌楸 *Liriodendron chinensis* (Hemsl.) Sarg.

195. 木莲 *Manglietia fordiana* Oliv.

196. 乳源木莲 *Manglietia yuyuanensis* Law

197. 深山含笑 *Michelia maudiae* Dunn

198. 野含笑 *Michelia skinneriana* Dunn

199. 乐东拟单性木兰 *Parakmeria lotungensis* (Chun et C. H. Tsoong) Law

200. 黄山玉兰 *Yulania cylindrica* (E. H. Wilson) D. L. Fu

201. 玉兰 *Yulania denudata* (Desr.) D. L. Fu

Ⅱ-2-1-2 番荔枝目 Annonales

二、 番荔枝科 Annonaceae

202. 瓜馥木 *Fissistigma oldhamii* (Hemsl.) Merr.

Ⅱ-2-1-3 八角目 Illiciales

三、 八角科 Illiciaceae

203. 红茴香 *Illicium henryi* Diels

204. 红毒茴 *Illicium lanceolatum* A. C. Smith

205. 厚皮香八角 *Illicium ternstroemioides* A. C. Smith

四、 五味子科 Schisandraceae

206. 黑老虎 *Kadsura coccinea* (Lem.) A. C. Smith

207. 南五味子 *Kadsura longipedunculata* Finet et Gagnep.

208. 翼梗五味子 *Schisandra henryi* Clarke

209. 华中五味子 *Schisandra sphenanthera* Rehd. et Wils

210. 绿叶五味子 *Schisandra viridis* A. C. Smith

Ⅱ-2-1-4 金鱼藻目 Ceratophyllales

五、 金鱼藻科 Ceratophyllaceae

211. 金鱼藻 *Ceratophyllum demersum* L.

Ⅱ-2-1-5 睡莲目 Nymphaeales

六、 睡莲科 Nymphaeaceae

212. 睡莲 *Nymphaea tetragona* Georgi

213. 萍蓬草 *Nuphar pumilum* (Hoffm.) DC.

Ⅱ-2-2 樟纲 Lauropsida

Ⅱ-2-2-1 樟目 Laurales

七、 樟科 Lauraceae

214. 华南桂 *Cinnamomum austrosinense* H. T. Chang

215. 樟树 *Cinnamomum camphora* (L.) Presl.

216. 野黄桂 *Cinnamomum jensenianum* Hand.-Mazz.

217. 沉水樟 *Cinnamomum micranthum* (Hay.) Hay.

218. 黄樟 *Cinnamomum porrectum* (Roxb.) Kosterm.

219. 香桂 *Cinnamomum subavenium* Miq.

220. 硬壳桂 *Cryptocarya chingii* Cheng

221. 乌药 *Lindera aggregata* (Sims) Kosterm.

222. 狭叶山胡椒 *Lindera angustifolia* Cheng

223. 香叶树 *Lindera communis* Hemsl.

224. 红果山胡椒 *Lindera erythrocarpa* Makino

225. 绿叶甘橿 *Lindera fruticosa* Hemsl.

226. 山胡椒 *Lindera glauca* (Sieb. et Zucc.) Bl.

227. 黑壳楠 *Lindera megaphylla* Hemsl.

228. 绒毛山胡椒 *Lindera nacusua* (D. Don) Merr.

229. 三桠乌药 *Lindera obtusiloba* Blume

230. 山橿 *Lindera reflexa* Hemsl.

231. 毛豹皮樟 *Litsea coreana* Levl. var. *lanuginosa* (Migo) Yang et P. H. Huang

232. 山鸡椒 *Litsea cubeba* (Lour.) Pers.

233. 黄丹木姜子 *Litsea elongata* (Wall. ex Nees) Benth. et Hook.

234. 豺皮樟 *Litsea rotundifolia* Hemsl. var. *oblongifolia* (Nees) Allen

235. 木姜子 *Litsea pungens* Hemsl.

236. 桂北木姜子 *Litsea subcoriacea* Yang et P. H. Huang

237. 黄绒润楠 *Machilus grijsii* Hance

238. 薄叶润楠 *Machilus leptophylla* Hand.-Mazz.

239. 刨花润楠 *Machilus pauhoi* Kanthira

240. 凤凰润楠 *Machilus phoenicis* Dunn

241. 绒毛润楠 *Machilus velutina* Champ. ex Benth.

242. 红楠 *Machilus thunbergii* Sieb. et Zucc.

243. 新木姜子 *Neolitsea aurata* (Hay.) Koidz.

244. 浙江新木姜子 *Neolitsea aurata* (Hay.) Koidz. var. *chekiangenses* (Nakai) Yang

245. 锈叶新木姜子 *Neolitsea cambodiana* Lec.

246. 香港新木姜子 *Neolitsea cambodiana* Lec. var. *glabra* Allen

247. 闽楠 *Phoebe bournei* (Hemsl.) Yang

248. 浙江楠 *Phoebe chekiangensis* C. B. Zhang

249. 紫楠 *Phoebe sheareri* (Hemsl.) Gambl.

250. 檫木 *Sassafras tzumu* (Hemsl.) Hemsl.

Ⅱ-2-2-2 蜡梅目 Calycanthales

八、 蜡梅科 Calycanthaceae

251. 山蜡梅 *Chimonanthus nitens* Oliv.

Ⅱ-2-2-3 金粟兰目 Chloranthales

九、 金粟兰科 Chloranthaceae

252. 宽叶金粟兰 *Chloranthus henryi* Hemsl.

253. 多穗金粟兰 *Chloranthus multistachys* Pei

254. 台湾金粟兰 *Chloranthus oldhami* Solms-Laubach

255. 及已 *Chloranthus serratus* (Thunb.) Roem et Schutt.

256. 草珊瑚 *Sarcandra glabra* (Thunb.) Nakai

Ⅱ-2-3 胡椒纲 Piperopsida

Ⅱ-2-3-1 马兜铃目 Aristolochiales

十、 马兜铃科 Aristolochiaceae

257. 马兜铃 *Aristolochia debilis* Sieb. et Zucc.

258. 管花马兜铃 *Aristolochia tubiflora* Dunn

259. 杜衡 *Asarum forbesii* Maxim.

260. 尾花细辛 *Asarum caudigerum* Hance

261. 福建细辛 *Asarum fukienense* C. Y. Cheng et C. S. Yang

262. 小叶马蹄香 *Asarum ichangense* J. R. Cheng et C. S. Yang

II-2-3-2 胡椒目 Piperales

十一、三白草科 Saururaceae

263. 蕺菜 *Houttuynia cordata* Thunb.

264. 三白草 *Saururus chinensis* (Lour.) Baill.

十二、胡椒科 Piperaceae

265. 山蒟 *Piper hancei* Maxim.

II-2-4 石竹纲 Caryophyllopsida

II-2-4-1 紫茉莉目 Nyctaginales

十三、商陆科 Phytolaccaceae

266. 垂序商陆 *Phytolacca americana* L.

267. 日本商陆 *Phytolacca japonica* Hayata

II-2-4-2 马齿苋目 Portulacales

十四、马齿苋科 Portulacaceae

268. 马齿苋 *Portulaca oleracea* L.

269. 土人参 *Talinum paniculatum* (Jacq.) Gaertn.

十五、落葵科 Basellaceae

270. 落葵 *Basella rubra* L.

II-2-4-3 藜目 Chenopodiales

十六、粟米草科 Molluginaceae

271. 粟米草 *Mollugo pentaphylla* L.

十七、苋科 Amaranthaceae

272. 土牛膝 *Achyranthes aspera* L.

273. 褐叶土牛膝 *Achyranthes aspera* L. var. *rubrofusca* (Wight) Hook. f.

274. 牛膝 *Achyranthes bidentata* Bl.

275. 柳叶牛膝 *Achyranthes longifolia* (Makino) Makino

276. 喜旱莲子草 *Alternanthera philoxeroides* (Mart.) Griseb.

277. 莲子草 *Alternanthera sessilis* (L.) R. Br. ex DC.

278. 刺苋 *Amaranthus spinosus* L.

279. 皱果苋 *Amaranthus viridis* L.

280. 青葙 *Celosia argentea* L.

十八、藜科 Chenopodiaceae

281. 藜 *Chenopodium album* L.

282. 土荆芥 *Chenopodium ambrosioides* L.

II-2-4-4 石竹目 Caryophyllales

十九、石竹科 Caryophyllaceae

283. 无心菜 *Arenaria serpyllifolia* L.

284. 簇生卷耳 *Cerastium caespitosum* Gilib.

285. 荷莲豆 *Drymaria cordata* (L.) Willd ex Roem. et Schult

286. 剪夏罗 *Lychnis coronata* Thunb.

287. 剪秋罗 *Lychnis fulgens* Fisch.

288. 鹅肠菜 *Myosoton aquaticum* (L.) Moench

289. 漆姑草 *Sagina japonica* (Sw.) Ohwi

290. 鹤草 *Silene fortunei* Vis.

291. 女娄草 *Silene aprica* Turcz. ex Fisch. et C. A. Mey

292. 繁缕 *Stellaria media* (L.) Cyr.

293. 雀舌草 *Stellaria uliginosa*Murr.

Ⅱ-2-4-5 蓼目 **Polygonales**
二十、蓼科 **Polygonaceae**

294. 金线草 *Antenoron filiforme* (Thunb.) Roberty et Vautier

295. 短毛金线草 *Antenoron neofiliforme* (Nakai) Hara

296. 金荞麦 *Fagopyrum dibotrys* (D. Don) H. Hara

297. 苦荞麦 *Fagopyrum tataricum* (L.) Gnertn

298. 何首乌 *Fallopia multiflora* (Thunb.) Harald.

299. 萹蓄 *Polygonum aviculare* L.

300. 毛蓼 *Polygonum barbatum* L.

301. 火炭母 *Polygonum chinense* L.

302. 蓼子草 *Polygonum criopolitanum* Hance

303. 二歧蓼 *Polygonum dichotomum* Bl.

304. 稀花蓼 *Polygonum dissitiflorum* Hemsl.

305. 光蓼 *Polygonum glabrum* Willd.

306. 长箭叶蓼 *Polygonum hastato-sagittatum* Mak.

307. 水蓼 *Polygonum hydropiper* L.

308. 蚕茧草 *Polygonum japonicum* Meisn.

309. 愉悦蓼 *Polygonum jucundum* Meisn.

310. 酸模叶蓼 *Polygonum lapathifolium* L.

311. 绵毛酸模叶蓼 *Polygonum lapathifolium* L. var. *salicifolium* Sibth.

312. 长鬃蓼 *Polygonum longisetum* DeBruyn

313. 长戟叶蓼 *Polygonum maackianum* Regel.

314. 小蓼 *Polygonum minus* Huds.

315. 小蓼花 *Polygonum muricatum* Meisn.

316. 尼泊尔蓼 *Polygonum nepalense* Meisn.

317. 暗子蓼 *Polygonum opacum* Samuelsson

318. 红蓼 *Polygonum orientale* L.

319. 杠板归 *Polygonum perfoliatum* L.

320. 春蓼 *Polygonum persicaria* L.

321. 习见蓼 *Polygonum plebeium*R. Br.

322. 掌叶蓼 *Polygonum palmatum* Dunn.

323. 丛枝蓼 *Polygonum posumbu* Hamilt.

324. 伏毛蓼 *Polygonum pubescens* Blume

325. 刺蓼 *Polygonum senticosum* (Meisn.) Fr. et Savat.

326. 箭叶蓼 *Polygonum sieboldii* Meisn.

327. 糙毛蓼 *Polygonum strigosum* R. Br.

328. 细叶蓼 *Polygonum taquetii* Lévl.

329. 戟叶蓼 *Polygonum thunbergii* Sieb. et Zucc.

330. 香蓼 *Polygonum viscosum* Buch.-Ham. ex D. Don

331. 虎杖 *Reynoutria japonica* Houtt.

332. 酸模 *Rumex acetosa* L.

333. 羊蹄 *Rumex japonicus* Houtt.

Ⅱ-2-5 百合纲 Liliopsida

Ⅱ-2-5-1 泽泻目 Alismatales

二十一、 泽泻科 Alismataceae

334. 窄叶泽泻 *Alisma canaliculatum* A. Braun et Bouché

335. 武夷慈姑 *Sagittaria wuyiensis* J. K. Chen

336. 矮慈姑 *Sagittaria pygmaea* Miq.

337. 野慈姑 *Sagittaria trifolia* L.

Ⅱ-2-5-2 水鳖目 Hydrocharitales

二十二、 水鳖科 Hydrocharitaceae

338. 黑藻 *Hydrilla verticillata* (L. f.) Royle

339. 水车前 *Ottelia alismoides* (L.) Pers.

340. 苦草 *Vallisneria natans* (Lour.) Hara.

二十三、 水蕹科 Aponogetonaceae

341. 水蕹 *Aponogeton lakhonensis* A. Camus

Ⅱ-2-5-3 眼子菜目 Potamogetonales

二十四、 眼子菜科 Potamogetonaceae

342. 菹草 *Potamogeton crispus* L.

343. 小叶眼子菜 *Potamogeton cristatus* Rgl. et Maack.

344. 眼子菜 *Potamogeton distinctus* A. Benn.

345. 浮叶眼子菜 *Potamogeton natans* L.

346. 尖叶眼子菜 *Potamogeton oxyphyllus* Miq.

347. 篦齿眼子菜 *Potamogeton pectinatus* L.

348. 小眼子菜 *Potamogeton pusillus* L.

Ⅱ-2-5-4 茨藻目 Najadales

二十五、 茨藻科 Najadaceae

349. 草茨藻 *Najas graminea* Del.

350. 小茨藻 *Najas minor* All.

Ⅱ-2-5-5 天南星目 Arales

二十六、 菖蒲科 Acoraceae

351. 金钱蒲 *Acorus gramineus* Soland.

352. 石菖蒲 *Acorus tatarinowii* Schott

二十七、 天南星科 Araceae

353. 尖尾芋 *Alocasia cucullata* (Lour.) Schott

354. 野磨芋 *Amorphophallus variabilis* Bl.

355. 一把伞南星 *Arisaema erubescens* (Wall.) Schott

356. 天南星 *Arisaema heterophyllum* Blume

357. 灯台莲 *Arisaema sikokianum* Franch. et Sav. var. *serratum* (Makino) Hand.-Mazz.

358. 野芋 *Colocasia esculentum* (L.) Schott var. *antiquorum* (Schott) Hubbard et Rehder

359. 滴水珠 *Pinellia cordata* N. E. Browm

360. 半夏 *Pinellia ternata* (Thunb.) Breit.

361. 大藻 *Pistia stratiotes* L.

362. 犁头尖 *Typhonium divaricatum* (L.) Decne.

二十八、 浮萍科 Lemnaceae

363. 浮萍 *Lemna minor* L.

364. 紫萍 *Spirodela polyrrhiza* (L.) Schneid.

II-2-5-6 薯蓣目 Dioscoreales

二十九、 百部科 Stemonaceae

365. 黄精叶钩吻 *Croomia japonica* Miq.

366. 大百部 *Stemona tuberosa* Lour.

三十、薯蓣科 Dioscoreaceae

367. 黄独 *Dioscorea bulbifera* L.

368. 薯莨 *Dioscorea cirrhosa* Lour.

369. 粉背薯蓣 *Dioscorea collettii* Hook. f. var. *hypoglauca* (Palibin) Péi et C. T. Ting

370. 山薯 *Dioscorea fordii* Prain et Burkill

371. 福州薯蓣 *Dioscorea futschauensis* Uline ex R. Kunth

372. 纤细薯蓣 *Dioscorea gracillima* Miq.

373. 日本薯蓣 *Dioscorea japonica* Thunb.

374. 毛藤日本薯蓣 *Dioscorea japonica* Thunb. var. *pilifera* C. T. Ting et M. C. Ching

375. 薯蓣 *Dioscorea opposita* Thunb.

376. 褐苞薯蓣 *Dioscorea persimilis* Prain et Burkill

377. 绵萆薢 *Dioscorea septemloba* Thunb.

378. 细柄薯蓣 *Dioscorea tenuipes* Franch. et Savat.

II-2-5-7 重楼目 Paridales

三十一、 重楼科 Trilliaceae

379. 七叶一枝花 *Paris polyphylla* Sm.

380. 华重楼 *Paris polyphylla* Sm. var. *chinensis* (Franch.) Hara

II-2-5-8 菝葜目 Smilacales

三十二、 菝葜科 Smilacaceae

381. 肖菝葜 *Heterosmilax japonica* Kunth

382. 合丝肖菝葜 *Heterosmilax japonica* Kunth var. *gaudichaudiana* (Kunth) Wang et Tang

383. 尖叶菝葜 *Smilax arisanensis* Hay.

384. 菝葜 *Smilax china* L.

385. 小果菝葜 *Smilax davidiana* A. DC.

386. 托柄菝葜 *Smilax discotis* Warb.

387. 土茯苓 *Smilax glabra* Roxb.

388. 粉背菝葜 *Smilax hypoglauca* Benth.

389. 暗色菝葜 *Smilax lanceifolia* Roxb. var. *opaca* A. DC.

390. 牛尾菜 *Smilax riparia* A. DC.

391. 华东菝葜 *Smilax sieboldii* Miq.

392. 短梗菝葜 *Smilax scobinicaulis* C. H. Wrigh

II-2-5-9 天门冬目 Asparagales

三十三、 铃兰科 Convallariaceae

393. 九龙盘 *Aspidistra lurida* Ker-Gawl.

394. 流苏蜘蛛抱蛋 *Aspidistra fimbriata* Wang et Lang

395. 禾叶山麦冬 *Liriope graminifolia* (L.) Baker

396. 山麦冬 *Liriope spicata* Lour.

397. 沿阶草 *Ophiopogon bodinieri* Levl.

398. 麦冬 *Ophiopogon japonicus* (L. f.) Ker-Gawl.

399. 多花黄精 *Polygonatum cyrtonema* Hua

400. 长梗黄精 *Polygonatum filipes* Merr. ex C. Jeffrey et J. Mcewan

401. 开口箭 *Tupistra chinensis* Baker

三十四、 天门冬科 Asparagaceae

402. 天门冬 *Asparagus cochinchinensis* (Lour.) Merr.

三十五、 萱草科 Hemerocallidaceae

403. 萱草 *Hemerocallis fulva* (L.) L.

三十六、 玉簪科 Hostaceae

404. 紫萼 *Hosta ventricosa* (Salisb.) Stearn

三十七、 风信子科 Hyacinthaceae

405. 绵枣儿 *Barnardia japonica* (Thunb.) Schult. et Schult. f.

三十八、 石蒜科 Amaryllidaceae

406. 石蒜 *Lycoris radiata* (L. Herit) Herb.

II-2-5-10 肺筋草目 Nartheciales

三十九、 肺筋草科 Nartheciaceae

407. 短柄粉条儿菜 *Aletris scopulorum* Dunn

408. 粉条儿菜 *Aletris spicata* (Thunb.) Franch.

II-2-5-11 百合目 Liliales

四十、 百合科 Liliaceae

409. 荞麦叶大百合 *Cardiocrinum cathayanum* (Wilson) Stearn

410. 野百合 *Lilium brownii* F. E. Brown ex Miellez

四十一、 秋水仙科 Colchicaceae

411. 万寿竹 *Disporum cantoniense* (Lour.) Merr.

412. 宝铎草 *Disporum sessile* D. Don

四十二、 油点草科 Calochortaceae

413. 油点草 *Tricyrtis macropoda* Miq.

II-2-5-12 藜芦目 Melanthiales

四十三、 藜芦科 Melanthiaceae

414. 黑紫藜芦 *Veratrum japonicum* (Baker) Loes. f.

415. 牯岭藜芦 *Veratrum schindleri* Loes. f.

四十四、 鸢尾科 Iridaceae

416. 蝴蝶花 *Iris japonica* Thunb.

417. 小花鸢尾 *Iris speculatrix* Hance

II-2-5-13 仙茅目 Hypoxidales

四十五、 仙茅科 Hypoxidaceae

418. 仙茅 *Curculigo orchioides* Gaertn.

II-2-5-14 兰目 Orchidales

四十六、 兰科 Orchidaceae

419. 无柱兰 *Amitostigma gracile* (Bl.) Schltr.

420. 金线兰 *Anoectochilus roxburghii* (Wall.) Lindl.

421. 竹叶兰 *Arundina graminifolia* (D. Don) Hochr.

422. 广东石豆兰 *Bulbophyllum kwangtungense* Schltr.

423. 伞花石豆兰 *Bulbophyllum shweliense* W. W. Sm.

424. 钩距虾脊兰 *Calanthe graciliflora* Hayata

425. 无距虾脊兰 *Calanthe tsoongiana* Tang et Wang

426. 银兰 *Cephalanthera erecta* (Thunb.) Bl.

427. 金兰 *Cephalanthera falcata* (Thunb.) Lindl.

428. 流苏贝母兰 *Coelogyne fimbriata* Lindl.

429. 建兰 *Cymbidium ensifolium* (L.) Sw.

430. 蕙兰 *Cymbidium faberi* Rolfe

431. 多花兰 *Cymbidium floribundum* Lindl.

432. 春兰 *Cymbidium goeringii* (Rchb. f.) Rchb. f.

433. 寒兰 *Cymbidium kanran* Makino

434. 墨兰 *Cymbidium sinense* (Andr.) Willd.

435. 细茎石斛 *Dendrobium moniliforme* (L.) Sw.

436. 单叶厚唇兰 *Epigeneium fargesii* (Finet) Gagnep.

437. 斑叶兰 *Goodyera schlechtendaliana* Rchb. f.

438. 绒叶斑叶兰 *Goodyera velutina* Maxim

439. 鹅毛玉凤花 *Habenaria dentata* (Sw.) Schltr.

440. 橙黄玉凤花 *Habenaria rhodochels* Hance

441. 十字兰 *Habenaria sagittifera* Rchb. f.

442. 叉唇角盘兰 *Herminium lanceum* (Thunb.) Vuijk.

443. 镰翅羊耳蒜 *Liparis bootanensis* Griff.

444. 长苞羊耳蒜 *Liparis inaperta* Finet

445. 见血青 *Liparis nervosa* (Thunb.) Lindl.

446. 香花羊耳蒜 *Liparis odorata* (Willd.) Lindl.

447. 浅裂沼兰 *Malaxis acuminata* D. Don

448. 小沼兰 *Malaxis microtatantha* (Schltr.) Tang et Wang

449. 葱叶兰 *Microtis parviflora* R. Br.

450. 心叶球柄兰 *Mischobulbum cordifolium* (Hook. f.) Schltr.

451. 狭穗阔蕊兰 *Peristylus densus* (Lindl.) Santap. et Kapad.

452. 鹤顶兰 *Phaius tankervilliae* (Ait) Bl.

453. 细叶石仙桃 *Pholidota cantonensis* Rolfe

454. 尾瓣舌唇兰 *Platanthera mandarinorum* Rchb. f.

455. 小舌唇兰 *Platanthera minor* Rchb. f.

456. 独蒜兰 *Pleione bulbocodioides* (Franch.) Rolfe

457. 朱兰 *Pogonia japonica* Rchb. f.

458. 苞舌兰 *Spathoglottis pubescens* Lindl.

459. 绶草 *Spiranthes sinensis* (Pers.) Ames.

460. 带唇兰 *Tainia dunnii* Rolfe

461. 小花蜻蜓兰 *Tulotis ussuriensis* (Reg. et Maack) Hara

Ⅱ-2-5-15 雨久花目 Pontederiales

四十七、 雨久花科 **Pontederiaceae**

462. 鸭舌草 *Monochoria vaginalis* (Burm. f.) Presl ex Kunth

Ⅱ-2-5-16 芭蕉目 Musales

四十八、 芭蕉科 **Musaceae**

463. 野蕉 *Musa balbisiana* Colla

Ⅱ-2-5-17 姜目 Zingiberales

四十九、 姜科 **Zingiberaceae**

464. 山姜 *Alpinia japonica* (Thunb.) Miq.

465. 舞花姜 *Globba racemosa* Smith

466. 襄荷 *Zingiber mioga* (Thunb.) Rosc.

Ⅱ-2-5-18 鸭跖草目 Commelinales

五十、 鸭跖草科 **Commelinaceae**

467. 饭包草 *Commelina bengalensis* L.

468. 鸭跖草 *Commelina communis* L.

469. 节节草 *Commelina diffusa* Burm. f.

470. 大苞鸭跖草 *Commelina paludosa* Bl.

471. 聚花草 *Floscopa scandens* Lour.

472. 牛轭草 *Murdannia loriformis* (Hassk.) Rolla Rao et Kamm.

473. 裸花水竹叶 *Murdannia nudiflora* (L.) Brenan

474. 水竹叶 *Murdannia triquetra* (Wall.) Briickn.

475. 杜若 *Pollia japonica* Thunb.

476. 竹叶吉祥草 *Spatholirion longifolium* (Gagnep.) Dunn.

Ⅱ-2-5-19 谷精草目 Eriocaulales

五十一、 谷精草科 **Eriocaulaceae**

477. 谷精草 *Eriocaulon buergerianum* Koern.

478. 白药谷精草 *Eriocaulon cinereum* R. Br.

479. 长苞谷精草 *Eriocaulon decemflorum* Maxim.

480. 江南谷精草 *Eriocaulon faberi* Ruhl.

481. 褐色谷精草 *Eriocaulon pullum* T. Koyama

482. 华南谷精草 *Eriocaulon sexangulare* L.

Ⅱ-2-5-20 灯心草目 Juncales

五十二、 灯心草科 **Juncaceae**

483. 小花灯心草 *Juncus articulatus* L.

484. 灯心草 *Juncus effusus* L.

485. 笄石菖 *Juncus prismatocarpus* R. Br.

486. 江南灯心草 *Juncus leschenaultii* Gay ex Lah.

487. 羽毛地杨梅 *Luzula plumosa* E. Mey

Ⅱ-2-5-21 莎草目 Cyperales

五十三、 莎草科 **Cyperaceae**

488. 丝叶球柱草 *Bulbostylis densa* (Wall.) Hand.-Mazz.

489. 秋生薹草 *Carex autumnalis* Ohwi

490. 滨海薹草 *Carex bodinieri* Franch.

491. 青绿薹草 *Carex breviculmis* R. Br.

492. 短尖薹草 *Carex brevicuspis* C. B. Clarke

493. 褐果薹草 *Carex brunnea* Thunb.

494. 发秆薹草 *Carex capillacea* Boott

495. 中华薹草 *Carex chinensis* Retz.

496. 朝鲜薹草 *Carex dickinsii* Franch. et Savat.

497. 签草 *Carex doniana* Spreng

498. 蕨状薹草 *Carex filicina* Nees

499. 穹隆薹草 *Carex gibba* Wahlenb.

500. 长囊薹草 *Carex harlandii* Boott

501. 狭穗薹草 *Carex ischnostachya* Steud.

502. 九仙山薹草 *Carex jiuxianshanensis* L. K. Dai et Y. Z. Huang

503. 弯喙薹草 *Carex laticeps* C. B. Clarke

504. 舌叶薹草 *Carex ligulata* Nees ex Wight

505. 斑点果薹草 *Carex maculata* Boott

506. 条穗薹草 *Carex nemostachys* Steud.

507. 镜子薹草 *Carex phacota* Spreng.

508. 密苞叶薹草 *Carex phyllocephala* Koyama

509. 粉被薹草 *Carex pruinosa* Boott

510. 花葶薹草 *Carex scaposa* Clarke

511. 岩生薹草 Carex *saxicola* T. Tang et F. T. Wang

512. 硬果薹草 *Carex sclerocarpa* Franch.

513. 长柱头薹草 *Carex teinogyna* Boott

514. 横果薹草 *Carex transversa* Boott

515. 三穗薹草 *Carex tristachya* Thunb.

516. 畦畔莎草 *Cyperus haspan* L.

517. 碎米莎草 *Cyperus iria* L.

518. 毛轴莎草 *Cyperus pilosus* Vahl

519. 白花毛轴莎草 *Cyperus pilosus* Vahl var. *obliquus* (Nees) C. B. Clarke

520. 香附子 *Cyperus rotundus* L.

521. 裂颖茅 *Diplacrum caricinum* R. Br.

522. 龙师草 *Eleocharis tetraquetra* Nees

523. 牛毛毡 *Eleocharis yokoscensis* (Franch et Sav.) Tang et Wang

524. 夏飘拂草 *Fimbristylis aestivalis* (Retz.) Vahl

525. 矮扁鞘飘拂草 *Fimbristylis complanata* (Retz.) Link var. *kraussiana* C. B. Clarke.

526. 两歧飘拂草 *Fimbristylis dichotoma* (L.) Vahl

527. 拟二叶飘拂草 *Fimbristylis diphylloides* Makino

528. 水虱草 *Fimbristylis miliacea* (Thunb.) Vahl

529. 垂穗飘拂草 *Fimbristylis nutans* (Retz.) Vahl

530. 独穗飘拂草 *Fimbristylis ovata* (Burm. f.) Kern

531. 双穗飘拂草 *Fimbristylis subbispicata* Nees et C. A. Mey.

532. 黑莎草 *Gahnia tristis* Nees

533. 短叶水蜈蚣 *Kyllinga brevifolia* Rottb.

534. 华湖瓜草 *Lipocarpha chinensis* (Osbeck.) Kern

535. 砖子苗 *Mariscus umbellatus* Vahl

536. 球穗扁莎 *Pycreus globosus* (All.) Reichb.

537. 细叶刺子莞 *Rhynchospora faberi* C. B. Clarke

538. 刺子莞 *Rhynchospora rubra* (Lour.) Makino

539. 萤蔺 *Schoenoplectus juncoides* (Roxb.) Palla

540. 水毛花 *Schoenoplectus mucronatus* (L.) Palla subsp. *robustus* (Miq.) T. Koyama

541. 钻苞水葱 *Schoenoplectus subulatus* (Vahl.) Lye.

542. 三棱水葱 *Schoenoplectus triqueter* (L.) Palla

543. 猪毛草 *Schoenoplectus wallichii* (Nees) T. Koyama

544. 庐山藨草 *Scirpus lushanensis* Ohwi

545. 毛果珍珠茅 *Scleria levis* Retz.

546. 高秆珍珠茅 *Scleria terrestris* (L.) Fassett

Ⅱ-2-5-22 禾本目 Poales
五十四、 禾本科 Gramineae

547. 橄榄竹 *Acidosasa gigantea* (Wen) Wen

548. 巨序剪股颖 *Agrostis gigantea* Roth

549. 剪股颖 *Agrostismatsumurae* Hack. ex Honda

550. 多花剪股颖 *Agrostis myriantha* Hook. f.

551. 台湾剪股颖 *Agrostis sozanensis* Hayata

552. 看麦娘 *Alopecurus aequalis* Sohol.

553. 荩草 *Arthraxon hispidus* (Thunb.) Makino

554. 野古草 *Arundinella anomala* Steud.

555. 毛节野古草 *Arundinella barbinodis* Keng ex B. S. Sun et Z. H. Hu

556. 刺芒野古草 *Arundinella setosa* Trin.

557. 芦竹 *Arundo donax* L.

558. 日本沟稃草 *Aulacolepis japonica* Hack.

559. 野燕麦 *Avena fatua* L.

560. 孝顺竹 *Bambusa multiplex* (Lour.) Raeusch. ex Schult. et Schult. f.

561. 毛臂形草 *Brachiaria villosa* (Lam.) A. Camus

562. 雀麦 *Bromus japonicus* Thunb.

563. 疏花雀麦 *Bromus remotiflorus* (Steud.) Ohwi

564. 拂子茅 *Calamagrostis epigeios* (L.) Roth

565. 硬秆子草 *Capillipedium assimile* (Steud.) A. Camus

566. 细柄草 *Capillipedium parviflorum* (R. Br.) Stapf

567. 方竹 *Chimonobambusa quadrangularis* (Fenzi) Makino

568. 薏苡 *Coix lacryma-jobi* L.

569. 狗牙根 *Cynodon dactylon* (L.) Pers.

570. 弓果黍 *Cyrtococcum patens* (L.) A. Camus

571. 龙爪茅 *Dactyloctenium aegyptiacum* (L.) Willd.

572. 野青茅 *Deyeuxia arundinacea* (L.) Beauv.

573. 纤毛野青茅 *Deyeuxia arundinacea* (L.) Beauv. var. *ciliata* (Honda) P. C. Kuo et L. S. Liu

574. 箱根野青茅 *Deyeuxiahakonensis* (Franch. et Sav.) Keng

575. 升马唐 *Digitaria ciliaris* (Retz.) Koel.

576. 短颖马唐 *Digitaria microbachne* (Presl.) Hitche.

577. 红尾翎 *Digitaria radicosa* (Presl.) Miq.

578. 鬣茅 *Dimeria ornithopoda* Trin.

579. 镰形镳茅 *Dimeria falcata* Hack.

580. 华镳茅 *Dimeria sinensis* Rendle

581. 光头稗 *Echinochloa colonum* (L.) Link

582. 稗 *Echinochloa crusgalli* (L.) Beauv.

583. 牛筋草 *Eleusine indica* (L.) Gaertn.

584. 大画眉草 *Eragrostiscilianensis* (All.) King ex Vignolo-Lutati

585. 知风草 *Eragrostis ferruginea* (Thunb.) Beauv.

586. 乱草 *Eragrostis japonica* (Thunb.) Trin.

587. 画眉草 *Eragrostis pilosa* (L.) Beauv.

588. 无毛画眉草 *Eragrostis pilosa* (L.) Beauv. var. *imberbis* Franch.

589. 野黍 *Eriochloa villosa* (Thunb.) Kunth

590. 四脉金茅 *Eulalia quadrinervis* (Havk.) Kuntze

591. 金茅 *Eulalia speciosa* (Debeaux) Kuntze

592. 三芒耳稃草 *Garnotia triseta* Hitchc.

593. 甜茅 *Glyceria acutiflora* Torr. ssp. *japonica* (Steud.) T. Koyama et Kawano

594. 黄茅 *Heteropogon contortus* (L.) Beauv. ex Roem. et Schult.

595. 白茅 *Imperata cylindrical* (L.) Beauv.

596. 毛鞘箬竹 *Indocalamus hirtivaginatus* H. R. Zhao et Y. L. Yang

597. 阔叶箬竹 *Indocalamus latifolius* (Keng) McClure

598. 箬叶竹 *Indocalamus longiauritus* Hand.-Mazz.

599. 箬竹 *Indocalamus tessellatus* (Munro) Keng f.

600. 二型柳叶若 *Isachne dispar* Trin.

601. 柳叶箬 *Isachne globosa* (Thunb.) Kuntze

602. 纤毛鸭嘴草 *Ischaemum indicum* (Houtt.) Merr.

603. 李氏禾 *Leersia hexandra* Swartz.

604. 千金子 *Leptochloa chinensis* (L.) Nees

605. 虮子草 *Leptochloa panicea* (Retz.) Ohwi.

606. 福建薄稃草 *Leptoloma fujianensis* L. Liou

607. 淡竹叶 *Lophatherum gracile* Brongn.

608. 柔枝莠竹 *Microstegium vimineum* (Trin.) A. Camus

609. 五节芒 *Miscanthus floridulus* (Labill.) Warb.

610. 芒 *Miscanthus sinensis* Anderss.

611. 河八王 *Narenga porphyrocoma* (Hance et Trin.) Bor

612. 山类芦 *Neyraudia montana* Keng

613. 类芦 *Neyraudiareynaudiana* (Kunth) Keng ex Hitchc.

614. 求米草 *Oplismenus undulatifolius* (Arduino) Beauv.

615. 日本求米草 *Oplismenus undulatifolius* (Arduino) Beauv. var. *japonicus* (Steud.) Koidz.

616. 铺地黍 *Panicum repens* L.

617. 圆果雀稗 *Paspalum orbiculare* Forst.

618. 双穗雀稗 *Paspalum paspaloides* (Michx.) Scribn.

619. 雀稗 *Paspalum thunbergii* Kunth ex Steud.

620. 狼尾草 *Pennisetum alopecuroides* (L.) Spreng.

621. 梯牧草 *Phleumpratense* L.

622. 桂竹 *Phyllostachys bambusoides* Sieb. et Zucc.

623. 水竹 *Phyllostachys heteroclada* Oliv.

624. 毛竹 *Phyllostachys edulis* (Carrière) J. Houzeau

625. 苦竹 *Pleioblastus amarus* (Keng) Keng f.

626. 斑苦竹 *Pleioblastus maculata* (McClure) C. D. Chu et C. S. Chao

627. 白顶早熟禾 *Poa acroleuca* Steud

628. 早熟禾 *Poa annua* L.

629. 金丝草 *Pogonatherum crinitum* (Thunb.) Kunth

630. 棒头草 *Polypogon fugax* Nees ex Steud.

631. 长芒棒头草 *Polypogon monspeliensis* (L.) Desf.

632. 薄箨茶杆竹 *Pseudosasa amabilis* (McClure) Keng f. var. *tenuis* S. L. Chen et G. Y. Sheng

633. 托竹 *Pseudosasa cantori* (Munro) P. C. Keng ex S. L. Chen et al

634. 竖立鹅观草 *Roegneria japonensis* (Honda) Keng

635. 鹅观草 *Roegneria kamoji* Ohwi

636. 斑茅 *Saccharum arundinaceum* Retz.

637. 甜根子草 *Saccharum spontaneum* L.

638. 囊颖草 *Sacciolepis indica* (L.) A. Chase

639. 裂稃草 *Schizachyrium brevifolium* (Swartz) Nees ex Buse

640. 大狗尾草 *Setaria faberii* Herrm.

641. 金色狗尾草 *Setaria glauca* (L.) Beauv.

642. 棕叶狗尾草 *Setaria palmifolia* (Koen.) Stapf.

643. 皱叶狗尾草 *Setaria plicata* (Lam.) T. Cooke

644. 狗尾草 *Setaria viridis* (L.) Beauv.

645. 油芒 *Spodiopogon cotulifer* (Thunb.) Hack.

646. 鼠尾粟 *Sporobolus fertilis* (Steud.) W. D. Clayt.

647. 菅 *Themeda gigantea* (Cav.) Hack. var. *villosa* (Poir.) Keng

648. 线形草沙蚕 *Tripogon filiformis* Nees ex Steud.

649. 结缕草 *Zoysia japonica* Steud.

Ⅱ-2-5-23 香蒲目 Typhales

五十五、 黑三棱科 **Sparganiaceae**

650. 曲轴黑三棱 *Sparganium fallax* Graebn.

Ⅱ-2-5-24 棕榈目 Arecales

五十六、 棕榈科 **Palmae**

651. 高毛鳞省藤 *Calamus hoplites* Dunn

652. 棕竹 *Rhapis excelsa* (Thunb.) Henry ex Rehd.

653. 棕榈 *Trachycarpus fortunei* (Hook.) H. Wendl.

Ⅱ-2-6 毛茛纲 Ranunculopsida

Ⅱ-2-6-1 莲目 Nelumbonales

五十七、 莲科 **Nelumbonaceae**

654. 莲 *Nelumbo nucifera* Gaertn.

Ⅱ-2-6-2 木通目 Lardizabalales

五十八、 木通科 **Lardizabalaceae**

655. 木通 *Akebia quinata* (Thunb.) DC.

656. 三叶木通 *Akebia trifoliata* (Thunb.) Koidz.

657. 白木通 *Akebia trifoliata* (Thunb.) Koidz. var. *australis* (Diels) Rehd.

658. 鹰爪枫 *Holboellia coriacea* Diels

659. 五叶瓜藤 *Holboellia fargesii* Reaub.

660. 西南野木瓜 *Stauntonia cavalerieana* Gagnep.

661. 野木瓜 *Stauntoniachinensis* DC.

662. 钝药野木瓜 *Stauntonialeucantha* Diels ex Wu

663. 尾叶那藤 *Stauntonia obovatifoliola* Hayata subsp. *urophylla* (Hand.-Mazz.) H. N. Qin

五十九、 大血藤科 Sargentodoxaceae

664. 大血藤 *Sargentodoxa cuneata* (Oliv.) Rehd. et Wils.

六十、防己科 Menispermaceae

665. 木防己 *Cocculus orbiculatus* (L.) DC.

666. 轮环藤 *Cyclea racemosa* Oliv.

667. 秤钩风 *Diploclisia affinis* (Oliv.) Diels

668. 细圆藤 *Pericampylus glaucus* (Lam.) Merr.

669. 风龙 *Sinomenium acutum* (Thunb.) Rehd. et Wils.

670. 金线吊乌龟 *Stephania cepharantha* Hay. ex Yamam.

671. 粉防己 *Stephania tetrandra* S. Moore

II-2-6-3 毛茛目 Ranunculales

六十一、 毛茛科 Ranunculaceae

672. 乌头 *Aconitum carmichaeli* Debx.

673. 打破碗花花 *Anemone hupehensis* Lem.

674. 女萎 *Clematis apiifolia* DC.

675. 小木通 *Clematis armandii* Franch.

676. 威灵仙 *Clematis chinensis* Osbeck

677. 厚叶铁线莲 *Clematis crassifolia* Benth.

678. 山木通 *Clematis finetiana* Levl. et Vant.

679. 扬子铁线莲 *Clematis ganpiniana* (Levl. et Vant.) Tamura

680. 单叶铁线莲 *Clematis henryi* Oliv.

681. 绣毛铁线莲 *Clematis leschenaultiana* DC.

682. 毛柱铁线莲 *Clematis meyeniana* Walp.

683. 柱果铁线莲 *Clematis uncinata* Champ.

684. 短萼黄连 *Coptis chinensis* Franch. var. *brevisepala* W. T. Wang

685. 还亮草 *Delphinium anthriscifolium* Hance

686. 蕨叶人字草 *Dichocarpum dalzielii* (Drumm. et Hutch.) W. T. Wang et Hsiao

687. 毛茛 *Ranunculus japonicus* Thunb.

688. 石龙芮 *Ranunculus sceleratus* L.

689. 扬子毛茛 *Ranunculus sieboldii* Miq.

690. 猫爪草 *Ranunculus ternatus* Thunb.

691. 天葵 *Semiaquilegia adoxoides* (DC.) Makino

692. 尖叶唐松草 *Thalictrum acutifolium* (Hand.-Mazz.) Boivin

693. 大叶唐松草 *Thalictrum faberi* Vibr.

II-2-6-4 小檗目 Berberidales

六十二、 南天竹科 Nandinaceae

694. 南天竹 *Nandina domestica* Thunb.

六十三、 小檗科 Berberidaceae

695. 豪猪刺 *Berberis julianae* Schneid.

696. 华西小檗 *Berberis silva-taroucana* Schneid.

697. 庐山小檗 *Berberis virgetorum* Schneid.

698. 阔叶十大功劳 *Mahonia bealei* (Fort.) Carr.

六十四、 鬼臼科 Podophyllaceae

699. 八角莲 *Dysosma versipellis* (Hance) M. Cheng

700. 三枝九叶草 *Epimedium sagittatum* (Sieb. et Zucc.) Maxim.

Ⅱ-2-6-5 罂粟目 Papaverales

六十五、 罂粟科 Papaveraceae

701. 血水草 *Eomecon chionantha* Hance

702. 博落回 *Macleaya cordata* (Willd.) R. Br.

六十六、 紫堇科 Fumariaceae

703. 北越紫堇 *Corydalis balansae* Prain

704. 夏天无 *Corydalis decumbens* (Thunb.) Pers.

705. 紫堇 *Corydalis edulis* Mexim.

706. 刻叶紫堇 *Corydalis incisa* (Thunb.) Pers.

707. 黄堇 *Corydalis pallida* (Thunb.) Pers.

708. 小花黄堇 *Corydalis racemosa* (Thunb.) Pers.

709. 地锦苗 *Corydalis sheareri* Hand.-Mazz.

Ⅱ-2-7 金缕梅纲 Hamamelidopsida

Ⅱ-2-7-1 金缕梅目 Hamamelidales

六十七、 金缕梅科 Hamamelidaceae

710. 蕈树 *Altingia chinensis* (Champ.) Oliv. ex Hance

711. 细柄蕈树 *Altingia gracilipes* Hemsl.

712. 瑞木 *Corylopsis multiflora* Hance var. *nivea* Chang

713. 蜡瓣花 *Corylopsis sinensis* Hemsl.

714. 杨梅叶蚊母树 *Distylium myricoides* Hemsl.

715. 尖叶假蚊母树 *Distyliopsis dunnii* (Hemsl.) Endress

716. 缺萼枫香 *Liquidambar acalycina* Chang

717. 枫香树 *Liquidambar formosana* Hance

718. 檵木 *Loropetalum chinense* (R. Br.) Oliv.

719. 半枫荷 *Semiliquidambar cathayensis* Chang

720. 长尾半枫荷 *Semiliquidambar caudata* Chang

721. 细柄半枫荷 *Semiliquidambar chingii* (Metc.) Chang

722. 水丝梨 *Sycopsis sinensis* Oliv.

Ⅱ-2-7-2 壳斗目 Fagales

六十八、 壳斗科 Fagaceae

723. 锥栗 *Castanea henryi* (Shan) Rehd. et Wils.

724. 茅栗 *Castanea seguinii* Dode

725. 米槠 *Castanopsis carlesii* (Hemsl.) Hayata

726. 甜槠 *Castanopsis eyrei* (Champ. ex Benth.) Tutch.

727. 罗浮锥 *Castanopsis fabri* Hance

728. 栲 *Castanopsis fargesii* Franch.

729. 毛锥 *Castanopsis fordii* Hance

730. 秀丽锥 *Castanopsis jucunda* Hance

731. 鹿角锥 *Castanopsis lamontii* Hance

732. 上杭锥 *Castanopsis lamontii* Hance var. *shanghanensis* Zheng

733. 黑叶锥 *Castanopsis nigrescens* Chun et Huang

734. 苦槠 *Castanopsis sclerophylla* (Lindl.) Schott.

735. 钩锥 *Castanopsis tibetana* Hance

736. 青冈 *Cyclobalanopsis glauca* Thunb.

737. 细叶青冈 *Cyclobalanopsis gracilis* (Rehd. et Wils.) Cheng et T. Hong

738. 多脉青冈 *Cyclobalanopsis multinervis* Cheng et T. Hong

739. 小叶青冈 *Cyclobalanopsis myrsinifolia* (Blume) Oersted

740. 云山青冈 *Cyclobalanopsis nubium* (Hand.-Mazz.) Chun

741. 褐叶青冈 *Cyclobalanopsis stewardiana* (A. Camus) Y. C. Hsu et H. W. Jen

742. 亮叶水青冈 *Fagus lucida* Rehd. et Wils.

743. 柯 *Lithocarpus glaber* (Thunb.) Nakai

744. 硬壳柯 *Lithocarpus hancei* (Benth.) Rehder

745. 港柯 *Lithocarpus harlandii* (Hance) Rehd.

746. 木姜叶柯 *Lithocarpus litseifolius* (Hance) Chun

747. 多穗柯 *Lithocarpus polystachyus* (Wall. ex DC.) Rehd.

748. 滑皮柯 *Lithocarpus skanianus* (Dunn) Rehd.

749. 小叶栎 *Quercus chenii* Nakai

750. 白栎 *Quercus fabri* Hance

751. 乌冈栎 *Quercus phillyraeoides* A. Gray

752. 尖叶栎 *Quercus oxyphylla* (Wils.) Hand.-Mazz.

753. 短柄枹 *Quercus serrata* Thunb. var. *brevipetiolata* (DC.) Nakai

六十九、 桦木科 Betulaceae

754. 赤杨 *Alnus japonica* (Thunb.) Steud.

755. 江南桤木 *Alnus trabeculosa* Hand.-Mazz.

756. 亮叶桦 *Betula luminifera* Winkl.

757. 短尾鹅耳枥 *Carpinus londoniana* Winkl.

758. 雷公鹅耳枥 *Carpinus viminea* Wall.

Ⅱ-2-7-3 胡桃目 Juglandales

七十、 胡桃科 Juglandaceae

759. 青钱柳 *Cyclocarya paliurus* (Batal.) Ilkinsk.

760. 黄杞 *Engelhardtia roxburghiana* Wall.

761. 华东山核桃 *Juglans cathayensis* Dode var. *formosana* (Hayata) A. M. Lu et R. H. Chang

762. 化香树 *Platycarya strobilacea* Sieb. et Zucc.

763. 枫杨 *Pterocarya stenoptera* DC.

Ⅱ-2-7-4 杨梅目 Myricales

七十一、 杨梅科 Myricaceae

764. 杨梅 *Myrica rubra* (Lour.) Sieb. et Zucc.

Ⅱ-2-7-5 黄杨目 Buxales

七十二、 黄杨科 Buxaceae

765. 匙叶黄杨 *Buxus harlandii* Hanelt

766. 黄杨 *Buxus sinica* M. Cheng

767. 尖叶黄杨 *Buxus sinica* M. Cheng var. *aemulans* (Rehd. et Wils.) M. Cheng

768. 多毛板凳果 *Pachysandra axillaris* Franch. var. *stylosa* (Dunn) M. Cheng

769. 板凳果 *Pachysandra axillaris* Franch.

770. 东方野扇花 *Sarcococca orientalis* C. Y. Wu

七十三、 虎皮楠科 Daphniphyllaceae

771. 交让木 *Daphniphyllum macropodum* Miq.

772. 虎皮楠 *Daphniphyllum oldhami* (Hamsl.) Rosenth

Ⅱ-2-8 蔷薇纲 Rosopsida

Ⅱ-2-8-1 山茶目 Theales

七十四、 旌节花科 Stachyuraceae

773. 中国旌节花 *Stachyurus chinensis* Fr.

七十五、 山茶科 Camelliaceae

774. 尖萼川杨桐 *Adinandra bockiana* Pritzl ex Diels var. *acutifolia* (Hand.-Mazz.) Kobuski

775. 大萼杨桐 *Adinandra glischroloma* Hand.-Mazz. var. *macrosepala* (Metc.) Kobuski

776. 杨桐 *Adinandra millettii* (Hook. et Arn.) Bentl. et Hook. f.

777. 短柱茶 *Camellia brevistyla* (Hay.) Cohen

778. 浙江山茶 *Camellia chekiangoleosa* Hu

779. 红皮糙果茶 *Camellia crapnelliana* Tutcher

780. 连蕊茶 *Camellia cuspidata* (Kochs) Wright ex Gard.

781. 尖萼红山茶 *Camellia edithae* Hance

782. 柃叶连蕊茶 *Camellia euryoides* Lindl.

783. 毛花连蕊茶 *Camellia fraterna* Hance

784. 长瓣短柱茶 *Camellia grijsii* Hance

785. 油茶 *Camellia oleifera* Abel

786. 柳叶毛蕊茶 *Camellia salicifolia* Champ.

787. 茶 *Camellia sinensis* (L.) Alston

788. 毛萼金屏连蕊茶 *Camellia tsingpienensis* Hu var. *pubisepala* H. T. Chang

789. 红淡比 *Cleyera japonica* Thunb.

790. 厚叶红淡 *Cleyera pachyphylla* Chun ex Chang

791. 翅柃 *Eurya alata* Kobuski

792. 穿心柃 *Eurya amplexifolia* Dunn

793. 短柱柃 *Eurya brevistyla* Kobuski

794. 二列叶柃 *Eurya distichophylla* Hemsl.

795. 微毛柃 *Eurya hebeclados* Ling

796. 细枝柃 *Eurya loquaiana* Dunn

797. 丛化柃 *Eurya metcalfiana* Kobuski

798. 格药柃 *Eurya muricata* Dunn

799. 细齿叶柃 *Eurya nitida* Korthals

800. 窄基红褐柃 *Eurya rubiginosa* Chang var. *attenuata* Chang

801. 岩柃 *Eurya saxicola* Chang

802. 单耳柃 *Eurya weissiae* Chun

803. 木荷 *Schima superba* Gardn. et Champ.

804. 厚皮香 *Ternstroemia gymnanthera* (Wight et Arn.) Sprague

805. 厚叶厚皮香 *Ternstroemia kwangtungensis* Merr.

806. 亮叶厚皮香 *Ternstroemia nitida* Merr.

807. 小叶厚皮香 *Ternstroemia microphylla* Merr.

808. 小果石笔木 *Tutcheria microcarpa* Dunn

Ⅱ-2-8-2 金丝桃目 Hypericales

七十六、 藤黄科 Guttiferae

809. 木竹子 *Garcinia multiflora* Champ. et Benth.

七十七、 金丝桃科 Hypericaceae

810. 挺茎金丝桃 *Hypericum elodeoides* Choisy

811. 小连翘 *Hypericum erectum* Thunb. ex Murry

812. 地耳草 *Hypericum japonicum* Thunb.

813. 金丝桃 *Hypericum monogynum* L.

814. 金丝梅 *Hypericum patulum* Thunb. ex Muway

815. 元宝草 *Hypericum sampsonii* Hance

816. 密腺小连翘 *Hypericum seniavinii* Maxim.

Ⅱ-2-8-3 刺篱木目 Flacourtiales

七十八、 大风子科 Flacourtiaceae

817. 山桐子 *Idesia polycarpa* Maxim.

818. 毛叶山桐子 *Idesia polycarpa* Maxim. var. *vestita* Diels

819. 刺柊 *Scolopia chinensis* (Lour.) Clos

820. 柞木 *Xylosma congestum* (Lour.) Merr.

821. 长叶柞木 *Xylosma longifolia* Clos

Ⅱ-2-8-4 堇菜目 Violales

七十九、 堇菜科 Violaceae

822. 如意草 *Viola arcuata* Blume

823. 戟叶堇菜 *Viola betonicifolia* Smith.

824. 尼泊尔堇菜 *Viola betonicifolia* Smith var. *nepalensis* (Ging.) W. Beck.

825. 毛堇菜 *Viola confusa* Champ.

826. 深圆齿堇菜 *Viola davidii* Franch.

827. 七星莲 *Viola diffusa* Ging.

828. 紫花堇菜 *Viola grypoceras* A. Gray

829. 长萼堇菜 *Viola inconspicua* Bl.

830. 江西堇菜 *Viola kiangsiensis* W. Beck.

831. 紫花地丁 *Viola philippica* Sasaki

832. 萱 *Viola moupinensis* Franch.

833. 柔毛堇菜 *Viola principis* H. de Boiss

834. 庐山堇菜 *Viola stewardiana* W. Beck.

835. 三角叶堇菜 *Viola triangulifolia* W. Beck.

836. 堇菜 *Viola verecunda* A. Gray

Ⅱ-2-8-5 葫芦目 Cucurbitales

八十、葫芦科 Cucurbitaceae

837. 盒子草 *Actinostemma tenerum* Griff.

838. 绞股蓝 *Gynostemma pentaphyllum* (Thunb.) Makino

839. 茅瓜 *Solena amplexicaulis* (Lam.) Gandhi

840. 王瓜 *Trichosanthes cucumeroides* (Ser.) Maxim.

841. 栝楼 *Trichosanthes kirilowii* Maxim.

842. 钮子瓜 *Zehneria maysorensis* (Wight et Arn.) Arn.

八十一、 秋海棠科 Begoniaceae

843. 花叶秋海棠 *Begonia cathayana* Hemsl.

844. 周裂秋海棠 *Begonia circumlobata* Hance

845. 槭叶秋海棠 *Begonia digyna* Irmsch.

846. 紫背天葵 *Begonia fimbristipula* Hance

847. 秋海棠 *Begonia evansiana* Andr.

848. 裂叶秋海棠 *Begonia palmata* D. Don

849. 掌裂叶秋海棠 *Begonia pedatifida* Levl.

Ⅱ-2-8-6 杨柳目 Salicales

八十二、 杨柳科 Salicaceae

850. 银叶柳 *Salix chienii* Cheng

851. 长梗柳 *Salix dunnii* Schneid.

Ⅱ-2-8-7 山柑目 Capparales

八十三、 十字花科 Cruciferae

852. 荠 *Capsella bursa-pastoris* (L.) Medic.

853. 光头山碎米荠 *Cardamine engleriana* O. E. Schulz

854. 弯曲碎米荠 *Cardamine flexuosa* With.

855. 碎米荠 *Cardamine hirsuta* L.

856. 弹裂碎米荠 *Cardamine impatiens* L.

857. 臭荠 *Coronopus didymus* (L.) J. E. Smith

858. 北美独行菜 *Lepidium virginicum* L.

859. 广东葶菜 *Rorippa cantoniensis* (Lour.) Ohwi.

860. 葶菜 *Rorippa indica* (L.) Hiern

861. 卵叶阴山荠 *Yinshania paradoxa* (Hance) Y. Z. Zhao

Ⅱ-2-8-8 杜英目 Elaeocarpales

八十四、 杜英科 Elaeocarpaceae

862. 中华杜英 *Elaeocarpus chinensis* (Gardn. et Champ.) Hook. f. ex Benth.

863. 杜英 *Elaeocarpus decipiens* Hemsl.

864. 秃瓣杜英 *Elaeocarpus glabripetalus* Merr.

865. 日本杜英 *Elaeocarpus japonicus* Sieb. et Zucc.

866. 山杜英 *Elaeocarpus sylvestris* (Lour.) Poir.

867. 猴欢喜 *Sloanea sinensis* (Hance) Hemsl.

Ⅱ-2-8-9 锦葵目 Malvales

八十五、 椴树科 Tiliaceae

868. 田麻 *Corchoropsis tomentosa* (Thunb.) Makino

869. 甜麻 *Corchorus aestuans* L.

870. 扁担杆 *Grewia biloba* G. Don

871. 同色扁担杆 *Grewia concolor* Merr.

872. 白毛椴 *Tilia endochrysea* Hand.-Mazz.

873. 椴树 *Tilia tuan* Szyszy L.

874. 单毛刺蒴麻 *Triumfetta annua* L.

八十六、 梧桐科 Sterculiaceae

875. 梧桐 *Firmania simplex* (L.) F. W. Wight

876. 马松子 *Melochia corchorifolia* L.

877. 密花梭罗 *Reevesia pycnantha* Ling

八十七、 锦葵科 Malvaceae

878. 黄葵 *Abelmoschus moschatus* (L.) Medic.

879. 苘麻 *Abutilon theophrasti* Medic.

880. 木芙蓉 *Hibiscus mutabilis* L.

881. 木槿 *Hibiscus syriacus* L.

882. 白花重瓣木槿 *Hibiscus syriacus* L. f. *albus-plenus* London

883. 野葵 *Malva verticillata* L.

884. 白背黄花稔 *Sida rhombifolia* L.

885. 地桃花 *Urena lobata* L.

886. 梵天花 *Urena procumbens* L.

II-2-8-10 荨麻目 Urticales

八十八、 榆科 Ulmaceae

887. 糙叶树 *Aphananthe aspera* (Thunb.) Planch.

888. 紫弹树 *Celtis biondii* Pamp.

889. 朴树 *Celtis sinensis* Pers.

890. 西川朴 *Celtis vandervoetiana* Schneid.

891. 青檀 *Pteroceltis tatarinowii* Maxim.

892. 光叶山黄麻 *Trema cannabina* Lour.

893. 山油麻 *Trema cannabina* Lour.var. *dielsiana* (Hand.-Mazz.) C. J. Chen

894. 山黄麻 *Trema orientalis* (L.) Bl.

895. 多脉榆 *Ulmus castaneifolia* Hemsl.

896. 杭州榆 *Ulmus changii* Cheng

897. 榔榆 *Ulmus parvifolia* Jacq.

898. 大叶榉树 *Zelkova schneideriana* Hand.-Mazz.

八十九、 桑科 Moraceae

899. 葡蟠 *Broussonetia kaempferi* Sieb.

900. 小构树 *Broussonetia kazinoki* Sieb. et Zucc.

901. 构树 *Broussonetia papyrifera* (L.) L'Her. ex Vent.

902. 水蛇麻 *Fatoua villosa* (Thunb.) Nakai

903. 天仙果 *Ficus erecta* Thunb. var. *beecheyana* (Hook. et Arn.) King

904. 台湾榕 *Ficus formosana* Maxim.

905. 异叶榕 *Ficus heteromorpha* Hemsl.

906. 粗叶榕 *Ficus hirta* Vahl

907. 琴叶榕 *Ficus pandurata* Hance

908. 薜荔 *Ficus pumila* L.

909. 珍珠莲 *Ficus sarmentosa* Buch.-Ham. ex J. E. Sm. var. *henryi* (King ex D. Oliv.) Corn.

910. 白背爬藤榕 *Ficus sarmentosa* Buch.-Ham. ex J. E. Sm. var. *nipponica* (Fr. ex Sav.) Corn.

911. 竹叶榕 *Ficus stenophylla* Hemsl.

912. 变叶榕 *Ficus variolosa* Lindl. ex Benth.

913. 葎草 *Humulus scandens* (Lour.) Merr.

914. 构棘 *Maclura cochinchinensis* (Lour.) Corner

915. 毛柘藤 *Maclura pubescens* (Trecul.) Z. K. Zhou et M. G. Gilbert

916. 柘 *Maclura tricuspidata* (Lour.) Carriere

917. 桑树 *Morus alba* L.

918. 鸡桑 *Morus australis* Poir.

919. 华桑 *Morus cathayana* Hemsl.

九十、荨麻科 Urticaceae

920. 序叶苎麻 *Boehmeria clidemioides* Miq. var. *diffusa* (Wedd.) Hand.-Mazz.

921. 大叶苎麻 *Boehmeria longispica* Steud.

922. 水苎麻 *Boehmeria macrophylla* Hornem.

923. 糙叶水苎麻 *Boehmeria macrophylla* Hornem. var. *scabrella* (Roxb.) Long

924. 苎麻 *Boehmeria nivea* (L.) Gaud.

925. 小赤麻 *Boehmeria spicata* (Thunb.) Thunb.

926. 悬铃叶苎麻 *Boehmeria tricuspis* (Hance) Makino

927. 台湾楼梯草 *Elatostema acuteserratum* B. L. Shih et Yuen P. Yang

928. 楼梯草 *Elatostema involucratum* Franch. et Sav.

929. 钝叶楼梯草 *Elatostema obtusum* Wedd.

930. 庐山楼梯草 *Elatostema stewardii* Merr.

931. 糯米团 *Gonostegia hirta* (Blume ex Hassk.) Miq.

932. 珠芽艾麻 *Laportea bulbifera* (Sieb. et Zucc.) Wedd.

933. 假楼梯草 *Lecanthus peduncularis* (Wall. ex Royle) Wedd.

934. 花点草 *Nanocnide japonica* Bl.

935. 紫麻 *Oreocnide frutescens* (Thunb.) Miq.

936. 赤车 *Pellionia radicans* Wedd.

937. 蔓赤车 *Pellionia scabra* Benth.

938. 圆瓣冷水花 *Pilea angulata* (Bl.) Bl.

939. 湿生冷水花 *Pilea aquarum* Dunn

940. 波缘冷水花 *Pilea cavaleriei* Levl.

941. 山冷水花 *Pilea japonica* Hand.-Mazz.

942. 透茎冷水花 *Pilea mongolica* Wedd.

943. 冷水花 *Pilea notata* C. H. Wright

944. 矮冷水花 *Pilea peploides* (Gaud.) Hook. et Arn.

945. 闽北冷水花 *Pilea verrucosa* Hand.-Mazz. var. *fujianensis* C. J. Chen

II-2-8-11 大戟目 Euphobiales

九十一、大戟科 Euphorbiaceae

946. 铁苋菜 *Acalypha australis* L.

947. 黑面神 *Breynia fruticosa* (L.) Hook. f.

948. 禾串树 *Bridelia insulana* Hance

949. 飞扬草 *Euphorbia hirta* L.

950. 千根草 *Euphorbia thymifolia* L.

951. 毛果算盘子 *Glochidion eriocarpum* Champ.

952. 算盘子 *Glochidion puberum* (L.) Hutch.

953. 白背叶 *Mallotus apeltus* (Lour.) Muell.-Arg.

954. 野桐 *Mallotus japonicus* (Thunb.) Muell.-Arg.var. *floccosus* (Muell.-Arg.) S. M. Hwang

955. 东南野桐 *Mallotus lianus* Crioz.

956. 粗糠柴 *Mallotus philippinensis* (Lam.) Muell.-Arg.

957. 石岩枫 *Mallotus repandus* (Willd.) Muell.-Arg.

958. 浙江叶下珠 *Phyllanthus chekiangensis* Chroiz.

959. 落萼叶下珠 *Phyllanthus flexuosus* (Sieb. et Zucc.) Muell.-Arg.

960. 青灰叶下珠 *Phyllanthus glaucus* Wall.

961. 蜜柑草 *Phyllanthus matsumurae* Hayata

962. 叶下珠 *Phyllanthus urinaria* L.

963. 蓖麻 *Ricinus communis* L.

964. 山乌桕 *Sapium discolor* (Champ. ex Benth.) Muell.-Arg.

965. 白木乌桕 *Sapium japonicum* (Sieb. et Zucc.) Pax et Hoffm.

966. 乌桕 *Sapium sebiferum* (L.) Roxb.

967. 油桐 *Vernicia fordii* (Hemsl.) Airy Shaw

968. 木油树 *Vernicia montana* Lour.

九十二、 五月茶科 Stilaginaceae

969. 酸味子 *Antidesma japonicum* Sieb. et Zucc.

九十三、 重阳木科 Bischofiaceae

970. 重阳木 *Bischofia polycarpa* (Levl.) Airy Shaw

九十四、 瑞香科 Thymelaeaceae

971. 芫花 *Daphne genkwa* Sieb. et Zucc.

972. 毛瑞香 *Daphne kiusiana* Miq. var. *atrocaulis* (Rehd.) F. Maekawa

973. 了哥王 *Wikstroemia indica* (L.) C. A. Mey

974. 北江荛花 *Wikstroemia monnula* Hance

II-2-8-12 石南目 Ericales

九十五、 猕猴桃科 Actinidiaceae

975. 软枣猕猴桃 *Actinidia arguta* (Sieb. et Zucc.) Planch.

976. 中华猕猴桃 *Actinidia chinensis* Pl.

977. 异色猕猴桃 *Actinidia callosa* Lindl. var. *discolor* C. F. Liang

978. 京梨猕猴桃 *Actinidia callosa* Lindl. var. *henryi* Maxim.

979. 毛花猕猴桃 *Actinidia eriantha* Benth.

980. 黄毛猕猴桃 *Actinidia fulvicoma* Hance

981. 长叶猕猴桃 *Actinidia hemsleyana* Dunn

982. 小叶猕猴桃 *Actinidia lanceolata* Dunn

983. 阔叶猕猴桃 *Actinidia latifolia* (Gardn. et Champ.) Merr.

984. 黑蕊猕猴桃 *Actinidia melanandra* Franch.

985. 清风藤猕猴桃 *Actinidia sabiaefolia* Dunn

986. 安息香猕猴桃 *Actinidia styracifolia* Liang

九十六、 桤叶树科 Cyrillaceae

987. 云南桤叶树 *Clethra delavayi* Franch.

988. 贵州桤叶树 *Clethra kaipoensis* H. Lév.

九十七、 杜鹃花科 Rhodoraceae

989. 灯笼树 *Enkianthus chinensis* Franch.

990. 齿缘吊钟花 *Enkianthus serrulatus* (Wils.) Schneid.

991. 白珠树 *Gaultheria leucocarpa* Bl. f. *cumingiana* (Vid.) Sleum.

992. 珍珠花 *Lyonia ovalifolia* (Wall.) Drude

993. 小果珍珠花 *Lyonia ovalifolia* (Wall.) Drude var. *elliptica* (Sieb. et Zucc.) Hand.-Mazz.

994. 毛果珍珠花 *Lyonia ovalifolia*(Wall.) Drude var. *hebecarpa* (Franch. ex Forb. et Hemsl.) Chun

995. 美丽马醉木 *Pieris formosa* (Wall.) D. Don

996. 马醉木 *Pieris japonica* (Thunb.) D. Don ex G. Don

997. 刺毛杜鹃 *Rhododendron championiae* Hook.

998. 云锦杜鹃 *Rhododendron fortunei* Lindl.

999. 亨利杜鹃 *Rhododendron henryi* Hance

1000. 西施花 *Rhododendron latoucheae* Fr.

1001. 满山红 *Rhododendron mariesii* Hemsl. et E. H. Wilson

1002. 马银花 *Rhododendron ovatum* (Lindl.) Planch.

1003. 溪畔杜鹃 *Rhododendron rivulare* Hand.-Mazz.

1004. 毛果杜鹃 *Rhododendron seniavinii* Maxim.

1005. 猴头杜鹃 *Rhododendron simiarum* Hance

1006. 杜鹃 *Rhododendron simsii* Planch.

九十八、 越桔科 Vacciniaceae

1007. 南烛 *Vaccinium bracteatum* Thunb.

1008. 短尾越桔 *Vaccinium carlesii* Dunn

1009. 无梗越桔 *Vaccinium henryi* Hemsl.

1010. 黄背越桔 *Vaccinium iteophyllum* Hance

1011. 扁枝越桔 *Vaccinium japonicum* Miq. var. *sinicum* (Nakai) Rehder

1012. 长尾乌饭 *Vaccinium longicaudatum* Chun

1013. 江南越桔 *Vaccinium mandarinorum* Diels

1014. 刺毛越桔 *Vaccinium trichocladum* Merr. et Metc.

九十九、 鹿蹄草科 Pyrolaceae

1015. 鹿蹄草 *Pyrola calliantha* H. Andr.

1016. 长叶鹿蹄草 *Pyrola elegantula* H. Andr.

Ⅱ-2-8-13 安息香目 Styracales

一百、 安息香科 Styracaceae

1017. 赤杨叶 *Alniphyllum fortunei* (Hemsl.) Makino

1018. 银钟花 *Halesia macgregorii* Chun

1019. 陀螺果 *Melliodendron xylocarpum* Hand.-Mazz.

1020. 小叶白辛树 *Pterostyrax corymbosa* Sieb. et Zucc.

1021. 灰叶安息香 *Styrax calvescens* Perkins

1022. 赛山梅 *Styrax confusus* Hemsl.

1023. 台湾安息香 *Styrax formosanus* Matsum.

1024. 野茉莉 *Styrax japonicus* Sieb. et Zucc.

1025. 芬芳安息香 *Styrax odoratissimus* Champ.

1026. 栓叶安息香 *Styrax suberifolius* Hook. et Arn.

1027. 越南安息香 *Styrax tonkinensis* (Pierre) Craib ex Hartw.

一百〇一、 山矾科 Symplocaceae

1028. 腺柄山矾 *Symplocos adenopus* Hance

1029. 薄叶山矾 *Symplocos anomala* Brand

1030. 总状山矾 *Symplocos botryantha* Franch

1031. 华山矾 *Symplocos chinensis* (Lour.) Druce.

1032. 越南山矾 *Symplocos cochinchinensis* (Lour.) S. Moore

1033. 南岭山矾 *Symplocos confusa* Brand

1034. 密花山矾 *Symplocos congesta* Benth.

1035. 厚皮山矾 *Symplocos crassifolia* Benth.

1036. 羊舌树 *Symplocos glauca* (Thunb.) Lour.

1037. 光叶山矾 *Symplocos lancifolia* Sieb. et Zucc.

1038. 黄牛奶树 *Symplocos laurina* (Retz.) Wall.

1039. 光亮山矾 *Symplocos lucida* (Thunb.) Siebold et Zucc.

1040. 潮州山矾 *Symplocos mollifolia* Dunn

1041. 白檀 *Symplocos paniculata* (Thunb.) Miq.

1042. 四川山矾 *Symplocos setchuensis* Brand

1043. 老鼠矢 *Symplocos stellaris* Brand.

1044. 山矾 *Symplocos sumuntia* Buch.-Ham. ex D. Don

1045. 棱角山矾 *Symplocos tetragona* Chen ex Y. F. Wu

1046. 微毛山矾 *Symplocos wikstroemiifolia* Hayata

一百〇二、　柿树科 Ebenaceae

1047. 山柿 *Diospyros japonica* Siebold et Zucc.

1048. 野柿 *Diospyros kaki* L. f. var. *silvestris* Makino

1049. 君迁子 *Diospyros lotus* L.

1050. 罗浮柿 *Diospyros morrisiana* Hance

1051. 油柿 *Diospyros oleifera* Cheng

Ⅱ-2-8-14 报春花目 Primulales

一百〇三、　紫金牛科 Myrsinaceae

1052. 九管血 *Ardisia brevicaulis* Diels

1053. 小紫金牛 *Ardisia chinensis* Benth

1054. 朱砂根 *Ardisia crenata* Sims.

1055. 红凉伞 *Ardisia crenata* Sims. var. *bicolor* (E. Walker) C. Y. Wu et C. Chen

1056. 百两金 *Ardisia crispa* (Thunb.) A. DC.

1057. 紫金牛 *Ardisia japonica* (Thunb.) Bl.

1058. 虎舌红 *Ardisia mamillata* Hance

1059. 莲座紫金牛 *Ardisia primulifolia* Gardn. et Champ.

1060. 山血丹 *Ardisia lindleyana* D. Dietr.

1061. 九节龙 *Ardisia pusilla* A. DC.

1062. 罗伞树 *Ardisia quinquegona* Bl.

1063. 网脉酸藤子 *Embelia rudis* Hand.-Mazz.

1064. 杜茎山 *Maesa japonica* (Thunb.) Moritzi. ex Zoll.

1065. 金珠柳 *Maesa montana* A. DC.

1066. 光叶铁仔 *Myrsine stolonifera* (Koidz.) Walk.

1067. 密花树 *Rapanea neriifolia* (Sieb. et Zucc.) Mez.

一百〇四、　报春花科 Primulaceae

1068. 广西过路黄 *Lysimachia alfredii* Hance

1069. 细梗香草 *Lysimachia capillipes* Hemsl.

1070. 泽珍珠菜 *Lysimachia candida* Lindl.

1071. 过路黄 *Lysimachia christinae* Hance

1072. 珍珠菜 *Lysimachia clethroides* Duby.

1073. 临时救 *Lysimachia congestiflora* Hemsl.

1074. 星宿菜 *Lysimachia fortunei* Maxim.

1075. 福建过路黄 *Lysimachia fukienensis* Hand.-Mazz.

1076. 点腺过路黄 *Lysimachia hemsleyana* Maxim. ex Oliv.

1077. 黑腺珍珠菜 *Lysimachia heterogenea* Klatt

1078. 轮叶过路黄 *Lysimachia klattiana* Hance

1079. 南平过路黄 *Lysimachia nanpingensis* Chen et C. M. Hu

1080. 巴东过路黄 *Lysimachia patungensis* Hand.-Mazz.

1081. 疏头过路黄 *Lysimachia pseudo-henryi* Pamp.

1082. 假婆婆纳 *Stimpsonia chamaedryoides* Wright et A. Gray

Ⅱ-2-8-15 虎耳草目 Saxifragales

一百〇五、 景天科 Crassulaceae

1083. 费菜 *Sedum aizoon* L.

1084. 东南景天 *Sedum alfredii* Hance

1085. 凹叶景天 *Sedum emarginatum* Migo.

1086. 日本景天 *Sedum japonica* Sieb. et Miq.

1087. 四芒景天 *Sedum tetractinum* Frod.

1088. 佛甲草 *Sedum lineare* Thunb.

1089. 垂盆草 *Sedum sarmentosum* Bge.

1090. 火焰草 *Sedum stellariifolium* Franch.

一百〇六、 虎耳草科 Saxifragaceae

1091. 红落新妇 *Astilbe rubra* Hook. f. et Thomas.

1092. 建宁金腰 *Chrysospleniumjienningense* W. T. Wang

1093. 绵毛金腰 *Chrysosplenium lanuginosum* Hook. f. et Thoms.

1094. 大叶金腰 *Chrysosplenium macrophyllum* Oliv.

1095. 中华金腰 *Chrysosplenium sinicum* Maxim.

1096. 虎耳草 *Saxifraga stolonifera* Meerb.

1097. 黄水枝 *Tiarella polyphylla* D. Don.

一百〇七、 梅花草科 Parnassiaceae

1098. 白耳菜 *Parnassia foliosa* Hook. f. et Thomas.

1099. 鸡眼梅花草 *Parnassia wightiana* Wall. ex Wight et Arn.

Ⅱ-2-8-16 茶藨子目 Greyiales

一百〇八、 鼠刺科 Iteaceae

1100. 鼠刺 *Itea chinensis* Hook. et Arn.

1101. 峨眉鼠刺 *Itea omeiensis* C. K. Schneid.

Ⅱ-2-8-17 小二仙草目 Haloragales

一百〇九、 小二仙草科 Haloragaceae

1102. 黄花小二仙草 *Haloragis chinensis* (Lour.) Merr.

1103. 小二仙草 *Haloragis micrantha* (Thunb.) R. Br.

1104. 穗状狐尾藻 *Myriophyllum spicatum* L.

Ⅱ-2-8-18 川苔草目 Podostemales

一百一十、 川苔草科 Podostemaceae

1105. 川藻 *Dalzellia sessilis* (H. C. Chao) C. Cusset et G. Cusset

Ⅱ-2-8-19 蔷薇目 Rosales

一百一十一、 蔷薇科 Rosaceae

1106. 龙芽草 *Agrimonia pilosa* Ledeb.

1107. 桃 *Amygdalus persica* L.

1108. 梅 *Armeniaca mume* Sieb.

1109. 假升麻 *Aruncus Sylvester* Kostel.

1110. 钟花樱桃 *Cerasus campanulata* Maxim.

1111. 郁李 *Cerasus japonica* (Thunb.) Loisel.

1112. 毛柱郁李 *Cerasus pogonostyla* (Maxim.) Yü et Li

1113. 野山楂 *Crataegus cuneata* Sieb. et Zucc.

1114. 小果野山楂 *Crataegus cuneata* Sieb. et Zucc. var. *tangchungchangii* (F. P. Metcalf) T. C. Ku et Spongberg

1115. 皱果蛇莓 *Duchesnea chrysantha* (Zoll. et Mor.) Miq.

1116. 蛇莓 *Duchesnea indica* (Andr.) Focke

1117. 柔毛水杨梅 *Geum japonicum* Thunb. var. *chinense* F. Bolle

1118. 棣棠花 *Kerria japonica* (L.) DC.

1119. 腺叶桂樱 *Laurocerasus phaeosticta* (Hance) C. K. Schneid.

1120. 刺叶桂樱 *Laurocerasus spinulosa* (Sieb. et Zucc.) Schneid.

1121. 大叶桂樱 *Laurocerasus zippeliana* (Miq.) Rehd.

1122. 湖北海棠 *Malus hupehensis* (Pamp.) Rehd.

1123. 尖嘴林檎 *Malus melliana* (Hand.-Mazz.) Rehd.

1124. 灰叶稠李 *Padus grayana* (Maxim.) C. K. Schneid.

1125. 橉木 *Padus buergeriana* (Miq.) T. T. Yu et T. C. Ku

1126. 中华石楠 *Photinia beauverdiana* Schneid.

1127. 椤木石楠 *Photinia davidsoniae* Rehd. et Wils.

1128. 光叶石楠 *Photinia glabra* (Thunb.) Maxim

1129. 褐毛石楠 *Photinia hirsuta* Hand.-Mazz.

1130. 小叶石楠 *Photinia parvifolia* (Pritz.) Schneid.

1131. 桃叶石楠 *Photinia prunifolia* (Hook. et Arn.) Lindl.

1132. 绒毛石楠 *Photinia schneideriana* Rehd. et Wils.

1133. 石楠 *Photinia serrulata* Lindl.

1134. 毛叶石楠 *Photinia villosa* (Thunb.) DC.

1135. 翻白草 *Potentilla discolor* Bge.

1136. 三叶委陵菜 *Potentilla freyniana* Bornm.

1137. 蛇含委陵菜 *Potentilla kleiniana* Wight et Arn.

1138. 豆梨 *Pyrus calleryana* DC.

1139. 楔叶豆梨 *Pyrus calleryana* DC. var. *koehnei* (Schneid.) Yu

1140. 沙梨 *Pyrus pyrifolia* (Burm. f.) Nakai

1141. 麻梨 *Pyrus serrulata* Rehd.

1142. 锈毛石斑木 *Raphiolepis ferruginea* Metcalf

1143. 石斑木 *Raphiolepis indica* Lindl.

1144. 大叶石斑木 *Raphiolepis major* Card.

1145. 银粉蔷薇 *Rosa anemoniflora* Fort. ex Lindl.

1146. 硕苞蔷薇 *Rosa bracteata* Wendl.

1147. 小果蔷薇 *Rosa cymosa* Tratt.

1148. 软条七蔷薇 *Rosa henryi* Bouleng

1149. 金樱子 *Rosa laevigata* Michx.

1150. 野蔷薇 *Rosa multiflora* Thunb.

1151. 粉团蔷薇 *Rosa multiflora* Thunb. var. *cathayensis* Rehd. et Wils.

1152. 重瓣曹丝花 *Rosa roxburghii* Tratt. var. *plena* Rehd.

1153. 腺毛莓 *Rubus adenophorus* Roofe.

1154. 周毛悬钩子 *Rubus amphidasys* Focks ex Diels.

1155. 寒莓 *Rubus buergeri* Miq.

1156. 掌叶复盆子 *Rubus chingii* Hu

1157. 山莓 *Rubus corchorifolius* L. f.

1158. 中南悬钩子 *Rubus grayanus* Maxim.

1159. 三裂中南悬钩子 *Rubus grayanus* Maxim. var. *trilobatus* Yu et Lu

1160. 蓬藟 *Rubus hirsutus* Thunb.

1161. 湖南悬钩子 *Rubus hunanensis* Hand.-Mazz.

1162. 陷脉悬钩子 *Rubus impresinervius* Metc.

1163. 白叶莓 *Rubus innominatus* S. Moore.

1164. 灰毛泡 *Rubus irenaeus* Focke

1165. 高粱泡 *Rubus lambertianus* Ser.

1166. 太平莓 *Rubus pacificus* Hance

1167. 悬钩子 *Rubus palmatus* Thunb.

1168. 茅莓 *Rubus parvifolius* L.

1169. 黄泡 *Rubus pectinellus* Maxim.

1170. 盾叶莓 *Rubus peltatus* Maxim.

1171. 锈毛莓 *Rubus reflexus* Ker.

1172. 浅裂锈毛莓 *Rubus reflexus* Ker. var. *hui* (Diels ex Hu) Metcalf

1173. 空心泡 *Rubus rosaefolius* Smith

1174. 红腺悬钩子 *Rubus sumatranus* Miq.

1175. 木莓 *Rubus swinhoei* Hance

1176. 灰白毛莓 *Rubus tephrodes* Hance

1177. 三花悬钩子 *Rubus trianthus* Focke

1178. 东南悬钩子 *Rubus tsangorum* Hand.-Mazz.

1179. 石灰花楸 *Sorbus folgneri* (Schneid.) Rehd.

1180. 麻叶绣线菊 *Spiraeacantoniensis* Lour.

1181. 中华绣线菊 *Spiraea chinensis* Maxim.

1182. 疏毛绣线菊 *Spiraea hirsuta* (Hemsl.) C. K. Schneid.

1183. 狭叶粉花锈线菊 *Spiraea japonica* L. f. var. *acuminata* Franch

1184. 光叶粉花锈线菊 *Spiraea japonica* L. f. var. *fortunei* (Planch.) Rehd.

1185. 单瓣李叶锈线菊 *Spiraea prunifolia* Sieb. et Zucc. var. *simpliciflora* Nakai

1186. 野珠兰 *Stephanandra chinensis* Hance

1187. 波缘红果树 *Stranvaesia davidiana* Dcne var. *undulata* (Dcne) Rehd et Wils.

Ⅱ-2-8-20 茅膏菜目 Droserales

一百一十二、 茅膏菜科 Droseraceae

1188. 盾叶茅膏菜 *Drosera peltata* Smithex Willdenow

1189. 圆叶茅膏菜 *Drosera rotundifolia* L.

1190. 匙叶茅膏菜 *Drosera spathulata* Labill.

Ⅱ-2-8-21 山龙眼目 Proteales

一百一十三、　山龙眼科 **Proteaceae**

1191. 小果山龙眼 *Helicia cochinchinensis* Lour.

Ⅱ-2-8-22 胡颓子目 Elaeagnales

一百一十四、　胡颓子科 **Elaeagnaceae**

1192. 巴东胡颓子 *Elaeagnus difficilis* Serv.

1193. 蔓胡颓子 *Elaeagnus glabra* Thunb.

1194. 宜昌胡颓子 *Elaeagnus henryi* Warb.

1195. 胡颓子 *Elaeagnus pungens* Thunb.

Ⅱ-2-8-23 桃金娘目 Myrtales

一百一十五、　桃金娘科 Myrtaceae

1196. 华南蒲桃 *Syzygium austrosinense* (Merr. et Perry.) Chang et Miau

1197. 赤楠 *Syzygium buxifolium* Hook. et Arn.

1198. 轮叶蒲桃 *Syzygium grijsii* Merr. et Perry.

一百一十六、　柳叶菜科 **Onagraceae**

1199. 谷蓼 *Circaea erubescens* Franch. et Savat.

1200. 南方露珠草 *Circaea mollis* Sieb. et Zucc.

1201. 柳叶菜 *Epilobium hirsutum* L.

1202. 细籽柳叶菜 *Epilobium minutiflorum* Hausskn.

1203. 长籽柳叶菜 *Epilobium pyrricholophum* Fr. et Sav.

1204. 水龙 *Ludwigia adscendens* (L.) Hara

1205. 假柳叶菜 *Ludwigia epilobioides* Maxim.

1206. 草龙 *Ludwigia hyssopifolia* (G. Don) Exell

1207. 毛草龙 *Ludwigia octovalvis* (Jacq.) P. H. Raven

1208. 卵叶丁香蓼 *Ludwigia ovalis* Miq.

一百一十七、　菱科 **Trapaceae**

1209. 菱 *Trapabispinosa* Roxb.

一百一十八、　千屈菜科 **Lythraceae**

1210. 水苋菜 *Ammannia baccifera* L.

1211. 紫薇 *Lagerstroemia indica* L.

1212. 南紫薇 *Lagerstroemia subcostata* Koehne

1213. 节节菜 *Rotala indica* (Willd.) Koehne

1214. 圆叶节节菜 *Rotala rotundifolia* (Buch.-Ham.) Koehne

一百一十九、　野牡丹科 **Melastomaceae**

1215. 线萼金花树 *Blastus apricus* (Hand.-Mazz.) H.L.Li

1216. 秀丽野海棠 *Bredia amoena* Diels

1217. 过路惊 *Bredia quadrangularis* Cogn.

1218. 鸭脚茶 *Bredia sinensis* (Diels) H. L. Li

1219. 肥肉草 *Fordiophyton fordii* (Oliv.) Krass.

1220. 地菍 *Melastoma dodecandrum* Lour.

1221. 金锦香 *Osbeckia chinensis* L.

1222. 朝天罐 *Osbeckia opipara* C. Y. Wu et C. Chen

1223. 叶底红 *Phyllagathis fordii* (Hance) C. Chen

1224. 楮头红 *Sarcopyramis nepalensis* Wall.

Ⅱ-2-8-24 无患子目 Sapindales

一百二十、 省沽油科 Staphyleaceae

1225. 野鸦椿 *Euscaphis japonica* (Thunb.) Kanitz.

1226. 建宁野鸦椿 *Euscaphis japonica* (Thunb.) Kanitz. var. *jianningensis* Q. J. Wang

1227. 圆齿野鸦椿 *Euscaphis konishii* Hayata

1228. 锐尖山香圆 *Turpinia arguta* Seem.

一百二十一、 瘿椒树科 Tapisciaceae

1229. 瘿椒树 *Tapiscia sinensis* Oliv.

一百二十二、 无患子科 Sapindaceae

1230. 倒地铃 *Cardiospermum halicacabum* L.

1231. 伞花木 *Eurycorymbus cavaleriei* (Levl.) Rehd. et Hand.-Mazz.

1232. 无患子 *Sapindus mukorossii* Gaertn.

一百二十三、 槭树科 Aceraceae

1233. 阔叶槭 *Acer amplum* Rehd.

1234. 樟叶槭 *Acer cinnamomifolium* Hayata

1235. 紫果槭 *Acer cordatum* Pax.

1236. 小紫果槭 *Acer cordatum* Pax. var. *microcordatum* Metc.

1237. 青榨槭 *Acer davidii* Franch.

1238. 始建槭 *Acer henryi* Pax

1239. 亮叶槭 *Acer lucidum* Metc.

1240. 五裂槭 *Acer oliverianum* Pax

1241. 毛脉槭 *Acer pubinerve* Rehd.

1242. 中华槭 *Acer sinensis* Pax

1243. 岭南槭 *Acer tutcheri* Dthie

一百二十四、 伯乐树科 Bretschneideraceae

1244. 伯乐树 *Bretschneidera sinensis* Hemsl.

Ⅱ-2-8-25 橄榄目 Burserales

一百二十五、 漆树科 Anacardiaceae

1245. 南酸枣 *Choerospondias axillaris* (Roxb) Burtt. ex Hill

1246. 黄连木 *Pistacia chinensis* Bunge

1247. 盐肤木 *Rhus chinensis* Mill.

1248. 白背麸杨 *Rhus hypoleuca* Champ. ex Benth.

1249. 刺果毒漆藤 *Toxicodendron radicans* (L.) Kuntze subsp. *hispidum* (Engl.) Gillis

1250. 野漆 *Toxicodendron succedaneum* (L.) Kuntze

1251. 木蜡树 *Toxicodendron sylvestre* (Sieb. et Zucc.) Kuntze

1252. 毛漆树 *Toxicodendron trichocarpum* (Miq.) O. Kuntze

Ⅱ-2-8-26 泡花树目 Meliosmales

一百二十六、 泡花树科 Meliosmaceae

1253. 垂枝泡花树 *Meliosma flexuosa* Pamp.

1254. 多花泡花树 *Meliosma myriantha* Sieb. et Zucc.

1255. 异色泡花树 *Meliosma myriantha* Sieb. et Zucc. var. *discolor* Dunn

1256. 柔毛泡花树 *Meliosma myriantha* Sieb. et Zucc. var. *pilosa* (Lec.) Law

1257. 腋毛泡花树 *Meliosma rhoifilia* Maxim. var. *barbulata* (Cufod.) Law

1258. 笔罗子 *Meliosma rigida* Sieb. et Wils.

1259. 毡毛泡花树 *Meliosma rigida* Sieb. et Wils. var. *pannosa* (Hand.-Mazz) Law

1260. 樟叶泡花树 *Meliosma squamulata* Hance

Ⅱ-2-8-27 清风藤目 Sabiales

一百二十七、 清风藤科 Sabiaceae

1261. 鄂西清风藤 *Sabia campanulata* Wall. subsp. *ritchieae* (Rehd. et Wils.) Y. F. Wu

1262. 革叶清风藤 *Sabia coriacea* Rehd. et Wils.

1263. 灰背清风藤 *Sabia discolor* Dunn

1264. 清风藤 *Sabia japonica* Maxim.

1265. 尖叶清风藤 *Sabia swinhoei* Hemsl. ex Forb. et Hemsl.

Ⅱ-2-8-28 豆目 Fabales

一百二十八、 苏木科 Caesalpiniaceae

1266. 阔裂叶羊蹄甲 *Bauhinia apertilobata* Merr. et F. P. Metcalf

1267. 龙须藤 *Bauhinia championii* (Benth.) Benth.

1268. 粉叶羊蹄甲 *Bauhinia glauca* (Wall. ex Benth.) Benth.

1269. 鄂羊蹄甲 *Bauhinia glauca* (Wall. ex Benth.) Benth. subsp. *hupehana* (Carib.) T. C. Chen

1270. 云实 *Caesalpinia decapetala* (Roth) Alston

1271. 短叶决明 *Cassia leschenaultiana* DC.

1272. 含羞草决明 *Cassia mimosoides* L.

1273. 决明 *Cassia tora* L.

1274. 皂荚 *Gleditsia sinensis* Lam.

1275. 肥皂荚 *Gymnocladus chinensis* Baill.

1276. 老虎刺 *Pterolobium punctatum* Hemsl.

一百二十九、 含羞草科 Mimosaceae

1277. 山槐 *Albizia kalkora* (Roxb.) Prain

一百三十、 蝶形花科 Papilionaceae

1278. 合萌 *Aeschynomene indica* L.

1279. 三籽两型豆 *Amphicarpaea trisperma* (Miq.) Baker ex Jackson

1280. 土圞儿 *Apios fortunei* Maxim.

1281. 亮叶崖豆藤 *Callerya nitida* (Benth.) R. Geesink

1282. 网络崖豆藤 *Callerya reticulata* (Benth.) Schot

1283. 鸡足香槐 *Cladrastis delavayi* (Franch.) Prain

1284. 响铃豆 *Crotalaria albida* Heyne ex Roth

1285. 中国猪屎豆 *Crotalaria chinensis* L.

1286. 假地蓝 *Crotalaria ferruginea* Grah. ex Benth.

1287. 猪屎豆 *Crotalaria pallida* Ait.

1288. 野百合 *Crotalaria sessiliflora* L.

1289. 大托叶猪屎豆 *Crotalaria spectabilis* Roth

1290. 藤黄檀 *Dalbergia hancei* Benth.

1291. 黄檀 *Dalbergia hupeana* Hance

1292. 中南鱼藤 *Derris fordii* Oliv.

1293. 小槐花 *Desmodium caudatum* (Thunb.) DC.

1294. 假地豆 *Desmodium heterocarpon* (L.) DC.

1295. 糙毛假地豆 *Desmodium heterocarpon* (L.) DC. var. *strigosum* vaniot Meeuwen

1296. 小叶三点金 *Desmodium microphyllum* (Willd.) DC.

1297. 饿蚂蝗 *Desmodium multiflorum* DC.

1298. 三点金 *Desmodium triflorum* (L.) DC.

1299. 鸡头薯 *Eriosema chinense* Vogel

1300. 山豆根 *Euchresta japonica* Hook. f. ex Regel.

1301. 野大豆 *Glycine soja* Sieb. et Zucc.

1302. 庭藤 *Indigofera decora* Lindl.

1303. 宜昌木蓝 *Indigofera ichangensis* Craib.

1304. 马棘 *Indigofera pseudotinctoria* Mats.

1305. 鸡眼草 *Kummerowia striata* (Thunb.) Schindl.

1306. 胡枝子 *Lespedeza bicolor* Turcz.

1307. 中华胡枝子 *Lespedeza chinensis* G. Don

1308. 截叶铁扫帚 *Lespedeza cuneata* (Dum.-Cours.) G. Don

1309. 多花胡枝子 *Lespedeza floribunda* Bunge.

1310. 美丽胡枝子 *Lespedeza formosa* (Vog.) Koehne

1311. 铁马鞭 *Lespedeza pilosa* (Thunb.) Sieb. et Maxim.

1312. 柔毛胡枝子 *Lespedeza pubescens* Hayata

1313. 山豆花 *Lespedeza tomentosa* (Thunb.) Sieb. et Zucc.

1314. 绿花崖豆藤 *Millettia championi* Benth.

1315. 香花崖豆藤 *Millettia dielsiana* Harms

1316. 异果崖豆藤 *Millettia dielsiana* Harms var. *heterocarpa* (Chun et T. Chen) Z. Wei

1317. 白花油麻藤 *Mucuna birdwoodiana* Tutch.

1318. 闽油麻藤 *Mucuna cyclocarpa* Metcalf

1319. 常春油麻藤 *Mucuna sempervirens* Hemsl.

1320. 花榈木 *Ormosia henryi* Prain

1321. 红豆树 *Ormosia hosiei* Hemsl. et Wils.

1322. 木荚红豆 *Ormosia xylocarpa* Chun ex Merr.

1323. 羽叶长柄山蚂蝗 *Podocarpium oldhamii* (Oliv.) Yang et Huang

1324. 宽卵叶长柄山蚂蝗 *Podocarpium podocarpum* (DC.) Yang et Huang var. *fallax* (Schneid.) Yang et Huang

1325. 尖叶长柄山蚂蝗 *Podocarpium podocarpum* (DC.) Yang et Huang var. *oxyphyllum* (DC.) Yang et Huang

1326. 葛麻姆 *Pueraria montana* (Lour.) Merr.

1327. 葛 *Pueraria montana* (Lour.) Merr. var. *lobata* (Willd.) Maesen et S. M. Almeida ex Sanjappa et Predeep

1328. 菱叶鹿藿 *Rhynchosia dielsii* Harms

1329. 鹿藿 *Rhynchosia volubilis* Lour.

1330. 苦参 *Sophora flavescens* Ait.

1331. 猫尾草 *Uraria crinita* (L.) Desv. ex DC.

1332. 兔尾草 *Uraria lagopodioides* (L.) Desv.

1333. 小巢菜 *Viciahirsuta* (L.) S. F. Gray

1334. 救荒野豌豆 *Vicia sativa* L.

1335. 贼小豆 *Vigna minima* (Roxb.) Ohwi et Ohashi

1336. 短豇豆 *Vigna unguiculata* (L.) Walp. subsp. *cylindrica* (L.) Verdc.

1337. 小豇豆 *Vigna minima* (Roxb.) Ohwi et Ohashi

1338. 野豇豆 *Vigna vexillata* (L.) Benth.

1339. 紫藤 *Wisteria sinensis* (Sims.) Sweet.

1340. 丁癸草 *Zornia diphylla* (L.) Pers.

Ⅱ-2-8-29 芸香目 **Rutales**

一百三十一、 芸香科 **Rutaceae**

1341. 臭节草 *Boenninghausenia albiflora* (Hook.) Meisn.

1342. 山橘 *Fortunella hindsii* (Champ. ex Benth.) Swing.

1343. 枸橘 *Poncirus trifoliata* (L.) Raf.

1344. 茵芋 *Skimmia reevesiana* Fortune

1345. 楝叶吴萸 *Tetradium glabrifolium* (Champ. ex Benth.) Hartley

1346. 密果吴萸 *Tetradium ruticarpum* (A. Juss.) Hartley

1347. 飞龙掌血 *Toddalia asiatica* Lam.

1348. 椿叶花椒 *Zanthoxylum ailanthoides* Sieb. et Zucc.

1349. 竹叶花椒 *Zanthoxylum armatum* DC.

1350. 簕欓花椒 *Zanthoxylum avicennae* (Lam.) DC.

1351. 岭南花椒 *Zanthoxylum austrosinense* Huang

1352. 柄果花椒 *Zanthoxylum podocarpum* Hemsl.

1353. 花椒簕 *Zanthoxylum scandens* Bl.

1354. 青花椒 *Zanthoxylum schinifolium* Sieb. et Zucc.

1355. 野花椒 *Zanthoxylum simulans* Hance

一百三十二、 苦木科 **Simaroubaceae**

1356. 臭椿 *Ailanthus altissima* (Mill.) Sw.

1357. 苦树 *Picrasma quassioides* (D. Don) Benn

一百三十三、 楝科 **Meliaceae**

1358. 楝 *Melia azedarach* L.

Ⅴ-2-8-30 牻牛儿苗目 **Geraniales**

一百三十四、 牻牛儿苗科 **Geraniaceae**

1359. 野老鹳草 *Geranium carolinianum* L.

1360. 尼泊尔老鹳草 *Geranium nepalense* Sweet

1361. 老鹳草 *Geranium wilfordii* Maxim.

Ⅱ-2-8-31 亚麻目 **Linales**

一百三十五、 古柯科 **Erythroxylaceae**

1362. 东方古柯 *Erythroxylum kunthianum* (Wall.) Kurz.

Ⅱ-2-8-32 酢浆草目 **Oxalidales**

一百三十六、 酢浆草科 **Oxalidaceae**

1363. 酢浆草 *Oxalis corniculata* L.

1364. 山酢浆草 *Oxalis griffithii* Edgew. et Hook. f.

Ⅱ-2-8-33 凤仙花目 **Balsaminales**

一百三十七、 凤仙花科 **Balsaminaceae**

1365. 睫毛萼凤仙花 *Impatiens blepharosepala* Pritz. ex Diels

1366. 华凤仙 *Impatiens chinensis* L.

1367. 鸭跖草状凤仙花 *Impatiens commelinoides* Hand.-Mazz.

1368. 牯岭凤仙花 *Impatiens davidii* Franch.

1369. 黄金凤 *Impatiens siculifer* Hook. f.

1370. 管茎凤仙花 *Impatiens tubulosa* Hemsl.

Ⅱ-2-8-34 远志目 **Polygalales**

一百三十八、 远志科 Polygalaceae

1371. 黄花倒水莲 *Polygala fallax* Hamsl.

1372. 华南远志 *Polygala glomerata* Lour.

1373. 狭叶香港远志 *Polygala hongkongensis* Forb. et Hemsl. var. *stenophylla* (Hayata) Migo

1374. 瓜子金 *Polygala japonica* Houtt.

1375. 大叶金牛 *Polygala latouchei* Franch. et Finet

1376. 齿果草 *Salomonia cantoniensis* Lour.

1377. 椭圆叶齿果草 *Salomonia oblongifolia* DC.

Ⅱ-2-8-35 卫矛目 Euonymales

一百三十九、 卫矛科 Celastraceae

1378. 过山枫 *Celastrus aculeatus* Merr.

1379. 大芽南蛇藤 *Celastrus gemmatus* Loes

1380. 圆叶南蛇藤 *Celastrus kusanoi* Hayata

1381. 独子藤 *Celastrus monospermus* Roxb.

1382. 窄叶南蛇藤 *Celastrus oblanceifolius* Wang

1383. 南蛇藤 *Celastrus orbiculatus* Thunb.

1384. 短梗南蛇藤 *Celastrus rosthornianus* Loes.

1385. 肉花卫矛 *Euonymus carnosus* Hemsl.

1386. 鸦椿卫矛 *Euonymus euscaphis* Hand.-Mazz

1387. 扶芳藤 *Euonymus fortunei* (Turcz.) Hand.-Mazz.

1388. 常春卫矛 *Euonymus hederaceus* Champ. ex Benth.

1389. 疏花卫矛 *Euonymus laxiflorus* Champ.

1390. 大果卫矛 *Euonymus myrianthus* Hemsl

1391. 中华卫矛 *Euonymus nitidus* Benth.

1392. 无柄卫矛 *Euonymus subesessilis* Spraque

1393. 福建假卫矛 *Microtropis fokienensis* Dunn

1394. 密花假卫矛 *Microtropis gracilipes* Merr. et Metc.

1395. 白背雷公藤 *Tripterygium hypoglaucum* (Levl.) Hutch.

1396. 雷公藤 *Tripterygium wilfordii* Hook. f.

Ⅱ-2-8-36 冬青目 Aquifoliales

一百四十、 冬青科 Aquifoliaceae

1397. 满树星 *Ilex aculeolata* Nakai.

1398. 秤星树 *Ilex asprella* (Hook. et Arn.) Champ. ex Benth.

1399. 短梗冬青 *Ilex buergeri* Miq.

1400. 冬青 *Ilex chinensis* Sims

1401. 钝齿冬青 *Ilex crenata* Thunb.

1402. 黄毛冬青 *Ilex dasyphylla* Merr.

1403. 厚叶冬青 *Ilex elmerrilliana* S. Y. Hu

1404. 榕叶冬青 *Ilex ficoidea* Hemsl.

1405. 台湾冬青 *Ilex formosana* Maxim

1406. 大叶冬青 *Ilex latifolia* Thunb.

1407. 汝昌冬青 *Ilex limii* C. Tseng

1408. 矮冬青 *Ilex lohfauensis* Merr.

1409. 小果冬青 *Ilex micrococca* Maxim.

1410. 毛冬青 *Ilex pubescens* Hook. et Arn.

1411. 铁冬青 *Ilex rotunda* Thunb.

1412. 香冬青 *Ilex suaveolens* (Levl.) Loes.

1413. 三花冬青 *Ilex triflora* Bl.

1414. 紫果冬青 *Ilex tsoii* Merr. et Chun

1415. 绿冬青 *Ilex viridis* Champ. ex Benth.

Ⅱ-2-8-37 鼠李目 **Rhamnales**

一百四十一、 鼠李科 **Rhamnaceae**

1416. 多花勾儿茶 *Berchemia floribunda* (wall.) Brongn.

1417. 大叶勾儿茶 *Berchemia huana* Rehd.

1418. 牯岭勾儿茶 *Berchemia kulingensis* Schneid.

1419. 枳椇 *Hovenia dulcis* Thunb.

1420. 毛果枳椇 *Hovenia trichocarpa* Chun et Tsiang

1421. 光叶毛果枳椇 *Hovenia trichocarpa* Chun et Tsiang var. *robusta* (Nakai et Y. Kimura) Y. L. Chou et P. K. Chou

1422. 硬毛马甲子 *Paliurus hirsutus* Hemsl.

1423. 马甲子 *Paliurus ramosissimus* (Lour.) Poir.

1424. 山绿柴 *Rhamnus brachypoda* C. Y. Wu ex Y. L. Chen

1425. 长叶冻绿 *Rhamnus crenata* Sieb. et Zucc.

1426. 尼泊尔鼠李 *Rhamnus napalensis* (Wall.) Laws.

1427. 冻绿 *Rhamnus utilis* Decne.

1428. 山鼠李 *Rhamnus wilsonii* Schneid.

1429. 钩刺雀梅藤 *Sageretia hamosa* (Wall.) Brongn.

1430. 刺藤子 *Sageretia melliana* Hand.-Mazz.

1431. 雀梅藤 *Sageretia thea* (Osbeck) Johnst.

一百四十二、 葡萄科 **Vitaceae**

1432. 广东蛇葡萄 *Ampelopsis cantoniensis* (Hook. et Arn.) Planch.

1433. 三裂蛇葡萄 *Ampelopsis delavayana* Planch. ex Franch.

1434. 蛇葡萄 *Ampelopsis glandulosa* (Wall.) Momiy.

1435. 光叶蛇葡萄 *Ampelopsis glandulosa* (Wall.) Momiy. var. *hancei* (Planch.) Momiy.

1436. 牯岭蛇葡萄 *Ampelopsis glandulosa* (Wall.) Momiy. var. *kulingensis* (Rehd.) Momiy.

1437. 显齿蛇葡萄 *Ampelopsis grossedentata* (Hand.-Mazz.) W. T. Wang

1438. 葎叶蛇葡萄 *Ampelopsis humulifolia* Bunge

1439. 异叶蛇葡萄 *Ampelopsis humulifolia* Bunge var. *heterophylla* (Thunb.) K. Koch

1440. 白蔹 *Ampelopsis japonica* (Thunb.) Makino

1441. 大叶蛇葡萄 *Ampelopsis megalophylla* Diels et Gilg

1442. 蛇葡萄 *Ampelopsis sinica* (Miq.) W. T. Wang

1443. 樱叶乌蔹莓 *Cayratia oligocarpa* (Levl. et Vant.) Gagnep. var. *glabra* (Gagnep.) Rehd.

1444. 乌蔹莓 *Cayratia japonica* (Thunb.) Gagnep.

1445. 苦郎藤 *Cissus assamica* (Laws.) Craib

1446. 异叶地锦 *Parthenocissus dalzielii* Gagnep.

1447. 绿叶地锦 *Parthenocissus laetevirens* Rehd.

1448. 三叶地锦 *Parthenocissus semicordata* (Wall.) Planch.

1449. 地锦 *Parthenocissus tricuspidata* (Sieb. et Zucc.) Planch.

1450. 三叶崖爬藤 *Tetrastigma hemsleyanum* Diels et Gilg

1451. 山葡萄 *Vitis amurensis* Rupr.

1452. 小果葡萄 *Vitis balanseana* Planch.

1453. 蘡薁 *Vitis bryoniifolia* Bunge

1454. 东南葡萄 *Vitis chunganensis* Hu.

1455. 闽赣葡萄 *Vitis chungii* Metcalf

1456. 刺葡萄 *Vitis davidii* Foex.

1457. 葛藟葡萄 *Vitis flexuosa* Thunb.

1458. 毛葡萄 *Vitis quinquangularis* Rehd.

1459. 小叶葡萄 *Vitis sinocinerea* W. T. Wang

1460. 狭叶葡萄 *Vitis tsoii* Merr.

1461. 网脉葡萄 *Vitis wilsonae* Veitch ex Gard.

Ⅱ-2-8-38 檀香目 Santalales
一百四十三、 桑寄生科 Loranthaceae

1462. 椆树桑寄生 *Loranthus delavayi* Van Tiegh.

1463. 红花桑寄生 *Scurrula parasitica* L.

1464. 绣毛钝果寄生 *Taxillus levinei* (Merr.) H. S. Kiu

1465. 毛叶钝果寄生 *Taxillus nigrans* (Hance.) Danser

1466. 桑寄生 *Taxillus sutchuenensis* (Lecomte.) Danser

一百四十四、 槲寄生科 Viscaceae

1467. 栗寄生 *Korthalsella japonica* (Thunb.) Engl.

1468. 槲寄生 *Viscum coloratum* (Komar.) Nakai

1469. 棱枝槲寄生 *Viscum diospyrosicolum* Hayata

1470. 枫香槲寄生 *Viscum liquidambaricolum* Hay.

一百四十五、 铁青树科 Olacaceae

1471. 青皮木 *Schoepfia jasminodora* Sieb. et Zucc.

一百四十六、 檀香科 Santalaceae

1472. 百蕊草 *Thesium chinense* Turcz.

一百四十七、 蛇菰科 Balanophoraceae

1473. 球穗蛇菰 *Balanophora harlandii* Hook. f.

1474. 日本蛇菰 *Balanophora japonica* Makino

1475. 杯茎蛇菰 *Balanophora subcupularis* Tam

Ⅱ-2-8-39 绣球花目 Hydrangeales
一百四十八、 绣球花科 Hydrangeaceae

1476. 草绣球 *Cardiandra moellendorffii* (Hance) Migo

1477. 黄山溲疏 *Deutzia glauca* Cheng

1478. 宁波溲疏 *Deutzia ningpoensis* Rehd.

1479. 四川溲疏 *Deutzia setchuenensis* Franch.

1480. 常山 *Dichroa febrifuga* Lour.

1481. 中国绣球 *Hydrangea chinensis* Maxim.

1482. 福建绣球 *Hydrangea chungii* Rehd.

1483. 江西绣球 *Hydrangea jiangxiensis* W. T. Wang et Nic

1484. 狭叶绣球 *Hydrangea lingii* Hoo.

1485. 长柄绣球 *Hydrangea longipes* Franch.

1486. 圆锥绣球 *Hydrangea paniculata* Sieb.

1487. 蜡莲绣球 *Hydrangea strigosa* Rehd.

1488. 星毛冠盖藤 *Pileostegia tomentella* Hand.-Mazz.

1489. 冠盖藤 *Pileostegia viburnoides* Hook. f. et Thomas.

1490. 蛛网萼 *Platycrater arguta* Sieb. et Zucc.

1491. 钻地风 *Schizophragma integrifolium* Oliv.

1492. 小齿钻地风 *Schizophragma integrifolium* Oliv. f. *denticculatum* (Rehd.) Chun

1493. 粉绿钻地风 *Schizophragma integrifolium* Oliv. var. *glaucescens* Rehd.

Ⅱ-2-8-40 山茱萸目 Cornales
一百四十九、 山茱萸科 Cornaceae

1494. 灯台树 *Cornus controversa* Hemsl.

1495. 小梾木 *Cornus paucinervis* Hance

1496. 光皮树 *Cornus wilsoniana* Wanger.

1497. 尖叶四照花 *Dendrobenthamia angustata* (Chun) Fang

1498. 秀丽四照花 *Dendrobenthamia elegans* Fang et Hsieh

1499. 香港四照花 *Dendrobenthamia hongkongensis* (Hemsl.) Hutch

一百五十、 蓝果树科 Nyssaceae

1500. 喜树 *Camptotheca acuminata* Decne

1501. 蓝果树 *Nyssa sinensis* Oliver

一百五十一、 八角枫科 Alangiaceae

1502. 八角枫 *Alangium chinense* (Lour.) Harms

1503. 毛八角枫 *Alangium kurzii* Craib

1504. 云山八角枫 *Alangium kurzii* Craib var. *handelii* (Schnarf) Fang

1505. 瓜木 *Alangium platanifolium* (Sieb. et Zucc.) Harms.

一百五十二、 桃叶珊瑚科 Aucubaceae

1506. 桃叶珊瑚 *Aucuba chinensis* Benth.

Ⅱ-2-8-41 五加目 Araliales
一百五十三、 青荚叶科 Helwingiaceae

1507. 青荚叶 *Helwingia japonica* (Thunb.) Dietr.

一百五十四、 五加科 Araliaceae

1508. 楤木 *Aralia chinensis* L.

1509. 食用土当归 *Aralia cordata* Thunb.

1510. 头序楤木 *Aralia dasyphylla* Miq.

1511. 黄毛楤木 *Aralia decaisneana* Hance

1512. 棘茎楤木 *Aralia echinocaulis* Mand.-Mazz.

1513. 长刺楤木 *Aralia spinifolia* Merr.

1514. 树参 *Dendropanax dentiger* (Harms) Merr.

1515. 细柱五加 *Eleutherococcus nodiflorus* (Dunn) S. Y. Hu

1516. 白簕 *Eleutherococcus trifoliatus* (L.) S. Y. Hu

1517. 吴茱萸五加 *Gamblea ciliata* C. B. Clarke var. *evodiifolia* (Franch.) C. B. Shang, Lowry & Frodin

1518. 常春藤 *Hedera nepalensis* K. Koch var. *sinensis* (Tobl.) Rehd.

1519. 短梗幌伞枫 *Heteropanax brevipedicellatus* Li

1520. 短梗大参 *Macropanax rosthornii* (Harms) C. Y. Wu ex Hoo

1521. 穗序鹅掌柴 *Schefflera delavayi* (Fr.) Harms ex Diels

一百五十五、 天胡荽科 Hydrocotylaceae

1522. 积雪草 *Centella asiatica* (L.) Urban

1523. 红马蹄草 *Hydrocotyle nepalensis* Hook.

1524. 天胡荽 *Hydrocotyle sibthorpioides* Lam.

1525. 破铜钱 *Hydrocotyle sibthorpioides* Lam. var. *batrachium* (Hance) Hand.-Mazz.

1526. 肾叶天胡荽 *Hydrocotyle wilfordii* Maxim.

一百五十六、 伞形科 Umbelliferae

1527. 重齿当归 *Angelica biserrata* (Shan et Yuan) Yuan et Shan

1528. 北柴胡 *Bupleurum chinense* DC.

1529. 鸭儿芹 *Cryptotaenia japonica* Hassk.

1530. 藁本 *Ligusticum sinense* Oliv.

1531. 白苞芹 *Nothosmyrnium japonicum* Miq.

1532. 短辐水芹 *Oenanthe benghalensis* Benth. et Hook. f.

1533. 西南水芹 *Oenanthe dielsii* Boiss.

1534. 水芹 *Oenanthe javanica* (Bl.) DC.

1535. 卵叶水芹 *Oenanthe rosthornii* Diels

1536. 中华水芹 *Oenanthe sinensis* Dunn

1537. 香根芹 *Osmorhiza aristata* (Thunb.) Makino et Yabe

1538. 隔山香 *Ostericum citriodorum* (Hance.) Yuan et Shan

1539. 前胡 *Peucedanum decursivum* (Miq.) Maxim.

1540. 白花前胡 *Peucedanum praeruptorum* Dunn

1541. 异叶茴芹 *Pimpinella diversifolia* DC.

1542. 变豆菜 *Sanicula chinensis* Bunge.

1543. 薄片变豆菜 *Sanicula lamelligera* Hance

1544. 直刺变豆菜 *Sanicula orthacantha* S. Moore

1545. 小窃衣 *Torilis japonica* (Houtt.) DC.

1546. 窃衣 *Torilis scabra* (Thunb.) DC.

II-2-8-42 海桐花目 Pittosporales

一百五十七、 海桐花科 Pittosporaceae

1547. 狭叶海桐 *Pittosporum glabratum* Lindl. var. *neriifolium* Rehd. et Wils.

1548. 海金子 *Pittosporum illicioides* Mak.

II-2-8-43 荚蒾目 Viburnales

一百五十八、 荚蒾科 Viburnaceae

1549. 金腺荚蒾 *Viburnum chunii* Hsu

1550. 伞房荚蒾 *Viburnum corymbiflorum* Hsu et S. C. Hsu

1551. 荚蒾 *Viburnum dilatatum* Thunb.

1552. 宜昌荚蒾 *Viburnum erosum* Thunb.

1553. 南方荚蒾 *Viburnum fordiae* Hance

1554. 光萼荚蒾 *Viburnum formosanum* Hayata subsp. *leiogynum* Hsu

1555. 巴东荚蒾 *Viburnum henryi* Hemsl.

1556. 披针叶荚蒾 *Viburnum lancifolium* Hsu

1557. 吕宋荚蒾 *Viburnum luzonicum* Rolfe

1558. 蝴蝶荚蒾 *Viburnum plicatum* Thunb. f. *tomentosa* (Thunb.) Rehd.

1559. 球核荚蒾 *Viburnum propinquum* Hemsl.

1560. 毛枝坚荚树 *Viburnum sempervirens* K. Koch

1561. 茶荚蒾 *Viburnum setigerum* Hance

1562. 沟核荚蒾 *Viburnum setigerum* Hance var. *sulcatum* Hsu

1563. 合轴荚蒾 *Viburnum sympodiale* Gaertn.

1564. 壶花荚蒾 *Viburnum urceolatum* Sieb. et Zucc.

1565. 锦带花 *Weigela japonica* Thunb. var. *sinica* (Rehd.) Bailey

一百五十九、 接骨木科 Sambucaceae

1566. 接骨草 *Sambucus chinensis* Lindl.

1567. 接骨木 *Sambucus williamsii* Hance

Ⅱ-2-8-44 川续断目 Dipsacales

一百六十、 忍冬科 Caprifoliaceae

1568. 南方六道木 *Abelia dielsii* Rehd.

1569. 小叶六道木 *Abelia parvifolia* Hemsl.

1570. 二翅六道木 *Abelia uniflora* R. Br.

1571. 淡红忍冬 *Lonicera acuminata* Wall.

1572. 锈毛忍冬 *Lonicera ferruginea* Rehd.

1573. 红腺忍冬 *Lonicera hypoglauca* Miq.

1574. 忍冬 *Lonicera japonica* Thunb.

1575. 大花忍冬 *Lonicera macrantha* (D. Don) Spreng.

1576. 灰毡毛忍冬 *Lonicera macranthoides* Hand.-Mazz.

1577. 庐山忍冬 *Lonicera modesta* Rehd. var. *lushanensis* Rehd.

一百六十一、 缬草科 Valerianaceae

1578. 异叶败酱 *Patrinia heterophylla* Bunge

1579. 败酱 *Patrinia scabiosaefolia* Fisch. ex Link

1580. 白花败酱 *Patrinia villosa* (Thunb.) Juss.

Ⅱ-2-8-45 桔梗目 Campanulales

一百六十二、 桔梗科 Campanulaceae

1581. 杏叶沙参 *Adenophora hunanensis* Nannf.

1582. 华东杏叶沙参 *Adenophora hunanensis* Nannf. subsp. *huadungensis* D. Y. Hong

1583. 轮叶沙参 *Adenophora tetraphylla* (Thunb.) Fisch.

1584. 金钱豹 *Campanumoea javanica* Bl. ssp. *japonica* (Makino) Hong

1585. 长叶轮钟草 *Campanumoea lancifolia* (Roxb.) Merr.

1586. 羊乳 *Codonopsis lanceolata* (Sieb. et Zucc.) Trautv.

1587. 蓝花参 *Wahlenbergia marginata* (Thunb. ex Murray) A. DC.

一百六十三、 半边莲科 Lobeliaceae

1588. 半边莲 *Lobelia chinensis* Lour.

1589. 江南山梗菜 *Lobelia davidii* Franch.

1590. 线萼山梗菜 *Lobelia melliana* E. Wimm.

1591. 铜锤玉带草 *Pratia nummularia* (Lam.) A. Br. et Aschers.

Ⅱ-2-8-46 菊目 Asterales

一百六十四、 菊科 Compositae

1592. 下田菊 *Adenostemma lavenia* (L.) O. Kuntze

1593. 藿香蓟 *Ageratum conyzoides* L.

1594. 杏香兔儿风 *Ainsliaea fragrans* Champ. ex Benth.

1595. 灯台兔儿风 *Ainsliaea macroclinidioides* Hay.

1596. 黄腺香青 *Anaphalis aureopunctata* Lingelsh. et Borza

1597. 香青 *Anaphalis sinica* Hance

1598. 牛蒡 *Arctium lappa* L.

1599. 奇蒿 *Artemisia anomala* S. Moore

1600. 青蒿 *Artemisia apiacea* Hance

1601. 艾 *Artemisia argyi* Levl. et Van.

1602. 茵陈蒿 *Artemisia capillaris* Thunb.

1603. 牡蒿 *Artemisia japonica* Thunb.

1604. 白苞蒿 *Artemisia lactiflora* Wall.

1605. 野艾蒿 *Artemisia lavandulaefolia* A. Gray

1606. 三脉紫菀 *Aster ageratoides* Turcz.

1607. 微糙三脉叶马兰 *Aster ageratoides* Turcz. var. *scaberulus* (Miq.) Ling

1608. 白舌紫菀 *Aster baccharoides* (Benth.) Steetz

1609. 鬼针草 *Bidens bipinnata* L.

1610. 狼杷草 *Bidens tripartita* L.

1611. 烟管头草 *Carpesium cernuum* L.

1612. 鹅不食草 *Centipeda minima* (L.) A. Br. et Ascher.

1613. 湖北蓟 *Cirsium hupehense* Pamp.

1614. 大蓟 *Cirsium japonicum* Fisch. ex DC.

1615. 线叶蓟 *Cirsium lineare* (Thunb.) Sch.-Bip.

1616. 总序蓟 *Cirsium racemiforme* Ling et C. Shih

1617. 刺儿菜 *Cirsium setosum* (Willd.) M. V. B.

1618. 野塘蒿 *Conyza bonariensis* (L.) Cronq.

1619. 小蓬草 *Conyza canadensis* (L.) Cronq.

1620. 野茼蒿 *Crassocephalum crepidioides* (Benth.) S. Moore

1621. 野菊 *Dendranthema indicum* (L.) Des Moul.

1622. 鱼眼草 *Dichrocephala auriculata* (Thunb.) Druce

1623. 鳢肠 *Eclipta prostrata* L.

1624. 地胆草 *Elephantopus scaber* L.

1625. 一点红 *Emilia sonchifolia* (L.) DC.

1626. 一年蓬 *Erigeron annuus* (L.) DC.

1627. 白头婆 *Eupatorium japonicum* Thunb.

1628. 牛膝菊 *Galinsoga parviflora* Cav.

1629. 鼠麹草 *Gnaphalium affine* D. Don

1630. 线叶旋覆花 *Inula lineariifolia* Turcz.

1631. 山苦荬 *Ixeris chinensis* (Thunb.) Nakai

1632. 剪刀股 *Ixeris debilis* A.Gray

1633. 马兰 *Kalimeris indica* (L.) Sch.-Bip.

1634. 毡毛马兰 *Kalimeris shimadai* (Kitam.) Kitam.

1635. 野莴苣 *Lactuca seriola* Torner

1636. 六棱菊 *Laggera alata* (d. Don) Sch.-Bip. ex Oliv.

1637. 大头橐吾 *Ligularia japonica* (Thunb.) Less.

1638. 窄头橐吾 *Ligularia stenocephala* (Maxim.) Matsum et Koidz.

1639. 假福王草 *Paraprenanthes sororia* (Miq.) C. Shih

1640. 林生假福王草 *Paraprenanthes sylvicola* C. Shih

1641. 心叶帚菊 *Pertya cordifolia* Mattf.

1642. 聚头帚菊 *Pertya desmocephala* Diels

1643. 长花帚菊 *Pertya glabrescens* Sch.-Bip.

1644. 翅果菊 *Pterocypsela indica* (L.) C. Shih

1645. 毛脉翅果菊 *Pterocypsela raddeana* (Maxim.) C. Shih

1646. 秋分草 *Rhynchospermum verticillatum* Reinw.

1647. 千里光 *Senecio scandens* Buch.-Ham.

1648. 白背蒲儿根 *Sinosenecio latouchei* (J. F. Jeffrey) B. Nord.

1649. 蒲儿根 *Sinosenecio oldhamianus* Maxim.

1650. 豨莶 *Siegesbeckia orientalis* L.

1651. 腺梗豨莶 *Siegesbeckia pubescens* Makino

1652. 一枝黄花 *Solidago decurrens* Lour.

1653. 裸柱菊 *Soliva anthemifolia* (Juss.) R. Br.

1654. 夜香牛 *Vernonia cinerea* (L.) Less

1655. 苍耳 *Xanthium sibiricum* Pat ex Widder

1656. 红果黄鹌菜 *Youngia erythrocarpa* (Vaniot) Babc. et Stebbins

1657. 黄鹌菜 *Youngia japonica* (L.) DC.

Ⅱ-2-8-47 木犀目 Oleales

一百六十五、 木犀科 Oleaceae

1658. 流苏树 *Chionanthus retusus* Lindl. et Paxt.

1659. 苦枥木 *Fraxinus insularis* Hemsl.

1660. 清香藤 *Jasminum lanceolarium* Roxb. var. *puberulum* Hemsl.

1661. 华素馨 *Jasminum sinense* Hemsl.

1662. 小蜡 *Ligustrum sinense* Lour.

1663. 粗壮女贞 *Ligustrum robustum* (Roxb.) Blume

1664. 卵叶小蜡 *Ligustrum sinense* Lour. var. *stauntonii* Rehd.

1665. 宁波木犀 *Osmanthus cooperi* Hemsl.

1666. 木犀 *Osmanthus fragrans* Lour.

Ⅱ-2-8-48 龙胆目 Gentianales

一百六十六、 马钱子科 Strychnaceae

1667. 蓬莱葛 *Gardneria multiflora* Makino

一百六十七、 龙胆科 Gentianaceae

1668. 五岭龙胆 *Gentiana davidii* Franch.

1669. 獐牙菜 *Swertia bimaculata* (Sieb. et Zucc.) Hook. f. et Thomas

1670. 双蝴蝶 *Tripterospermum chinense* (Migo) H. Smith.

1671. 香港双蝴蝶 *Tripterospermum nienkui* (Marq.) C. J. Wu

Ⅱ-2-8-49 茜草目 Rubiales

一百六十八、 水团花科 Naucleaceae

1672. 水团花 *Adina pilulifera* (Lam.) Franch. et Drake

1673. 细叶水团花 *Adina rubella* Hance

1674. 风箱树 *Cephalanthus occidentalis* L.

一百六十九、 茜草科 Rubiaceae

1675. 流苏子 *Coptosapelta diffusa* (Champ. ex Benth.) Steenis

1676. 虎刺 *Damnacanthus indicus* (L.) Gaertn. f.

1677. 大刺虎刺 *Damnacanthus indicus* (L.) Gaertn. f. var. *major* Makino

1678. 狗骨柴 *Diplospora dubia* (Lindl.) Masam.

1679. 香果树 *Emmenopterys henryi* Oliv.

1680. 猪殃殃 *Galium aparine* L. var. *echinospermum* (Wallr.) Cuf.

1681. 四叶葎 *Galium bungei* Steud.

1682. 细四叶葎 *Galium gracilens* Makino

1683. 小叶猪殃殃 *Galium trifidum* L.

1684. 栀子 *Gardenia jasminoides* Ellis.

1685. 金毛耳草 *Hedyotis chrysotricha* (Palib.) Merr.

1686. 白花蛇舌草 *Hedyotis diffusa* Willd.

1687. 牛白藤 *Hedyotis hedyotidea* DC.

1688. 剑叶耳草 *Hedyotis lancea* Thunb.

1689. 纤花耳草 *Hedyotis tenelliflora* Bl.

1690. 污毛粗叶木 *Lasianthus hartii* Franch.

1691. 曲毛日本粗叶木 *Lasianthus japonicus* Miq. var. *satsumensis* (Matsum.) Makino

1692. 白蕊巴戟 *Morinda citrina* Y. Z. Ruan var. *chlorina* Y. Z. Ruan

1693. 羊角藤 *Morinda umbellata* L.

1694. 鲼花 *Mussaenda esquirolii* Levl.

1695. 玉叶金花 *Mussaenda pubescens* Ait. f.

1696. 广东新耳草 *Neanotis kwangtungensis* (Merr. et F. P. Metcalf) W. H. Lewis

1697. 东南蛇根草 *Ophiorrhiza exigua* (Li) Lo

1698. 日本蛇根草 *Ophiorrhizajaponica* Bl.

1699. 短小蛇根草 *Ophiorrhiza pumila* Champ. ex Benth.

1700. 鸡矢藤 *Paederia scandens* (Lour.) Merr.

1701. 狭序鸡矢藤 *Paederia stenobotrya* Merr.

1702. 海南槽裂木 *Pertusadina hainanensis* (F. C. How) Ridsdale

1703. 蔓九节 *Psychotria serpens* Linn.

1704. 山黄皮 *Randia cochinchinensis* (Lour.) Merr.

1705. 东南茜草 *Rubia argyi* (Levl. et Vant) Hara

1706. 茜草 *Rubia cordifolia* L.

1707. 白马骨 *Serissa serissoides* (DC.) Druce

1708. 尖萼乌口树 *Tarenna acutisepala* How ex W.C. Chen

1709. 白花苦灯笼 *Tarenna mollissima* (Hook. et Arn.) Robins.

1710. 钩藤 *Uncaria rhynchophylla* (Miq.) Miq. et Havil.

Ⅱ-2-8-50 夹竹桃目 Apocynales

一百七十、　夹竹桃科 Apocynaceae

1711. 链珠藤 *Alyxia sinensis* Champ. ex Benth.

1712. 鳝藤 *Anodendron affine* (Hook. et Arn.) Druce

1713. 酸叶胶藤 *Ecdysanthera rosea* Hook. et Arn.

1714. 帘子藤 *Pottsia laxiflora* (Bl.) O. Ktze.

1715. 亚洲络石 *Trachelospermum asiaticum* (Siebold et Zucc.) Nakai

1716. 紫花络石 *Trachelospermum axillare* Hook. f.

1717. 短柱络石 *Trachelospermum brevistylum* Hand.-Mazz.

1718. 络石 *Trachelospermum jasminoides* (Lindl.) Lem.

1719. 石血 *Trachelospermum jasminoides* (Lindl.) Lem. var. *heterophyllum* Tsiang

一百七十一、 萝藦科 Asclepiadaceae

1720. 青龙藤 *Biondia henryi* (Warb. ex Schltr. et Diels) Tsiang et P. T. Li.

1721. 白薇 *Cynanchum atratum* Bunge

1722. 牛皮消 *Cynanchum auriculatum* Royle. ex Wight

1723. 山白前 *Cynanchum fordii* Hemsl.

1724. 白前 *Cynanchum glaucescens* (Decne.) Hand.-Mazz.

1725. 毛白前 *Cynanchum mooreanum* Hemsl.

1726. 徐长卿 *Cynanchum paniculatum* (Bunge) Kitagawa

1727. 柳叶白前 *Cynanchum stantonii* (Decne.) ScArtes

1728. 匙羹藤 *Gymnema sylvestre* (Retz.) Schult.

1729. 牛奶菜 *Marsdenia sinensis* Hemsl.

1730. 萝藦 *Metaplexis japonica* (Thunb.) Makino

1731. 黑鳗藤 *Stephanotis mucronata* (Blanco) Merr.

II-2-8-51 茄目 Solanales

一百七十二、 茄科 Solanaceae

1732. 江南散血丹 *Physaliastrum heterophyllum* (Hemsl.) Migo

1733. 挂金灯 *Physalis alkekengi* L. var. *franchetii* (Mast.) Makino

1734. 苦蘵 *Physalis angulata* L.

1735. 白英 *Solanum lyratum* Thunb.

1736. 龙葵 *Solanum nigrum* L.

1737. 少花龙葵 *Solanum photeinocarpum* Nakam. et Odash.

1738. 海桐叶白英 *Solanum pittosporifolium* Hemsl.

1739. 龙珠 *Tubocapsicum anomalum* (Franch. et Sav.) Makinc

II-2-8-52 旋花目 Convolvulales

一百七十三、 旋花科 Convolvulaceae

1740. 心萼薯 *Aniseia biflora* (L.) Choisy

1741. 打碗花 *Calystegia hederacea* Wall.

1742. 旋花 *Calystegia sepium* (L.) R. Br.

1743. 马蹄金 *Dichondra repens* Forst.

1744. 土丁桂 *Evolvulus alsinoides* (L.) L.

一百七十四、 菟丝子科 Cuscutaceae

1745. 南方菟丝子 *Cuscuta australis* R. Br.

1746. 菟丝子 *Cuscuta chinensis* Lam.

1747. 日本菟丝子 *Cuscuta japonica* Choisy

II-2-8-53 紫草目 Boraginales

一百七十五、 破布木科 Cordiaceae

1748. 粗糠树 *Ehretia macrophylla* Wall.

1749. 厚壳树 *Ehretia thyrsiflora* (Sieb. et Zucc.) Nakai

一百七十六、 紫草科 Boraginaceae

1750. 柔弱斑种草 *Bothriospermum tenellum* (Hornem.) Fisch. et Mey.

1751. 小花琉璃草 *Cynoglossum lanceolatum* Forsk.

1752. 琉璃草 *Cynoglossum zeglanicum* Forsk.

1753. 紫草 *Lithospermum erythrorhizon* Siebold et Zucc.

1754. 皿果草 *Omphalotrigonotis cupulifera* (Johnst) W. T. Wang

1755. 弯齿盾果草 *Thyrocarpus glochidiatus* Maxim.

1756. 盾果草 *Thyrocarpus sampsonii* Hance

1757. 附地菜 *Trigonotis peduncularis* (Trev.) Benth. ex Baker et S. Moore

Ⅱ-2-8-54 玄参目 Scrophulariales

一百七十七、醉鱼草科 Buddlejaceae

1758. 白背枫 *Buddleja asiatica* Lour.

1759. 醉鱼草 *Buddleja lindleyana* Fort.

一百七十八、玄参科 Scrophulariaceae

1760. 球花毛麝香 *Adenosma indianum* (Lour.) Merr.

1761. 胡麻草 *Centranthera cochinchinensis* (Lour.) Merr.

1762. 紫苏草 *Limnophila aromatica* (Lam.) Merr.

1763. 石龙尾 *Limnophila sessiliflora* (Vahl) Bl.

1764. 长蒴母草 *Lindernia anagallis* (Burm. f.) Pennell

1765. 狭叶母草 *Lindernia angustifolia* (Benth.) Wettst.

1766. 泥花草 *Lindernia antipoda* (L.) Alston

1767. 母草 *Lindernia crustacea* (L.) F. Muell.

1768. 陌上菜 *Lindernia procumbens* (Krock.) Philcox

1769. 旱田草 *Lindernia ruellioides* (Colsm.) Pennell

1770. 刺毛母草 *Lindernia setulosa* (Maxim.) Tuyama ex Hara

1771. 早落通泉草 *Mazus caducifer* Hance

1772. 通泉草 *Mazus japonicus* (Thunb.) O. Kuntze

1773. 匍茎通泉草 *Mazus miquelii* Makino

1774. 圆苞山罗花 *Melampyrum laxum* Miq.

1775. 山罗花 *Melampyrum roseum* Maxim.

1776. 沙氏鹿茸草 *Monochasma savatieri* Franch. ex Maxim.

1777. 白花泡桐 *Paulownia fortunei* (Seem.) Hemsl.

1778. 台湾泡桐 *Paulownia kawakamii* lto

1779. 松蒿 *Phtheirospermum japonicum* (Thunb.) Kanitz

1780. 野甘草 *Scoparia dulcis* L.

1781. 玄参 *Scrophularia ningpoensis* Hemsl.

1782. 阴行草 *Siphonostegia chinensis* Benth.

1783. 腺毛阴行草 *Siphonostegia laeta* S. Moore

1784. 独脚金 *Striga asiatica* (L.) O. Kuntze

1785. 光叶蝴蝶草 *Torenia glabra* Osbeck

1786. 紫萼蝴蝶草 *Torenia violacea* (Azaola ex Blanco) Pennell

1787. 直立婆婆纳 *Veronica arvensis* L.

1788. 婆婆纳 *Veronica didyma* Tenore

1789. 华中婆婆纳 *Veronica henryi* Yamazaki

1790. 多枝婆婆纳 *Veronica javanica* Bl.

1791. 蚊母草 *Veronica peregrina* L.

1792. 阿拉伯婆婆纳 *Veronica persica* Poir.

1793. 水苦荬 *Veronica undulata* Wall.

1794. 爬岩红 *Veronicastrum axillare* (Sieb.-Zucc.) Yamazaki

1795. 腹水草 *Veronicastrum stenostachyum* (Hemsl.) Yamazaki

1796. 刚毛腹水草 *Veronicastrum villosulum* (Miq.) Yamazaki var. *hirsutum* Chin et Hong

一百七十九、 列当科 Orobanchaceae

1797. 野菰 *Aeginetia indica* L.

1798. 中国野菰 *Aeginetia sinensis* G. Beck.

一百八十、 苦苣苔科 Gesneriaceae

1799. 旋蒴苣苔 *Boea hygrometrica* (Bunge) R. Br.

1800. 蚂蝗七 *Chirita fimbrisepala* Hand.-Mazz.

1801. 羽裂唇柱苣苔 *Chirita pinnatifida* (Hand.-Mazz.) Burtt.

1802. 大齿唇柱苣苔 *Chirita juliae* Hance

1803. 苦苣苔 *Conandron ramondioides* Sieb. et Zucc.

1804. 闽赣长蒴苣苔 *Didymocarpus heucherifolius* Hand.-Mazz.

1805. 半蒴苣苔 *Hemiboea henryi* Clarke

1806. 吊石苣苔 *Lysionotus pauciflorus* Maxim.

1807. 大叶石上莲 *Oreocharis benthamii* Clarke

1808. 长瓣马铃苣苔 *Oreocharis auricula* (S. Moore) Clarke

1809. 大花石上莲 *Oreocharis maximowiczii* Clarke

1810. 绢毛马铃苣苔 *Oreocharis sericea* (Lévl.) Lévl.

1811. 筒花马铃苣苔 *Oreocharis tubiflora* K. Y. Pan

1812. 台闽苣苔 *Titanotrichum oldhamii* (Hemsl.) Solereder

一百八十一、 紫葳科 Bignoniaceae

1813. 凌霄 *Campsis grandiflora* (Thunb.) K. Schum.

一百八十二、 胡麻科 Pedaliaceae

1814. 茶菱 *Trapella sinensis* Oliv.

一百八十三、 爵床科 Acanthaceae

1815. 穿心莲 *Andrographis paniculata* (Burm.) Wall. ex Nees

1816. 白接骨 *Asystasiella chinensis* (S. Moore) E. Hossain

1817. 少花黄猄草 *Championella oligantha* (Miq.) Bremek.

1818. 黄猄草 *Championella tetrasperma* (Champ. ex Benth.) Bremek.

1819. 狗肝菜 *Dicliptera chinensis* (L.) Nees

1820. 圆苞金足草 *Goldfussia pentstemonoides* Nees

1821. 水蓑衣 *Hygrophila salicifolia* (Vahl) Nees

1822. 圆苞杜根藤 *Justicia championi* T. Anderson

1823. 杜根藤 *Justicia quadrifaria* (Nees) T. Anderson

1824. 拟地皮消 *Leptosiphonium venustum* (Hance) E. Hossain

1825. 九头狮子草 *Peristrophe japonica* (Thunb.) Bremek.

1826. 山蓝 *Peristrophe roxburghiana* (Schult.) Bremek.

1827. 爵床 *Rostellularia procumbens* (L.) Nees

1828. 中华孩儿草 *Rungia chinensis* Benth.

一百八十四、 狸藻科 Lentibulariaceae

1829. 紫花狸藻 *Utricularia affinis* Wight

1830. 黄花狸藻 *Utricularia aurea* Lour.

1831. 短梗挖耳草 *Utricularia caerulea* L.

1832. 南方狸藻 *Utricularia australis* R. Br.

1833. 挖耳草 *Utricularia bifida* L.

1834. 斜果挖耳草 *Utricularia minutissima* Vahl.

1835. 狸藻 *Utricularia vulgaris* L.

Ⅱ-2-8-55 车前目 **Plantaginales**

一百八十五、 车前科 **Plantaginaceae**

1836. 车前 *Plantago asiatica* L.

1837. 平车前 *Plantago depressa* Willd.

1838. 大车前 *Plantago major* L.

Ⅱ-2-8-56 马鞭草目 **Verbenales**

一百八十六、 马鞭草科 **Verbenaceae**

1839. 紫珠 *Callicarpa bodinieri* Levl.

1840. 短柄紫珠 *Callicarpa brevipes* (Benth.) Hance

1841. 华紫珠 *Callicarpa cathayana* H. T. Chang

1842. 白棠子树 *Callicarpa dichotoma* (Lour.) K. Koch

1843. 杜虹花 *Callicarpa formosana* Rolfe

1844. 老鸦糊 *Callicarpa giraldii* Hesse. ex Rehd.

1845. 全缘叶紫珠 *Callicarpa integerrima* Champ.

1846. 枇杷叶紫珠 *Callicarpa kochiana* Makino

1847. 广东紫珠 *Callicarpa kwangtungensis* Chun

1848. 长柄紫珠 *Callicarpa longipes* Dunn

1849. 尖尾枫 *Callicarpa longissima* (Hemsl.) Merr.

1850. 红紫珠 *Callicarpa rubella* Lindl.

1851. 兰香草 *Caryopteris incana* (Thunb.) Miq.

1852. 臭牡丹 *Clerodendrum bungei* Steud.

1853. 灰毛大青 *Clerodendrum canescens* Wall.

1854. 大青 *Clerodendrum cyrtophyllum* Turcz.

1855. 白花灯笼 *Clerodendrum fortunatum* L.

1856. 赪桐 *Clerodendrum japonicum* (Thunb.) Sweet

1857. 浙江大青 *Clerodendrum kaichianum* Hsu

1858. 江西大青 *Clerodendrum kiangsiense* Merr. ex H. L. Li

1859. 尖齿臭茉莉 *Clerodendrum lindleyi* Decne. ex Planch.

1860. 重瓣臭茉莉 *Clerodendrum philippinum* Schauer

1861. 海州常山 *Clerodendrum trichotomum* Thunb.

1862. 过江藤 *Phyla nodiflora* (L.) Greene

1863. 长序臭黄荆 *Premna fordii* Dunn

1864. 豆腐柴 *Premna microphylla* Turcz.

1865. 马鞭草 *Verbena officinalis* L.

一百八十七、 牡荆科 **Viticaceae**

1866. 黄荆 *Vitex negundo* L.

1867. 牡荆 *Vitexnegundo* L. var. *cannabifolia* (Sieb. et Zucc.) Hand.-Mazz.

1868. 山牡荆 *Vitex quinata* (Lour.) Will.

Ⅱ-2-8-57 唇形目 **Lamiales**

一百八十八、 透骨草科 **Phrymataceae**

1869. 透骨草 *Phryma leptostachya* L.

一百八十九、 唇形科 Labiatae

1870. 藿香 *Agastache rugosa* (Fisch. et Mey.) O. Ktze.

1871. 金疮小草 *Ajuga decumbens* Thunb.

1872. 紫背金盘 *Ajuga nipponensis* Makino

1873. 毛药花 *Bostrychanthera deflexa* Benth.

1874. 风轮菜 *Clinopodium chinense* (Benth.) O. Ktze.

1875. 邻近风轮菜 *Clinopodium confine* (Hance) O. Ktze.

1876. 细风轮菜 *Clinopodium gracile* (Benth.) O. Ktze.

1877. 匍匐风轮菜 *Clinopodium repens* (D. Don) Wall. ex Benth.

1878. 水虎尾 *Dysophylla stellata* (Lour.) Benth.

1879. 紫花香薷 *Elsholtzia argyi* Levl.

1880. 香薷 *Elsholtzia ciliata* (Thunb.) Hyland.

1881. 野香草 *Elsholtzia cypriani* (Pavol.) C. Y. Wu et S. Chow

1882. 海州香薷 *Elsholtzia splendens* Nakai ex F. Maekawa

1883. 广防风 *Epimeredi indica* (L.) Rothm.

1884. 小野芝麻 *Galeobdolon chinense* (Benth.) C. Y. Wu

1885. 日本活血丹 *Glechoma grandis* (A. Gray) Kupt.

1886. 出蕊四轮香 *Hanceola exserta* Sun

1887. 香茶菜 *Isodon amethystoides* (Benth.) Hara

1888. 毛萼香茶菜 *Isodoneriocalyx* (Dunn) Kudo

1889. 线纹香茶菜 *Isodon lophanthoides* (Buch.-Ham. ex D. Don) Hara

1890. 细花线纹香茶菜 *Isodon lophanthoides* (Buch.-Ham. ex D. Don) Hara var. *graciliflora* (Benth.) Hara

1891. 显脉香茶菜 *Isodon nervosa* (Hemsl.) Kudo

1892. 香薷状香简草 *Keiskea elsholtzioides* Merr.

1893. 野芝麻 *Lamium barbatum* Sieb. et Zucc.

1894. 益母草 *Leonurus artemisia* (Lour.) S. Y. Hu

1895. 白花益母草 *Leonurus artemisia* (Lour.) S. Y. Hu var. *albiflorus* (Migo) S. Y. Hu

1896. 硬毛地笋 *Lycopus lucidus* Turrcz. var. *hirtus* Regel

1897. 凉粉草 *Mesona chinensis* Benth.

1898. 石香薷 *Mosla chinensis* Maxim.

1899. 小鱼仙草 *Mosla dianthera* (Roxb.) Maxim.

1900. 石荠苎 *Mosla scabra* (Thunb.) C. Y. Wu et H. W. Li

1901. 牛至 *Origanum vulgare* L.

1902. 白毛假糙苏 *Paraphlomis albida* Hand.-Mazz.

1903. 曲茎假糙苏 *Paraphlomis foliata* (Dunn) C. Y. Wu et H. W. Li

1904. 紫苏 *Perilla frutescens* (L.) Britt

1905. 野生紫苏 *Perillafrutescens* (L.) Britt. var. *acuta* Kura

1906. 夏枯草 *Prunella vulgaris* L.

1907. 白花夏枯草 *Prunella vulgaris* L. var. *leucantha* Schursec.

1908. 铁线鼠尾草 *Salvia adiantifolia* Stib.

1909. 南丹参 *Salvia bowleyana* Dunn.

1910. 华鼠尾草 *Salvia chinensis* Benth.

1911. 崇安鼠尾草 *Salvia chunganensis* C. Y. Wu et Y. C. Huang

1912. 鼠尾草 *Salvia japonica* Thunb.

1913. 绵毛鼠尾草 *Salvia japonica* Thunb. var. *lanuginosa* (Franch.) Stib.

1914. 多小叶鼠尾草 *Salvia japonica* Thunb. var. *multifoliolata* Stib.
1915. 丹参 *Salvia miltiorrhiza* Bunge.
1916. 关公须 *Salvia kiangsiensis* C. Y. Wu
1917. 荔枝草 *Salvia plebeia* R. Br.
1918. 红根草 *Salvia prionitis* Hance
1919. 地梗鼠尾草 *Salvia scapiformis* Hance
1920. 四棱草 *Schnabelia oligophylla* Hand.-Mazz.
1921. 腋花黄芩 *Scutellaria axilliflora* Hand.-Mazz.
1922. 半枝莲 *Scutellaria barbata* D. Don
1923. 粗齿黄芩 *Scutellaria grossecrenata* Merr. et Chun
1924. 裂叶黄芩 *Scutellaria incisa* Sun ex C. H. Hu
1925. 韩信草 *Scutellaria indica* L.
1926. 缩茎韩信草 *Scutellaria indica* L. var. *subacaulis* (C. H. Hu) C. Y. Wu et C. Chen
1927. 两广黄芩 *Scutellaria subintegra* C. Y. Wu et H. W. Li
1928. 中间髯药草 *Sinopogonanthera intermedia* (C. Y. Wu et H. W. Li) H. W. Li
1929. 田野水苏 *Stachys arvensis* L.
1930. 水苏 *Stachys japonica* Miq.
1931. 针筒菜 *Stachys oblongifolia* Benth.
1932. 甘露子 *Stachys sieboldii* Miq.
1933. 庐山香科科 *Teucrium pernyi* Franch.
1934. 血见愁 *Teucriumviscidum* Bl.

Ⅱ-2-8-58 水马齿目 Callitrichales

一百九十、水马齿科 Callitrichaceae

1935. 日本水马齿 *Callitriche japonica* Engelm. ex Hegelm.
1936. 沼生水马齿 *Callitriche palustris* L.

参 考 文 献

陈俊愉，程绪珂. 1990. 中国花经. 上海: 上海文化出版社
陈灵芝. 1993. 中国的生物多样性、现状及其保护对策. 北京: 科学出版社
傅立国. 1992. 中国植物红皮书. 北京: 科学出版社
江苏新医学院. 1977. 中药大辞典. 上海: 上海科学技术出版社
梁天干，黄克福，郑清芳. 1987. 福建竹类. 福州: 福建科学技术出版社
林来官. 1982. 福建的珍稀植物. 武夷科学, 2: 36-42
林来官. 1982.福建植物志. 第一卷. 福州: 福建科学技术出版社
林来官. 1985.福建植物志. 第二卷. 福州: 福建科学技术出版社
林来官. 1987.福建植物志. 第三卷. 福州: 福建科学技术出版社
林来官. 1989.福建植物志. 第四卷. 福州: 福建科学技术出版社
林来官. 1993.福建植物志. 第五卷. 福州: 福建科学技术出版社
林来官. 1995.福建植物志. 第六卷. 福州: 福建科学技术出版社
林英，程景福. 1979. 维管束植物鉴定手册. 南昌: 江西人民出版社
林英. 1993. 江西植物志. 第一卷. 南昌: 江西科学技术出版社
刘初钿，李振基，何建源. 1994. 武夷山自然保护区植物区系的基本特点//何建源. 武夷山研究—自然资源卷. 厦门: 厦门大学出版社, 33-38
秦仁昌. 1978. 中国蕨类植物的系统排列和历史来源. 植物分类学报, 16(3): 1-19; 16(4): 16-37

《全国中草药汇编》编写组. 1988. 全国中草药汇编. 人民卫生出版社

宋纬文, 许志文. 2002. 三明畲族民间医药. 厦门: 厦门大学出版社

王荷生. 1992. 植物区系地理. 北京: 科学出版社

吴征镒, 路安民, 汤彦承, 等. 2003. 中国被子植物科属综论. 北京: 科学出版社

吴征镒, 周浙昆, 孙航, 等. 2006. 种子植物分布区类型及其起源和分化. 昆明: 云南出版集团公司, 云南科技出版社

吴征镒. 1991. 中国种子植物属的分布区类型. 云南植物研究, 增刊Ⅳ:1-139

郑勉. 1984. 我国东部植物与日本植物的关系. 植物分类学报, 32(1): 1-5

郑万钧. 1987. 中国植物志. 第七卷. 北京: 科学出版社

中国科学院中国自然地理编辑委员会. 1985. 中国自然地理. 北京: 科学出版社

中国生物多样性保护行动计划总报告编写组. 1994. 中国生物多样性保护行动计划. 北京: 中国环境科学出版社

Editorial Board of the Flora of China. 2002. Flora of China, Beijing: Science Press

Good R. 1974. The geography of flowering plants. 4th ed. New York: John Wiley & Sons, Inc.

Vester H. 1940. Die Areale und Arealtypen der Angiosperm Familien. Bot Arch, 41: 203-577

第四章 植被资源*

第一节 植被的垂直分布与演化历史

福建峨嵋峰自然保护区位于中亚热带，其地带性植被类型是常绿阔叶林，代表性的群落有苦槠林、甜槠林、栲林和钩锥林。林内苦槠、甜槠、钩锥、狗牙锥均能代表中亚热带的成分。常绿阔叶林一直分布到海拔 1100m 左右。

常绿阔叶林受到择伐破坏以后，首先在结构上发生变化，如保护区内甜槠林、米槠林等均为顶极群落，但目前处于稍次生的状态，进一步破坏则成为红楠林等，受到更严重的破坏则退化为马尾松林或枫香树林。目前保护区内植被未受到严重的破坏，应受到及时的保护。

在保护区内南方红豆杉生长良好，在局部形成纯林，较为稳定。

由于在历史上受到茶叶生产、香菇生产、烧碱烧炭、种植杉木 *Cunninghamia lanceolata* 与毛竹、择伐、炼山及自然灾害等影响，一些原生性的常绿阔叶林向下演替为次生性的常绿阔叶林或暖性针叶林，或由于人为原因，形成较大面积的毛竹林，因此目前大部分地区原生性的常绿阔叶林、次生性的常绿阔叶林、暖性针叶林和毛竹林往往并存。毛竹林由于人为的集约经营，较为稳定。随着海拔的升高，黄山松林逐渐占优势，在潮湿的阴坡或沟谷中进一步发展为柳杉林。在海拔较高的山顶附近，由于云雾缭绕，湿度大，温度低，中山常绿阔叶灌丛和山地草甸成为地形顶极群落。

第二节 植被类型

按《中国植被》的划分方法，福建峨嵋峰自然保护区主要植被类型可以分为温性针叶林、常绿针阔叶混交林、暖性针叶林、落叶阔叶林、常绿阔叶林、竹林、落叶阔叶灌丛、常绿阔叶灌丛、苔藓矮曲林、沼泽、水生植被 11 个植被型，黄山松、钩锥林、栲林、甜槠林、黑叶锥林、柯林、浙江山茶林、多脉青冈林、木荷林、毛竹林、杜鹃灌丛、满山红灌丛、云南桤叶树灌丛、扁枝越桔灌丛、江南桤木沼泽、东方水韭沼泽、武夷慈姑沼泽等 49 个群系，黄山松-满山红-黑紫藜芦群丛、钩锥-箬竹-里白群丛、栲-杜茎山-狗脊蕨群丛、甜槠-箬竹-里白群丛、黑叶锥-马银花-狗脊蕨群丛、浙江山茶-细齿叶柃-阔鳞鳞毛蕨群丛、波缘红果树-黑紫藜芦群丛、江南桤木-钝齿冬青-曲轴黑三棱群丛、东方水韭群丛、曲轴黑三棱群丛、武夷慈姑群丛等 102 个群丛（表 4-1）。

表 4-1 福建峨嵋峰自然保护区植被类型

植被型	群系	群丛	
I.温性针叶林	黄山松林	1.	黄山松-西施花＋箬竹-黑紫藜芦群丛
		2.	黄山松-西施花-里白群丛
		3.	黄山松-西施花-狗脊蕨群丛
		4.	黄山松-满山红-黑紫藜芦群丛
		5.	黄山松-箬竹-细叶麦冬群丛
		6.	黄山松-箬竹-沿阶草群丛
	柳杉林	7.	柳杉-西施花-黑鳞耳蕨群丛
		8.	柳杉-箬竹-狗脊蕨群丛
		9.	柳杉-白箭-江南星蕨群丛

*本章作者：李振基[1]，江凤英[1]，朱攀[1]，孙影[1]，田宇英[1]，丁鑫[1]，李祖贵[2]，白荣健[3]，许可明[3]，杨风景[2]（1. 厦门大学环境与生态学院，厦门361102；2. 泰宁县林业局，泰宁 354400；3. 福建峨嵋峰自然保护区管理处，泰宁 354400）

续表

植被型	群系	群丛
	长苞铁杉林	10. 长苞铁杉-扁枝越桔－延羽卵果蕨群丛
		11. 长苞铁杉-箬竹-延羽卵果蕨群丛
Ⅱ.暖性针叶林	马尾松林	12. 马尾松-檵木-芒萁群丛
		13. 马尾松-檵木-里白群丛
		14. 马尾松-杜鹃-芒萁群丛
		15. 马尾松-杜鹃-里白群丛
		16. 马尾松-箬竹-狗脊蕨群丛
	杉木林	17. 杉木-箬竹-狗脊蕨群丛
		18. 杉木-西施花-沿阶草群丛
Ⅲ.常绿针阔叶混交林	马尾松＋木荷林	19. 马尾松＋木荷-檵木-淡竹叶群丛
Ⅳ.落叶阔叶林	亮叶水青冈林	20. 亮叶水青冈-满山红-万寿竹群丛
		21. 亮叶水青冈-浙江新木姜子-毛堇菜群丛
	山杜英林	22. 山杜英－朱砂根-阔鳞鳞毛蕨群丛
		23. 山杜英－紫金牛-长柄线蕨群丛
	茅栗林	24. 茅栗-箬竹-细叶麦冬群丛
	檫木林	25. 檫木-箬竹-蕨菜群丛
	吴茱萸五加林	26. 吴茱萸五加-箬竹-细叶麦冬群丛
Ⅴ.常绿阔叶林	钩锥林	27. 钩锥-箬竹-里白群丛
		28. 钩锥-箬竹-狗脊蕨群丛
		29. 钩锥-马银花-狗脊蕨群丛
	栲林	30. 栲-杜茎山-狗脊蕨群丛
		31. 栲-毛花连蕊茶-狗脊蕨群丛
		32. 栲-细齿叶柃-里白群丛
	甜槠林	33. 甜槠-赤楠-狗脊蕨群丛
		34. 甜槠-赤楠-里白群丛
		35. 甜槠-箬竹-里白群丛
		36. 甜槠-箬竹-狗脊蕨群丛
		37. 甜槠-浙江新木姜子-铁钉兔儿风群丛
		38. 甜槠-格药柃-芒萁群丛
		39. 甜槠-西施花-狗脊蕨群丛
		40. 甜槠-西施花-里白群丛
		41. 甜槠-西施花-宝铎草群丛
		42. 甜槠-西施花-铁钉兔儿风群丛
		43. 甜槠-杜鹃-里白群丛
		44. 甜槠-马银花-狗脊蕨群丛
		45. 甜槠-桃叶珊瑚-铁钉兔儿风群丛
		46. 甜槠-檵木-狗脊蕨群丛
	毛锥林	47. 毛锥-密花树-阔鳞鳞毛蕨群丛
	黑叶锥林	48. 黑叶锥-马银花-狗脊蕨群丛
	苦槠林	49. 苦槠-马银花-狗脊蕨群丛
	狗牙锥林	50. 狗牙锥-野含笑-里白群丛
	青冈林	51. 青冈-乌药-莎草群丛
		52. 青冈-檵木-狗脊蕨群丛
		53. 青冈-轮叶蒲桃-芒萁群丛
	柯林	54. 柯-箬竹-阔鳞鳞毛蕨群丛
	闽楠林	55. 闽楠-杜茎山-单叶双盖蕨群丛
		56. 闽楠-杜茎山-狗脊蕨群丛

续表

植被型	群系	群丛
	木荷林	57. 木荷-箬竹-狗脊蕨群丛
		58. 木荷-箬竹-阔鳞鳞毛蕨群丛
		59. 木荷-毛花连蕊茶-狗脊蕨群丛
VI.苔藓矮曲林	浙江山茶林	60. 浙江山茶-细齿叶柃-细叶麦冬群丛
	交让木林	61. 交让木-细齿叶柃-细叶麦冬群丛
		62. 交让木-细齿叶柃-莎草群丛
		63. 交让木-箬竹-细叶麦冬群丛
		64. 交让木-黑紫藜芦群丛
	多脉青冈林	65. 多脉青冈-云锦杜鹃-阔叶麦冬群丛
		66. 多脉青冈-西施花-细叶麦冬群丛
		67. 多脉青冈-吊钟花-铁钉兔儿风群丛
		68. 多脉青冈-箬竹-细叶麦冬群丛
		69. 多脉青冈-光亮山矾-油点草群丛
VII.竹林	毛竹林	70. 毛竹-赤楠-里白群丛
		71. 毛竹-鼠刺-狗脊蕨群丛
		72. 毛竹-西施花-黑紫藜芦群丛
		73. 毛竹-白背新木姜子-铁钉兔儿风群丛
		74. 毛竹-黑鳞耳蕨群丛
		75. 毛竹-鼠刺—白头婆群丛
		76. 毛竹-血水草群丛
		77. 毛竹-芒萁群丛
	桂竹林	78. 桂竹-龙芽草群丛
VIII.落叶阔叶灌丛	满山红灌丛	79. 满山红-黑紫藜芦群丛
	云南桤叶树灌丛	80. 云南桤叶树-黑紫藜芦群丛
	吊钟花灌丛	81. 吊钟花-黑紫藜芦群丛
	扁枝越桔灌丛	82. 扁枝越桔-黑紫藜芦群丛
	波缘红果树灌丛	83. 波缘红果树-黑紫藜芦群丛
IX.常绿阔叶灌丛	杜鹃灌丛	84. 杜鹃-黑紫藜芦群丛
X.沼泽	江南桤木沼泽	85. 江南桤木-桃叶石楠-莎草群丛
		86. 江南桤木-钝齿冬青-曲轴黑三棱群丛
	银叶柳沼泽	87. 银叶柳-水竹-灯心草群丛
		88. 银叶柳-琴叶榕-糯米团群丛
	风箱树沼泽	89. 风箱树-圆锥绣球-莎草群丛
	东方水韭沼泽	90. 东方水韭群丛
	武夷慈姑沼泽	91. 武夷慈姑群丛
	曲轴黑三棱沼泽	92. 曲轴黑三棱群丛
	睡莲沼泽	93. 睡莲群丛
	灯心草沼泽	94. 灯心草群丛
XI.水生植被	水龙群落	95. 水龙群丛
	穗状狐尾藻群落	96. 穗状狐尾藻群丛
	茶菱群落	97. 茶菱群丛
	小叶眼子菜群落	98. 小叶眼子菜群丛
	浮萍群落	99. 浮萍群丛
	满江红群落	100. 满江红群丛
	金鱼藻群落	101. 金鱼藻群丛
	黑藻群落	102. 黑藻群丛

第三节　主要植被群系特征概述

3.1　温性针叶林

温性针叶林主要分布于暖温带地区的平原、丘陵及低山，在亚热带和热带山地分布的针叶林也可以看成温性针叶林。在福建峨嵋峰自然保护区，温性针叶林主要分布在 750m 以上的山地，建群种在生态上喜温凉湿润的山地气候，适生于酸性、中性的山地黄壤与山地黄棕壤上。保护区内有柳杉林、黄山松林和长苞铁杉林 3 个群系。

3.1.1　柳杉林

柳杉 Cryptomeria fortunei 是我国江南中山山地特产树种，对环境要求较高，性喜潮湿、云雾缭绕、夏季凉爽的海洋性或山区谷地气候。柳杉林主要分布于浙江、福建、江西等省的海拔 1000m 以上的山区，少量分布于河南、安徽、江苏、四川、广东、广西，天然柳杉林已极罕见。在永安、德化、连城、上杭、浦城、武夷山、建阳、邵武、光泽、政和、建宁、泰宁、周宁、屏南等地海拔 700～1600m 的中山山地的阴坡、半阴坡、山谷尚有小片柳杉纯林或柳杉阔叶树混交林，林地土壤为山地黄红壤或山地黄壤，成土母质多为花岗岩、片岩或片麻岩，土层厚度往往在 1m 以上，质地为轻黏壤土至中黏壤土，为团粒或块状结构，枯枝落叶层厚 10cm 以上，腐殖质含量丰富。

在福建峨嵋峰自然保护区内的近山顶海拔 1000～1300m，有一定面积的天然柳杉林分布，柳杉粗而高大，高达 30m，胸径达 90cm，盖度 80%，基本上为纯林，偶有蓝果树 Nyssa sinensis、毛竹 Phyllostachys edulis、杉木 Cunninghamia lanceolata、灯台树 Cornus controversa、棕榈 Trachycarpus fortunei、山桐子 Idesia polycarpa 混入，林下灌木少而密，常见种类有西施花 Rhododendron latoucheae、油茶 Camellia oleifera、梨茶 Camellia octopetala、秤星树 Ilex asprella、细齿叶柃 Eurya nitida、白簕 Eleutherococcus trifoliatus 等，草本植物稀疏，常见种类有狗脊蕨 Woodwardia japonica、黑鳞耳蕨 Polystichum makinoi、江南星蕨 Microsorium fortunei、紫萁 Osmunda japonica、变豆菜 Sanicula chinensis、金线草 Antenoron filiforme、庐山石韦 Pyrrosia sheareri、鸭跖草 Commelina communis 等，其代表性群落类型为柳杉-西施花-黑鳞耳蕨群丛、柳杉-箬竹-狗脊蕨群丛和柳杉-白簕-江南星蕨群丛。

3.1.2　黄山松林

黄山松林是我国东部亚热带中山地区的代表性群系之一。主要分布于台湾、福建、浙江、江西、安徽、湖南、湖北等省气候凉温、降水量充沛、相对湿度大的中亚热带山地，在垂直分布高度上，从海拔 700～800m 以上的山坡、山脊一直分布到海拔 1750m 左右的山顶。一般都为天然林。

在福建峨嵋峰自然保护区的峨嵋峰顶部和爻山顶部分布着一定面积的黄山松林，土壤为山地黄红壤和山地黄壤，群落外貌整齐，郁闭度 80%～90%，乔木层仅见黄山松 Pinus taiwanensis，高 1.5～15m，局部有典型的黄山松林，高达 35m，林内组成种类有港柯 Lithocarpus harlandii、甜槠 Castanopsis eyrei、木荷 Schima superba、雷公鹅耳枥 Carpinus viminea、树参 Dendropanax dentiger、多脉青冈 Cyclobalanopsis multinervis、红楠 Machilus thunbergii、厚皮香 Ternstroemia gymnanthera、紫果槭 Acer cordatum、薄毛豆梨 Pyrus calleryana f. tomentella、狗骨柴 Tricalysia dubia 等的小树或幼树。灌木层以箬竹 Indocalamus tessellatus、西施花、满山红 Rhododendron mariesii、杜鹃 Rhododendron simsii、马银花 Rhododendron ovatum、厚叶红淡 Cleyera pachyphylla、小叶石楠 Photinia parvifolia、短尾越桔 Vaccinium carlesii、小果珍珠花 Lyonia ovalifolia var. elliptica、云南桤叶树 Clethra delavayi 为主，高 50～150cm，常见种类有细齿叶柃、朱砂根 Ardisia crenata、大萼红淡 Adinandra glischroloma var. macrosepala、扁枝越桔 Vaccinium japonicum var. *sinicum*、乌药 *Lindera aggregata*、石斑木 *Rhaphiolepis indica*、窄基红褐栲 *Eurya rubiginosa* var. *attenuata*、肥肉草 *Fordiophyton fordii*、波缘红果树 *Stranvaeia davidiana* var. *undulata* 等。草本层稀疏，优势种以里白 *Hicriopteris glauca*、狗脊蕨、黑紫藜芦 *Veratrum japonicum* 或沿阶草为主，常见的种类有淡竹叶 *Lophatherum gracile*、三脉紫菀 *Aster ageratoides*、鹿蹄草 *Pyrola calliantha* 等，层间植物有尖叶菝葜 *Smilax arisanensis*、攀援星蕨 *Microsorium buergerianum*、菝葜 *Smilax china*、石子藤石松 *Lycopodiastrum casurinoides* 等，群落类型有黄山松-西施花＋箬竹-黑紫藜芦群丛、黄山松-西施花-里白群丛、黄山松-西施花-狗脊蕨群丛、黄山松-满山红-黑紫藜芦群丛、黄山松-箬竹-细叶麦冬群丛、黄山松-箬竹-沿阶草群丛6 个类型。

3.1.3　长苞铁杉林

长苞铁杉 *Tsuga longibracteata* 是我国特有珍稀树种，也是第四纪冰川期遗留下来的古老树种。现有资源甚少，列为福建省级重点保护植物。产于我国东部中亚热带山地，其中以南岭山地和戴云山脉山区为主要分布区。由南岭山地向南，分布于广西大瑶山、广东与湖南交界处的乳源和莽山，向西分布于贵州的梵净山和九万大山，在戴云山区主要分布在福建的永安、连城、清流和德化等地。它是大果铁杉组分布于中国的唯一代表种类。在研究东亚、北美植物区系和铁杉属系统分类等方面有一定的科学意义。

长苞铁杉林是我国亚热带地区典型的扁平叶型的常绿针叶林之一，在福建峨嵋峰自然保护区内海拔1200m 的东海洋周边有小面积的长苞铁杉林，群落类型有长苞铁杉－扁枝越桔－延羽卵果蕨群丛和长苞铁杉-箬竹-延羽卵果蕨群丛。

长苞铁杉-扁枝越桔-延羽卵果蕨的乔木层全部由长苞铁杉组成，平均胸径38cm，伴生有新木姜 *Neolitsea aurata*、香桂 *Cinnamomum subavenium*、小叶青冈 *Cyclobalanopsis myrsinaefolia* 等乔木树种的小树，灌木层以扁枝越桔占优势，常见有百两金 *Ardisia crispa*、光叶铁仔 *Myrsine stelnifera*、石斑木 *Rhaphiolepis indica*、连蕊茶 *Camellia fraternal* 等灌木种类及木荷 *Schima superba*、深山含笑、小叶青冈等树种的幼树和幼苗，草本植物以延羽卵果蕨 *Phegopteris decursivepinnata* 稍占优势，常见还有中华里白 *Hicriopteris chinensis*、狗脊蕨等，林内藤本植物稀少，仅见尖叶菝葜 *Smilax arisanensis*、木通 *Akebia quinata* 和山薯蓣 *Dioscorea fordii*。长苞铁杉-箬竹-延羽卵果蕨群落的乔木层以长苞铁杉为主，平均胸径27cm，伴生有云锦杜鹃、新木姜子、香桂、小叶青冈等，林内种类丰富，灌木种类以箬竹 *Indocalamus tessellates* 占优势，常见有光叶铁仔、百两金、扁枝越桔、连蕊茶等，草本植物以延羽卵果蕨稍占优势，常见还有狗脊蕨等。

3.2　暖性针叶林

暖性针叶林主要分布在亚热带低山、丘陵和平地，群落的建群种喜温暖湿润的气候条件。暖性针叶林也会向北侵入温带地区的南缘背风山谷及盆地，向南也会分布到热带地区地势较高的湿润山地。在福建，暖性针叶林主要分布在低山、丘陵和盆地，往往是地带性的常绿阔叶林受到干扰破坏后所形成。在福建峨嵋峰自然保护区，有马尾松林和杉木林 2 个群系。

3.2.1　马尾松林

马尾松林是我国东南部湿润亚热带地区分布最广、资源最大的森林群落，是这一地区典型代表之一，以天然林为主，也有大面积的人工林。其分布范围南从雷州半岛，北至秦岭伏牛山－淮河一线，东从台湾，西到四川青衣江流域。其垂直分布一般在海拔 1000m 以下，在南岭一带，可以分布到海拔 1500m左右。生长于酸性土壤上，pH4.5～6.0，耐瘠薄，喜光。在泰宁世界自然遗产地的马尾松林均为天然林，主要分布于缓冲区的山坡及山麓。其外貌整齐，翠绿色，郁闭度在 90%左右。乔木层主要为马尾松，高10～35m，胸径 15～90cm，局部有山杜英、红楠、甜槠、杉木、青榨槭、港柯、虎皮楠、毛竹、木荷、树参等,灌木层一般高 1~2m,常见的种类有檵木、杜鹃、箬竹、茶荚蒾、落萼叶下珠 *Phyllanthus flexuosus*、茶荚蒾、满山红、乌药及小叶青冈、乳源木莲、大叶榉树 *Zelkova schneideriana*、甜槠、山槐、椤木石楠 *Photinia davidsoniae*、亮叶水青冈等的苗木,草本层一般以芒萁、里白或狗脊蕨占优势,偶见三脉紫菀、多花黄精 *Polygonatum cyrtonema*、山姜、毛堇菜、白头婆、淡竹叶、地菍、黑紫藜芦、蕨 *Pteridium aquilinum* var. *latiusculum*、鳞籽莎。层间植物较发达,种类有亮叶崖豆藤、双蝴蝶 *Tripterospermum chinense*、野蔷薇、菝葜、尖叶菝葜、南蛇藤、大血藤、南五味子、粉背菝葜、土茯苓等,这里有马尾松-檵木-芒萁群丛、马尾松-檵木-里白群丛、马尾松-杜鹃-芒萁群丛、马尾松-杜鹃-里白群丛、马尾松-箬竹-狗脊蕨群丛 5 个类型。

3.2.2　杉木林

杉木广泛分布于我国东部亚热带地区,由于杉木经济价值较高,目前各地的杉木林均为人工林。在福建峨嵋峰自然保护区内常见。群落类型有杉木-箬竹-狗脊蕨群丛和杉木-西施花-沿阶草群丛。群落外貌较整齐,群落郁闭度95%,乔木层仅见杉木,胸径 20~30cm,高 20m,密度为 5 株/100m²,林内有木荷、毛竹、黄绒润楠、红楠、栲等,灌木层以箬竹或西施花为主,平均高 180cm,常见的种类有山鸡椒、杜鹃、秤星树、细齿叶柃、毛冬青、石斑木、南烛等,草本层以狗脊蕨或沿阶草为主,常见的种类有多花黄精、江南卷柏、淡竹叶、土牛膝等,层间植物稀少,有玉叶金花 *Mussaenda pubescens*、菝葜、土茯苓、粉背菝葜、海金沙等。

3.3　常绿针阔叶混交林

在峨嵋峰自然保护区,针阔叶混交林多分布在常绿阔叶林的上方,是常绿阔叶林带向山地针叶林带、山地苔藓矮曲林或山顶草甸过渡的森林类型,这种森林类型也常与常绿、落叶阔叶混交林交错分布。福建峨嵋峰自然保护区的针阔叶混交林仅马尾松针阔叶混交林 1 个群系。

马尾松+木荷林

本群系主要分布于峨嵋峰中部海拔800m的山坡上,群落类型为马尾松+木荷-檵木-淡竹叶群丛,外貌较整齐,郁闭度在90%左右。乔木层主要由马尾松 *Pinus massoniana* 与木荷构成,高达17m,平均胸径28cm,局部有枫香树 *Liquidambar formosana*、杨梅 *Myrica rubra*、栲 *Castanopsis fargesii*、山乌桕 *Sapium discolor*、野漆树 *Toxicodendron succedaneum*、交让木 *Daphniphyllum macropodum* 等,灌木层以檵木 *Loropetalum chinense* 为主,高1~3m,常见的种类有西施花、杨桐 *Adinandra millettii*、乌药、赤楠 *Syzygium buxifolium*、红紫珠 *Callicarpa rubella*、盐肤木 *Rhus chinensis*、秤星树、美丽胡枝子 *Lespedeza formosa*、南烛 *Vaccinium bracteatum*、栀子 *Gardenia jasminoides*、毛冬青 *Ilex pubescens*、杜鹃及赤杨叶 *Alniphyllum fortunei*、树参、油桐 *Vernicia fordii*、日本杜英、老鼠矢 *Symplocos stellaris*、野鸦椿 *Euscaphis japonica*、杉木、木荷的苗木等,草本层以淡竹叶占优势,偶见狗脊蕨、里白、芒萁 *Dicranopteris pedata*、鳞籽莎 *Lepidosperma chinensis*、蕨 *Pteridium aquilinum* var. *latiusculum*。层间植物较发达,种类有光叶崖豆藤 *Millettia nitida*、菝葜、尖叶菝葜、流苏子 *Thysanospermum diffusum* 等。

3.4　落叶阔叶林

落叶阔叶林为温带和暖温带地区地带性森林植被类型。构成群落的乔木都是冬季落叶的阔叶树种,灌木层多是冬天落叶的灌木种类,草本植物地上部分在冬季多枯萎。落叶阔叶林在中亚热带以北山地也能见到。分布到亚热带的落叶阔叶林的群落物种组成更为复杂,林下也出现一些常绿阔叶灌木种类,在水热条件较好的亚热带,还会出现一些常绿阔叶树种。典型的落叶阔叶林在福建难得一见。福建峨嵋峰自然保护区内的亮叶水青冈落叶阔叶林面积较大，较为原始，是亚热带地区山地落叶阔叶林的典型代表之一。

3.4.1　亮叶水青冈林

亮叶水青冈分布于中亚热带的中山山地，一般形成小面积的落叶阔叶林或与常绿阔叶树构成常绿落叶阔叶混交林。

在保护区内的峨嵋峰有一定面积的亮叶水青冈林。林地土壤为山地黄红壤，土层较厚。其群落类型有亮叶水青冈-满山红-万寿竹群丛和亮叶水青冈-浙江新木姜子-毛堇菜群丛。群落郁闭度90%～95%。乔木层高达15m，胸径16～52cm，乔木层有时有甜槠、木荷、小叶青冈、野茉莉。林下稀疏，但种类较丰富。灌木层以满山红或浙江新木姜子为主，高2.5m，常见种类还有杜鹃、荚蒾 *Viburnum dilatatum*、短柱茶、木蓝、毛果杜鹃、马银花、绿叶甘橿、油茶、中华石楠、朱砂根、乌药、格药柃、江南越桔、林氏绣球、茅栗、紫金牛、东方古柯、蜡瓣花、山矾、南烛及甜槠、柳杉、罗浮柿、木荷、青冈、枫香树、黄山玉兰、树参、三尖杉等的幼树和幼苗；草本层植物以万寿竹或毛堇菜占优势，常见的种类有沿阶草、堇菜、春兰、尾花细辛、长梗黄精、五岭龙胆、淡竹叶、华中瘤足蕨、心叶帚菊、狗脊蕨等，林内藤本植物种类较多，有中华双蝴蝶、菝葜、络石 *Trachelospermum jasminoides*、地锦 *Parthenocissus tricuspidata*、光叶崖豆藤等10余种。

3.4.2　山杜英林

山杜英广布于长江以南各省，往往是先锋树种，局部成林。在保护区内的沟谷中有小面积分布，为山杜英-朱砂根-阔鳞鳞毛蕨群丛、山杜英-紫金牛-长柄线蕨群丛2个群落类型。群落郁闭度90%。乔木层树种以山杜英为主，密度为4～6株/100m²，高者达22m，平均胸径达20cm，局部混生有薄叶润楠、华南蒲桃。灌木层以朱砂根或紫金牛为主，常见种类有百两金、广东紫珠、榕叶冬青及羊舌树、野含笑等的幼树；草本层植物以阔鳞鳞毛蕨或长柄线蕨占优势，常见的种类有卷柏、刺头复叶耳蕨、阔鳞鳞毛蕨等；林内藤本植物有常春藤、瓜馥木、金樱子、网络崖豆藤、亮叶崖豆藤。

3.5　常绿阔叶林

常绿阔叶林是分布于我国亚热带地区中具有代表性的森林植被类型。森林外貌四季常绿，呈深绿色，上层树冠呈半圆球形，林冠整齐一致。在我国常绿阔叶林中，壳斗科、樟科、山茶科、木兰科是其基本的组成成分，也是鉴别亚热带常绿阔叶林的一个重要标志。福建的常绿阔叶林分布于全省的平原、丘陵和山地，在南部可向上延伸到海拔1500m的中山地，在北部只分布到600～800m的地带。由于我国常绿阔叶林分布范围广，东自沿海的浙江、台湾，西到青藏高原东坡，南起北回归线，北止淮河至秦岭一线，从南到北，落叶成分逐步增加，从东往西，干旱成分逐渐增加，栲属植物种类在东南最为常见，樟科优势成分向西突显。

福建峨嵋峰自然保护区地处武夷山脉中段东坡的中亚热带，且由于历史以来的保护，基带的常绿阔叶林得到了很好的保护，向世人展示了中亚热带基带常绿阔叶林的真实面貌。在基带水肥充裕的地段与沟谷中，有以樟科树种闽楠为建群种构成的群落，在稍高稍干燥的山麓与山坡，有以栲属植物苦槠、甜槠、黑叶锥等为建群种构成的群落。

3.5.1　钩锥林

钩锥 *Castanopsis tibetana* 分布于长江以南各省，一般为伴生树种，较少成为建群种。在保护区内有一定面积的钩锥林。其群落类型有钩锥-箬竹-里白群丛、钩锥-箬竹-狗脊蕨群丛和钩锥-马银花-狗脊蕨群丛。样地位于山麓，海拔 450m，林地土壤为红壤，土层较厚。群落郁闭度达 95%。钩锥树干通直，高达 32m，胸径 31~67cm，乔木层伴生树种有野含笑、黄杞、青钱柳、南方红豆杉、木荷、甜槠、枫香树、深山含笑、狗牙锥，林下有钩锥、甜槠、枫香树、杨梅、黄杞、黄绒润楠、红楠、木荷等的幼树。灌木层以箬竹或马银花为主，平均高 130cm，常见种类有细齿叶柃、山胡椒、木蓝、栀子、粗叶木、海金子、荚蒾、李氏女贞等；草本层植物以里白或狗脊蕨占优势，常见种类有淡竹叶、建兰、小花鸢尾、华中瘤足蕨、花葶薹草、杏香兔儿风、长尾复叶耳蕨等，林内有不少藤本植物，如光叶崖豆藤、地锦、常春藤、大血藤、络石、寒莓、珍珠莲等。

3.5.2 栲林

栲 *Castanopsis fargesii* 分布于长江以南各省，是亚热带山地林中常见的树种，一般为伴生树种，较少成为建群种。但在福建峨嵋峰自然保护区分布有一定面积的栲林。其群落类型有栲-杜茎山-狗脊蕨群丛、栲-毛花连蕊茶-狗脊蕨群丛和栲-细齿叶柃-里白群丛。林地土壤为红壤，土层厚 0.7~1m，表土层为壤质黏土、多孔隙。群落外貌整齐，层次丰富。群落总盖度约 95%。乔木层高达 22m，可以分为 3 个亚层，第一亚层高 20~22m，仅有栲，平均胸径为 15.6cm。第二亚层高 10~12m，主要由栲、青冈、木荷、杨桐、甜槠组成，第三亚层高 4~6m，主要由西施花、马银花、狗骨柴、檵木组成。灌木层以杜茎山、毛花连蕊茶或细齿叶柃为主，还有冬青 *Ilex purpurea*、狗骨柴、疏花卫矛、毛叶石楠、乌药及虎皮楠、黄绒润楠、杨梅、柯、沉水樟等的苗木。草本层稀疏，仅见狗脊蕨和里白。藤本植物仅见小叶葡萄、南五味子。

3.5.3 甜槠林

甜槠林广泛分布于中亚热带海拔1500以下的山地丘陵，是我国中亚热带有代表性的地带性植被类型之一。

在保护区内，甜槠林类型多样，分布于海拔 500~1500m 的山坡，林地土壤为山地红壤与山地黄红壤，土层厚 0.5~1.1m。群落外貌整齐，林冠浑圆波状起伏，郁闭度约 95%，层次较多。乔木层可以分 2 个亚层，第一亚层高 10~20m，以甜槠为主，伴生有木荷、小叶青冈、枫香树、蓝果树、马尾松、青冈、青榨槭、罗浮栲、柯、黑叶锥 *Castanopsis nigrescens*、深山含笑。第二亚层树种有树参、日本杜英、老鼠矢、厚皮香、杨桐、野漆树等。

灌木层以赤楠、箬竹、浙江新木姜子、格药柃、西施花、杜鹃、马银花、桃叶珊瑚或檵木为主，常见种类还有杜鹃、窄基红褐柃、朱砂根、狗骨柴、乌药、满山红、草珊瑚、百两金、野含笑、江南越桔、九管血、细齿叶柃、格药柃及甜槠、柯、树参、罗浮栲、马尾松、细柄蕈树、木荷、日本杜英、黄山松等的幼苗。

草本层稀疏，主要以狗脊蕨或里白为主，偶尔以万寿竹、铁钉兔儿风或宝铎草占多数，另仅见镰羽瘤足蕨、黑足鳞毛蕨 *Dryopteris fuscipes*、芒萁、淡竹叶、边缘鳞盖蕨 *Microlepia marginata*、多花黄精等。

藤本植物则有高粱泡、土茯苓、野木瓜、光叶崖豆藤、尖叶菝葜、流苏子和显齿蛇葡萄 *Ampelopsis grossedentata*等。

在保护区内群落类型有甜槠-赤楠-狗脊蕨群丛、甜槠-赤楠-里白群丛、甜槠-箬竹-里白群丛、甜槠-箬竹-狗脊蕨群丛、甜槠-浙江新木姜子-铁钉兔儿风群丛、甜槠-格药柃-芒萁群丛、甜槠-西施花-狗脊蕨群丛、甜槠-西施花-里白群丛、甜槠-西施花-宝铎草群丛、甜槠-西施花-铁钉兔儿风群丛、甜槠-杜鹃-里白群丛、甜槠-马银花-狗脊蕨群丛、甜槠-桃叶珊瑚-铁钉兔儿风群丛、甜槠-檵木-狗脊蕨群丛（表4-2）。

表 4-2　甜槠—赤楠-狗脊蕨群落样方表

乔木层种名	株数	样方数/个	平均胸径/cm	相对多度/%	相对频度/%	相对显著度/%	重要值
甜槠 Castanopsis eyrei	20	4	28.6	58.83	28.57	85.16	172.56
木荷 Schima superba	3	2	25.3	8.82	14.29	8.81	31.92
杨桐 Adinandra millettii	2	2	5.0	5.88	14.29	0.35	20.52
米槠 Castanopsis carlesii	1	1	11.0	2.94	7.14	1.7	11.78
树参 Dendropanax dentiger	1	1	9.0	2.94	7.14	1.14	11.22
木犀 Osmanthus fragrans	1	1	6.0	2.94	7.14	0.51	10.59
榕叶冬青 Ilex ficoidea	1	1	4.0	2.94	7.14	0.23	10.31
灌木层及乔木幼树							多频度
赤楠 Syzygium buxifolium	26	4		14.21	5.00		19.21
厚皮香 Ternstroemia gymnanthera	16	4		8.74	5.00		13.74
狗骨柴 Diplospora dubia	13	4		7.10	5.00		12.10
野黄桂 Cinnamomum jensenianum	8	4		4.37	5.00		9.37
黄杞 Engelhardtia roxburghiana	6	4		3.28	5.00		8.28
甜槠 Castanopsis eyrei	5	4		2.73	5.00		7.73
山血丹 Ardisia lindleyana	6	3		3.28	3.75		7.03
细柄蕈树 Altingia gracilipes	8	2		4.37	2.50		6.87
花榈木 Ormosia henryi	7	2		3.83	2.50		6.33
杨桐 Adinandra millettii	6	2		3.28	2.50		5.78
桃叶石楠 Photinia prunifolia	6	2		3.28	2.50		5.78
鼠刺 Itea chinensis	5	2		2.73	2.50		5.23
黄丹木姜子 Litsea elongata	5	2		2.73	2.50		5.23
虎皮楠 Daphniphyllum oldhami	5	2		2.73	2.50		5.23
绒毛润楠 Machilus velutina	4	2		2.19	2.50		4.69
硬壳柯 Lithocarpus hancei	3	2		1.64	2.50		4.14
杉木 Cunninghamia lanceolata	2	2		1.09	2.50		3.59
乌药 Lindera aggregata	2	2		1.09	2.50		3.59
笔罗子 Meliosma rigida	2	2		1.09	2.50		3.59
黄毛冬青 Ilex dasyphylla	2	2		1.09	2.50		3.59
短尾越桔 Vaccinium carlesii	2	2		1.09	2.50		3.59
罗浮柿 Diospyros morrisiana	2	2		1.09	2.50		3.59
木荷 Schima superba	2	2		1.09	2.50		3.59
山黄皮 Randia cochinchinensis	3	1		1.64	1.25		2.89
鹿角杜鹃 Rhododendron latoucheae	3	1		1.64	1.25		2.89
茶荚蒾 Viburnum setigerum	2	1		1.09	1.25		2.34
野黄桂 Cinnamomum jensenianum	2	1		1.09	1.25		2.34
酸味子 Antidesma japonicum	2	1		1.09	1.25		2.34
钝齿冬青 Ilex crenata	2	1		1.09	1.25		2.34
马银花 Rhododendron ovatum	2	1		1.09	1.25		2.34
光叶山矾 Symplocos lancifolia	2	1		1.09	1.25		2.34
栀子 Gardenia jasminoides	1	1		0.55	1.25		1.80
南烛 Vaccinium bracteatum	1	1		0.55	1.25		1.80
连蕊茶 Camellia cuspidata	1	1		0.55	1.25		1.80
榕叶冬青 Ilex ficoidea	1	1		0.55	1.25		1.80
中华杜英 Elaeocarpus chinensis	1	1		0.55	1.25		1.80
毛冬青 Ilex pubescens	1	1		0.55	1.25		1.80
红楠 Machilus thunbergii	1	1		0.55	1.25		1.80

续表

乔木层种名	株数	样方数/个	平均胸径/cm	相对多度/%	相对频度/%	相对显著度/%	重要值
山杜英 *Elaeocarpus sylvestris*	1	1		0.55	1.25		1.80
大叶金牛 *Polygala latouchei*	1	1		0.55	1.25		1.80
小果山龙眼 *Helicia cochinchinensis*	1	1		0.55	1.25		1.80
老鼠矢 *Symplocos stellaris*	1	1		0.55	1.25		1.80
层间植物							
链珠藤 *Alyxia sinensis*	2	2		11.76	18.18		29.94
尖叶菝葜 *Smilax arisanensis*	6	4		35.30	36.37		71.67
流苏子 *Coptosapelta diffusa*	7	3		41.18	27.27		68.45
网脉酸藤子 *Embelia rudis*	1	1		5.88	9.09		14.97
野木瓜 *Stauntoniachinensis*	1	1		5.88	9.09		14.97
草本层	Drude 多度						
狗脊蕨 *Woodwardia japonica*	Cop2	4			50.00		
里白 *Hicriopteris glauca*	Sp	2			25.00		
淡竹叶 *Lophatherum gracile*	Un	1			12.50		
黑足鳞毛蕨 *Dryopteris fuscipes*	Un	1			12.50		

注：调查时间为 2012 年 12 月 27 日，地点为峨嵋峰，海拔为 1150 m，由江凤英记录。Cop2、Sp 和 Un 为 Drude 多度度量单位。

3.5.4 毛锥林

毛锥 *Castanopsis fordii* 分布于长江以南各省，一般生长于湿润的山地林中，是偏热性的树种，一般成为常绿阔叶林的伴生树种，而比较少成为建群种。在保护区内有一定面积的毛锥林。代表性群落类型为毛锥—密花树—阔鳞鳞毛蕨群丛。林地土壤为红壤，土壤肥沃。群落郁闭度约80%，树干通直，高达17m，最大胸径53cm，乔木层树种以毛锥为主，伴生树种有栲、猴欢喜 *Sloanea sinensis*、黄杞、红皮糙果茶等。灌木层以密花树为主，常见种类有华鼠刺、杜茎山、山黄皮、细齿叶柃、簕欓花椒等，还有沉水樟、山乌桕、赤楠、绒毛润楠、笔罗子等幼树；草本层主要有鳞毛蕨、狗脊蕨、扇叶铁线蕨、莎草等。常见藤本植物丰富，有钩藤、南五味子、尾叶那藤、尖叶菝葜、野葡萄、络石、藤黄檀等。

3.5.5 黑叶锥林

黑叶锥 *Castanopsis nigrescens* 主要分布于福建的武夷山、邵武、建宁、泰宁、长汀、连城、龙岩、沙县、永安、德化等地，较少成为建群种。在保护区内海拔 400~1050m 有一定面积的黑叶锥林。代表性群落类型为黑叶锥-马银花-狗脊蕨群丛。群落外貌深绿色，有闪烁光泽，树干笔直，平均树高 11m，平均胸径达 14cm，林地土壤为山地红壤，土层较厚。群落郁闭度 95%。乔木层以黑叶锥为主，常见种类有甜槠、柯、虎皮楠、华杜英、木荷、山杜英、杉木、树参、杨桐、羊舌树、木犀、青冈、木蜡树、厚叶冬青、厚皮香、黄绒润楠等。灌木层以杜鹃为主，平均高 170cm，常见种类有南烛、酸味子 *Antidesma japonicum*、山血丹、草珊瑚、白花苦灯笼、刺叶桂樱、曲毛日本粗叶木、华南蒲桃、苦竹、绿冬青、毛冬青、柃叶连蕊茶、山鸡椒、石斑木、赤楠、竹叶榕等，林下还有笔罗子、刺柏、杜英、狗骨柴、红楠、猴欢喜、黄绒润楠、黄杞、尖脉木姜子、虎皮楠、老鼠矢、罗浮柿、密花树、闽楠、鹿角锥、木荷、木蜡树、毛锥、绒毛润楠、山矾、山黄皮、山乌桕、疏花卫矛、栓叶安息香、小果山龙眼等的幼苗；草本层稀疏，平均高 0.7m，以里白为主，常见种类有狗脊蕨、芒萁、黑足鳞毛蕨、莎草等，藤本植物种类较多，有尖叶菝葜、粉背菝葜、网脉酸藤子、流苏藤、链珠藤、羊角藤、土茯苓、忍冬、单叶铁线莲、亮叶崖豆藤等。

3.5.6 苦槠林

苦槠 *Castanopsis sclerophylla* 分布于长江以南各省区，为栲属植物分布最北的一个种。本种在福建主要分布于武夷山、邵武、浦城、建瓯、南平、建宁、泰宁、三明、沙县、永安、德化、永泰、宁德等地，一般生长于海拔 1000m 以下的低山丘陵。在福建峨嵋峰自然保护区内海拔 400~900m 有一定面积的苦槠林。代表性群落类型为苦槠-马银花-狗脊蕨群丛。群落外貌深绿色，有闪烁光泽，树干笔直，平均树高 16m，林地土壤为山地黄红壤，土层较厚。群落郁闭度 90%。乔木层以苦槠为主，常见种类有甜槠、青冈、木荷、树参、黄檀、黄楠、野漆树、野含笑、中华杜英、交让木等。林下稀疏，灌木层以马银花为主，平均高 120cm，常见种类还有檵木、秤星树、短柱茶、细枝柃、鼠刺、酸味子、紫金牛、小叶赤楠、毛花连蕊茶、乌药等，林下还有苦槠、花楸木、甜槠、木荷等的幼苗；草本层植物以狗脊蕨为主，常见种类有珠芽狗脊、腹水草、淡竹叶、黑足鳞毛蕨等，藤本植物有网脉酸藤子、威灵仙、地锦、亮叶崖豆藤。

3.5.7 狗牙锥林

狗牙锥 *Castanopsis lamontii* 主要分布于广东、广西、福建和贵州、湖南、江西三省的南部。在福建主要分布于南部。在保护区内朱家坳海拔 300~400m 有一定面积的狗牙锥林。代表性群落类型为狗牙锥－野含笑－里白群丛。群落外貌深绿色，有闪烁光泽，树干笔直，树高 20~25m，林地土壤为山地红壤，土层厚。群落郁闭 90%。乔木层以狗牙锥为主，常见种类有黄杞、树参、日本杜英、交让木、罗浮栲、木荷、柯、青冈、野含笑、鹅掌柴、青榨槭等。林下稀疏，灌木层以野含笑为主，平均高 120cm，常见种类还有草珊瑚、细枝柃、箬竹、光叶山矾、百两金、杜鹃、满山红等，林下还有深山含笑、树参、三尖杉等的幼苗；草本层植物以里白为主，常见种类有狗脊蕨、淡竹叶、黑足鳞毛蕨等，藤本植物仅见光叶崖豆藤、地锦、尖叶菝葜、土茯苓。

3.5.8 青冈林

青冈广泛分布于长江以南地区，是适应性很强的壳斗科植物，在该区域内有青冈-乌药-莎草群丛、青冈-檵木-狗脊蕨群丛和青冈-轮叶蒲桃-芒萁群丛。分布于山麓，林地土壤为粗骨性红壤。群落郁闭度约 75%，乔木层平均高 7m，胸径 6cm，以青冈占优势，伴生有马银花、穿心柃 *Eurya amplexifolia*、鼠刺、杨桐、南酸枣、油茶、野漆、冬青。灌木层以乌药、轮叶蒲桃或檵木为主，还有杜鹃、单耳柃 *Eurya weissiae*、狗骨柴、西施花、朱砂根、石斑木、了哥王、南烛、山矾、乌药、栀子、厚皮香及苦槠、马银花、甜槠、红楠、黄檀、树参、算盘子等的苗木。草本层以莎草、狗脊蕨或芒萁为主，常见种类有绢毛马铃苣苔、金鸡脚、淡竹叶、黑鳞耳蕨、地菍、蕨。藤本植物有土茯苓、网络崖豆藤等。

3.5.9 柯林

柯 *Lithocarpus glaber* 分布于保护区内海拔 300~470m 的东南坡，林地土壤为山地红壤。土层厚薄不一，有机质含量丰富，代表性群落类型为柯-箬竹-阔鳞鳞毛蕨群丛，群落外貌深绿色，林冠浑圆波状起伏，总盖度 85%~90%。乔木层高 10~18m，以柯占优势，建群层伴生有黄楠、杜英、南酸枣、交让木、马尾松、树参、中华杜英、木荷、赤杨叶、密花树等。灌木层以箬竹占优势，常见种类有马银花、山矾、乌药、短尾越桔、毛冬青、秤星树、鼠刺、江南越桔、檵木、小叶赤楠、石斑木等。草本层稀疏，以阔鳞鳞毛蕨为主，常见种类还有狗脊蕨、淡竹叶、麦冬、美丽复叶耳蕨、山姜、光里白、蕨等。藤本植物则有尖叶菝葜、藤黄檀、玉叶金花、瓜馥木、网脉酸藤子、木通、络石和流苏子。

3.5.10 闽楠林

闽楠又称楠木，乔木、高 5~20m，为稀有种。分布于广东、广西、贵州、湖南、湖北、福建、江西、浙江，在福建主要分布于闽北，由于历史上择伐滥伐，一般只零星分布。在明溪、泰宁、沙县、将乐都有闽楠林分布。在峨嵋峰自然保护区内有闽楠林分布，群落类型为闽楠-杜茎山-单叶双盖蕨群丛和闽楠-杜茎山-狗脊蕨群丛。调查样地位于峨嵋峰山麓海拔 450m 的沟谷中，群落高度 30m，平均胸径 27cm，乔木层伴生有沉水樟。林内灌木层植物种类多而稀疏，以杜茎山、朱砂根占优势，其他种类有曲毛日本粗叶木、单耳柃、青果榕 *Ficus variegate* var. *chlorocarpa*、毛花连蕊茶、红紫珠、毛冬青、狗骨柴、朱砂根、窄基红褐柃、山鸡椒、瑞木、落萼叶下珠、野鸦椿、赤楠、乌药、椤木石楠、光叶山矾、豆腐柴 *Premna microphylla* 和闽楠、南方红豆杉、猴欢喜、毛锥、棕榈 *Trachycarpus fortunei*、野漆、杨梅叶蚊母树 *Distylium myricoides*、栲、穗序鹅掌柴、蓝果树、黄檀、树参、木荷、薄叶润楠、深山含笑、苦槠、沉水樟、枫香树、甜槠、赤杨叶、日本杜英、冬青、厚皮香、黄檀、红楠等的苗木。草本层稀疏，高 0.6~1.2m，以单叶双盖蕨或狗脊蕨为主，常见种类有江南卷柏、线蕨、山麦冬、傅氏凤尾蕨、江南星蕨、淡竹叶、山姜 *Alpinia japonica*、赤车、刺头复叶耳蕨、深绿卷柏、凤丫蕨、短毛金线草、半边旗 *Pteris semipinnata*、珠芽狗脊、华南毛蕨等为主，层间植物种类很丰富，有亮叶崖豆藤、忍冬、网络崖豆藤 *Callerya reticulata*、玉叶金花、尾叶那藤、黑老虎、白花油麻藤 *Mucuna birdwoodiana*、显齿蛇葡萄、葡蟠 *Broussonetia kaempferi*、络石、羊乳、大血藤、雀梅藤、厚叶铁线莲、海金沙、薜荔、乌蔹莓等。

3.5.11 木荷林

木荷广泛分布于长江以南各省海拔 1000~1500m 以下的丘陵山地，是生态适应性较强的阳性广布树种。有时形成纯林，在该区域内见于峨嵋峰，群落外貌较整齐。群落总盖度 80%~85%。乔木层高 14~17m，以木荷为主，平均胸径为 28cm。建群层伴生有甜槠、枫香树、栲、黄檀、青榨槭、树参、红楠等。灌木层高 1~3m，以箬竹或毛花连蕊茶为主，常见的种类有马银花、蜡瓣花、朱砂根、油茶、盐肤木、海金子、光叶山矾、茶荚蒾 *Viburnum setigerum* 等。草本层稀疏，以狗脊蕨或阔鳞鳞毛蕨占优势，另有大叶金牛、淡竹叶、山姜、多花黄精、肥肉草等。藤本植物则有亮叶崖豆藤、常春藤、鸡矢藤、菝葜，在区域内可以见到木荷-箬竹-狗脊蕨群丛、木荷-箬竹-阔鳞鳞毛蕨群丛和木荷-毛花连蕊茶-狗脊蕨群丛 3 个群落类型。

3.6　苔藓矮曲林

苔藓矮曲林是山地的山岭、山脊和孤立的山峰或悬崖陡壁上分布的一类植被类型，又名云雾林。在世界各地常见，多见于热带、亚热带山地的近山顶处，海拔多在 1000m 以上，但苔藓矮曲林和一定的高度无关，而与雾线密切相关，而雾线又取决于山脚的湿度。山麓的湿度越大，雾线就越低，例如,在福建、江西、浙江的苔藓矮曲林分布的海拔较低，海拔 1000m 就有苔藓矮曲林的分布，而在西部分布的海拔较高，一般在海拔 1700m 以上。苔藓矮曲林分布区气候夏凉冬寒，有较长的寒冷期，云雾多、湿度大、日照少、土层浅薄，林下含有较多的风化崩解的砾石，在这样一个海拔上，云雾带来的水分收入可以占到 50%。苔藓矮曲林的外貌特征是林木较密，分枝低，主干不明显，枝干多弯曲，分层不明显，林内苔藓植物、膜蕨等较多，树木低矮，树高一般在 10m 以下。在树干、树桠、树冠地表和裸露岩石上均覆盖或悬挂着苔藓植物。

3.6.1 浙江山茶林

浙江山茶 *Camellia chekiangoleosa* 又名红花油茶，花色鲜红艳丽，种子含油量高，分布于湖南、江西、福建、浙江等省。在福建北部海拔800～1800m的山顶林中、沟谷地水边或疏林中均有分布。在福建峨嵋峰自然保护区的峨嵋峰有较大面积的浙江山茶林分布，为苔藓矮曲林，代表性群落类型为浙江山茶-细齿叶柃-细叶麦冬群丛，群落外貌深绿色，林冠整齐，总盖度达95%。乔木层高5～12m，在数量与频度上以浙江山茶占优势，平均高为5m，建群层伴生有垂枝泡花树、窄基红褐柃等。灌木层以细齿叶柃占优势，常见种类有桃叶珊瑚、杜鹃、穗序鹅掌柴、冬青、箬竹、云锦杜鹃、香港新木姜子、锦带花、光叶海桐、马银花、朱砂根及八角枫、港柯、鸡爪槭、中华槭、蜡瓣花的苗木。草本层以细叶麦冬为主，常见种类有东方荚果蕨、落新妇、黑紫藜芦、兖州卷柏Selaginella involvens。藤本植物则有光叶崖豆藤、白木通、大血藤、常春藤、菝葜、南五味子、攀缘星蕨、毛花猕猴桃、华中瘤足蕨。

3.6.2　交让木林

交让木Daphniphyllum macropodum群系主要分布在峨嵋峰山体上部及顶部，土壤为山地黄壤，群落类型为交让木-黑紫藜芦群丛。外貌较整齐，群落郁闭度90%，高度4m，种类不多，以交让木为主，常见的种类有满山红、齿缘吊钟花、云南桤叶树、小果珍珠花、窄基红褐柃、杜鹃、细齿叶柃。草本层以黑紫藜芦为主，常见的种类有蕨、狗脊蕨、三脉紫菀等。藤本植物有菝葜、中华双蝴蝶。

3.6.3　多脉青冈林

多脉青冈 Cyclobalanopsis multinervis 分布于四川、湖北、湖南、安徽、江西、福建等省。一般散生于海拔 1100～1900m 的山地林中。在福建峨嵋峰自然保护区的峨嵋峰有小面积的多脉青冈林分布，为苔藓矮曲林。代表性群落类型为多脉青冈-云锦杜鹃-阔叶麦冬群丛和多脉青冈-西施花-细叶麦冬群丛，群落外貌灰绿色，林冠整齐，总盖度达 90%。乔木层可以分 2 为个亚层，第一亚层高 12～15m，以多脉青冈占优势，建群层伴生有南方红豆杉、木荷、乐东拟单性木兰；第二亚层 3～8m，以浙江山茶占优势，伴生种类有厚皮香、冬青、八角枫。灌木层以云锦杜鹃或西施花占优势，常见种类有荚蒾、狗骨柴、山鸡椒、豆腐柴、西施花、白箐及木荷、鸡爪槭、青榨槭、垂枝泡花树、尖叶四照花、油茶、笔罗子、浙江桂、东方古柯、福建野樱的苗木。草本层稀疏，以阔叶麦冬或细叶麦冬为主，常见种类有多花黄精、华中瘤足蕨、狗脊蕨。藤本植物仅见珍珠莲、大血藤、鸡矢藤、鳝藤。

3.7　竹　　林

竹林是由竹类植物组成的一种特殊的森林类型。我国有 26 属近 300 种。福建的自然地理条件适宜于竹类生长，全省从南到北，自东到西，均有竹林分布。福建峨嵋峰自然保护区的竹林有毛竹林和桂竹林 2 个群系。

3.7.1　毛竹林

毛竹林是我国竹林中分布最广的一种竹林。东起台湾，西至云南、四川，南自广东和广西中部，北至陕西、河南的南部，从平原到海拔800m（南方1400m）都有大面积的毛竹人工林和天然林分布。毛竹适生于气候温暖湿润、土层深厚、肥沃和排水良好的生境，毛竹林往往与常绿阔叶林交错分布或与常绿阔叶树组成混交林。毛竹林也是福建最主要的竹林，全省面积有55.6万hm^2，纯林外貌整齐，结构单一，高10～20m，径粗5～18cm。如果经人工管理，则林内其他乔木、灌木较少。林下主要为一些阴湿的草本植物。天然状态的林常与其他树种混交，其混交树种常见有栲属、青冈属、润楠属植物及马尾松、杉木等。林下灌木有多种冬青、杨桐、多种柃木等。草本植物常见有狗脊蕨、中华里白、地菍、深绿卷柏等植物。

毛竹林在保护区内海拔1300m以下山地均有分布，多数在山间浅谷或山坡。在峨嵋峰与岌山均有大面积的毛竹林分布，由于人工经营，基本上都为纯林，偶尔混生有大的南方红豆杉、黄山玉兰、杉木、柳杉、甜槠、栲、枫香树、马尾松。

调查样地位于峨嵋峰海拔1100m的山坡上，群落高度12m，在100m²的样方中有毛竹33株，平均胸径10 cm。林内灌木层植物种类多而稀疏，高度1~1.5m，以鼠刺、西施花、白背新木姜子占优势，其他种类有朱砂根、窄基红褐枝、山鸡椒、蜡瓣花、青灰叶下珠、野鸦椿、小叶赤楠、乌药、白背叶、桃叶石楠、山油麻、茅栗、杜鹃、卵叶小蜡、中华旌节花和南方红豆杉、树参、木荷、深山含笑、柳杉、枫香树、甜槠、赤杨叶、日本杜英、白木乌桕、冬青、厚皮香、黄檀、红楠等的苗木。低海拔的毛竹林中草本层以狗脊蕨为主，中等海拔的毛竹林中草本层主要以铁钉兔儿风、黑鳞耳蕨和血水草为主，较高海拔的毛竹林内的草本植物则以黑紫藜芦为主，平均高度0.5~1.5cm，常见的种类还有多花黄精、泽兰、异叶天南星、三脉紫菀、淡竹叶、花葶薹草、江南山梗菜、华中瘤足蕨、绵毛马铃苣苔、蛇足石杉、庐山瓦韦等。层间植物种类很丰富，有显齿蛇葡萄、葡蟠、尾叶那藤、络石、掌叶复盆子*Rubus chingii*、羊乳、寒莓*Rubus buergeri*、山莓、大血藤、雀梅藤、南五味子、厚叶铁线莲、乌蔹莓等。

在保护区内有毛竹-鼠刺-狗脊蕨群丛、毛竹-西施花-黑紫藜芦群丛、毛竹-白背新木姜子-铁钉兔儿风群丛、毛竹-黑鳞耳蕨群丛、毛竹-血水草群丛等7个群落类型。

3.7.2 桂竹林

桂竹*Phyllostachys bambusoides*林主要分布于长江流域，它对水土要求不严，分布较广。在该区域内主要见于山麓，土壤为粗骨性红壤，群落类型为桂竹-龙芽草群丛，外貌较整齐，群落总盖度90%，桂竹高5m，伴生种类有胡颓子、西施花、短柱茶、圆锥绣球、野山楂等及青榨槭的苗木，草本层以龙芽草为主，常见种类有糯米团、山姜与疏头过路黄。藤本植物有寒莓。

3.8 落叶阔叶灌丛

3.8.1 满山红灌丛

本群系主要分布在峨嵋峰山体上部及顶部，土壤为山地黄壤，群落类型为满山红-黑紫藜芦群丛。外貌较整齐，群落郁闭度90%，灌木层高度1.2~1.7m，以满山红为主，常见的种类有杜鹃、小果珍珠花、荚蒾、毛漆树 *Toxicodendron trichocarpum*、野牡丹、岩枸、白檀、长叶冻绿、小叶冬青、蜡瓣花、云锦杜鹃、云南桤叶树等，草本层以黑紫藜芦为主，常见的种类有三脉紫菀、金兰、莎草1种、蕨、蛇莓。藤本植物仅见中华双蝴蝶、土茯苓与忍冬。

3.8.2 云南桤叶树灌丛

本群系主要分布在峨嵋峰山体上部，土壤为山地黄壤，群落类型为云南桤叶树-黑紫藜芦群丛。调查时外貌紫红色，较整齐，群落郁闭度80%，灌木层高度70cm，以云南桤叶树为主，常见的种类有杜鹃、麻叶绣线菊、岩枸、金丝桃、黄山松、小果珍珠花、满山红，草本层以黑紫藜芦为主，常见的种类有三脉紫菀、大蓟、蕨。藤本植物仅见中华双蝴蝶、忍冬与菝葜。

3.8.3 齿缘吊钟花灌丛

本群系主要分布在峨嵋峰山体顶部，土壤为山地黄壤，群落类型为齿缘吊钟花-黑紫藜芦群丛。外貌较整齐，群落郁闭度90%，灌木层高度2.5m，以齿缘吊钟花为主，常见的种类有交让木、杜鹃、满山红、黄山松幼树、岩枸、扁枝越桔，草本层以黑紫藜芦为主，常见的种类有三脉紫菀、五岭龙胆、隔山香

Ostericum citriodorum、薹草 *Carex* sp.。藤本植物仅见中华双蝴蝶与忍冬。

3.8.4　扁枝越桔灌丛

本群系主要分布在峨嵋峰山体近顶部，土壤为山地黄壤，群落类型为扁枝越桔-黑紫藜芦群丛，外貌较整齐，群落郁闭度70%，灌木层高度0.6cm，以扁枝越桔为主，常见的种类有杜鹃、长叶冻绿、马银花、岩柃、金丝桃，草本层以黑紫藜芦为主，常见的种类有三脉紫菀、大蓟、隔山香、狗脊蕨、五岭龙胆。藤本植物仅见忍冬。

3.8.5　波缘红果树灌丛

本群系主要分布在峨嵋峰山体顶部，土壤为山地黄壤，群落类型为波缘红果树-黑紫藜芦群丛，外貌较整齐，群落郁闭度 75%，灌木层高度 60cm，以波缘红果树为主，常见的种类有麻叶绣线菊、小果珍珠花、满山红、杜鹃、窄基红褐柃，草本层以黑紫藜芦为主，常见的种类有三脉紫菀、隔山香、紫萼、闽浙石杉、蕨、大斑叶兰、蚁塔、升麻。藤本植物仅见中华双蝴蝶与忍冬。

3.9　常绿阔叶灌丛

杜鹃灌丛

本群系主要分布在峨嵋峰山体上部及顶部，土壤为山地黄壤，群落类型有杜鹃-黑紫藜芦群丛。外貌不整齐，群落郁闭度 40%~70%，群落高度 0.8m，灌木种类以杜鹃为主，常见的种类有满山红、小果珍珠花、交让木、箬竹、波缘红果树、麻叶绣线菊、伞形八仙花、蜡瓣花及矮化的尖叶四照花，草本层以黑紫藜芦为主，常见的种类有白花前胡、泽兰、堇菜、小灯心草、五岭龙胆、大蓟、蚁塔、蛇莓等。藤本植物仅见鸡矢藤。

3.10　沼　　泽

沼泽草本群落在经常有水浸渍的低洼地面上发达，植物体只有部分浸渍在水中，上部露出水面，因此也有人称为挺水草原或沼泽草甸。沼泽中的群落是多种多样的，可以有乔木群落（针叶树或落叶阔叶树）、灌木群落、水藓草本群落等，沼泽草本群落只是其中的一种。

沼泽草本群落中的植物，以多年生单子叶植物（禾本科、莎草科最主要，香蒲科、谷精草科也占有地位）最常见，双子叶植物也不少。所谓的五花草塘就有不少的双子叶植物；栽培的荷、菱也是常见的。沼泽群落是另一种发育在特殊环境下的生物群落，分布于土壤过湿、排水不良、常有积水的地方。与生长在热带及亚热带的红树林不同，沼泽是隐域性植被，不形成独立的植被带，而是散布在从赤道到北极的其他植被带中。沼泽植物通常有发达的通气组织，有具呼吸作用的不定根，有很强的无性繁殖能力。最奇妙的是土壤为缺乏养分的寡养沼泽，很多植物有食虫习性以补充土壤养分的不足。盾叶茅膏菜、狸藻、捕蝇草和猪笼草等都是著名的食虫植物。

福建峨嵋峰自然保护区内的东海洋有大面积的沼泽群落，里面既有乔木群落，也有草本群落，还有泥炭藓沼泽。在我国南方山间盆地保留下面积如此之大且发育良好，类型丰富的沼泽湿地，甚为难得。

3.10.1　江南桤木沼泽

江南桤木沼泽属于木本沼泽植被亚型。分布于峨嵋峰自然保护区内的东海洋，海拔1200m，土壤为沼泽土,常年积水。群落类型有江南桤木-桃叶石楠-莎草群丛群丛与江南桤木-钝齿冬青-曲轴黑三棱群丛,乔木层平均高16m,主要为江南桤木,伴生有缺萼枫香树、亮叶水青冈、雷公鹅耳枥等落叶树种;下木层以桃叶石楠或钝齿冬青为优势,常见种类有水竹、青灰叶下珠、六月雪、糯米条、胡枝子、山胡椒等;草本层以莎草或曲轴黑三棱占优势,常见种类有堇菜、求米草、竹根七、三脉紫菀、前胡等;层间植物仅见五月瓜藤等(表4-3)。江南桤木木材质地坚韧、耐腐,为车辆、桥涵、矿柱等良材;皮含单宁可提制栲胶,又可作水源涵养林,林地生产力及利用价值均较大。

表4-3　江南桤木-桃叶石楠-莎草群落样方表

乔木层种名	株数	样方数	平均胸径/cm	相对多度/%	相对频度/%	相对显著度/%	重要值
江南桤木 *Alnus trabeculosa*	18	4	20.6	94.74	80.00	97.68	272.42
缺萼枫香树 *Liquidambar acalycina*	1	1	14	5.26	20.00	115.68	140.94
灌木层及乔木幼树							多频度
桃叶石楠 *Photinia prunifolia*	13	4		35.14	20.00		55.14
红楠 *Machilus thunbergii*	7	3		18.92	15.00		33.92
青灰叶下珠 *Phyllanthus glaucus*	5	2		13.51	10.00		23.51
刺叶稠李 *Laurocerasus spinolosa*	2	1		5.41	5.00		10.41
小叶石楠 *Photinia parvifolia*	1	1		2.70	5.00		7.70
黄丹木姜子 *Litsea elongata*	1	1		2.70	5.00		7.70
天仙果 *Ficus erecta* var. *beecheyana*	1	1		2.70	5.00		7.70
树参 *Dendropanax dentiger*	1	1		2.70	5.00		7.70
青榨槭 *Acer davidii*	1	1		2.70	5.00		7.70
血党 *Ardisia brevicaulis*	1	1		2.70	5.00		7.70
草本层	Drude 多度						
莎草 *Cyperu* ssp.	Cop2	4		10.81			
堇菜 *Viola* sp.	Cop1	4		10.81			
求米草 *Oplismenus undulatifolius*	Cop1	3		8.11			
臭节草 *Boenninghausenia albiflora*	Sp	2		5.41			
鳞籽莎 *Lepidosperma chinensie*	Sol	2		5.41			
普通假毛蕨 *Pseudocyclosorus subochthodes*	Sol	2		5.41			
紫萼 *Hostaventricosa*	Sol	2		5.41			
紫萁 *Osmunda japonica*	Sol	2		5.41			
水芹 *Oenanthe javanica*	Sol	2		5.41			
楮头红 *Sarcopyramis nepalensis*	Sp	2		5.41			
狗脊 *Woodwardia japonica*	Un	2		5.41			
阔鳞鳞毛蕨 *Dryopteris championii*	Sol	1		2.70			
层间植物							
五月瓜藤 *Holboellia fargesii*	3	2		100.00	100.00		200.00

注:调查时间为2013年6月24日,地点为东海洋,海拔为1200m,调查人员为江凤英。Cop2、Cop1、Sp、Sol 和 Un 为 Drude 多度度量单位。

3.10.2　银叶柳沼泽

银叶柳沼泽主要分布在山麓的冷浆田内,群落类型为银叶柳-水竹-灯心草群丛和银叶柳-琴叶榕-糯米团群丛,外貌较整齐,乔木层仅有银叶柳,高度达 16m,胸径达 23cm,群落总盖度 80%,灌木层以耐水湿的水竹或琴叶榕为主,草本层种类丰富,以灯心草或糯米团为主,常见种类还有蛇莓、婆婆纳、车前草、龙芽草、笄石菖 *Juncus prismatocarpus*、羊蹄、天胡荽、鹅观草、星宿菜、鼠麹草、一年蓬、艾、如意草、蛇含委陵菜等。

3.10.3 风箱树沼泽

风箱树沼泽主要分布在山麓废弃的冷浆田内，群落类型为风箱树-圆锥绣球-莎草群丛，外貌较整齐，乔木层以风箱树为主，高度达 7m，胸径达 12cm，群落总盖度 80%，乔木层仅有风箱树，灌木层以耐水湿的圆锥绣球为主，草本层种类丰富，以莎草为主，常见种类还有小花蜻蜓兰、车前、龙芽草、星宿菜、崇安鼠尾草、九头狮子草、鼠麴草、一年蓬、艾、如意草、蛇含委陵菜等。

3.10.4 东方水韭沼泽

东方水韭仅见于福建泰宁和浙江松阳，往往在沼泽生境的淤泥积水处生长，形成或大或小的挺水植物群落。其外貌亮绿色，群落高度 0.1m，盖度约 50%。

3.10.5 武夷慈姑沼泽

武夷慈姑仅见于福建武夷山和泰宁，往往在沼泽生境的淤泥积水处生长，形成或大或小的挺水植物群落。其外貌亮绿色，群落高度 0.4m，盖度达 80%。

3.10.6 曲轴黑三棱沼泽

曲轴黑三棱分布较广，但不算常见，往往在沼泽生境的淤泥积水处生长，形成或大或小的挺水植物群落。其外貌鲜绿色，群落高度 0.5m，盖度达 60%，群落中有少量鸭跖草、竹节草。

3.10.7 睡莲沼泽

睡莲分布较广，往往在沼泽生境的池塘中生长，形成或大或小的浮水植物群落。其外貌深绿色，盖度达 70%。

3.10.8 灯心草沼泽

灯心草沼泽主要分布在东海洋，群落类型为灯心草群丛，外貌不整齐，群落总盖度 80%，以灯心草 *Juncus effusus* 为主，Drude 多度达 Cop3，毛茛次之，达 Cop2，样地中常见的种类还有小灯心草、疏茎过路黄、羊蹄、鹅观草、星宿菜、鼠麴草、一年蓬、艾、车前草、堇菜、蛇含委陵菜等。

3.11 水 生 植 被

水生植被是生长在水域环境中的植被类型，由水生植物所组成。由于各地水域环境比较相同，因此水生植被类型相对比较少。组成的种类也多是广布种甚至是世界分布种。在不同的植被区域内，可能有相似的水生植被类型。在福建峨嵋峰自然保护区内所见的水生植被类型有水龙群落、穗状狐尾藻群落、茶菱群落、小叶眼子菜群落、浮萍群落、满江红群落、金鱼藻群落、黑藻群落。

3.11.1 水龙群落

水龙在保护区的池塘、水流速度缓慢的溪河分布，形成挺水植物群落。其外貌深绿色，盖度约 70%，主要在水体中。在静水中往往有水鳖、浮萍、槐叶萍混生在一起。

3.11.2 穗状狐尾藻群落

穗状狐尾藻分布在山麓废弃的冷浆田中,形成挺水植物群落。其外貌鲜绿色,群落不高,盖度达70%,群落中有少量野慈姑、竹节草。

3.11.3 茶菱群落

茶菱在保护区的池塘、水流速度缓慢的溪河分布,形成浮水植物群落。其外貌深绿色,水面盖度约50%,主要在水体中。在静水中往往有水鳖、浮萍、槐叶萍。

3.11.4 小叶眼子菜群落

小叶眼子菜在保护区的池塘、水流速度缓慢的溪河分布,形成浮水植物群落。其外貌翠绿色,水面盖度约50%,主要在水体中。群落中往往有水鳖、茶菱、浮萍、槐叶萍。

3.11.5 浮萍群落

浮萍在保护区中的水田或池塘中分布,形成浮水植物群落,群落中往往有鸭跖草、竹节草、茶菱等。

3.11.6 满江红群落

满江红在保护区中的水田或池塘中分布,形成浮水植物群落,群落中往往有浮萍、竹节草等混杂,局部形成单优群落。

3.11.7 金鱼藻群落

金鱼藻分布较广,在保护区内水流速度缓慢的溪河分布,形成沉水植物群落,在流水环境中随水流而摆动,往往形成单优群落。

3.11.8 黑藻群落

黑藻在保护区内水流速度缓慢的溪河中分布,形成沉水植物群落,往往形成单优群落。

参 考 文 献

何景. 1951. 福建之植物区域与植物群落. 中国科学, 2(2): 193-214

林鹏, 丘喜昭. 1985. 福建省植被区划概要. 武夷科学, 5: 247-254

林鹏. 1986. 植物群落学. 上海科学技术出版社

林鹏. 1990. 福建植被. 福州: 福建科学技术出版社

吴征镒. 1980. 中国植被. 北京: 科学出版社

第五章 脊椎动物资源[*]

第一节 脊椎动物区系特征

1.1 水生脊椎动物区系

福建峨嵋峰保护区分布有野生鱼类资源 53 种，隶属于 5 目 12 科，即鳗鲡目、鲤形目、鲶形目、合鳃目和鲈形目，其中以鲤形目种类最多，有 33 种，占 62.26%，其次为鲶形目和鲈形目，分别为 9 种和 8 种，鳗鲡目有 2 种，合鳃目 1 种。

自然保护区的鱼类分布区系属于东洋界华南亚区浙闽分区，除了 2 种鳗鲡属于洄游性鱼类以外，其余 51 种淡水鱼类由 4 个区系复合体构成：①江河平原鱼类区系复合体（如鮑鱼、马口鱼、大鳞鳕、宽鳍鲴、鲴亚科、短须刺鳑鲏、越南刺鳑鲏、银颌须鮈、鳅鮀亚科、长体鳜等）；②热带平原鱼类区系复合体（如鲃亚科和鮑科的大部分种类、胡子鲶科、黄鳝、福建棒花鱼、棒花鱼、叉尾斗鱼、斑鳢等）；③中印山区鱼类区系复合体（如平鳍鳅科）；④上第三纪鱼类区系复合体（如鲤亚科的大部分种类、鲶科、泥鳅等）。上述 4 个区系复合体的鱼类物种数比例分别为 46.67%、35.56%、4.44% 和 13.33%。可见，保护区的鱼类区系基本上是由江河平原鱼类区系复合体和热带平原鱼类区系复合体构成。

1.2 陆生脊椎动物区系

福建峨嵋峰自然保护区 321 种陆生脊椎动物区系，具有我国东洋界和古北界两大界的成分（表 5-1）。其中东洋界陆生脊椎动物 217 种，占总数的 67.60%；古北界 46 种，占总数的 14.33%；广布种 58 种，占总数的 18.07%。显然，该保护区的陆生脊椎动物以东洋界种类为绝对优势。

表 5-1 福建峨嵋峰自然保护区的陆生脊椎动物区系成分

纲别	总种数	东洋界		古北界		广布种	
		种数	所占比例/%	种数	所占比例/%	种数	所占比例/%
兽纲	44	28	63.64	0	0.00	16	36.36
鸟纲	187	106	56.68	44	23.53	37	19.79
爬行纲	64	59	92.19	0	0.00	5	7.81
两栖纲	26	24	92.31	2	7.69	0	0
总计	321	217	67.60	46	14.33	58	18.07

保护区内具有广布于亚热带的典型兽类，如鼬獾、小灵猫、大灵猫、小麂（小黄麂）、毛冠鹿（青麂）、鬣羚（苏门羚）、穿山甲、豪猪、黄毛鼠等。保护区内还分布有我国中亚热带的特有种——藏酋猴，及分布北限至中亚热带的臭鼩、华南兔、食蟹獴等，可见，保护区属于中亚热带-南亚热带森林群落的过渡地带。

在保护区所分布的 187 种鸟类中，留鸟所占的比例最大（图 5-1）。该区的鸟类区系，和兽类一样，同样具有亚热带特征。种类丰富的亚热带鸟类如画眉亚科、和平鸟科、鹎科、山椒鸟科等。

*本章作者：陈小麟[1]，林清贤[1]，金斌松[2]，王英永[3]，周晓平[1]，于小桐[1]，许可明[4]（1. 厦门大学环境与生态学院，厦门 361102; 2. 南昌大学流域生态研究所，南昌 330047; 3. 中山大学生命科学大学院，广州 510275; 4. 福建峨嵋峰自然保护区管理处，泰宁 354400）

　　进一步分析两栖爬行动物的区系成分可以看出，除了 2 种两栖类（中华蟾蜍、黑斑蛙）为古北种和 5 种爬行类为广布种以外，峨嵋峰的两栖爬行动物全部属于东洋界种类。而且，在峨嵋峰的 90 种两栖爬行动物中，东洋界华中区和华南区两区共有的种数最多，其次为属于华中区的种数（图 5-2）。说明峨嵋峰两栖爬行动物的区系成分包括华中区和华南区的种类，而且其区系成分更偏向于华中区。

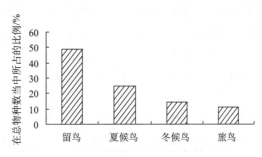

图 5-1　福建峨嵋峰自然保护区的鸟类居留型组成

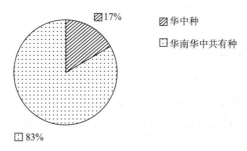

图 5-2　福建峨嵋峰自然保护区两栖爬行动物东洋界种类的区系成分

第二节　种类及其分布

2.1　鱼　　纲

　　峨嵋峰自然保护区位于闽江上游，大多数鱼类适应于水流湍急、水质清澈的生态环境，生活在水体的中下层，杂食性和肉食性。保护区的野生淡水鱼类种数占闽江水系鱼类的 30.84%，占全省淡水鱼类的 24.6%。在保护区的 53 种鱼类中，有洄游性鱼类 2 种，即日本鳗鲡和花鳗鲡，其余均属纯淡水鱼类。花鳗鲡、鳙鱼、半刺厚唇鱼、薄颌光唇鱼、缨口鳅和拟腹吸鳅是仅见于闽江水系的特有种，花鳗鲡为国家Ⅱ级重点保护野生动物（1988），日本鳗鲡、宽鳍鱲、马口鱼、扁圆吻鲴、鲤、鲫、南方拟鳘、唇鲭、麦穗鱼、黑脊倒刺鲃、泥鳅、鲶、胡子鲶、黄颡鱼、黄鳝和叉尾斗鱼等是在福建各水系广泛分布的种类。在鱼类成分上，鲤科 33 种，占保护区内鱼类总数的 62.26%，高于闽江水系鲤科鱼类所占的比例（49.04%）。

　　保护区的主要经济鱼类有：日本鳗鲡、花鳗鲡、鲍、宽鳍鱲、马口鱼、扁圆吻鲴、平胸鲂、大眼华鳊、半刺厚唇鱼、黑脊倒刺鲃、鲶鱼、胡子鲶、粗唇鲅鱼、黄颡鱼等。鱼类中常见但经济价值相对较小的主要种类有鳘、南方拟鳘、蛇鮈、薄颌光唇鱼等。

2.2　两　栖　纲

　　福建峨嵋峰自然保护区分布有两栖类 2 目 7 科 26 种，占福建省两栖类总种数的 58.88%。其中，有尾目 2 种占 7.69%，无尾目 24 种，占 92.31%。24 种无尾目两栖动物中，戴云湍蛙为福建特有种，黑斑肥螈、东方蝾螈、弹琴蛙、沼蛙、日本林蛙、阔褶蛙、花臭蛙等 7 种两栖类属于中国特有种。虎纹蛙被列入 CITES（2003）附录Ⅱ，且属于国家重点保护野生动物（1988）的Ⅱ级保护动物，其余 23 种无尾目两栖类属于福建省的一般保护动物。两栖类在控制维持生态平衡上，具有重要的生态价值。

2.3　爬　行　纲

保护区分布有陆栖爬行类 2 目 12 科 64 种，占福建省陆栖爬行类总种数的 56.48%。其中，有鳞目 60 种，占福建省陆栖有鳞目爬行类总种数的 61.85%。在保护区分布的 64 种爬行纲动物中，列入 CITES （2003）附录Ⅱ的有平胸龟、蟒蛇、滑鼠蛇、舟山眼镜蛇。有 13 种爬行类属于中国的特有种（表 5-2）， 蟒蛇是中国生物多样性的高度濒危类群，是国家重点保护野生动物（1988）的Ⅰ级保护动物。滑鼠蛇与 舟山眼镜蛇属于福建省重点保护动物，其余 62 种有鳞目爬行类属于福建省一般保护动物，爬行类在维持 生态平衡上具有重要的生态价值。

表 5-2　福建峨嵋峰自然保护区的中国特有爬行动物及关键种类

中国特有种			中国生物多样性的关键动物类群
			高度濒危
蹼趾壁虎	钝头蛇	山溪后棱蛇	蟒蛇
北草蜥	福建钝头蛇	环纹华游蛇	
中国石龙子	锈链腹链蛇	赤链华游蛇	
蓝尾石龙子	绞花林蛇		
宁波滑蜥	颈棱蛇		
共 13 种			共 1 种

2.4　鸟　　纲

鸟类有 17 目 47 科 187 种，占福建省鸟类总种数的 37.14%。其中非雀形目鸟类 89 种，占 47.59%， 略低于福建省的 53.85%，雀形目鸟类 98 种，占 52.41%，略高于福建省的 46.15%。在福建峨嵋峰自然保 护区内，分布有丰富的亚热带林地的特有鸟类，如咬鹃目、须䴕科、太阳鸟科、啄木鸟科、某些雉类、 卷尾类、褐翅鸦鹃、小鸦鹃、灰喉山椒鸟、暗绿绣眼鸟、白腰文鸟等。而且，保护区内以昆虫、植物果 实和花蜜为食的鸟类尤为丰富，如杜鹃科、啄木鸟科、山椒鸟科、鹎科、伯劳科、鸦科、雉科、画眉亚 科等。

在保护区的 187 种鸟类中，列入 CITES 附录Ⅰ的有 3 种（黄腹角雉、白颈长尾雉和游隼），列入附 录Ⅱ的有 19 种，列入附录Ⅲ有 3 种；区内有 IUCN 红色名录中的濒危种 1 种（海南虎斑鳽）（2008）、易 危种（VU）1 种（黄腹角雉）；国家Ⅰ级重点保护野生动物（1988）2 种（黄腹角雉和白颈长尾雉），国 家Ⅱ级重点保护野生动物（1988）31 种（表 5-3）；列入中国濒危动物红皮书的濒危物种 1 种（黄腹角雉）、 易危物种 6 种（鸳鸯、黑翅鸢、蛇雕、褐翅鸦鹃、小鸦鹃、红头咬鹃）、稀有物种 2 种（林雕、乌雕）。

表 5-3　福建峨嵋峰自然保护区的珍稀濒危鸟类

CITES			IUCN		国家重点保护野生动物			
附录Ⅰ	附录Ⅱ	附录Ⅲ	濒危种	易危种	Ⅰ级	Ⅱ级		
游隼	隼形目 11 种	牛背鹭	海南虎斑鳽	黄腹角雉	黄腹角雉	海南虎斑鳽	林雕	雕鸮
黄腹角雉	鸮形目 6 种	白鹭			白颈长尾雉	鸳鸯	黑鸢	领鸺鹠
白颈长尾雉	画眉	绿翅鸭				苍鹰	蛇雕	斑头鸺鹠
	红嘴相思鸟					雀鹰	鹰雕	鹰鸮
						赤腹鹰	游隼	红角鸮
						乌雕	红隼	褐林鸮
						白腹山雕	白腿小隼	灰林鸮
						灰脸鵟鹰	白鹇	褐翅鸦鹃

	CITES		IUCN		国家重点保护野生动物		
附录 I	附录 II	附录 III	濒危种	易危种	I 级	II 级	
					普通鵟	勺鸡	小鸦鹃
					黑翅鸢	草鸮	
					白腹隼雕	长耳鸮	
共 3 种	共 19 种	共 3 种	共 1 种	共 1 种	共 2 种	共 31 种	

在双边国际性协定保护的候鸟中，属于中国及日本两国政府协定保护候鸟有 41 种，中国及澳大利亚两国政府协定保护候鸟有 11 种（表 5-4）；除了国家重点保护的鸟类以外，尚有 21 种鸟类属于福建省重点保护动物，146 种鸟类属于福建省的一般保护动物。

峨嵋峰自然保护区分布有多种鸟类属于中国生物多样性的关键类群，显示了该生态系统在生态、遗传及经济等方面具有较高的研究价值。其中，黄腹角雉和白头鹎属于中国特有种。黄腹角雉是中国生物多样性的高度濒危类群，灰胸竹鸡、黑短脚鹎 2 种鸟类是中国生物多样性的重大科学价值类群（表 5-5）。此外，鹰隼类和鸮类猛禽等在维持生态平衡上，具有重要的生态价值。

表 5-4　福建峨嵋峰自然保护区的双边国际性协定保护候鸟

中国及日本两国政府协定保护候鸟				中国及澳大利亚两国政府协定保护候鸟
凤头䴙䴘	丘鹬	树鹨	白腹鹞	牛背鹭
绿鹭	矶鹬	田鹨	虎斑地鸫	水雉
中白鹭	白腰草鹬	山鹨鸰	大苇莺	彩鹬
夜鹭	大杜鹃	白鹡鸰	黄眉柳莺	矶鹬
绿翅鸭	棕腹杜鹃	黄鹡鸰	乌鹟	中杜鹃
绿头鸭	中杜鹃	红尾伯劳	黄雀	白腰雨燕
鹌鹑	普通夜鹰	黑枕黄鹂	黄胸鹀	家燕
黑水鸡	白腰雨燕	北红尾鸲	黑尾蜡嘴雀	白鹡鸰
普通秧鸡	三宝鸟	黑喉石鵖		灰鹡鸰
彩鹬	金腰燕	红胁蓝尾鸲		黄鹡鸰
扇尾沙锥	家燕	斑鸫		大苇莺
	共 41 种			共 11 种

表 5-5　福建峨嵋峰自然保护区的中国特有鸟类及关键种类

中国特有种	中国生物多样性的关键动物类群	
	高度濒危类群	重大科学价值类群
黄腹角雉	黄腹角雉	灰胸竹鸡
白颈长尾雉		黑短脚鹎
白眉山鹧鸪		
白头鹎		
共 4 种	共 1 种	共 2 种

2.5　哺　乳　纲

哺乳纲动物 8 目 21 科 44 种，占福建省陆栖哺乳类总种数的 57.86%。保护区丘陵山地海拔差异大，环境丰富多样，而且分布有许多大面积的原生性亚热带常绿阔叶林，森林茂密，因而林栖动物和树栖种类丰富，如与森林密切相关的猕猴、藏酋猴、云豹、鹿类等林栖动物，及赤腹松鼠（赤腹美松鼠）、隐纹花松鼠（中国花松鼠）、（大）棕鼯鼠等树栖啮齿类。

在44种哺乳类动物中，藏酋猴、小鹿（小黄麂）属于中国的特有种。区内有IUCN红色名录（1996）中的易危种（VU）4种（黑熊、豺、云豹和鬣羚），低危/依赖保护种（LC/cd）2种（猕猴、藏酋猴）；属于CITES（2003）附录Ⅰ的有5种（黑熊、水獭、金猫、云豹和鬣羚），属于附录Ⅱ的有5种（猕猴、藏酋猴、穿山甲、豺、豹猫），属于附录Ⅲ的有6种（黄腹鼬、黄鼬、果子狸、食蟹獴、小灵猫、大灵猫）；国家重点保护野生动物（1988）的Ⅰ级保护动物1种（云豹），国家Ⅱ级重点保护野生动物9种（表5-6）。云豹是中国生物多样性的高度濒危类群。猕猴、藏酋猴为具有重大科学价值的类群，是研究人类学、医学、生物学、行为学和心理学的重要动物。此外，保护区内尚有福建省重点保护兽类6种（黄腹鼬、黄鼬、食蟹獴、豹猫、毛冠鹿、棕鼯鼠），福建省一般保护动物的兽类9种，小鹿（小黄麂）、野猪和竹鼠等兽类，在肉用、药用等用途上具有重要的经济价值。

表 5-6　福建峨嵋峰自然保护区的珍稀濒危哺乳动物

CITES			IUCN		国家重点保护		
附录Ⅰ	附录Ⅱ	附录Ⅲ	易危种	低危种	Ⅰ级	Ⅱ级	
黑熊	猕猴	黄腹鼬	黑熊	猕猴	云豹	猕猴	小灵猫
水獭	藏酋猴	黄鼬	豺	藏酋猴		藏酋猴	大灵猫
金猫	穿山甲	果子狸	云豹			穿山甲	鬣羚
云豹	豺	食蟹獴	鬣羚			豺	
鬣羚	豹猫	小灵猫				黑熊	
		大灵猫				水獭	
共5种	共5这	共6种	共4种	共2种	共2种	共9种	

第三节　重要脊椎动物的特征和生态分布

3.1　花鳗鲡 *Anguilla marmorata* Quoy et Gaimard，鳗鲡科，国家Ⅱ级重点保护野生动物

别名：芦鳗，雪鳗，鳝王。**英名**：marbled eel。

形态特征：呈圆锥形。体长一般为30~60cm，体重250g左右，身体粗壮，腹鳍以前的躯体呈圆筒，后部稍侧扁。口较宽，吻较短，尖而呈平扁形，位于头前端，下颌突出，较为明显。上下颌及犁骨上均具细齿。眼睛小，位于头侧上方，为透明被膜所覆盖，距吻端较近。鼻孔两对，前后分离。鳃发达，鳃孔小而平直，沿体侧向后延伸至尾基正中。体表光滑，黏液丰富。背鳍与臀鳍低而延长，并与尾鳍相连；胸鳍短；无腹鳍。肛门靠近臀鳍起点。尾鳍鳍条短，末端尖。鳞细小，各鳞互相垂直交叉，呈席纹状，埋藏于皮肤之下。身体背部灰褐色，侧面为灰黄色，腹面为灰白色。全身有不规则的灰黑色或蓝绿色块状斑点。

生活习性：花鳗鲡为典型降河洄游鱼类之一。生长于河口、沼泽、河溪、湖塘、水库等内。性情凶猛，体壮有力。白昼隐伏于洞穴及石隙中，夜间外出活动，捕食鱼、虾、蟹、蛙及其他小动物，也食落入水中的大动物尸体。能到湿草地和林内觅食。

地理分布：分布于长江下游及以南的钱塘江、灵江、瓯江、闽江、九龙江、珠江等江河；国外北达朝鲜南部及日本纪州，西达东非，东达南太平洋的马贵斯群岛，南达澳大利亚南部。

资源现状及保护：由于工业有毒污水对河流的严重污染和捕捞过度，及毒、电鱼对鱼资源的毁灭性

破坏，拦河建坝修水库及水电站等阻断了花鳗鲡的正常洄游通道等，花鳗鲡的资源量急剧下降，已难见其踪迹，为国家 II 级重点保护野生动物。

3.2　虎纹蛙 *Rana rugulosa* Weigmann，*Hoplobatrachus rugulosa* (Weigmann)，蛙科，国家 II 级重点保护野生动物

别名：田鸡，水鸡。**英名**：Chinese tiger frog，Chinese bullfrog。

形态特征：大型蛙类，全长6.6~12.1cm。背面皮肤粗糙，具有肤棱及小疣粒。身体背面黄绿色或灰棕色，散布有不规则的深色斑纹；四肢横纹明显；腹面白色，或在咽喉部有灰棕色斑。下颌前部有两个齿状骨突。趾间具全蹼。

生态习性：生活在水田、池塘或沟渠中，很少离开水域。白天多隐藏在洞穴，洞穴较深。腿发达，跳跃能力强。非常机警，稍有动静即跳入深水中。主食多种昆虫，也捕食蜘蛛等节肢动物、蚯蚓及小型蛙类或蝌蚪。在田中或静水坑内产卵，产卵期集中在 5 月前后，卵径约 1.8mm，卵单粒或数十粒连成片，漂浮在水面。

地理分布：国外分布于印度、尼泊尔、孟加拉、斯里兰卡、泰国、印度尼西亚、菲律宾等。国内分布于河南、陕西、四川、云南、贵州、湖北、安徽、江苏、浙江、福建、湖南、台湾、广东、广西、海南和香港。

资源现状及保护：虎纹蛙捕食大量农田害虫，在农业生产上具有重要生态价值。由于虎纹蛙个大肉鲜，是南方群众喜食的野生动物，遭受大量滥捕，再加上农业上农药和杀虫剂的使用，导致不少地区数量剧降。CITES（2003）将它列入附录 II，限制贸易。在中国，虎纹蛙已被列为国家 II 级重点保护野生动物。

3.3　蟒蛇 *Python molurus bivittatus* Schilgel，蟒科，易危，国家 I 级重点保护野生动物

别名：南蛇，琴蛇，蚺蛇，巴蛇。**英名**：python。

形态特征：大型蛇类。体全长可达 6~7m，体重达 50~60kg，是我国最大的蛇种。吻鳞及前二枚上唇鳞具"唇窝"。泄殖肛孔两侧有爪状后肢残余。头颈部背面有一暗棕色矛形斑，头侧有一条黑色纵纹穿过眼斜向口角，眼下也有一黑纹向后斜向唇缘；腹面（鳞片）浅黄色；体背灰褐色、棕褐色或浅黄色，体背及两侧均有大块镶黑边云豹状斑纹。

生态习性：生活于热带、亚热带山区森林中。夜间活动。主食各种脊椎动物，如麂、鹿、小猪、山羊、鼠、鸟、蛙、蛇等，喜食兽类。捕食时突然咬住猎物，用身体缠绕缢死后吞入。卵生，窝卵数十枚，卵径 60 mm×40 mm~120 mm×60 mm，雌蛇有孵卵习性。

地理分布：国内分布于福建、广东、广西、海南岛、云南、贵州。国外分布于缅甸、老挝、泰国、越南、柬埔寨、马来西亚、印度尼西亚。分布于我国的仅有一个亚种，即 *P. m. bivittatus*。

资源现状及保护：由于过度捕杀已导致易危状态。CITES（2003）将它列入附录 II，限制贸易。在中国，已被列为国家 I 级重点保护野生动物。

3.4　海南虎斑鳽*Gorsachius magnificus* (Ogilvie-Grant)，鹭科，国家 II 级重点保护野生动物

形态特征：中等体形（51~60cm），上体、顶冠、头侧斑纹、冠羽及颈侧线条深褐色。胸具矛尖状皮黄色长羽，羽缘深色；上颈侧橙褐色。翼覆羽具白色点斑，翼灰。成年雄鸟具粗大的白色过眼纹，颈白，胸侧黑色，翼上具棕色肩斑。虹膜黄色；嘴偏黄，嘴端深色；脚黄绿色。

生态习性：海南虎斑鳽主要栖息于亚热带林中的河谷小溪旁边的沼泽地，夜行性，白天多隐藏在密林中，早晚活动和觅食。周放等（2005）研究表明，海南虎斑鳽所需的生境是丘陵山区的湿地，但在营巢地、觅食地等小生境的利用上，有一定的分离。这种小生境使用分离的机制，有利于巢的隐蔽，从而保证巢和雏鸟的安全。食性以小鱼、蛙和昆虫等动物性食物为主。关于它的繁殖情况目前尚不清楚。

地理分布：海南虎斑鳽是我国特产的鸟类，没有亚种分化。分布于中国南方省份（越南东北部有一纪录），主要分布于福建、浙江、江西、安徽、湖南、广东、广西、四川、贵州、云南、海南、香港。此前仅在安徽霍山，广西武鸣、隆安、瑶山，浙江杭州、临安、天目山，福建邵武、建阳，广东英德；海南白沙、乐东、琼中、五指山，江西九连山等报道过，过去为留鸟。

资源现状及保护：为全球性极危物种。估计全球种群数量不足 1000 只，是我国特有物种，被列入国家 II 级重点保护野生动物和中国物种红色名录濒危物种（EN），IUCN 曾经将其列为极危物种（CR）。自 1999 年以来，鸟类专家高育仁、周放、林清贤陆续在车八岭国家级自然保护区、广西上思县、江西九岭山、黔东雷公山、江西婺源陆续发现海南虎斑鳽，但所报道的种群数量不过 10 只。

在福建峨嵋峰自然保护区内两度拍摄到海南虎斑鳽，据当地村民反映，种群数量在 20 只左右，这与保护区河岸边有茂密的常绿阔叶林，河流清澈隐蔽，人为干扰少有关。

3.5　鸳鸯 *Aix galericulata* (Linnaeus)，鸭科，易危，国家 II 级重点保护野生动物

别名：官鸭，匹鸟。**英名**：mandarin Duck。

形态特征：小型鸭类，全长 39~45cm。雌雄异色。雄鸟羽色鲜艳，头具羽冠。羽冠由枕部铜赤色长羽和后颈的暗紫色和暗绿色长羽构成。翅上有一对醒目的栗黄色扇状直立帆羽。头顶、额深蓝绿色。眼周白色，向后延伸成白色眉纹。下颈、背、胸暗紫褐色，并有铜绿色金属反光。尾羽暗褐而带金属绿色。颈羽侧有领羽，细长如矛，呈辉栗色。翼镜蓝绿色，先端白色。腹以下白色，胸侧有两条白色细斜线，肋土黄色。雌鸟无羽冠，两翅无帆羽。嘴基有白环。眼周和眼后有一条白色纵纹，头和颈的背面均灰褐色，上体余部橄榄褐色；颊和喉及腹均白色。

生态习性：栖息于山地的溪流、河谷；常见于阔叶林和针阔叶混交林的沼泽、芦苇塘及湖泊等。9 月下旬开始南迁。4 月初迁至繁殖地，迁来前已成对。5 月中旬在大树洞中营巢。5 月中、下旬产卵，每窝卵 7~12 枚。孵化期 28~29 天。鸳鸯以动物性食物为食，也吃一部分植物性食物。动物性食物主要是各种昆虫，其次是虾、蜗牛、蜘蛛，及小型鱼类和蛙类等其他动物。植物性食物则主要是青草、草籽、水生苔藓类等。繁殖结束后主食为植物性食物。

地理分布：国内繁殖于内蒙古、东北、黑龙江、河北、贵州、云南及福建。迁徙时，沿着东南沿海一带至长江中、下游及东南各省，在浙江、福建、广东、台湾等地越冬，有时也见于山西、甘肃、四川、贵州、湖南、云南、广西等处。国外分布于俄罗斯、朝鲜北部、日本；偶见于印度。

资源现状及保护：未见有大范围的估计数量报道。人为捕捉或掏取幼鸟是主要致危因素。鸳鸯已被我国列为国家 II 级重点保护野生动物。

3.6　勺鸡 *Pucrasia macrolopha* (Lesson, 1829)，雉科，国家Ⅱ级重点保护野生动物

别名：柳叶鸡。

形态特征：勺鸡是一种中型鸡类，体长46~60cm。雄鸟头部呈黑绿色，具有棕黑色长羽冠，颈侧有大白斑。上体呈褐灰色，且具许多"V"形黑斑，斑纹中间有白色羽干，羽片呈柳叶状。尾羽近灰色，缀有黑色横斑。翅上覆羽颜色与背羽相似。飞羽呈褐色并具有杂斑。下体自胸部至腹部为深栗色，向后羽色逐渐变淡。尾下覆为羽栗色，并具有黑斑及白色端斑。雌鸟上体呈棕褐色，背羽也有"V"形黑纹，下体为淡栗褐色。嘴为黑色，脚呈暗红色。

地理分布：主要分布于辽宁省以南至西藏东南部的中部各省区。

栖息地及习性：通常栖息于海拔1000~4000m的高山阔叶林和针阔叶混交林内的灌木、杂草丛生地带。喜成对活动，秋冬季则结成家族小群。常在地面以树叶、杂草筑巢。每年4月底至7月初进入繁殖期，每窝可产卵5~7枚。孵卵以雌鸟为主，孵化期为21~22天。主要以植物的根、果实及种子为食。峨嵋峰山体上部是勺鸡的重要分布地。

资源现状及保护：数量稀少。森林砍伐等栖息地破坏是主要致危因素。已被我国列为国家Ⅱ级重点保护野生动物。IUCN将它列为低危种。在峨嵋峰自然保护区海拔900~1500m的竹林中均可见，种群数量估计为100~200只。

3.7　白颈长尾雉 *Syrmaticus ellioti* (Swinhoe)，雉科，国家Ⅰ级重点保护野生动物

形态特征：全长44（雌）~ 81（雄）cm。嘴黄褐色，脚趾蓝灰色。雄鸟头部淡橄榄褐色，后颈灰色，颈侧灰白色，上背和胸栗色，下背和腰黑色而具白斑，腹部白色，尾灰色而具宽阔栗纹。雌鸟体羽以棕褐色为主，上体杂以黑色斑纹，头顶及枕部为褐色，腹部棕白色。

栖息地及习性：栖息于亚热带山地常绿阔叶林、常绿与落叶混交林、常绿针阔混交林等森林灌丛或竹丛中，常以小群活动。主要食物为种子、浆果、草子、植物嫩叶等。4月开始繁殖。地面营巢，常筑巢于林内或林缘岩石下，巢呈盘状，用枯枝落叶构成。窝卵数6~8枚。卵白色或玫瑰白色，大小为46mm×34mm。

地理分布：仅局限分布于国内华中西部山地高原及华南北部地区。主要见于浙江、江西、安徽，福建西北部、广东北部、广西、湖南也有分布。它是我国特有种。

资源现状及保护：数量稀少。森林砍伐等栖息地破坏是主要致危因素。已被我国列为国家Ⅰ级重点保护野生动物。IUCN将它列为近危种。CITES将它列入附录Ⅰ，禁止贸易。在峨嵋峰自然保护区海拔自600~1500m的山顶阔叶林中均可见，种群数量估计为200~300只。

3.8　白鹇 *Lophura nycthemera* Delacour，雉科，稀有，国家Ⅱ级重点保护野生动物

别名：白山鸡，白雉，银雉。**英名**：silver pheasant。

形态特征：全长65~110cm，雄性体形较大。雌雄羽色相异。雄性嘴角浅绿色，基部较暗；脸部裸皮红色；上体体羽白色，密布"V"字形黑纹，羽冠青黑色；尾长，成体中央尾羽白色，外侧尾羽白色具

黑纹；脚趾辉红色。雌性嘴角绿色，先端较淡；体羽橄榄褐色杂以黑纹，枕冠近黑色，胸部以下灰白色；脚趾珊瑚红色。

地理分布：为安徽、江西、华南及西南各地的留鸟。我国共有 9 个亚种，其中在福建分布的属于福建亚种 *Lophura nycthemera fokiensis*。

栖息地及习性：白鹇栖息于山地密林，喜好在竹丛中活动，多休息于矮树上。主要食物为昆虫、浆果、种子、嫩叶、苔藓类等。营地面巢。每窝卵数 4~6 枚。卵褐色，大小为 50mm×39mm。

资源现状及保护：全国种群数量在不断减少。致危因素包括栖息地的减少或破坏，繁殖期掏蛋等人为干扰。已被列为国家 II 级重点保护野生动物，IUCN 将它列为低危种。在峨嵋峰自然保护区内海拔 400~1500m 的阔叶林中均有分布，白鹇种群数量较大，估计有 1000~2000 只。

3.9　黄腹角雉 *Tragopan caboti* (Goulg)，雉科，濒危，国家 I 级重点保护野生动物

别名：角鸡。**英名：**yellow-bellied tragopan, cabot's tragopan。

形态特征：全长 46（♀）~62（♂）cm。雄鸟头顶黑色，具黑色与栗红色的羽冠；上体大都栗褐色并满布淡黄色具黑缘的卵圆斑；下体淡黄；翼上覆羽似背羽，飞羽褐色杂有棕黄斑；尾羽黑褐色，密布不规则的棕黄斑及黑端带。脸部裸皮朱红色，喉部具翠蓝及朱红色肉裙，肉角翠蓝色。雌鸟灰褐色，密布黑、棕黄色斑纹及白色矢状纹。

生态习性：为角雉中分布最东且海拔最低（800~1600m）的鸟类。栖息于亚热带常绿阔叶林和针阔叶混交林内。以蕨、草本植物的根、茎、叶、花、果实为主要食物，兼食少量动物性食物。交让木 *Daphniphyllum macropodum* 的果实及叶片，是黄腹角雉秋、冬季的嗜食对象，因而交让木也成为秋、冬季黄腹角雉的主要栖息过夜场所。繁殖期 3~6 月。筑巢于粗大树干的凹窝处或水平枝杈基部，以松针、枯叶、苔藓等编成简陋的皿状巢。每窝产卵 3~4 枚，少数可达 6 枚。雌鸟孵卵，孵化期 28 天。雏鸟于孵出后第 2~3 天随雌鸟下树觅食，并以家族群过冬。

地理分布：黄腹角雉为我国特产鸟类。分布于浙江、江西、广东、福建、广西及湖南南部。均为留鸟。

资源现状及保护：1985~1986 年曾对广东、福建、浙江、广西的主要分布区内进行数量统计，估算总计约 4000 只。由于阔叶林环境的丧失或被取代为人工针叶林，栖息地条件恶化甚至丧失。已被列为国家 I 级重点保护野生动物。IUCN 将它列为易危种。CITES 将它列入附录 I，禁止贸易。主要分布在海拔 1200~1500m 的阔叶林，种群数量估计有 100~200 只。

3.10　普通鵟 *Buteo buteo* (Linnaeus)，鹰科，国家 II 级重点保护野生动物

别名：鸡母鹞，土豹。

形态特征：为体形略大（55cm）的红褐色鵟。上体深红褐色；脸侧皮黄具近红色细纹，栗色的髭纹显著；下体偏白上具棕色纵纹，两胁及大腿沾棕色。飞行时两翼宽而圆，初级飞羽基部具特征性白色块斑。尾近端处常具黑色横纹。在高空翱翔时两翼略呈"V"形。虹膜黄色至褐色；嘴灰色，端黑；蜡膜黄色；脚黄色。叫声：响亮的咪叫声 peeioo。

生态习性：喜开阔原野且在空中热气流上高高翱翔，在裸露树枝上歇息。飞行时常停在空中振羽。

地理分布：繁殖于古北界及喜马拉雅山脉；北方鸟至北非、印度及东南亚越冬。分布状况：普通亚种（*B. b. japonicus*）繁殖于东北各省的针叶林；冬季南迁至北纬 32° 以南包括西藏东南部、海南岛及台湾。新疆亚种（*B. b. vulpinus*）越冬于新疆西部天山、喀什地区及四川。甚常见，高可至海拔 3000m。

资源现状及保护：无危（LC），中国Ⅱ级保护动物，CITES附录Ⅱ动物。

3.11　白腹隼雕 *Hieraaetus fasciatus* Vieillot，鹰科，国家Ⅱ级重点保护野生动物

别名：白腹山雕。

形态特征：全长约70cm。上体暗褐色，各羽基部白色。头顶羽呈矛状，羽干纹黑褐色。眼先白，有黑色羽须，眼的后上缘有一不明显的白色眉纹。下体白色稍沾棕黄，羽干纹黑褐色。飞羽黑褐色，尾羽灰褐色，具黑褐色近端带斑，端缘白色。未成年鸟下体棕栗色，腹部棕黄色。虹膜黄色，嘴蓝灰色，尖端黑色。脚黄绿色。

生态习性：生活在山区丘陵和水源丰富的地方，用枝叶在高树或峭壁上营巢，通常产2枚卵，在福建山区8月上旬能见到刚离巢幼鸟，在安徽肥西11月采到当年雌性幼鸟。寒冷季节常到开阔地区游荡，捕捉鸟类和兽类等为食，但不吃腐肉，飞翔时速度很快，能发出尖锐的叫声。

地理分布：分布于非洲和欧洲南部到亚洲中、西部和印度、缅甸。在我国主要分布在长江及其以南地区，见于贵州、湖北、安徽、浙江、广西、广东、福建、海南，均为留鸟。

资源现状及保护：全球种群数量在1万只以上，无危（LC），中国Ⅱ级保护动物，CITES附录Ⅱ动物。

3.12　林雕 *Ictinaetus malayensis* (Temminck)，鹰科，国家Ⅱ级重点保护野生动物

别名：树鹰。

形态特征：中型猛禽，体长68~76cm，体重1125g左右。通体为黑褐色，蜡膜黄色，跗跖被羽，趾黄色，爪黑色，尾羽较长而窄，呈方形。飞翔时从下面看两翅宽长，翅基较窄，后缘略微突出，尾羽上具有多条淡色横斑和宽阔的黑色端斑。嘴较小，上嘴缘几乎是直的，鼻孔宽阔，呈半月形，斜状；外趾及爪均短小，爪的弯曲程度不如雕属种类，而且内爪比后爪为长；两翼后缘近身体处明显内凹，因而使翼基部明显较窄，使翼后缘突出，飞翔时极微明显。下体也是黑褐色，但较上体稍淡，胸、腹有粗的暗褐色纵纹。虹膜暗褐色，嘴铅色，尖端黑色，蜡膜和嘴裂黄色，趾黄色，爪黑色。

生态习性：栖息于中低山地区的阔叶林和混交林。飞行时两翅煽动缓慢，显得相当从容不迫和轻而易举，同时它也能高速地在浓密的森林中飞行和追捕猎物，飞行技巧相当高超，有时也在森林上空盘旋和滑翔。不善鸣叫。主要以鼠类、蛇类、雉鸡、蛙、蜥蜴、小鸟和鸟卵，及大的昆虫等动物性食物为食。

地理分布：分布于印度、斯里兰卡、缅甸、中南半岛、泰国、马来西亚、菲律宾和印度尼西亚，共分化为2个亚种，我国仅有指名亚种，分布于福建、海南、台湾等地，但各地均极罕见，其中在台湾为留鸟，在海南东南部为旅鸟。

资源现状及保护：全球种群数量在1万只以上，无危（LC），中国Ⅱ级保护动物，CITES附录Ⅱ动物。

3.13　黑耳鸢 *Milvus lineatus* (J. E. Gray)，鹰科，国家Ⅱ级重点保护野生动物

形态特征：为体形略大（65cm）的深褐色猛禽。尾略显分叉，飞行时初级飞羽基部具明显的浅色次端斑纹。似黑鸢但耳羽黑色，体形较大，翼上斑块较白。虹膜褐色；嘴灰色，蜡膜蓝灰；脚灰色。叫声

同黑鸢，尖厉嘶叫 ewe-wir-r-r-r-r。

　　生态习性：同黑鸢。栖于中国西部城镇及村庄、东部河流及沿海。

　　地理分布：亚洲北部至日本。常见并分布广泛。此鸟为中国最常见的猛禽。留鸟分布于中国各地，包括台湾、海南岛及青藏高原高至海拔 5000m 的适宜栖息生境。

　　资源现状及保护：全球种群数量在 1 万只以上，无危（LC），中国 II 级保护动物，CITES 附录 II 动物。

3.14　蛇雕 *Spilornis cheela* (Latham)，鹰科，国家 II 级重点保护野生动物

　　形态特征：为中等体形（50cm）的深色雕。两翼甚圆且宽而尾短。成鸟：上体深褐色/灰色，下体褐色，腹部、两胁及臀具白色点斑。尾部黑色横斑间以灰白色的宽横斑，黑白两色的冠羽短宽而蓬松，眼及嘴间黄色的裸露部分是本种特征。飞行时的特征为尾部宽阔的白色横斑及白色的翼后缘。亚成鸟似成鸟但褐色较浓，体羽多白色。虹膜黄色；嘴灰褐色；脚黄色。叫声：非常爱叫，常在森林上空翱翔，发出响亮尖叫声 kiu-liu 或 kwee-kwee，kwee-kwee，kwee-kwee-kwee。

　　生态习性：常于森林或人工林上空盘旋，成对互相召唤。求偶期成对作懒散的体操表演。常栖于森林中有阴的大树枝上监视地面。

　　地理分布：印度、中国南部、东南亚、巴拉望岛及大巽他群岛。留鸟见于西藏东南部及云南西部（云南亚种 *S. c. burmanicus*）、长江以南各地（东南亚种 *S. c. ricketti*）、海南岛（海南亚种 *S. c. rutherfordi*）及台湾（台湾亚种 *S. c. hoya*）。在高至海拔 1900m 有林覆盖的山丘或许为最常见的雕类。

　　资源现状及保护：无危（LC），中国 II 级保护动物，CITES 附录 II 动物。

3.15　鹰雕 *Spizaetus nipalensis* (Hodgson)，鹰科，国家 II 级重点保护野生动物

　　形态特征：体大（74cm），细长，腿被羽，翼甚宽，尾长而圆，具长冠羽。有深色及浅色型。深色形：上体褐色，具黑及白色纵纹及杂斑；尾红褐色有几道黑色横斑；颏、喉及胸白色，具黑色的喉中线及纵纹；下腹部、大腿及尾下棕色而具白色横斑。浅色型：上体灰褐；下体偏白，有近黑色过眼线及髭纹。虹膜黄至褐色；嘴偏黑，蜡膜绿黄；脚黄色。叫声：拖长的尖厉叫声。

　　生态习性：喜森林及开阔林地。从栖处或飞行中捕食。

　　地理分布：印度、缅甸、中国及东南亚。指名亚种（*S.n. nipalensis*）在西藏南部及云南西部为罕见留鸟，高可至海拔4000m。福建亚种（*S.n. fokiensis*）在中国东南部、台湾及海南岛为罕见留鸟，高可至海拔2000m。东方亚种（*S.n. orientalis*）在中国东北为繁殖鸟，，越冬在台湾。

　　资源现状及保护：无危（LC），中国 II 级重点保护野生动物，CITES 附录 II 动物。

3.16　牛背鹭 *Bubulcus ibis* (Linnaeus)，鹭科，中国及澳大利亚两国政府协定保护候鸟

　　别名：黄头鹭，畜鹭，放牛郎。英名：cattle egret。

　　形态特征：中型涉禽，体长 48～54cm，体重 0.3～0.44kg。嘴粗厚，橙黄色。虹膜金黄色，眼先裸部黄色。颈、脚明显较其他鹭类短。体形也较其他鹭类短胖。繁殖羽头、颈、上胸和背中央的蓑羽橙黄色，

其余部分白色。冬羽全身白色，个别头顶缀有黄色，无饰羽。跗蹠及趾褐色，爪黑色。

生态习性：栖息于平原和低山地区的稻田、草地、沼泽、滩涂中。主要以昆虫为食，兼食虾类、鱼类、小型两栖爬行类等，也时常停留在牛背上寻食牛身上的虻子等体外寄生虫。常结小群觅食于稻田中。喜好跟随着牛，当牛在吃草走动引起昆虫活动时，牛背鹭即可发现昆虫并将其捕食。因经常停留在牛背上，故称为牛背鹭。繁殖期为4~6月，集群营巢于树上。常与白鹭、夜鹭等其他鹭科鸟类混群营巢。每巢产蛋3~6枚。蛋呈淡蓝绿色，无斑。双亲共同孵卵，孵化期18~24天。

地理分布：目前有3个亚种。国外分布于印度、日本、菲律宾、印度尼西亚、北美、南美的中部和北部。我国仅分布有普通亚种 *Bubulcus ibis coromandus*。国内夏季分布于长江以南，西至四川、西藏，北至陕西河南为夏候鸟。偶见于东北、华北、山东。在华南、云南、台湾、海南等地为留鸟。

资源现状及保护：在捕食农业害虫上有一定的生态意义。牛背鹭在我国长江以南曾相当丰富和常见，但由于农药和杀虫剂的大量使用及湿地开发利用，其生境面积减少，种群数量已明显减少。CITES 将它列入附录Ⅲ。

3.17　绿鹭 *Butorides striatus* (Linnaeus)，鹭科，中国及日本两国政府协定保护候鸟

别名：鹭鸶，绿蓑鹭，打鱼郎。**英名：**green heron，green-backed heron，mangrove heron。

形态特征：中型涉禽，体长43~47cm，体重0.2~0.27kg。具羽冠，头顶及羽冠墨绿色。虹膜柠檬黄色，眼先裸部黄色。颊纹黑色。喉及耳羽白色。嘴橄榄黑色，下嘴边缘黄色。上体暗灰绿，羽轴白色。下体淡灰，中央部分较白。飞羽暗褐色，次级飞羽和翼上覆羽的羽缘白色。雌鸟体色较浅，白色部分略带棕色。跗蹠及趾黄绿色，爪黑褐色。

生态习性：栖息于红树林、滩涂、林中山涧溪流及湖泊、池塘中。大多数单独活动，黎明及黄昏时活动频繁。主要以蟹、虾、昆虫、鱼、螺、贝及小型两栖爬行类等为食物。鸣声类似狗叫，低音调。繁殖期为3~8月，集群营巢于大树上。每巢产蛋3~4枚。蛋呈蓝绿色，无斑。由于红树林是绿鹭栖息、觅食及繁殖的主要生存环境，因此，在澳大利亚和新西兰，绿鹭被称为"红树鹭"（mangrove heron）。

地理分布：绿鹭有30个亚种。国外分布于亚洲东部、欧洲及非洲中部、大洋洲。我国有3个亚种，黑龙江亚种 *Butorides striatus amurensis* 主要繁殖于东北、华北。瑶山亚种 *Butorides striatus actophilus* 在四川、云南、贵州、广西及长江以南为夏候鸟或留鸟，在甘肃、陕西为夏候鸟。爪哇亚种 *Butorides striatus javanicus* 在广东珠江口、台湾、海南为留鸟。在峨嵋峰自然保护区，绿鹭为夏候鸟，春夏季节集群营巢于大树上。

资源现状及保护：在捕食农业害虫上有一定的生态意义。种群数量已明显减少。CITES 将它列入附录Ⅲ。自然保护区的绿鹭集群营巢于林中，形成壮观的鹭科鸟类繁殖景象，为保护区增添了宝贵的观赏资源。

3.18　白鹭 *Egretta garzetta* (Linnaeus)，鹭科

别名：小白鹭，白鹭鸶，白鸟，白鹤，春锄。**英名：**little egret。

形态特征：体长55~65cm，体重350~500g。全身白色，嘴、脚黑色，趾黄绿色。夏羽枕部有两根细长的矛状羽，犹如两根辫子，背部着生有疏松状的蓑羽，一直向后伸展至尾端。前颈下部羽毛也向下延伸呈矛状饰羽。繁殖期眼先红色。冬羽头、背、前颈无饰羽，下嘴变黄。

生态习性：通常出现于潮间带、河口、鱼塘、湖泊、河流及稻田等湿地环境。以小鱼、泥鳅、小虾、蚯蚓、青蛙、昆虫为食。常与池鹭、夜鹭、牛背鹭等集群营巢于红树林、相思树、木麻黄等的树冠中。白鹭与其他鹭类都有利用旧巢繁殖的习性。繁殖期为3~8月，每巢产蛋3~6枚。蛋呈淡蓝绿色，无斑。

双亲共同孵卵，孵化期 21～25 天。

　　地理分布：广泛分布于世界各地。分布于欧洲南部、日本、印度、缅甸、斯里兰卡、非洲、菲律宾、马来半岛、澳大利亚、新西兰。白鹭有 2 个亚种，我国只分布有指名亚种 *Egretta garzetta garzetta*。白鹭在广东、福建南部、广西、贵州、云南西部和南部为留鸟；在甘肃、陕西、四川及长江以南其他地区为夏候鸟；偶见于山东、北京等地。在福建峨嵋峰自然保护区，白鹭为夏候鸟。

　　资源现状及保护：白鹭是我国南方常见的鸟类，也是峨嵋峰自然保护区的常见种类。数量较丰富，常集小群觅食、繁殖，颇为壮观。白鹭羽色洁白、体形纤长、姿态轻盈，和栖息环境中的青山绿水、波光明月，互相调和，天然合成美景，美化着水域景观，是最有观赏价值的鸟类之一。在 CITES 中，白鹭在加纳被列入附录Ⅲ。

3.19　褐翅鸦鹃 *Centropus sinensis* (Stephens)，杜鹃科，易危，国家 Ⅱ级重点保护野生动物

　　别名：大毛鸡。**英名**：pheasant coucal。

　　形态特征：全长 43～50cm。通体灰黑色而带金属紫蓝色光泽，杂有不明显的浅色横纹，尾上覆羽和尾羽的浅色横纹较为明显；翼红褐色。眼赤红色；嘴、脚和趾爪均黑色。后趾爪长而直。

　　生态习性：栖息于丘陵山地的矮树林、灌丛、竹林和草丛中，常在溪流边或农耕区边缘的灌丛中活动。单独活动。善隐蔽，受惊即钻入灌丛中。鸣声略似 "hood-hood-hood-hood"，最初低沉，以后变大，有时且鸣且啜。雌鸟在繁殖时，能作 "ge-ge…" 声。食性广泛，主要食物为昆虫和其他小型动物，如蝗虫、甲虫、毛虫、蜥蜴、田鼠、蚯蚓、虾等。春季繁殖，营巢于草丛、灌丛中。每窝产卵 3～4 枚。

　　地理分布：国内见于福建、广东、广西、海南、云南、浙江、贵州、安徽和台湾。国外分布于印度、缅甸、越南、斯里兰卡、马来西亚、印度尼西亚、菲律宾。

　　资源现状及保护：野外数量极为稀少。是害虫、鼠类的天敌，对农、林业有益，应当加以保护。此鸟为传统毛鸡酒的原料，可治疗妇科疾病。近年来由于乱捕滥猎，野外种群数量锐减，现已处于濒危状态。已被列为国家Ⅱ级重点保护野生动物。

3.20　小鸦鹃 *Centropus toulou* (P. L. S. Muller)，杜鹃科，易危，国家 Ⅱ级重点保护野生动物

　　别名：小毛鸡，番鹃。**英名**：lesser coucal。

　　形态特征：全长 31～40cm。外形与褐翅鸦鹃相似，但体形较小。夏羽：嘴黑色；通体均为黑褐色，尾羽末端羽缘黄白色，具金属蓝反光；两翅及肩、背部红褐色，覆羽羽轴白色，呈纵斑状。冬羽：嘴黄褐色；头、颈背部为黄褐色，羽轴黄白色；尾上覆羽、中央尾羽褐色，有黑色斑纹，外侧尾羽黑色；胸、腹部浅黄褐色，有褐色细斑纹。

　　生态习性：生态习性与褐翅鸦鹃相似。常见于低海拔的矮树丛、灌丛中。通常单独在草灌丛中觅食。以昆虫为主要食物，主要有蝗科种类、甲虫、毛虫、蝼蛄、蝽象和白蚁等，也啄食其他小动物。春季繁殖。营巢于草丛中。每窝卵 4 枚左右。

　　地理分布：国内见于云南、贵州、广西、广东、海南、福建、台湾、安徽、河南等地，均为留鸟。国外分布于非洲。

　　资源现状及保护：是害虫、鼠类的天敌，对农、林业有益，应当加以保护。由于捕杀，该鸟的野外种群数量锐减，现已处于濒危状态。已被列为国家Ⅱ级重点保护野生动物。

3.21　红头咬鹃 *Harpactes erythrocephalus* (Gould)，咬鹃科，易危

形态特征：全长 38cm。嘴淡褐色，粗短，基部宽，上下嘴尖微钩曲并均有切刻。淡黑色口须发达。羽色艳丽，两性不同。雄鸟头、颈及上体暗紫红色，喉、胸以下的下体鲜红色，前后胸之间有一白色胸环；中央尾羽栗色具黑端，其余尾羽黑色；飞羽黑色。脚淡褐色。雌鸟头、颈、前胸和两肋为橄榄褐色，腹羽淡红。

生态习性：密林生活，栖息于热带雨林及次生常绿阔叶林内。群栖，攀树。以蝗虫、螳螂等昆虫、蜗牛、两栖和爬行动物及野果为主食。善于飞捕昆虫，波浪状飞翔，快而不持久。鸣声似猫叫的"shiu"声。春季繁殖，树洞营巢，窝卵 2～4 枚。雌雄参与孵卵及育雏。孵化期约 19 天。雏鸟为晚成鸟，出壳时裸露无羽。不迁徙。

地理分布：分布于云南、广东、广西、福建、海南、四川、贵州、江西等省区，为留鸟。此外，还分布于南亚及东南亚。

资源现状及保护：咬鹃目仅有 1 科：咬鹃科。我国仅产 2 种，主要见于热带和亚热带密林。由于热带和亚热带原始性森林的减少，繁殖时所需营巢树洞的缺乏，种群数量十分稀少。汪松等（1998）建议将红头咬鹃增列为国家 II 级重点保护野生动物。

3.22　橙腹叶鹎 *Chloropsis hardwickei melliana* Stresemann，和平鸟科

形态特征：全长约19cm。嘴黑色，跗跖灰色。雄鸟上体绿色，下体橘黄色，翼上覆羽、飞羽及尾紫兰色。喉和上胸黑色。雌鸟除腹部中央和尾下覆羽橘黄色外，通体绿色。

生态习性：栖息于开阔林地，活跃在森林各层次。食性广泛，主要食物为榕果等植物种子、蝗虫、甲虫、毛虫等害虫，有益农林。

地理分布：国内见于南方丘陵森林，包括 3 个亚种，指名亚种 *Chloropsis hardwickei hardwickei* 分布于西南（云南、贵州）及西藏东南部，华南亚种 *Chloropsis hardwickei melliana* 分布于华南及东南地区（福建、广东、广西、湖北、江西），海南亚种 *Chloropsis hardwickei lazulina* 仅分布于海南。国外分布于东南亚。

资源现状及保护：橙腹叶鹎分类上隶属于和平鸟科。和平鸟科在我国有 3 属 6 种，全部属于东洋型，因此成为东洋界鸟类的代表科。和平鸟科在我国分布的 6 个种类，只有橙腹叶鹎分布至中亚热带南部，其余 5 种均分布在西南热带地区。橙腹叶鹎羽色鲜艳，野外数量稀少，是害虫的天敌，对农、林业有益，应当加以保护。

3.23　穿山甲 *Manis pentadactyla* Hodgson，鲮鲤科，易危，国家 II 级
重点保护野生动物

别名：鲮鲤。**英名**：Chinese pangolin。

形态特征：穿山甲身被瓦状排列的鳞甲，身体狭长。吻尖，舌长，口内无牙齿。鳞片排列呈 30～40 条纵纹。鳞片由毛束合并而成。腹部、四肢内侧等处无鳞而多毛，鳞片间也仍有少量粗毛。前肢五趾有 2～5cm 长的强爪。

生态习性：山区生活。穿山甲以蚂蚁、白蚁为食物。穿山甲的取名，与它的穿山挖穴本领有关。穿山甲坚强锐利的弯爪有利于觅食时挖掘蚁穴。舌能自由伸缩，且富有黏液，伸入蚁穴，容易黏着蚂蚁，是效率最高的捕蚁器。穿山甲遇敌害时，藏头于腹，四肢收缩，用宽阔的带鳞长尾包住头腹，蜷曲成团，使全身裹以"盔甲"之中，用鳞甲做堡垒。穿山甲鳞片有保护作用，却不利于保暖，故是热带和亚热带

的居住者。穿山甲以洞穴为居住场所。夏季的洞道简单，仅30cm左右，冬季洞道弯曲长达10m以上，它的洞道巧妙地经过一些蚁巢，这些蚁巢也就成为其越冬的"粮库"。

地理分布：分布于我国及东南亚各地。在中国分布于长江以南地区和台湾。中国的穿山甲有3个亚种：台湾亚种 *Manis pentadactyla pentadactyla* 分布于台湾；海南亚种 *Manis pentadactyla pusillus* 分布于海南岛；大陵亚种 *Manis pentadactyla aurita* 分布于长江以南的大部分地区。

资源现状及保护：穿山甲的数量由于人为的大量捕杀而逐渐下降。穿山甲是我国生物多样性的重要经济意义类群。大陆和台湾均已将其列为受保护动物，已被列为国家Ⅱ级重点保护野生动物。CITES 将它列入附录Ⅱ，限制其产品的国际贸易。

3.24 豺 *Cuon alpinus* (Heude)，犬科，易危，国家Ⅱ级重点保护野生动物

别名：豺狗，红狼，马彪。**英名**：Asiatic wild gog，dhole，kolsum，red dog。

形态特征：似犬而小于狼。雄性体重 15~21kg，雌性体重 10~17kg。体长 88~113cm，尾长 40~50cm。头部稍宽，吻短，额低，耳端圆钝，四肢较短。体色随分布区而异，通常背毛深棕褐色至红棕色、沙锈色，腹面毛色较淡，浅棕色或灰棕色。四肢内侧淡灰色或黄白色。尾毛长而粗，蓬松，尾尖黑褐色。

生态习性：多栖息于山地丘陵的林地、灌丛。以晨昏活动为主。群居生活，通常由 5~15 头组成。活动范围40km²。视觉和嗅觉灵敏。结群捕食，每天捕食行程为1~6km。主要捕食鹿科、牛科动物，也捕食野猪、昆虫、蜥蜴、啮齿类和腐肉。1 岁性成熟。9 月至次年 4 月产仔，每胎多为 4~6 仔，幼仔 70~80 日龄随成体外出活动，8 月龄时能独立捕食。

地理分布：分布于东亚、东南亚、中亚山地及林区。中国有 5 个亚种。指名亚种 *Cuon alpinus alpinus* 分布于东北。华东亚种 *Cuon alpinus lepturus* 产于浙江、福建、江西、安徽、广东、广西、贵州。四川亚种 *Cuon alpinus fumosus* 见于四川。喜峰亚种 *Cuon alpinus laniger* 分布于西藏和青海。新疆亚种 *Cuon alpinus jason* 见于新疆。

资源现状及保护：近年来，仅在保护区内野生动物较多的地方能够见到小群活动，数量稀少。已被列为国家Ⅱ级重点保护野生动物，必须加强保护。IUCN 红色名录已将其列为易危种。CITES 已将它列入附录Ⅱ，限制其国际贸易。

3.25 黑熊 *Selenaretos thibetanus* Matschie，熊科，易危，国家Ⅱ级重点保护野生动物

别名：狗熊，黑瞎子。**英名**：Asiatic black bear。

形态特征：全身黑色。成年个体胸部有规则的人字形白斑。眼睛相对于躯体较小因而有"黑瞎子"之称。体长 150~180cm，尾长 10~16cm。雄性体重一般为 110~250kg，雌性体重 65~125kg。身体肥大，头宽，吻较短。耳被长毛，鼻端裸露，颈侧毛特别长，形成毛丛；四肢短而粗，掌、跖粗大，有五趾，爪强而弯曲。

生态习性：多栖息于阔叶林或混交林中，为林栖动物，从低丘至海拔3000m的高山都有它们的活动。独居，白天活动，夜间休息。夏季中午，常在岩石旁阴凉处或密林中将树枝折断，铺垫后休息。冬季有冬眠的习性。杂食性，主食嫩的树叶、青草、果实及种子、蘑菇等，尤其喜欢吃壳斗科植物的果实；也吃昆虫及小型脊椎动物；喜食野蜂蜂蜜。嗅觉及听觉灵敏，视觉较差。能直立行走，奔跑速度快，会游泳、善爬树。交配于6—7月，妊娠期7~8个月。多数在次年2月产仔，每胎多为1~3仔。约3岁性成熟。

地理分布：分布于东亚南北各地：中国、日本、朝鲜、越南、缅甸、泰国、阿富汗、印度、尼泊尔、

巴基斯坦、北至苏联西伯利亚东部。在中国，有 5 个亚种：指名亚种 *Selenaretos thibetanus thibetanus* 分布于西藏；华南亚种 *Selenaretos thibetanus melli* 分布于福建、江西、广西、广东、海南；东北亚种 *Selenaretos thibetanus ussuricus* 见于黑龙江、吉林、辽宁；西南亚种 *Selenaretos thibetanus mupinensis* 分布于陕西、甘肃、四川、贵州、云南、湖北；台湾亚种 *Selenaretos thibetanus formosanus* 见于台湾。

资源现状及保护：近年来，黑熊数量锐减，现已处于易危状态。已被列为国家 II 级重点保护野生动物。IUCN 红色名录已将黑熊列为易危种。CITES 将它列入附录 II，禁止其产品的国际贸易。

3.26　水獭 *Lutra lutra* Gray，鼬科，易危，国家 II 级重点保护野生动物

别名：獭猫，南獭，鱼猫，水狗，獭猫。**英名**：otter，common otter。

形态特征：体形细长。体重 3~5kg。体长 55~80cm，尾长 32~50cm。头部扁而稍宽，耳短而圆。鼻孔和耳道生有瓣膜，适于潜水时关闭。四肢粗短，趾间有蹼，爪短而尖。尾部肌肉发达，尾基粗，尾尖细。全身毛短而致密，有油亮光泽。体背和尾部深咖啡色，腹面毛长，浅咖啡色。上唇白色，颊部和喉胸部针毛的毛间白色。

生态习性：半水栖动物。栖息于河流、溪水、水库、湖泊及岛屿海滩边。在透明度大的流水河流和溪中的流水平缓处尤为多见。嗅觉灵敏，擅长游泳或潜水。在水域边大树根下或灌丛、石堆下筑洞穴居。昼伏夜出。通常独栖。食物以鱼类为主，也捕食青蛙、螃蟹、水鸟和鼠类。从水中捕得鱼后，常拖到岸边或露出水面的岩石上进食。水獭具有家域和领域的行为特性。雄性的领域范围内有一头或几头成雌。用肛腺标记领域。通常在春夏季繁殖产仔，但无明显的季节性。妊娠期约 2 个月。每胎 1~5 仔，多数为 2 仔。生长发育过程中，毛色发生变化并出现换毛。3~4 个月后独立生活。2~3 岁性成熟。

地理分布：广布于欧亚北部大部分地区及北非。在中国，遍布于各省区水域及沿海岛屿。中国有 3 个亚种。指名亚种 *Lutra lutra lutra* 分布于东北；中国亚种 *Lutra lutra chinensis* 产于华南、华中、华东、西南、西北（甘肃、青海）、台湾、海南；西藏亚种 *Lutra lutra kutab* 见于西藏和青海。

资源现状及保护：长期过度捕猎，加上许多水体污染严重，导致水獭数量锐减。近年来，在许多地区水獭已消失。CITES 已将它列入附录 I，禁止国际贸易。水獭已被列为国家 II 级重点保护野生动物，必须加强保护。

3.27　大灵猫 *Viverra zibetha* Swinhoe，灵猫科，易危，国家 II 级重点保护野生动物

别名：九江狸，九节狸，九间狸，南灵猫，麝香猫。**英名**：large civet。

形态特征：形态细长，吻部略尖。体长 67~83cm，尾长 40~51cm，体重 5~11kg。全身灰棕色，头、额唇为灰白色。耳基下至喉、颈部黑褐色，中间有两条白色或淡黄色宽横纹。肩、背、腰黑褐色，具浅色斑驳。沿背脊有一条黑色鬣毛。尾有黑白相间的环纹，尾端黑色。雌雄兽的肛门与外生殖器之间有发达的香腺囊，其分泌物即为"灵猫香"。

生态习性：山区生活。栖息于林缘茂密的灌木丛或草丛中的土穴、岩洞或树洞内。独栖，昼伏夜出，为夜行性动物。食性广，主要以动物为食，包括鼠类、鸟类、蛇、蛙、鱼及昆虫，也吃植物果实等。觅食时，常将香膏涂擦在沿途树枝、树干或岩石上作为标记，返回时循标记而行。排泄物的气味具有领域地标记的通信作用。雄性泌香量以 2 月为最高，可能与繁殖有关。早春发情，妊娠期 2~2.5 个月。春末夏初产仔，每胎 2~4 仔。初生仔全身被黑灰色短毛，出生后 3~4 天睁眼。哺乳期 3~4 个月，断奶后开始营独立生活。

地理分布：我国南方及东南亚各地。在中国，大灵猫有 2 个亚种：中国亚种 *Viverra zibetha ashtoni* 分布于长江以南的华东、华南、华中、西南各地，北至陕南，南至海南岛；印支亚种 *Viverra zibetha picta*

分布于云南。

资源现状及保护：野生大灵猫在调节生态平衡上具有生态价值。大灵猫已被列为国家Ⅱ级重点保护野生动物。CITES 将它列入附录Ⅲ，限制其产品的国际贸易。

3.28　小灵猫 *Viverricula indica* (Desmarest)，灵猫科，易危，国家Ⅱ级重点保护野生动物

别名：香狸，笔猫。**英名**：little civet。

形态特征：棕黄色，背部有五条连续或断续的黑褐色纵行条纹或斑点，无鬃毛。眼前及耳背黑褐色。自耳基部向后延伸到前肩，有两道黑纹。四肢和足深褐色。尾棕黄色，有 6~8 个棕黑色尾环，其间隔为灰白色环。体长 55~63cm，尾长 34~43cm，体重 2.2~4kg。

生态习性：栖于山地多树的环境，如山丘、平原、灌丛或农田。在地面生活，很少上树。独居生活，昼伏夜出。白天躲在洞穴、灌丛或草丛中。黄昏活动更为活跃，常出现于溪流旁。有沿林间小道、田埂甚至公路旁行走的习性。沿途将香膏标记于小树干或石块上。活动时十分机警。食物多样，但以鼠类为主，昆虫、鱼类、蛙类占少量比例；也吃植物性食物如金樱子等的浆果。善于攀缘。捕食方式是突然袭击。春季发情，5~6 月产仔，每胎 4~5 仔。

地理分布：从中国南部至东南亚各地。在中国有 2 个亚种：指名亚种 *Viverricula indica indica* 分布于海南岛；中国亚种 *Viverricula indica pallida* 分布于长江以南各地（华东、华南、西南和台湾）。小灵猫已被引入各地进行人工驯养。

资源现状及保护：小灵猫在生态系统的食物网中处于中上部，可以控制鼠类种群爆发。已被列为国家Ⅱ级重点保护野生动物。CITES 将它列入附录Ⅲ，限制其产品的国际贸易。

3.29　云豹 *Neofelis nebulosa* Griffith，猫科，濒危，国家Ⅰ级重点保护野生动物

别名：龟纹豹，荷叶豹，乌云豹。艾叶豹。**英名**：clouded leopard。

形态特征：中等体形猫科动物。体长 61~106cm，体重 16~32kg。尾长 55~92cm，超过体长一半。毛被灰黄色至浅黄褐色，腹部和四肢内侧灰白色或浅黄色。全身布满不规则黑色大型云纹状斑块，故称云豹。颈背部有 4 条黑纹。头部、前额、胸部、腹部和四肢有斑点。眼四周有黑色环。耳短而圆，耳背中间有一灰白色斑点。尾毛蓬松，尾基有黑色斑点，末端有数个黑环，尾尖黑色。

生态习性：森林动物。栖息于热带与亚热带常绿林和丛林中。夜行性，晨昏时也活动。独居，善于爬树，营树栖生活，少在地面活动。行动敏捷，跳跃能力强。性凶猛。捕食树栖鸟类、猴类和松鼠，或从树上跳下捕食野兔、小鹿等，也捕食山羊、猪和幼龄水牛等家畜。每年 3~8 月产仔。通常每胎 2 仔。哺乳期 5 个月。12 周左右开始学习捕杀猎物，4 个半月时能自己捕杀猎物，6 个月后生长迅速，至 32 个月时雄性幼体明显大于雌性幼体。在饲养条件下，寿命可达 16~17 年。

地理分布：分布于中国及东南亚热带、亚热带地区。在中国，产于广东、广西、福建、江西、安徽、台湾、海南、四川、云南、贵州、湖北、湖南、浙江等地。

资源现状及保护：由于森林破坏及人为捕杀，数量已很稀少，被列为国家Ⅰ级重点保护野生动物。IUCN 红色名录已将它列为易危种。CITES 将它列入附录Ⅰ，禁止贸易。

3.30 小麂 *Muntiacus reevesi* Ogily，鹿科，优势经济种

别名：小黄麂，黄麂，角麂。**英名**：Chinese muntjac，Reeves' muntjak。

形态特征：在麂类中体形最小。体长 70~80cm；尾较长，尾长 9~15cm；体重 10~15.2kg。额腺及眶下腺明显。雄麂上犬齿成獠牙状，但不如麝和獐发达；雄麂有角，角小，斜向后伸，但角尖稍向后向内弯曲，仅有一个小分叉。全身栗色，角柄内侧至额部有两条黑纹，雌性的黑纹在额间会合。尾背面与背毛同色，腹面白色。

生态习性：栖息于亚热带丘陵、低山的林缘灌丛中。单独或以二三头的家族群活动。晨昏外出觅食。取食各种青草、树木的嫩叶及幼芽。全年繁殖。每胎 1~2 仔。妊娠期 6~7 个月。小黄麂性成熟早，繁殖力较高。雌麂在 5~6 个月时发情、交配，6~7 个月时大部分个体均已怀孕；此外，与其他麂类不同，黄麂产后即能发情，在哺乳后期即可怀胎。初生麂体重约 1kg，出生几小时便能站立、活动，全身有浅黄色花斑，2 个月断奶后花斑逐渐消失。

地理分布：中国北至甘肃南部、陕西秦岭以南、安徽和江苏的长江南岸，东至浙江，南至福建、台湾、广东、广西及云南。中国有 2 个亚种。指名亚种 *Muntiacus reevesi reevesi* 分布于江苏、浙江、福建、广东、广西、湖南、江西、安徽、湖北、四川、云南、贵州、陕西、甘肃、台湾；台湾亚种 *Muntiacus reevesi micrurus* 产于台湾。

资源现状及保护：因捕猎过度，产量下降。已被英国引入。

3.31 毛冠鹿 *Elaphodus cephalophus* Milne-Edwards，鹿科，优势经济种

别名：青麂，乌獐。**英名**：tufted deer。

形态特征：体形较小。体长 82~119cm，体重 15~28kg。额部有一簇马蹄形的黑色长毛，故称毛冠鹿。无额腺，眶下腺特别明显；耳缘白色。雄兽具角，角短小而不分叉，角尖微向后弯。雄性上犬牙长大，微下弯，露出唇外，形成獠牙状，隐于毛丛中。毛被粗糙，冬毛黑色，夏毛暗褐色；头与颈部的毛，其尖端处有一白色环。尾背面黑色，腹面纯白。

生态习性：栖息于亚热带山区常绿阔叶林及针阔叶混交林内。常活动于海拔 300~800m 的竹林、草丛或灌丛，也在河谷的丛林及山上的森林中活动。晨昏时活动频繁。经常成双活动。以多种阔叶树的嫩枝叶为食，喜食豆科植物及伞菌、落果。性机警，善隐蔽，难被发现。营季节性繁殖。秋末冬初发情，春末夏初产仔。妊娠期约 6 个月。每胎 1 仔。寿命约 9 年。

地理分布：我国东南、西南、中南各省及缅甸北部。中国有 3 个亚种。指名亚种 *Elaphodus cephalophus cephalophus* 分布于四川、云南北部、贵州、陕西、甘肃、青海；东南亚种 *Elaphodus cephalophus michianus* 或 *Elaphodus cephalophus fociensis* 分布于浙江、安徽、福建、江西、湖南、广东北部、广西北部。川鄂亚种 *Elaphodus cephalophus ichangensis* 分布于四川东部、湖北西部、贵州东北部。

资源现状及保护：毛冠鹿主要分布于我国，是中国特产的鹿类之一。应当重视毛冠鹿的保护。

3.32 鬣羚 *Capricornis sumatraensis* Bechstein，牛科，易危，国家Ⅱ级重点保护野生动物

别名：苏门羚，明鬃羊。**英名**：Serow。

形态特征：体长140~170cm，尾长8~11cm，体重50~140kg。耳较长。自颈背至脊背有一行长的鬣

毛。雌雄都有角，雄性的角较大。角短而尖，长仅15cm左右，黑色。角基较粗，有明显的横棱环，角尖光滑。上下唇白色。身体背部及体侧深灰色或黑色，鬣毛灰黑色至灰白色；腹部灰白色。尾尖黑色。个体之间的毛色有较大变异。

生态习性：栖息于森林茂密而多裸岩的高海拔山区。行动敏捷，善于在陡峭的山坡快速奔跑、跳跃，依靠岩石的棱角登上悬岩。白天在悬岩下或山洞中休息，清晨或黄昏活动频繁。大多单独活动，很少集群。善于游泳。喜食菌类、杂草及木本植物的枝叶，也吃少量果实。有定点排粪的习性。两性可能都有自己的领域，用粪堆和眶下腺分泌物标记领域。9～10月发情交配。妊娠期8个月左右。次年5～6月产仔。每胎1仔。1岁半性成熟。

地理分布：东南亚各地及我国南方。中国有3个亚种。华东亚种 *Capricornis sumatraensis argyrochaetes* 分布于浙江、福建、安徽、江西、湖南、湖北、广东、广西；华西亚种 *Capricornis sumatraensis milne-edwardsii* 分布于四川、云南、西藏、甘肃、青海、陕西、贵州；丽江亚种 *Capricornis sumatraensis montinus* 分布于云南。

资源现状及保护：分布地虽广，但数量不多。"国际动物园年鉴"将鬣羚定为动物园稀有种。在中国，已被列为国家Ⅱ级重点保护野生动物。CITES将它列入附录Ⅰ，禁止贸易。其相近种——台湾鬣羚 *Capricornis crispus* 则被列为国家Ⅰ级重点保护野生动物，且被IUCN红色名录列为易危种。

第四节　动物群及其特征

福建峨嵋峰自然保护区地处福建省西北部山区，泰宁县东南部，属中亚热带季风气候区。地貌属于武夷山脉中段，以高丘和中、低山为主，海拔为400～1714m，最高峰峨嵋峰海拔1714m。地势为四周高山环抱，中部地势较低，并从东南、西北向中部盆谷倾斜。境内地形构造复杂，海拔高差悬殊，1000m以上高峰十余座，丘陵叠嶂，沟谷高错，溪流交错。植被类型为中亚热带常绿阔叶林，以壳斗科、樟科等常绿阔叶林为主，其次为黄山松林、南方红豆杉林、杉木林、马尾松林、毛竹林等，森林茂密，层次复杂。峨嵋峰自然保护区因此形成了多种多样的小气候和小生态环境。植被类型多样化，许多小区人迹罕至，森林茂密。良好的植被和多样化的生境为动物提供了丰富的食物和隐蔽、繁殖场所，区内动物物种资源相当丰富。

保护区陆生脊椎动物的生态地理分布型为东洋界华中区东部丘陵亚区的亚热带森林、林灌草地-农田动物群。峨嵋峰自然保护区内有野生淡水鱼类资源47种，陆生脊椎动物资源338种（详见物种名录）。野生动物资源具有种类多、优势种明显、动物分布相对均匀且多数鸟兽与人类活动关系密切等特点。例如，鸟类群落以森林常见鸟类为主，优势种类有红嘴蓝鹊、八哥、黑领椋鸟、大山雀、白腰文鸟、画眉、山斑鸠、多种鹡鸰、鹎、噪鹛和啄木鸟等；夏季优势种类有金腰燕、栗背短脚鹎、卷尾、八哥、黄鹡鸰、大山雀、白胸翡翠、绿鹭、白鹭等。鹎科 Pycnonotidae、画眉亚科 Timaliinae、杜鹃科 Cuculidae 和山椒鸟科 Campephagidae 等森林鸟类丰富，对维护森林自然生态平衡具有重要作用。

该保护区的陆地森林鸟类和水鸟的物种数分别占福建省陆鸟总种数和水鸟总种数的 44.40% 和 22.18%；在保护区分布的187种鸟类中，陆鸟11目37科153种，占保护区鸟类总数的81.82%，水鸟7目11科34种，占保护区鸟类总数的18.18%。

峨嵋峰自然保护区的动物资源具有典型的亚热带特性。在321种陆生脊椎动物中，东洋界物种217种，古北界物种46种，广布种58种，陆生脊椎动物以东洋界种类为绝对优势。我国共有25个南方鸟类代表科和亚科，峨嵋峰自然保护区分布有16个，占全国南方鸟类代表科和亚科总数的64%（表5-7）。在保护区分布的我国南方代表科动物，在两栖动物、爬行动物和哺乳动物分别占全国南方代表科和亚科总数的 66.67%、20.00% 和 36.84%，因此，该保护区是保护和研究亚热带森林生态系统的典型场所。

表 5-7　福建峨嵋峰自然保护区的南方代表动物

动物类群	两栖类	爬行类	鸟类			哺乳类
南方代表科和亚科	树蛙科	平胸龟科	和平鸟科	卷尾科	黄鹂科	菊头蝠科
	姬蛙科		椋鸟科	画眉亚科	啄花鸟科	蹄蝠科
			三趾鹑科	鸭科	太阳鸟科	猴科
			绣眼鸟科	鹟科	咬鹃科	鲮鲤科
			须䴕科	雉鸻科	蜂虎科	竹鼠科
					彩鹬科	豪猪科
						灵猫科
合计	2	1	16			7
全国南方代表科总数	3	5	25			19
占全国南方代表科总数/%	66.67	20.00	64.00			36.84

　　峨嵋峰自然保护区境内河网密布，有江河、河滩、水库、水田等多种天然及人工湿地，湿地环境丰富多样，为各种湿地动物提供了丰富的食物资源及多样化的优良栖息与繁殖条件，对保护水禽等生物多样性有着重要的作用。区内雉科鸟类的物种多样性相对比较丰富，有白颈长尾雉、黄腹角雉、勺鸡、白鹇、白眉山鹧鸪、灰胸竹鸡等，资源独特。这些鸟类与交让木林、毛竹林一起为保护区提供了宝贵的观赏资源。

第五节　野生脊椎动物物种名录

Ⅰ. 鱼纲 Pisces

Ⅰ-1. 鳗鲡目 Anguilliformes

一、鳗鲡科 Anguillidae

1. 日本鳗鲡 *Anguilla japonica* Temminck et Schlegel
2. 花鳗鲡 *Anguilla marmorata* Quoy et Gaimard

Ⅰ-2. 鲤形目 Cypriniformes

二、鲤科 Cyprinidae
（一）雅罗鱼亚科 Leuciscinae

3. 中华细鲫 *Aphyocypris chinensis* Günther
4. 鳡鱼 *Elopichthys bambusa* (Richardson)
5. 鳤鱼 *Ochetobius elongatus* (Kner)
6. 马口鱼 *Opsariichthys uncirostris* (Temminck et Schlegel)
7. 赤眼鳟 *Squaliobarbus curriculus* (Richardson)
8. 大鳞鱲 *Zacco macrolepis* Yang et Hwang
9. 宽鳍鱲 *Zacco platypus* (Temminck et Schlegel)

（二）鮈亚科 Xenocyprininae

10. 扁圆吻鲴 *Distoechodon compressus* (Nichols)
11. 圆吻鲴 *Distoechodon tumirostris* Peters

（三）鱎鲏亚科 Acheilognathinae

12. 短须刺鳑鲏 *Acanthorhodeus barbatulus* Günther
13. 越南刺鳑鲏 *Acanthorhodeus tonkinensis* Vaillant

（四）鳊亚科 **Abramidinae**

14. 鳌 *Hemiculter leucisculus* (Basilewsky)
15. 平胸鲂 *Megalobrama terminalis* (Richardson)
16. 南方拟鳌 *Pseudohemiculter dispar* (Peters)
17. 大眼华鳊 *Sinibrama macrops* (Günther)

（五）鮈亚科 **Gobioninae**

18. 福建棒花鱼 *Abbottina fukiensis* (Nichols)
19. 棒花鱼 *Abbottina rivularis* (Basilewsky)
20. 银颌须鮈 *Gnathopogon argentatus* (Sauvage et Dabry)
21. 唇鮹 *Hemibarbus labeo* (Pallas)
22. 麦穗鱼 *Pseudorasbora parva* (Temminck et Schlegel)
23. 福建华鳡 *Sarcocheilichthys sinensis* fukiensis Nichols
24. 蛇鮈 *Saurogobio dabryi* Bleeker

（六）鳅鮀亚科 **Gobiobotinae**

25. 长须鳅鮀 *Gobiobotia longibarba* Fang et Wang

（七）鲃亚科 **Barbinae**

26. 半刺厚唇鱼 *Acrossocheilus* (*Lissochilichthys*) *hemispinus* (Nichols)
27. 薄颌光唇鱼 *Acrossocheilus* (*Acrossocheilus*) *kreyenbergii* (Regan)
28. 黑脊倒刺鲃 *Spinibarbus Caldwelli* (Nichols)
29. 台湾铲颌鱼 *Varicorhinus* (*Scaphesthes*) *barbatulus* (Pellegrin)

（八）鲤亚科 **Cyprininae**

30. 鲫 *Carassius auratus* (Linnaeus)
31. 鲤 *Cyprinus carpio* Linnaeus

三、平鳍鳅科 **Homalopteridae**

32. 缨口鳅 *Crossostoma davidi* Sauvage
33. 拟腹吸鳅 *Pseudogastromyzon fasciatus* (Sauvage)

四、鳅科 **Cobitidae**

34. 泥鳅 *Misgurnus anguillicaudatus* (Cantor)
35. 花鳅 *Cobitis taenia* Linnaeus

Ⅰ-3. 鲶形目 Siluriformes

五、鲶科 **Siluridae**

36. 鲶鱼 *Silurus asotus* Linnaeus

六、胡子鲶科 Clariidae

37. 胡子鲶 *Clarias fuscus* (Lacas fus)

七、鮠科 **Bagridae**

38. 粗唇鮠鱼 *Leiocassis crassilabris* Giocass
39. 叉尾鮠鱼 *Leiocassis tenuifurcatus* Nichok
40. 黄颡鱼 *Pelteobagrus fulvidraco* (Richardson)
41. 白边拟鲿 *Pseudobagrus albomarginatus* Rendhal
42. 圆尾拟鲿 *Pseudobagrus tenuis* (Gunther)
43. 切尾拟鲿 *Pseudobagrus truncatus* (Regan)

八、钝头鮠科 **Amblycipitidae**

44. 鳗尾鉠 *Liobagrus anguillicauda* Nichols

Ⅰ-4. 合鳃目 Synbranchiformes

九、合鳃科 Synbranchidae

45. 黄鳝 *Monopterus albus* (Zuiew)

Ⅰ-5. 鲈形目 Perciformes

十、鮨科 Serranidae

46. 长体鳜 *Coreosiniperca roulei* (Wu)

47. 鳜 *Siniperca chuatsi* (Basilewsky)

48. 斑鳜 *Siniperca scherzeri* Steindachner

49. 暗鳜 *Siniperca loona* Wu

十一、攀鲈科 Anabantidae

50. 叉尾斗鱼 *Macropodus opercularis* (Linnaeus)

51. 圆尾斗鱼 *Macropodus chinensis* (Block)

十二、鳢科 Channidae

52. 月鳢 *Channa asiatica* (Linnaeus)

53. 斑鳢 *Channa maculata* (Lacepede)

Ⅱ. 两栖纲 Amphibia

Ⅱ-1. 有尾目 Caudata

一、蝾螈科 Salamandridae

54. 东方蝾螈 *Cynops orientalis* (David)

55. 黑斑肥螈（指名亚种）*Pachytriton brevipes brevipes* (Sauvage)

Ⅱ-2. 无尾目 Anura

二、角蟾科 Megophryidae（锄足蟾科 Pelobatidae）

56. 淡肩角蟾 *Megophrys boettgeri* (Boulenger)

57. 挂墩角蟾 *Megophrys kuatunensis* Pope

58. 掌突蟾 *Leptolalax pelodytoides* (Boulenger)

三、蟾蜍科 Bufonidae

59. 中华蟾蜍 *Bufo gargarizans* Cantor

60. 黑眶蟾蜍 *Bufo melanostictus* Schneider

四、树蟾科（雨蛙科）Hylidae

61. 中国树蟾（中国雨蛙）*Hyla chinensis* (Gyla chin)

五、蛙科 Ranidae

62. 戴云湍蛙 *Amolops daiyunensis* Liu et Hu

63. 棘胸蛙 *Paa (Rana) spinosa* (David)

64. 弹琴蛙 *Rana adenopleura* Boulenger

65. 沼蛙 *Rana guentheri* Boulenger

66. 日本林蛙（指名亚种）*Rana japonica japonica* Gana jap

67. 大头蛙 *Rana kuhlii* Tschudi

68. 阔褶蛙 *Rana latouchii* Boulenger

69. 泽蛙 *Rana limnocharis* Boie

70. 长肢林蛙 *Rana longicrus* Stejneger

71. 黑斑蛙*Rana nigromaculata* Hallowell

72. 虎纹蛙*Rana rugulosa* (*tigrina*) Weigmann

73. 花臭蛙*Rana schmackeri* Boettger

74. 竹叶蛙*Rana versabilis*Liu and Hu

六、树蛙科 Rhacophoridae

75. 大泛树蛙*Polypedates* (*Rhacophorus*) *dennysi* (Blanford)

76. 斑腿泛树蛙*Polypedates* (*Rhacophorus*) *megacephalus* Hallowell

七、姬蛙科 Microhylidae

77. 粗皮姬蛙*Microhyla butleri* Boulenger

78. 小弧斑姬蛙*Microhyla heymonsi* Vogt

79. 饰纹姬蛙*Microhyla ornate* (Dumeril and Bibron)

III. 爬行纲 Reptilia

III-1. 龟鳖目 Testudines

一、平胸龟科 Platysternidae

80. 平胸龟*Platysternon megacephalum* Gray

二、淡水龟科 Bataguridae

81. 乌龟*Chinemys reevesii* (Gray)

82. 三线闭壳龟*Cuora trifasciata* (Bill)

三、鳖科 Trionychidae

83. 鳖*Pelodiscus sinensis* (Wiegmann)

III-2. 有鳞目 Squamata

III-2-1 蜥蜴亚目 Lacertilia

四、壁虎科 Gekkonidae

84. 中国壁虎*Gekko chinensis* (Gray)

85. 多疣壁虎*Gekko japonicus* (Dumeril and Bibron)

86. 蹼趾壁虎*Gekko subpalmatus* (A. Günther)

五、鬣蜥科 Agamidae

87. 丽棘蜥*Acanthosaura lepidogaster* (Cuvier)

六、蛇蜥科 Anguidae

88. 脆蛇蜥*Ophisaurus harti* Boulenger

七、蜥蜴科 Lacertidae

89. 北草蜥*Takydromus septentrionalis* Gakydrom

八、石龙子科 Scincidae

90. 中国石龙子*Eumeces chinensis* (Gray)

91. 蓝尾石龙子*Eumeces elegans* Boulenger

92. 宁波滑蜥*Scincella modesta* (Gincella)

93. 铜蜓蜥（蝘蜓）*Sphenomorphus indicus* (*Lygosoma indicum*) (Gray)

III-2-2 蛇亚目 Serpentes

九、蟒科 Boidae

94. 蟒蛇*Python molurus* Linnaeus

十、游蛇科 Colubridae

（一）闪皮蛇亚科 Xenodermatinae

95. 棕脊蛇*Achalinus rufescens* Boulenger

96. 黑脊蛇*Achalinus spinalis* Peters

（二）钝头蛇亚科**Pareinae**

97. 钝头蛇*Pareas chinensis* (Barbour)

98. 福建钝头蛇*Pareas stanleyi* (Boulenger)

（三）游蛇亚科**Colubrinae**

99. 锈链腹链蛇（锈链游蛇）*Amphiesma craspedogaster* (Boulenger)

100. 草腹链蛇（草游蛇）*Amphiesma stolatum* (Linnaeus)

101. 绞花林蛇*Boiga kraepelini* Stejneger

102. 繁花林蛇*Boiga multomaculata* (Reinwardt)

103. 钝尾两头蛇*Calamaria septentrionalis* Boulenger

104. 翠青蛇*Cyclophiops* (*Entechinus*) *major* (Güenther)

105. 黄链蛇*Dinodon flavozonatum* Pope

106. 赤链蛇*Dinodon rufozonatum* (Cantor)

107. 王锦蛇*Elaphe carinata* (Güenther)

108. 灰腹绿锦蛇*Elaphe frenata* (Gray)

109. 玉斑锦蛇*Elaphe mandarina* (Cantor)

110. 紫灰锦蛇（黑线亚种）*Elaphe porphyracea nigrofasciata* (Cantor)

111. 黑眉锦蛇*Elaphe taeniura* Cope

112. 双全白环蛇*Lycodon* (*Ophires*) *fasciatus* (Anderson)

113. 黑背白环蛇*Lycodon* (*Ophires*) *ruhstrati* (Fischer)

114. 颈棱蛇*Macropisthodon rudis* Boulenger

115. 草游蛇*Natrix stolata* (Linnaeus)

116. 中国小头蛇*Oligodon chinensis* (Güenther)

117. 台湾小头蛇*Oligodon formosanus* (Güenther)

118. 山溪后棱蛇*Opisthotropis latouchii* (Boulenger)

119. 紫沙蛇*Psammodynastes pulverulentus* (Boie)

120. 横纹斜鳞蛇*Pseudoxenodon bambusicola* Vogt

121. 崇安斜鳞蛇*Pseudoxenodon karlschmidti* Pope

122. 斜鳞蛇*Pseudoxenodon macrops* (Blyth)

123. 灰鼠蛇*Ptyas korros* (Schlegel)

124. 滑鼠蛇*Ptyas mucosus*(Linnaeus)

125. 虎斑颈槽蛇（虎斑游蛇）（大陆亚种）*Rhabdophis tigrinus lateralis* (Berthold)

126. 黑头剑蛇*Sibynophis chinensis* (Güenther)

127. 环纹华游蛇（环纹游蛇）*Sinonatrix aequifasciata* (Barbour)

128. 赤链华游蛇（水赤链游蛇）*Sinonatrix annularis* (Hallowell)

129. 华游蛇（乌游蛇）（指名亚种）*Sinonatrix percarinata percarinata* (Boulenger)

130. 渔游蛇*Xenochrophis piscator* (Schneider)

131. 乌梢蛇*Zaocys dhumnades* (Cantor)

（四）水游蛇亚科**Homalopsinae**

132. 黑斑水蛇*Enhydris bennetti* (Gray)

133. 中国水蛇*Enhydris chinensis* (Gray)

134. 铅色水蛇*Enhydris plumbea* (Boie)

十一、眼镜蛇科

135. 金环蛇*Bungarus fasciatus* (Schneider)

136. 银环蛇（指名亚种）*Bungarus multicinctus multicinctus* Blyth

137. 福建丽纹蛇*Calliophis kelloggi* (Pope)

138. 舟山眼镜蛇（眼镜蛇）*Naja atra* (*Naja naja atra*)(Cantor)

139. 眼镜王蛇*Ophiophagus hannah* (Cantor)

十二、蝰科 Viperidae

140. 尖吻蝮*Deinagkistrodon acutus* (Ginagkist)

141. 山烙铁头蛇*Ovophis monticola orienralis* Schmidt（*Trimeresurusmonticola orienralis*）

142. 原矛头蝮*Protobothrops mucrosquamatus* (Cantor)（烙铁头*Trimeresurus mucrosquamatus*）

143. 竹叶青蛇（指名亚种）*Trimeresurus stejnegeri stejnegeri* Schmidt

Ⅳ. 鸟纲 Aves

Ⅳ-1. 鹏鹏目 Podicipediformes

一、鹏鹏科 Podicipedidae

144. 小鹏鹏*Podiceps ruficollis poggei* (Reichenov)

145. 凤头鹏鹏*Podiceps cristatus* (Linnaeus)

Ⅳ-2. 鹈形目 PELECANIFORMES

二、鸬鹚科 Phalacrocoracidae

146. 普通鸬鹚*Phalacrocorax carbo sinensis* (Biumeenbach)

Ⅳ-3. 鹳形目 CICONIIFORMES

三、鹭科 Ardeidae

147. 池鹭*Ardeola bacchus* (Bonaparte)

148. 牛背鹭*Bubulcus ibis* (Linnaeus)

149. 绿鹭*Butorides striatus* (Linnaeus)

150. 黑鸦*Dupetor flavicollis* (Latham)

151. 白鹭*Egretta garzetta garzetta* (Linnaeus)

152. 中白鹭*Egretta intermedia intermedia* (Wagler)

153. 海南虎斑鸦*Gorsachius magnificus* (Ogilvie-Grant)

154. 栗苇鸦*Ixobrychus cinnamomeus* (Gmelin)

155. 夜鹭*Nycticoraz nycticoraz nycticoraz* (Linnaeus)

Ⅳ-4. 雁形目 Anseriformes

四、鸭科 Anatidae

156. 鸳鸯*Aix galericulata* (Linnaeus)

157. 绿翅鸭*Anas crecca crecca* (Linnaeus)

158. 绿头鸭*Anas platyrhynchos platyrhynchos* (Linnaeus)

Ⅳ-5. 隼形目 Falconiformes

五、鹰科 Accipitridae

159. 苍鹰*Accipiter gentilis* (Linnaeus)

160. 雀鹰*Accipiter nisus* (Linnaeus)

161. 赤腹鹰*Accipiter soloensis* (Horsfield)

162. 乌雕*Aquila clanga* Pallas

163. 白腹山雕*Aquila fasciata* (Vieillot)

164. 灰脸鵟鹰*Butastur indicus* (Gmelin)

165. 普通鵟*Buteo buteo* (Linnaeus)

166. 黑翅鸢*Elanus caeruleus* (Desfontaines)

167. 白腹隼雕*Hieraaetus fasciatus* Vieillot

168. 林雕*Ictinaetus malayensis* (Temminck)

169. 黑鸢*Milvus migrans* (Gmelin)

170. 蛇雕*Spilornis cheela* (Latham)

171. 鹰雕*Spizaetus nipalensis* (Hodgson)

六、隼科 Falconidae

172. 游隼*Falco peregrinus* (Linnaeus)

173. 红隼*Falco tinnunculus* (Linnaeus)

174. 白腿小隼*Microhierax melanoleucus* (Blyth)

Ⅳ-6. 鸡形目 Galliformes

七、雉科 Phasianidae

175. 灰胸竹鸡*Bambusicola thoracica thoracica* (Temminck)

176. 鹌鹑*Coturnix coturnix* (Linnaeus)

177. 白眉山鹧鸪*Arborophila gingica* (Gmelin)

178. 白鹇*Lophura nycthemera* Delacour

179. 雉鸡（环颈雉）*Phasianus colchicus* Gmelin

180. 勺鸡*Pucrasia macrolopha* (Lesson)

181. 白颈长尾雉*Syrmaticus ellioti* (Swinhoe)

182. 黄腹角雉*Tragopan caboti* (Gould)

Ⅳ-7. 鹤形目 Gruiformes

八、三趾鹑科 Turnicidae

183. 黄脚三趾鹑*Turnix tanki* Blyth

九、秧鸡科 Rallidae

184. 红脚苦恶鸟*Amaurornis akool* (Slater)

185. 白胸苦恶鸟*Amaurornis phoenicurus* (Boddaert)

186. 黑水鸡*Gallinula chloropus* (Linnaeus)

187. 普通秧鸡*Rallus aquaticus* Blyth

188. 蓝胸秧鸡*Rallus striatus* (Linnaeus)

Ⅳ-8. 鸻形目 Charadriiformes

十、雉鸻科 Jacanidae

189. 水雉*Hydrophasianus chirurgus* (Scopoli)

十一、彩鹬科 Rostratulidae

190. 彩鹬*Rostratula benghalensis* (Linnaeus)

十二、鸻科 Charadriidae

191. 环颈鸻*Charadrius alexandrinus* Linnaeus

十三、鹬科 Scolopacidae

192. 扇尾沙锥*Capella gallinago* (Linnaeus)

193. 丘鹬*Scolopax rusticola* (Linneaus)

194. 矶鹬*Tringa hypoleucos* (Linneaus)

195. 白腰草鹬*Tringa ochropus* (Linneaus)

IV-9. 鸽形目 Golumbiformes

十四、鸠鸽科 Columbidae

196. 珠颈斑鸠*Streptopelia chinensis chinensis* (Scopoli)

197. 山斑鸠*Streptopelia orientalis orientalis* (Latham)

IV-10. 鹃形目 Cuculiformes

十五、杜鹃科 Cuculidae

198. 八声杜鹃*Cacomantis merulinus* Scopoli

199. 褐翅鸦鹃*Centropus sinensis* (Stephens)

200. 小鸦鹃*Centropus toulou* (P. L. S. Muller)

201. 大杜鹃*Cuculus canorus* (Linnaeus)

202. 棕腹杜鹃*Cuculus fugax* (Horsfield)

203. 四声杜鹃*Cuculus micropterus* (Gould)

204. 小杜鹃*Cuculus poliocephalus* Latham

205. 中杜鹃*Cuculus saturatus* (Blyth et Hodgson)

206. 噪鹃*Eudynamys scolopacea* (Linnaeus)

IV-11. 鸮形目 Strigiformes

十六、草鸮科 Tytonidae

207. 草鸮*Tyto capensis chinensis* Hartert

十七、鸱鸮科 Strigidae

208. 长耳鸮*Asio otus* (Linnaeus)

209. 雕鸮*Bubo bubo kiautschensis* Reichenow

210. 领鸺鹠*Glaucidium brodiei brodiei* (Burton)

211. 斑头鸺鹠*Glaucidium cuculoides* (Vigors)

212. 鹰鸮*Ninox scutulata* (Raffles)

213. 红角鸮*Otus scops japonicus* Linnaeus

214. 灰林鸮*Strix aluco nivicola* (Blyth)

215. 褐林鸮*Strix leptogrammica ticehursti* Delacour

IV-12. 夜鹰目 Caprimulgiformes

十八、夜鹰科 Caprimulgidae

216. 普通夜鹰*Caprimulgus indicus jotake* Temminck et Schlegel

IV-13. 雨燕目 Apodiformes

十九、雨燕科 Apodidae

217. 白腰雨燕*Apus pacificus kanoi* (Yamashina)

IV-14. 咬鹃目 Trogoniformes

二十、咬鹃科 Trogonidae

218. 红头咬鹃*Harpactes erythrocephalus* (Gould)

Ⅳ-15. 佛法僧目 Coraciiformes

二十一、翠鸟科 Alcedinidae

219. 普通翠鸟 *Alcedo atthis bengalensis* Gmelin

220. 冠鱼狗 *Megaceryle lugubris* (Temminck)

221. 斑鱼狗 *Ceryle rudis insignis* Hartert

222. 白胸翡翠 *Halcyon smyrnensis prepulchra* Madaradz

二十二、蜂虎科 Meropidae

223. 栗头蜂虎（蓝喉蜂虎）*Merops viridis* Linnaeus

二十三、佛法僧科 Coraciidae

224. 三宝鸟 *Eurystomus orientalis calonyx* Sharpe

二十四、戴胜科 Hpupidae

225. 戴胜 *Upupa epops* Linnaeus

Ⅳ-16. 鴷形目 piciformes

二十五、须鴷科 Capitonidae

226. 大拟啄木鸟 *Megalaima virens virens* (Boddaert)

二十六、啄木鸟科 Picidae

227. 黄嘴栗啄木鸟 *Blythipicus pyrrhotis* (Hodgson)

228. 星头啄木鸟 *Dendrocoposcanicapillus nagamichii* (La Touche)

229. 蚁鴷 *Jynx torquilla* Linnaeus

230. 栗啄木鸟 *Micropternus brachyurus fokiensis* (Swinhoe)

231. 斑姬啄木鸟 *Picumnus innominatus chinensis* (Hargitt)

232. 灰头绿啄木鸟 *Picus canussobrinus* Peter

233. 黄冠啄木鸟福建亚种 *Picus chlorolophus citrinocristatus* (Rickett)

Ⅳ-17. 雀形目 Passeriformes

二十七、百灵科 Alaudidae

234. 小云雀 *Alauda gulgula coelivox* Franklin

二十八、燕科 Hirundinidae

235. 金腰燕 *Hirundo daurica iaponica* Temminck et Schlegel

236. 家燕 *Hirundo rustica gutturalis* Scopoli

二十九、鹡鸰科 Motacillidae

237. 树鹨 *Anthus hodgsoni* (Linnaeus)

238. 田鹨 *Anthus novaeseelandiae sinensis* (Bonaparte)

239. 山鹡鸰 *Dendronanthus indicus* (Gmelin)

240. 白鹡鸰 *Motacilla alba leucopsis* Gould

241. 灰鹡鸰 *Motacilla cinerea robusta* (Brehm)

242. 黄鹡鸰 *Motacilla flava simillima* Harter

三十、山椒鸟科 Campephagidae

243. 暗灰鹃鵙 *Coracina melaschistos* (Hodgson)

244. 粉红山椒鸟 *Pericrocotus roseus* (Vieillot)

245. 灰喉山椒鸟 *Pericrocotus solaris griseigularis* Gould

三十一、鹎科 Pycnonotidae

246. 栗背短脚鹎 *Hypsipetse castanonotus* (Swinhoe)

247. 黑短脚鹎*Hypsipetes madagascariensis leucocephalus* (Gmelin)

248. 绿翅短脚鹎*Hypsipetes mcclellandii holtii* Swinhoe

249. 白喉红臀鹎*Pycnonotus aurigaster* (Linnaeus)

250. 白头鹎*Pycnonotus sinensis hainanus* (Swinhoe)

251. 领雀嘴鹎（绿鹦嘴鹎）*Spizixos semitorques semitorques* Swinhoe

三十二、和平鸟科 Irenidae

252. 橙腹叶鹎*Chloropsis hardwickei melliana* Stresemann

三十三、伯劳科 Laniidae

253. 红尾伯劳*Lanius cristatus lusionensis* Linnaeus

254. 棕背伯劳*Lanius schach schach* Linnaeus

三十四、黄鹂科 Oriolidae

255. 黑枕黄鹂*Oriolus chinensis diffusus* Sharpe

三十五、卷尾科 Dicruidae

256. 灰卷尾*Dicrurus leucophaeus leucophaeus* (Walden)

257. 黑卷尾*Dicrurus macrocercus cathoecus* Vieillot

三十六、椋鸟科 Sturnidae

258. 八哥*Acridotheres cristatellus cristatellus* (Linnaeus)

259. 灰椋鸟*Sturnus cineraceus* Temminck

260. 黑领椋鸟*Sturnus nigricollis* (Paykull)

261. 丝光椋鸟*Sturnus sericeus* (Gmelin)

三十七、鸦科 Corvidae

262. 红嘴蓝鹊*Urocissa erythrorhyncha* (Birckhead)

263. 大嘴乌鸦*Corvus macrorhynchos colonorum* Swinhoe

264. 灰树鹊*Crypsirina formosae sinica* (Stresemann)

265. 松鸦*Garrulus glandarius* (Linnaeus)

266. 喜鹊*Pica pica sericea* Gould

三十八、河乌科 Cinclidae

267. 褐河乌*Cinclus pallasii pallasii* Temminck

三十九、鹪鹩科 Troglodytidae

268. 鹪鹩*Troglodytes troglodytes* (Linnaeus)

四十、鹟科 Muscicapidae

（一）鸫亚科 Turdinae

269. 鹊鸲*Copsychus saularis prosthopellus* Oberholser

270. 白冠燕尾*Enicurus leschenaulti* (Vieillot)

271. 灰背燕尾*Enicurus schistaceus* (Hodgson)

272. 小燕尾*Enicurus scouleri* Vigors

273. 蓝矶鸫*Monticola solitarius pandoo* (Scopoli)

274. 紫啸鸫*Myophonus creruleus caeruleus* (Scopoli)

275. 北红尾鸲*Phoenicurus auroreus auroreus* (Palls)

276. 红尾水鸲*Rhyacornis fuliginosus fuliginosus* (Vigors)

277. 灰林䳭*Saxicola ferrea haringtoni* (Harrert)

278. 黑喉石䳭*Saxicola torquata* (Linnaeus)

279. 红胁蓝尾鸲*Tarsiger cyanurus cyanurus* (Pallas)

280. 乌鸫*Turdus merula mandarinus* Bonaparte

281. 斑鸫*Turdus naumanni eunomus* Temminck

282. 白腹鸫*Turdus pallidus* Gmelin

283. 虎斑地鸫*Zoothera dauma aurea* (Holandre)

（二）画眉亚科**Timaliinae**

284. 褐顶雀鹛*Alcippebrunnea*Gould

285. 灰眶雀鹛*Alcippe morrisonia* Swinhoe

286. 画眉*Garrulax canorus canorus* (Linnaeus)

287. 小黑领噪鹛*Garrulax monileger* (Hodgson)

288. 黑领噪鹛*Garrulax pectoralis picticollis* Swinhoe

289. 黑脸噪鹛*Garrulax perspicillatus* (Gmelin)

290. 棕噪鹛*Garrulax poecilorhynchus berthemyi* (David et Oustalet)

291. 白颊噪鹛*Garrulax sannio sannio* Swinhoe

292. 红嘴相思鸟*Leiothrix lutea* (Scopoli)

293. 棕翅缘鸦雀（棕头鸦雀）*Paradoxornis webbianus suffusus* (Swinhoe)

294. 锈脸钩嘴鹛*Pomatorhinus erythrogenys swinhoei* David

295. 棕颈钩嘴鹛*Pomatorhinus ruficollis* Hodgson

296. 红头穗鹛*Stachyris ruficeps davidi* (Oustaler)

297. 栗耳凤鹛*Yuhina castaniceps* (Moore)

298. 白腹凤鹛*Yuhina zantholeuca* (Blyth)

（三）莺亚科**Sylviinae**

299. 棕脸鹟莺*Abroscopus albogularis* (Horsfield et Moore)

300. 大苇莺*Acrocephalus arundinaceus* Linnaeus

301. 强脚树莺*Cettia fortipes* (Hodgson)

302. 黄胸柳莺*Phylloscopus cantator ricketti* (Slater)

303. 褐柳莺*Phylloscopus fuscatus fuscatus* (Blyth)

304. 黄眉柳莺*Phylloscopus inornatus inornatus* (Blyth)

305. 黄腰柳莺*Phylloscopus proregulus proregulus* (Pallas)

306. 冠纹柳莺*Phylloscopus reguloides* (Blyth)

307. 黄腹鹪莺*Prinia flaviventris* (Delessert)

308. 褐头鹪莺*Prinia subflava extensicanda* (Swinhoe)

309. 戴菊　*Regulus regulus* (Linnaeus)

310. 栗头鹟莺*Seicercus castaniceps* (Blyth)

（四）鹟亚科**Muscicapinae**

311. 乌鹟*Muscicapa sibirica* Gmelin

312. 海南蓝仙鹟*Niltava hainana* (Ogilvie-Grant)

313. 方尾鹟*Culicicapa ceylonensis* (Swainson)

314. 白喉林鹟*Rhinomyias brunneata* (Slater)

四十一、山雀科 **Paridae**

315. 红头长尾山雀*Aegithalos concinnus concinnus* (Gould)

316. 大山雀*Parus major* Linnaeus

317. 黄颊山雀*Parus spilonotus* (Bonaparte)

318. 黄腹山雀*Parus venustulus* Swinhoe

四十二、鸭科 **Sittidae**

319. 普通鸭　*Sitta europaea* Linnaeus

四十三、啄花鸟科 **Dicaeidae**

320. 红胸啄花鸟*Dicaeum ignipectus* (Blyth)

四十四、绣眼鸟科 **Zosteropidae**

321. 暗绿绣眼鸟*Zosterops japonica simplex* Swinhoe

四十五、太阳鸟科 **Nectariniidae**

322. 叉尾太阳鸟*Aethopyga christinae latouchii* Slater

四十六、文鸟科 **Ploceidae**

323. 斑文鸟*Lonchura punctulata topela* (Swinhoe)

324. 白腰文鸟*Lonchura striata swinhori* (Cabanis)

325. （树）麻雀*Passer montanus saturatus* Steineger

四十七、雀科 **Fringillidae**

326. 金翅雀*Carduelis sinica sinica* (Linnaeus)

327. 黄雀*Carduelis spinus* Linnaeus

328. 黄胸鹀*Emberiza aureola ornata* Shulpin

329. 田鹀*Emberiza rustica* Pallas

330. 黑尾蜡嘴雀*Eophona migratoria* Hartert

V. 哺乳纲 Mammalia

V-1. 食虫目 Insectivora

一、鼩鼱科 Soricidae

331. 灰麝鼩（灰色白齿鼩）*Crocidura attenuata* Milne-Edwards

332. 臭鼩*Suncus murinus* Linnaeus

V-2. 翼手目 Shiroptera

二、菊头蝠科 Rhinolophidae

333. 中（型）菊头蝠*Rhinolophus affinis* Horsfield

三、蹄蝠科 Hipposideridae

334. 大蹄蝠（华东亚种）*Hipposideros armiger swinhoei* (Peters)

335. 普氏蹄蝠*Hipposideros pratti* Thomas

四、蝙蝠科 Vespertilionidae

336. 印度伏翼*Pipistrellus coromandra tramatus* Thomas

V-3. 灵长目 Primates

五、猴科 Cercopithecidae

337. 猕猴*Macaca mulatta* (Zimmermann)

338. 藏酋猴（毛面短尾猴）*Macaca thibetana* (Milne-Edwards)

V-4. 鳞甲目 Pholidota

六、鲮鲤科 Manidae

339. 穿山甲（大陵亚种）*Manis pentadactyla aurita* Hodgson

V-5. 兔形目 Lagomorpha

七、兔科 Leporidae

340. 华南兔*Lepus sinensis* Gray

V-6. 啮齿目 Rodentia

八、鼯鼠科 Petauristidae

341. （大）棕鼯鼠（华东亚种）*Petaurista petaurista rufipes* G. Allen

九、松鼠科 Sciuridae

342. 赤腹松鼠（赤腹美松鼠）*Callosciurus erythraeus* Pallas
343. 隐纹花松鼠（中国花松鼠）*Tamiops swinhoei* Milne-Edwards

十、仓鼠科 Cricetidae（田鼠科 Arvicolidae）

344. 东方田鼠（江苏亚种）*Microtus fortis calamorum* Thomas

十一、鼠科 Muridae

345. 黑线姬鼠（宁波亚种）*Apodemus agrarius ningpoensis* (Swinhoei)
346. （印度）板齿鼠*Bandicota indica* Bechstein
347. 青毛鼠（包氏鼠）*Berylmys bowersi* (Anderson)
348. 小家鼠*Mus musculus* Linnaeus
349. 针毛鼠（黄刺毛鼠）*Niviventer fulvescens* (Gray)
350. 社鼠（孔氏鼠）（指名亚种）*Niviventer niviventer* (Hodgson)
351. 黄胸鼠*Rattus flavipectus* (Milne-Edwards)
352. 黄毛鼠（黄腹鼠）（华南亚种）*Rattus losea exiguus* Howell
353. 褐家鼠（褐鼠）*Rattus norvegicus* Berkenhout

十二、竹鼠科 Rhizomyidae

354. 中华竹鼠*Rhizomys sinensis* Gray

十三、豪猪科 Hystricidae

355. 豪猪*Hystrix hodgsoni* Gray

V-7. 食肉目 Carnivora

十四、犬科 Canidae

356. 豺*Cuon alpinus lepturus* (Heude)

十五、熊科 Urisdae

357. 黑熊（华南亚种）*Selenarctos thibetanus melli* Matschie

十六、鼬科 Mustelidae

358. 猪獾（南方亚种）*Arctonyx collaris albogularis* (Blyth)
359. 水獭（中国亚种）*Lutra lutra chinensis* Gray
360. 狗獾（中国亚种）*Meles mels leptorhynchus* Milne-Edwards
361. 鼬獾*Melogale moschata* Gray
362. 黄腹鼬*Mustela kathiah* Hodgson
363. 黄鼬*Mustela sibirica* Pallas

十七、灵猫科 Viverridae

364. 食蟹獴*Herpestes urva* (Hodgson)
365. 果子狸（花面狸）*Paguma larvata* Hamilton-Smith
366. 小灵猫*Viverricula indica* (Desmarest)
367. 大灵猫（中国亚种）*Viverra zibetha ashtoni* Swinhoe

十八、猫科 Felidae

368. 豹猫（华南亚种）*Prionailurus bengalensis chinensis* Gray
369. 金猫（华南亚种）*Catopuma termminckii dominicanorum* Sclater
370. 云豹*Neofelis nebulosa* Griffith

V-8. 偶蹄目 Artiodactyla

十九、猪科 Suidae

371. 野猪（南方亚种）*Sus scrofa chirodonta* Linnaeus

二十、鹿科 Cervidae

372. 毛冠鹿（青麂）*Elaphodus cephalophus* Milne-Edwards

373. 小麂（小黄麂）*Muntiacus reevesi* Ogily

二十一、牛科 Bovidae

374. 鬣羚（苏门羚）*Capricornis sumatraensis* Bechstein

参 考 文 献

陈灵芝. 1993. 中国的生物多样性现状及其保护对策. 北京: 科学出版社

福建鱼类志编写组. 1984. 《福建鱼类志》(上、下卷). 福州: 福建科学技术出版社

耿宝荣, 蔡明章. 1995. 诏安、永泰、建宁两栖动物的调查及区系比较. 福建师范大学学报(自然科学版), 11(4): 78-81

国家林业局. 2000. 国家保护的有益的或者有重要经济、科学研究价值的陆生野生动物名录

马世来, 马晓峰, 石文英. 2001. 中国兽类踪迹指南. 北京: 中国林业出版社

钱燕文, 郑光美, 许维枢, 等. 1995. 中国鸟类图鉴. 郑州: 河南科技出版社

盛和林, 大泰司纪之, 陆厚基. 1999. 中国野生哺乳类. 北京: 中国林业出版社

四川生物研究所. 1977. 中国两栖动物系统检索. 北京: 科学出版社

谭邦杰. 1992. 哺乳动物分类名录. 北京: 中国医药科技出版社

田婉淑, 江耀明. 1986. 中国两栖爬行动物鉴定手册. 北京: 科学出版社

汪松, 杨朝飞, 郑光美, 等. 1998. 中国濒危动物红皮书: 兽类. 北京: 科学出版社

汪松, 赵尔宓. 1998. 中国濒危动物红皮书: 两栖类和爬行类. 北京: 科学出版社

汪松, 郑光美, 王歧山. 1998. 中国濒危动物红皮书: 鸟类. 北京: 科学出版社

叶昌媛, 费梁, 胡淑琴. 1993. 中国珍稀及经济两栖动物. 成都: 四川科技出版社

约翰-马敬能, 卡伦-菲利普斯, 何芬奇. 2000. 中国鸟类野外手册. 长沙: 湖南教育出版社

张荣祖. 1999. 中国动物地理. 北京: 科学出版社

赵尔宓, 张学友, 赵蕙, 等. 2000. 中国两栖纲和爬行纲动物校正名录. 野生动物, (3): 196-207

赵正阶. 2001. 中国鸟类志. 长春: 吉林科学技术出版社

郑作新. 1976. 中国鸟类分布目录. 北京: 科学出版社

郑作新. 2000. 中国鸟类种和亚种分类名录大全(修订版). 北京: 科学出版社

郑作新. 2002. 中国鸟类系统检索(第三版). 北京: 科学出版社

中国野生动物保护协会主编. 1999. 中国两栖动物图鉴. 郑州: 河南科学技术出版社

中华人民共和国濒危物种进出口管理办公室, 中华人民共和国濒危物种科学委员会. 2003. 濒危动植物物种国家贸易公约, 附录Ⅰ、附录Ⅱ、附录Ⅲ

中华人民共和国和澳大利亚政府保护候鸟及其栖息环境的协定. 1991. 野生动物, (3): 7-9

中华人民共和国和日本国政府保护候鸟及其栖息环境的协定. 1881. 野生动物, (增刊): 5-8

中华人民共和国野生动物保护法. 1998. 1998 年 11 月 8 日第七届全国人民代表大会常务委员会第四次会议通过(42 条), 附: 国家重点保护野生动物名录

第六章 昆虫资源*

第一节 概　　述

福建峨嵋峰自然保护区位于福建省西北部，为武夷山脉中部的主体向西延伸部分。区内气候温和湿润、降水量充沛，冬季常有降雪，属中亚热带季风气候，又兼有大陆性山地气候的特点。该保护区内最高峰为海拔 1714m 的峨嵋峰，尚有 16 座海拔超过 1000m 的山峰，而海拔最低处仅 400m，气温的垂直变化也十分明显。区内山峦起伏，地势颇为险峻，闽江的发源地位于严峰山。植被类型主要有常绿阔叶林、针阔叶混交林、常绿针叶林、中山矮林和中山草甸等。其气候条件和植被条件都十分有利于昆虫栖息与繁衍。根据我们科考调查及资料记载，已知福建峨嵋峰自然保护区有昆虫纲（含蛛形纲蜱螨亚纲）30 目 267 科 1896 种。

第二节 区 系 分 析

福建峨嵋峰自然保护区昆虫区系从起源上应归属于中国-喜马拉雅区系，该区系在我国分布地区最广，主要分布区在我国东北、华北、华东、华中及青藏高原、横断山区等。泰宁昆虫应有一半以上是中国-喜马拉雅区系成分。该保护区昆虫另一主要起源成分是印度-马来西亚区系，广东、广西、云南等地南部和台湾、海南是我国典型的印度-马来西亚区系代表。长江以南其他地区的盆地和山谷间,及横断山区低海拔的谷地中的印度-马来西亚成分几乎占当地昆虫区系的半数。

泰宁位于动物地理区系上的东洋区部分，因此在区系成分上以东洋区为主，具有多样性较为丰富的特点。另外泰宁又位于东洋区的边缘，是东洋区向古北区的过渡地带。古北区的种类也会扩散到这一地区，同时这一地的种类也会向古北区扩散，所以，福建峨嵋峰自然保护区也会有较多的东洋-古北区成分。依据泰宁的地理位置及气候特征，一些较耐寒冷的东洋区种类及较抗高温的古北区种类在该保护区都会有一定数量的分布。

我们于 2012－2013 年对福建峨嵋峰自然保护区昆虫资源进行了调查，根据调查结果和资料记载，获知昆虫纲（含蛛形纲蜱螨亚纲）1896 种。具体的区系成分分析见表 6-1。

表 6-1　福建峨嵋峰自然保护区昆虫区系成分

地理区系	种数	占总种数比例/%
东洋区	813	42.88
东洋-古北区	703	37.08
多区	246	12.97
全球广布	134	7.07
合计	1896	100.00

在已查明的福建峨嵋峰自然保护区昆虫种类中，以东洋区成分占多数，约占总数的 42.88%，这其中有很大一部分为东洋区广布种，如孟达圆龟蝽 *Coptosoma munda* Bergroth、瘤缘蝽 *Acanthocoris scaber* (Linnaeus)、条蜂缘蝽 *Riptortus linearis* Fabricius、三化螟 *Scirpophaga incertulas* (Walker)、稻眉眼蝶 *Mycalesis gotama* Moore、纵卷叶螟绒茧蜂 *Apanteles cypris* Nixon、筛阿鳃金龟 *Apogonia*

*本章作者：刘长明[1]，江凡[1]，许可明[2]（1. 福建农林大学植保学院，福州 350002; 2. 福建峨嵋峰自然保护区管理处，泰宁 354400）

*cribricollis*Burmeister、泡桐叶甲 *Basiprionotabisignata* (Boheman)、中华球叶甲 *Nodina chinensis* Weise、竹生杵蚊 *Tripteroides (Tripteroides) banbusa* Yamada、亚洲稻瘿蚊 *Orseolia oryzae* (Wood-Mason)和浅胸虻 *Tabanus pallidepectoratus* Bigot 等。

福建峨嵋峰自然保护区昆虫种类中，东洋-古北区成分所占的比例为 37.08%，仅次于东洋区成分，这类昆虫有广二星蝽 *Eysarcoris ventralis* (Westwood)、中国白蜡蚧 *Ericerus pela* (Chavannes)、梨剑纹夜蛾 *Acronicta rumicis* Linnaeus、戟盗毒蛾 *Porthesia kurosawai* Inoue、白钩蛱蝶 *Polygonia c-album* (Linnaeus)、黄钩蛱蝶 *Polygonia c-aureum* (Linnaeus)、黑弄蝶 *Daimio tethys* (Ménétriès)、赤毛皮蠹 *Dermestestes sellatocollis* Motschulsky、黄带多带天牛 *Polyzonus fasciatus* (Fabricius) (Saperda)、日本伊蚊 *Aedes japonicus* Theobald 和中华库蚊 *Culex (Culex) sinensis* Theobald 等。

多区分布的昆虫仅占福建峨嵋峰自然保护区昆虫种类的 12.97%，这类昆虫除分布于东洋区外，还分布于古北区、新北区、新热带区、非洲区和大洋洲区中的 1~4 个区，如夹竹桃蚜 *Aphis nerii* Boyer de Fonscolombe、澳洲吹绵蚧 *Icerya purchasi* Maskell、半球竹链蚧 *Bambusaspis hemisphaerica* (Kuwana)、红蜡蚧 *Ceroplastes rubens* Maskell、橘绿绵蚧 *Chloropulvinaria aurantii* (Cockerell)、大蜡螟 *Galleria mellonella* (Linnaeus)、青凤蝶 *Graphium sarpedon* (Linnaeus)、酱曲露尾甲 *Carpophilus hemipterus* (Linnaeus)、溪流按蚊 *Anopheles fluviatilis* James、致倦库蚊 *Culex (Culex) pipiens quinquefasciatus* Say 和市蝇 *Musca sorbens* Wiedemann 等。

全球广布的昆虫只占峨嵋峰自然保护区昆虫种类的 7.07%，这类昆虫有很强的环境适应性，如棉蚜 *Aphis gossypii* Glover、桃蚜 *Myzus persicae* (Sulzer)、菜蛾 *Plutella xylostella* (Linnaeus)、谷蛾 *Nemapogon granella* (Linnaeus)、白腹皮蠹 *Dermestes maculatus* de Geer、烟草甲 *Lasioderma serricorne* (Fabricius)、意大利蜂 *Apis mellifera* Linnaeus、羽摇蚊 *Chironomus plumosus* (Linnaeus)、白纹伊蚊 *Aedes (Stegomyia) albopictus* Skuse 和厩腐蝇 *Muscina stabulans* Fallen 等。

福建峨嵋峰自然保护区内昆虫以鞘翅目和鳞翅目的种类最多，各占总数的 22.89%和 22.42%；其次为膜翅目，占总数的 12.13%；其他 27 目昆虫占总种数的 42.56%。

第三节　重要种类描述

为加强对我国国家和地方重点保护野生动物以外的陆生野生动物资源的保护和管理，有关部门和专家于 2000 年 5 月在北京召开论证会并制订了《国家保护的有益的或者有重要经济、科学研究价值的陆生野生动物名录》（简称"三有名录"），于 2000 年 8 月 1 日以国家林业局令第 7 号发布实施。福建峨嵋峰自然保护区已知阳彩臂金龟 *Cheirotonus jansoni* 为国家Ⅱ级重点保护野生动物，有 7 种昆虫列入"三有名录"。

3.1　直翅目 Orthoptera

（1）黄脊竹蝗 *Ceracris kiangsu* Tsai，网翅蝗科

形态特征：雌成虫体长约 33mm，绿色，雄蝗略小。由额至前胸背板中央有一显著的黄色纵纹，越向后越宽。后足腿节黄色，间有黑色斑点，胫节表面墨绿色。

分布：福建（泰宁、建宁、武夷山、邵武、光泽、将乐、松溪、连城、龙岩、武平）、陕西、安徽、江苏、湖北、浙江、江西、湖南、广东、广西、四川、云南、贵州。

寄主：对毛竹的影响较大。在福建 1 年发生 1 代，以卵在土中越冬，通常 4 月中旬开始孵化，3 龄前聚集在产卵场所附近，3 龄后逐渐上竹危害。7 月初成虫羽化。大发生时受害竹林如同火烧，新竹受害 1 次即死，壮竹 2~3 年内不发新笋。

3.2 等翅目 Isoptera

（2）黑翅土白蚁 *Odontotermes formosanus* (Shiraki)，白蚁科

形态特征：兵蚁体长 5.4～6.0mm，头暗深黄色，腹部淡黄至灰白。上颚镰刀形，左上颚中点的前方有有一显著的齿，齿尖斜朝向前。右上颚内缘的对应部分有一微齿，板小而不显著。有翅成虫全长 27.0～29.5mm，体长不连翅为 12.0～14.0mm。头顶背面及胸、腹的背面为黑褐色，头部及腹部的腹面为棕黄色。翅黑褐色。

分布：福建、甘肃、陕西、河南、江苏、湖北、浙江、江西、湖南、台湾、广东、广西、四川、云南、贵州、海南；缅甸、泰国。

寄主：工蚁采食的对象包括马尾松、杉木、侧柏、洋槐、榆、桉、粟等许多树种的木材、树干或树皮。对杉木和马尾松的影响较大。

3.3 同翅目 Homoptera

（3）五倍子蚜 *Schlechtendalia chinensis* (Bell)，瘿绵蚜科

形态特征：有翅孤雌蚜，长椭圆形，体长2.10mm，体宽0.74mm。活体灰黑色。体表光滑，头顶有纵纹，头背部有明显横网纹。中胸盾片各有一蜡片；腹部背面有明显蜡片，背片Ⅰ～Ⅶ各有一对中蜡片，各含15～22个小圆蜡胞，Ⅰ～Ⅶ各有小形缘蜡片，Ⅰ及Ⅵ偶有侧蜡片。气门小圆形关闭。触角5节，全长0.62mm，为体长0.30倍；节Ⅲ0.21mm，节Ⅰ～Ⅴ长度分别为：24、23、100、51、92+13。翅脉正常，前翅有斜脉4支，中脉不分叉；翅痣长大，呈镰刀形，伸达翅顶端；前翅中脉亚缘脉Sc与径脉R之间有透明的小圆形感觉圈6～9个；后翅有2个斜脉；各脉较粗大。缺腹管。尾片馒状光滑，长0.045mm，与触角节Ⅰ约等长，长为基宽的1/2，有一对短硬刚毛。尾板半圆形，有毛18～32根。

寄主：盐肤木。

分布：福建、陕西、河南、江苏、安徽、湖北、浙江、江西、湖南、台湾、广东、广西、四川、云南、贵州；朝鲜、日本。

经济价值：五倍子是五倍子蚜虫类寄生在某些盐肤木属 *Rhus* 植物叶片上产生的虫瘿，是一生产单宁酸、没食子酸等化工产品的原料。我国五倍子的药用历史已有 2000 多年，五倍子具有涩肠止泻、敛汗止血、敛肺降火、止咳化痰等作用。我国有十余种倍蚜，在夏寄主树上可形成不同的倍子，其中以角倍蚜最普遍，产量也最大。五倍子蚜就是一种角倍蚜。

3.4 鳞翅目 Lepidoptera

（4）金裳凤蝶 *Troides aeacus* (Felder et Felder)，凤蝶科

形态特征：翅展 150～170mm。体黑色，头、颈和胸侧有红毛；腹部黄色，有黑色横斑相间。雄蝶前翅黑色，具天鹅绒光泽，各脉两侧灰白色；后翅金黄色，外缘各室有钝三角形黑斑一枚，斑的内侧有黑色鳞形成影状，后缘具宽褶和灰白色长毛。雌蝶体稍大，前翅面与雄者相似，唯中室内有 4 条纵纹较雄蝶显现；后翅金黄色，除具黑色缘斑外，中域也即各室亚缘还有一枚三角形黑斑。

寄主：幼虫以马兜铃科植物及凤凰木为食料。

分布：福建（泰宁、建宁、永安、武夷山、建瓯、顺昌、南平、泉州）、陕西、浙江、江西、台湾、广东、广西、云南、海南、西藏；泰国、越南、缅甸、印度、不丹、斯里兰卡、马来西亚、印度尼西亚。

保护价值：是中国最大的凤蝶，观赏性较强，为"三有名录"种类。

（5）箭环蝶 *Stichophthalma howqua* (Westwood)，环蝶科

形态特征：翅正面橙黄色，前翅顶角黑褐色，外缘有一条褐色细线，前后翅外缘均有一列黑色鱼纹斑，但后翅斑大而显著。翅反面色较浅，前后翅的外缘线和亚外缘线为蓝褐色波状，中线和内横线深褐

色，中线和亚缘线间各有 5 个红褐色眼斑，围有黑边，中心有白瞳点，后翅臀角有蓝紫斑。雌蝶在中线外有一条白带。

寄主：竹、油芒、棕榈等。

分布：福建（泰宁、建宁、永安、沙县、将乐、宁化、清流、尤溪、福州、武夷山、建阳、光泽、建瓯、南平、古田、屏南、福鼎、福安、罗源、永泰、德化、泉州、南靖）、陕西、湖北、浙江、江西、台湾、广东、广西、四川、云南、贵州；越南、老挝、缅甸、印度、泰国等。

保护价值：箭环蝶属 *Stichophthalma* 的所有种均被列入"三有名录"。

（6）猕猴桃准透翅蛾 *Paranthrene actinidiae* Yang et Wang，透翅蛾科

形态特征：触角棒状，末端有小毛束，雄虫触角腹面有 2 排成簇的纤毛。下唇须上翘超过头顶，末节细小，第 2 节被长鳞，雄虫更为明显，喙发达，前翅除基部外密被鳞片，R_4、R_5 共柄，Cu_2 存在；后翅透明，Cu_1 出自中室下角前一点，M_2 接近 M_3 而远离 M_1。

寄主：中华猕猴桃 *Actinidia chinensis*。

分布：福建（建宁、宁化、泰宁、上杭）。

其他：本种对猕猴桃影响较大。

（7）马尾松毛虫 *Dendrolimus punctatus* (Walker)，枯叶蛾科

形态特征：雌蛾翅展 42～80mm，雄蛾 38～62mm。成虫体色一般较深，但花纹颜色较浅，不甚明显，触角有浅黄、黄褐、褐色，前翅外线锯齿状，中线双重不甚明显，中室小白点小可认，后翅中间具深色斑纹，缘毛灰白色或灰褐色等。雄外生殖器大抱针指状，小抱针末端尖细，约为大抱针的 1/3。

寄主：马尾松、湿地松、火炬松。

分布：秦岭至淮河主流以南各省。

其他：此虫对马尾松影响较大。

3.5 膜翅目 Hymenoptera

（8）双突多刺蚁 *Polyrhachis dives* (F. Smith)，蚁科

形态特征：工蚁体长 6～7mm。体黑色，密被青铜色或金黄色绒毛，头部绒毛稀，胸、腹部很密，将刻纹遮盖；头部短而宽，有细皱纹，前后等宽，颊凸，唇基有中隆线。胸部钝圆，凸，前背板刺向前侧方，稍向下弯，后胸背板刺直立，发散，其端部稍向外弯，足细长，胫节下方有一排短刺。腹柄结高，平坦，前面平截，后面凸，在侧角上有 2 枚相距较宽的刺，弯向腹部，在刺的中间还有 2 枚短而钝的齿。腹部短宽。

分布：福建（泰宁、建宁、武夷山、福州、厦门、武平）、上海、浙江、香港、台湾、澳门、广东、海南；缅甸、斯里兰卡、泰国、马来半岛、菲律宾、马六甲。

经济价值：列入国家"三有名录"。药用价值同鼎突多刺蚁。

（9）鼎突多刺蚁 *Polyrhachis vicina* Roger，蚁科

形态特征：工蚁体长 4～5mm，黑色，密被青铜色平卧绒毛。头部短宽，前、后方宽度相等，有精致皱纹，颊凸圆，唇基有中纵脊，前缘中叶有浅凹缺；胸部拱起，前胸背板刺前伸，刺尖略向外下弯，后背板刺直，刺尖略外弯，足粗壮，胫节下方有一些短刺。腹柄结高，前面平截，后面凸起，上侧角具两枚远离而尖端弧弯至腹背的长刺，两刺间有三短突（一前、二后）。腹部短宽。

分布：福建（泰宁、建宁、福州、武夷山、武平）、安徽、浙江、江西、湖南、台湾、广东、广西、云南、贵州；斯里兰卡、印度、缅甸、印度尼西亚、泰国。

经济价值：列入国家"三有名录"。有药用价值，可制成滋补品，有补肾、护肝、抗炎、解痉、镇静、平喘及活血化瘀等作用。

（10）中华蜜蜂 *Apis cerana* Fabricius，蜜蜂科

形态特征：雌蜂体长 13～16mm；雄蜂 11～13mm。雌蜂体形中等大小，头部前端窄小；唇基中央稍隆起，中央具一三角形黄斑；上唇长方形具黄斑；上颚顶端一黄斑；触角膝状，第 1 节黄色；小盾片黄

色，稍突起；颜面、触角第 3 节以后各节及中胸均黑色；足及腹部第 3～4 节橙色，第 5～6 节背板色较暗，各节背板均被有黑色环带；后足胫节呈三角形，扁平，形成花粉篮，后足跗节宽且扁平；后翅中脉分叉。体被浅黄色毛，单眼周围及颅顶被灰黄色毛。

分布：除新疆外，全国均有分布；日本，朝鲜，印度等国。

经济价值：列入国家"三有名录"。是我国养蜂业主要的蜂种之一，有利于生产蜂蜜、蜂王浆和蜂毒等。

（11）松毛虫赤眼蜂 *Trichogramma dendrolimi* Matsumura，赤眼蜂科

形态特征：雄蜂体长0.5～1.4mm。体黄色，腹部黑褐色。触角毛长，最长的相当于鞭节最宽处的2.5倍。前翅臀角上的缘毛长约为翅宽的1/8。外生殖器：阳基背突有明显宽圆的侧叶，末端伸达 *D*（腹中突基部至阳基侧瓣末端的距离）的3/4以上；腹中突长为 *D* 的3/5～3/4；中脊成对，向前延伸至中部而与一隆脊连合，此隆脊几乎伸达阳基的基缘；钩爪伸达 *D* 的3/4。阳茎与其内突等长，两者全长相当于阳基长度，短于后足胫节。

寄主：鳞翅目的枯叶蛾科（松毛虫等）、夜蛾科、卷蛾科、小卷蛾科、麦蛾科、灯蛾科、大蚕蛾科、毒蛾科、螟蛾科、刺蛾科、天蛾科、舟蛾科、尺蛾科、弄蝶科、凤蝶科、灰蝶科等 16 科约 80 多种害虫卵。

分布：福建、北京、黑龙江、辽宁、山西、陕西、河南、安徽、湖北、江西、湖南、广东、广西、贵州；西伯利亚、朝鲜、日本。

经济价值：松毛虫赤眼蜂是林业上多种鳞翅目害虫的卵寄生蜂。对控制害虫可起重要的作用。

（12）广大腿小蜂 *Brachymeria lasus* (Walker)，小蜂科

形态特征：雌蜂体长 4.5～7.0mm；体黑色，但下列部位黄色：翅基片，前足和中足的腿节、胫节（除中部具一小块黑斑外）和跗节，后足腿节的端部、胫节（除基部和腹缘外）和跗节。前、后翅翅面密布浅褐色毛，透明，翅脉褐色；体具银色毛。

头部与胸部几乎等宽；眶前脊一般仅具很弱的上半段或不明显；眶后脊明显，伸达颊区后缘；触角柄节伸达中单眼，但不超出头顶；相对测量值为头宽 78，头高 60，胸宽 77，复眼长 43，复眼宽 28，复眼间距 36，柄节长 28，眼颚距 15。触角柄节长于 1～3 索节之和；梗节明显短于第 1 索节，长宽约等。小盾片略拱，后部倾斜，长宽约等，末端具一对弱齿，略呈凹缘，有时齿突和凹缘不明显。前翅翅脉相对测量值为亚缘脉 65，缘前脉 5，缘脉 38，后缘脉 11，痣脉 4。后足基节约为后足腿节长的 0.7，在腹面内侧近后端处有一较小但明显的瘤突；后足腿节长为宽的 1.8 倍。第 1 腹节背板光滑发亮，长约占柄后腹的 2/5；背面观产卵器鞘露出。

寄主：可寄生鳞翅目的谷蛾科 Tineidae、蓑蛾科 Psychidae、巢蛾科 Yponomeutidae、麦蛾科 Gelechiidae、卷蛾科 Tortricidae、螟蛾科 Pyralidae、斑蛾科 Zygaenidae、尺蛾科 Geometridae、蚕蛾科 Bombycidae、枯叶蛾科 Lasiocampidae、毒蛾科 Lymantriidae、夜蛾科 Noctuidae、驼蛾科 Hyblaeidae、灯蛾科 Arctiidae、弄蝶科 Hesperidae、蛱蝶科 Nymphalidae、粉蝶科 Pieridae 和凤蝶科 Papilionidae，膜翅目的茧蜂科 Braconidae 和姬蜂科 Ichneumonidae，双翅目的寄蝇科 Tachinidae 等的种类，已知寄主有 100 多种。

分布：福建、河北、北京、天津、陕西、河南、江苏、上海、安徽、湖北、浙江、江西、湖南、台湾、广东、广西、四川、海南、云南、贵州；印度、日本、朝鲜、菲律宾、印度尼西亚、越南、缅甸、爪哇、斐济、夏威夷、新几内亚和澳大利亚等。

经济价值：广大腿小蜂是鳞翅目害虫的蛹期寄生蜂，对松毛虫有较高的自然寄生率。

3.6　鞘翅目 Coleoptera

（13）丽叩甲 *Campsosternus auratus* (Drury)，叩甲科

形态特征：体长 37.5～43mm，椭圆形，极其光亮，艳丽。大多蓝绿色，前胸背板和鞘翅周缘具有金色和紫铜色闪光，触角和跗节黑色，爪暗栗色。头宽，额向前呈三角形凹陷，两侧高凸，凹陷内刻点粗密，向后渐疏。触角短而扁平，向后可伸达前胸背板基部，不超过后角；第 1 节向外端变粗，略弯曲，

第 2 节极短，第 3 节约为第 2 节的 3 倍，第 4~10 节锯齿状，末节狭长形，端部有假节。前胸长和基宽相等，基部最宽，背面不太凸，盘区刻点细、稀，刻点间光滑，刻点向前变粗，向两侧加密，刻点间为细皱状。前胸背板侧缘明显凸边，两侧从基部向端部逐渐变狭，前端明显后凹呈弧形，后缘略内凹。后角宽，端部略下弯，背面隆起。小盾片宽大于长，略呈五边形，中间低凹，很少平坦，大多近端部有 2 个较明显的针孔。鞘翅基部与前胸略等宽，自中部向后变狭，顶端相当突出，肩胛内侧明显低凹；鞘翅表面被有刻点，中央较稀，两侧明显密集，点间皱纹状或龟纹状。足粗壮，跗节 1~4 节腹面具有垫状绒毛，爪简单。

寄主：松、杉。

分布：福建（泰宁、建宁、沙县、将乐、龙岩、武平）、湖北、浙江、江西、湖南、台湾、广东、广西、四川、云南、贵州、海南；越南、老挝、柬埔寨、日本（琉球）。

观赏价值：本种色彩光亮艳丽，有很高的观赏价值。被列入"三有名录"。

（14）双叉犀金龟 *Allomyrina dichotoma* (Linnaeus)，犀金龟科

形态特征：又称独角仙。体长 35.1~60.2mm，体宽 19.6~32.5mm。体色红棕、深褐至黑褐。体上面被柔弱绒毛，雄虫因刻点微细绒毛多蹭掉而颇光亮，雌虫因刻点粗皱绒毛较粗而晦暗。体形极大粗壮，长椭圆形，性二态现象极显著。头较小，唇基前缘侧端齿突形。前胸背板边框完整。小盾片短阔三角形，有明显的中纵沟。鞘翅肩凸、端凸发达，纵肋仅约略可辨。臀板十分短阔，两侧密被具毛刻点。前胫外缘 3 齿。雄虫头上有一强大、端部双分叉角突，前胸背板十分隆拱，表面刻纹致密似鲨皮，中部有一短壮、端部分叉的前伸角突。雌虫头面粗糙无角突，额头顶部隆起，顶端横列 3（中高侧低）小丘突，前胸背板刻纹粗皱，密被绒毛，前段中央有近"T"形凹坑。雄虫个体发育差异甚大，发育最弱的个体，体背面角突几乎消失，仅见微小痕迹。

分布：福建（泰宁、建宁、福州、闽清、德化、将乐、建阳、武夷山、武平）、吉林、辽宁、河北、山东、河南、江苏、安徽、湖北、浙江、江西、湖南、台湾、广东、广西、四川、云南、贵州、海南；朝鲜、日本。

经济价值：双叉犀金龟被列入"三有名录"，为我国犀金龟科常见种之一。有药用价值，药效与神农洁蜣螂相似，也有一定的观赏价值。

（15）阳彩臂金龟 *Cheirotonus jansoni* Jordan，臂金龟科

形态特征：雄成虫体长 60mm，雌 36mm；体阔雄 30.5mm，雌 29mm。体椭圆形，背面强度弧拱。头面、前胸背板、小盾片金绿色，甚光亮，前足、鞘翅大部黑色，有时有暗铜绿色泛光，鞘翅肩凸内侧、缘折内侧有栗色或褐色斑块或条斑，臀板、体腹面及中后足股节金绿色，但光泽较暗。体腹面密被绒毛。头较小，头面密布皱刻，唇基额部明显凹陷。触角鳃片部栗色。前胸背板甚隆拱，有明显中纵沟，雄虫凸面滑亮几无刻点，雌虫密布粗大刻点；前方十分收狭，侧缘锯齿形，基部内凹，后缘边框完整。小盾片布细小刻点。鞘翅肋缝几不可辨，表面似缎无刻点。前足特别长大，雄虫者超过体躯之长，雄前股前缘中段有 1 乳突状齿突，前胫长大微弯曲，背面近端 2/3 处有 1 末端斜切棘突，末端脊面有 1 长强向内上延伸的刺突，长为中部棘突之倍，外缘有细突 6 枚，内缘面有上下 2 列细小棘突，跗节长；雌虫足短壮，前足胫节扁阔，后胫末端强烈扩展。

分布：福建（闽清、邵武、将乐龙栖山、永安、武夷山）、浙江、江西、湖南、广西、海南；越南。

保护价值：为大型甲虫，属国家 II 级保护动物。该种也被列入《中国物种红色名录》，为易危种。

（16）中华彩丽金龟 *Mimela chinensis* Kirby，丽金龟科

形态特征：体长 15~20mm，体宽 9~12mm。体背浅黄褐色，带强绿色金属光泽，鞘翅肩突外侧具一浅色纵条纹，有时前胸背板具 2 个不甚明晰暗色斑；臀板黑褐，带绿色金属光泽，通常端半部浅褐色；足部浅褐，腹部红褐；有时体背草绿或暗绿色。体背除通常刻点外，匀布十分浓密的细微刻点。唇基上卷不强。前胸背板布不密细刻点，后角钝角状，后缘沟线通常完整。鞘翅粗刻点行明晰，宽行距布不密粗刻点。臀板布不密刻点。中胸腹突甚短。

分布：福建（泰宁、建宁、福州、建瓯、武平、光泽、南靖）、湖南、江西、广东、广西、四川、云南、贵州、海南；中南半岛。

其他：为福建峨嵋峰自然保护区丽金龟科的优势种，5月下旬可见其成虫群聚为害。

（17）松墨天牛 *Monochamus alternatus* Hope，天牛科

形态特征：体长15~28mm，体宽4.5~9.5mm。体橙黄至赤褐色，鞘翅上饰有黑色与灰白色斑点。前胸背板有2条相当宽的橙黄色纵纹，与3条黑色纵纹相间。小盾片密被橙黄色绒毛。每鞘翅具5条由方形或长方形黑色及灰白绒毛斑点相间组成的纵纹。额部刻点细密，头顶的较粗，略具皱纹。前胸宽于长，刻点粗密，多皱纹。鞘翅基部具颗粒和粗大刻点，刻点较散乱，向后渐趋整齐，呈略规则行列，翅末端近于平切，缝角明显，外端角大圆形。

寄主：马尾松、冷杉、云杉、鸡眼藤、雪松、桧属、落叶松、苹果、栎、云南松、思茅松、华山松。

分布：福建（全省普遍发生）、河北、陕西、山东、河南、江苏、安徽、湖北、浙江、江西、湖南、台湾、香港、广东、广西、四川、云南、贵州、西藏；日本、老挝。

其他：松墨天牛在南京地区、香港及广东沿海为松材线虫病传播媒介，引致松树枯萎病，成为我国南方马尾松的毁灭性害虫，值得注意并采取防范措施。

（18）粗鞘杉天牛 *Semanotus sinoauster* (Gressitt)，天牛科

形态特征：体长18~25mm，体宽1.6~8mm。体扁，头、触角、胸、腹和足黑色，被较长的浅黄色绒毛。前胸两侧圆弧形，前胸背板中部有5个光滑的瘤突略呈梅花形排列。鞘翅棕黄色，具细刻点及浅黄色短绒毛；鞘翅中部及端部各有一黑色宽横斑，前者略呈半个椭圆形，内侧不达鞘缝，后者延伸至鞘翅末端。

寄主：杉、柳杉。

分布：福建、河南、安徽、江苏、湖北、浙江、江西、湖南、台湾、广东、广西、贵州、四川。

其他：以成虫在被害树干内越冬，但部分幼虫会发生滞育现象，当年即以幼虫越冬，次年发育至成虫越冬后，至第3年春始飞出危害，2年1代。幼虫取食韧皮部，触及边材，虫道扁而不规则，充满细屑。为杉木的重要害虫之一。

（19）星天牛 *Anoplophora chinensis* (Forster) (Cerambyx)，天牛科

形态特征：体长19~39mm，体宽6~13.5mm。体漆黑，有时略带金属光泽，具小白斑点。触角3~11节基部有淡色毛环，通常占节长的1/3。头及体腹面被银灰及部分蓝灰色细毛（后者以足上较多），但不形成斑纹。前胸背板无明显毛斑。小盾片一般不具显著的灰色毛，有时较白，间或杂有蓝色。鞘翅具白色小毛斑，每翅约20个，排成不整齐的5横行，第1行4个，2中2侧，位于翅基颗粒区后部；第2行4个，排列似第1行；第3行5个，略斜，位于翅中部；第4、第5行各二、三个，末端近外缘与第3、第4行间各有一小斑点；肩基部也常有斑点，第5行外侧斑点常与翅端斑点合并，有时近鞘缝的斑点易消失，致每翅减至15个斑点。体长形，雌较宽，触角柄节端疤闭式，雌触角超出体末1~2节，雄超出4~5节。前胸背板中瘤明显，两侧另有瘤突，侧刺突粗壮。鞘翅基部颗粒密，大小不等，约稍短于翅长的1/4，排列整齐处呈二、三条隆纹，肩下具粗刻点，翅面其余区域较平滑，刻点也极细疏。

寄主：柑橘、柠檬、橙、苹果、梨、无花果、樱桃、枇杷、花红、油桐、杨、桑、楝、柳豆、洋槐、木荷、桤木、油茶、冬瓜木、柚木、麻栗、榆、悬铃木、核桃、冬青、杏、乌桕、木芙蓉、闽粤石楠、栎、柳、龙眼、波萝蜜、木麻黄、梧桐、文旦。

分布：福建（全省普遍）、国内也普遍分布；日本、朝鲜、缅甸、北美。

其他：为农林重要的蛀秆害虫之一。

（20）光肩星天牛 *Anoplophora glabripennis* (Motschulsky) (Cerosterna)，天牛科

形态特征：体长17.5~39mm，体宽5.5~12mm。体漆黑具光泽。触角3~11节基部蓝白色，雄天牛触角约为体长的2.5倍，雌天牛触角约为1.3倍。前胸背板无毛斑，中瘤不显著，侧刺突较尖锐，不弯曲。鞘翅基部光滑、无瘤状颗粒，翅面刻点较密，具微细皱纹，无竖毛，肩部刻点较粗大；翅面白色毛斑大小及排列似星天牛，但更不规则，有时较不清晰。中胸胸板瘤突较不发达。足及腹面黑色，常密生蓝白色绒毛。

寄主：苹果、梨、李、樱桃、樱花、杨、柳、榆、桑、水杉、槭、桦、青麸杨、元宝枫、青杨。

分布：福建、辽宁、宁夏、甘肃、河北、山西、陕西、山东、河南、江苏、安徽、湖北、江西、湖

南、广西、四川、云南、贵州、西藏；日本、朝鲜。

其他：为农林重要的蛀杆害虫之一。

第四节　自然保护区野生昆虫名录

Ⅰ. 昆虫纲 Insecta

Ⅰ-1. 缨尾目 Thysanura

一、衣鱼科 Lepismatidae

1. 毛栉衣鱼 *Ctenolepisma villosa* (Fabricius)
2. 斑衣鱼 *Thermobia domestica* (Pack)

Ⅰ-2. 蜚蠊目 Blattaria

二、蜚蠊科 Blattidae

3. 美洲大蠊 *Periplaneta americana* L.
4. 棕色蜚蠊 *Periplaneta brunnea* Burm
5. 黑胸大蠊 *Periplaneta fuliginosa* Serv.

三、姬蠊科 Blattellidae

6. 德国小蠊 *Blattella germanica* L.
7. 广纹小蠊 *Blattella latistriga* Walker
8. 拟德国小蠊 *Blattella lituricollis* Walker

Ⅰ-3. 螩目 Phasmatodea

四、异螩科 Heteronemiidae

9. 迪小异螩 *Micadina difficilis* Gunther
10. 扁尾华异螩 *Sinophasma mirabile* Gunther
11. 棉枝异螩 *Sipyloidea sipylus* (Westwood)

Ⅰ-4. 螳螂目 Mantodea

五、螳科 Mantidae

12. 日本姬螳 *Acromantis japonica* Westwood
13. 丽眼斑螳 *Creobroter gemmata* (Stoll)
14. 广斧螳 *Hierodula patellifera* (Serville)
15. 齿华螳 *Sinomantis denticulata* Beier
16. 黄褐静螳 *Statilia flavobrunnea* Zhang et Li
17. 亮翅刀螳 *Tenodera angustipennis* Saussure
18. 枯叶刀螳 *Tenodera aridifolia* (Stoll)
19. 中华刀螳 *Tenodera sinensis* Saussure

Ⅰ-5. 直翅目 Orthoptera

六、蟋蟀科 Gryllidae

20. 亮拟针蟋 *Pteronemobius nitidus* (Bolivar)
21. 拟亲油葫芦 *Teleogryllus occipitalis* (Audinet-Serville)
22. 拟斗蟋 *Velarifictorus khasiensis* Vasanth et Ghosh

七、织娘科 Mecopodidae

23. 纺织娘 *Mecopoda elongata* (Linnaeus)

24. 日本纺织娘 *Mecopoda nipponensis* (De Haan)

八、螽斯科 Tettigoniidae

25. 长瓣草螽 *Conocephalus gladiatus* (Redtenbacher)
26. 斑翅草螽 *Conocephalus maculatus* (Le Guillou)
27. 悦鸣草螽 *Conocephalus melas* (De Haan)
28. 鼻优草螽 *Euconocephalus nasutus* (Thunberg)
29. 苍白优草螽 *Euconocephalus pallidus* (Redtenbacher)
30. 中华蝈螽 *Gampsocleis sinensis* (Walker)
31. 素色似织螽 *Hexacentrus unicolor* Audinet-Serville
32. 脊锥头螽 *Pyrgocorypha dorsalis* (Walker)
33. 佩带畸螽 *Teratura cincta* (Bey-Bienko)
34. 陈氏剑螽 *Xiphidiopsis cheni* Bey-Bienko
35. 贺氏剑螽 *Xiphidiopsis howardi* Tinkham
36. 显凹剑螽 *Xiphidiopsis incisa* Xia et Liu
37. 巨叉剑螽 *Xiphidiopsis megafurcula* Tinkham
38. 铃木剑螽 *Xiphidiopsis suzukii* (Matsumura et Shiraki)

九、蟋螽科 Gryllacridae

39. 明透翅蟋螽 *Diaphanogryllacris laeta* (Walker)
40. 直瓣杆蟋螽 *Phryganogryllacris subrectis* (Matsumura et Shiraki)

十、蝼蛄科 Gryllotalpidae

41. 东方蝼蛄 *Gryllotalpa orientalis* Burmeister

十一、蚤蝼科 Tridactylidae

42. 日本蚤蝼 *Xya japonica* De Haan

十二、蚱科 Tetrigidae

43. 突眼蚱 *Ergatettix dorsiferus* (Walker)
44. 瘦悠背蚱 *Euparatettix variabilis* (Bolivar)
45. 卡尖顶蚱 *Teredorus carmichaeli* Hancock
46. 日本蚱 *Tetrix japonica* (Bolivar)

十三、锥头蝗科 Pyrgomorphidae

47. 纺梭负蝗 *Atractomorpha burri* I. Bolivar
48. 短额负蝗 *Atractomorpha sinensis* I. Bolivar

十四、斑腿蝗科 Catantopidae

49. 红褐斑腿蝗 *Catantops pinguis* (Stål)
50. 棉蝗 *Chondracris rosea rosea* (De Geer)
51. 短翅黑背蝗 *Eyprepocnemis hokutensis* Shiraki
52. 芋蝗 *Gesonula punctifrons* (Stål)
53. 山稻蝗 *Oxya agavisa* Tsai
54. 中华稻蝗 *Oxya chinensis* (Thunberg)
55. 小稻蝗 *Oxya intricata* (Stål)
56. 长翅大头蝗 *Oxyrrhepes obtusa* (De-hann)
57. 稻稞蝗 *Quilta oryzae* Uvarov
58. 卡氏蹦蝗 *Sinopodisma kelloggii* (Chang)
59. 东方凸额蝗 *Traulis orientalis* Ramme

十五、斑翅蝗科 Oedipodidae

60. 花胫绿纹蝗 *Aiolopus tamulus* (Fabricius)

61. 云斑车蝗 *Gastrimargus marmoratus* (Thunberg)
62. 黄股车蝗 *Gastrimargus parvulus* Sjostedt
63. 东亚飞蝗 *Locusta migratoria manilensis* (Meyen)
64. 疣蝗 *Trilophidia annulata* (Thunberg)

十六、　网翅蝗科 Arcypteridae

65. 黑翅竹蝗 *Ceracris fasciata fasciata* (Brunner-Wattenwyl)
66. 青脊竹蝗 *Ceracris nigricornis* Walker
67. 黄脊竹蝗 *Ceracris kiangsu* Tsai

十七、　剑角蝗科 Acrididae

68. 中华剑角蝗 *Acrida cinerea* (Thunberg)
69. 斑翅蝗 *Aulacobothrus luteipes* (Walker)
70. 二色戛蝗 *Gonista bicolor* Haan
71. 白条长腹蝗 *Leptacris vittata* (Fabricius)
72. 小戛蝗 *Paragonista infumata* Willemse
73. 中华佛蝗 *Phlaeoba sinensis* I. Bolivar
74. 长角佛蝗 *Phlaeoba antennata* Br.-W.
75. 僧帽佛蝗 *Phlaeoba infumata* Br.-W.

Ⅰ-6. 等翅目 Isoptera

十八、　草白蚁科 Hodotermitidae

76. 山林原白蚁 *Hodotermopsis japonicus* Holmgren

十九、　鼻白蚁科 Rhinotermitidae

77. 普见家白蚁 *Coptotermes communis* Xia et He
78. 家白蚁 *Coptotermes formosanus* Shiraki
79. 尖唇异白蚁 *Heterotermes aculabialis* (Tsai et Huang)
80. 肖若散白蚁 *Reticulitermes affinis* Hsia et Fan
81. 黑胸散白蚁 *Reticulitermes chinensis* Snyder
82. 花胸散白蚁 *Reticulitermes fukienensis* Light

二十、　白蚁科 Termitidae

83. 黄翅大白蚁 *Macrotermes barneyi* Light
84. 小象白蚁 *Nasutitermes parvonasutus* (Shiraki)
85. 黑翅土白蚁 *Odontotermes formosanus* (Shiraki)
86. 杨子江近歪白蚁 *Pericapritermes jangtsekiangensis* (Kemner)
87. 圆囟钩歪白蚁 *Pseudocapritermes sowerbyi* (Light)

Ⅰ-7. 蜉蝣目 Ephemeroptera

二十一、　细裳蜉科 Leptophlebiidae

88. 桶形赞蜉 *Paegniodes cupulatus* Eaton
89. 浅栗思罗蜉 *Thraulus semicasaneus* (Gillies)

二十二、　蜉蝣科 Ephemeridae

90. 华丽蜉 *Ephemerapulcherrima* Eaton

二十三、　河花蜉科 Potamanthidae

91. 福建似溪蜉 *Potamanthodes fujianensis* You et al.

Ⅰ-8. 缨翅目 Thysanoptera

二十四、 蓟马科 Thripidae

92. 玉米黄呆蓟马 *Anaphothrips obscurus* (Muller)
93. 黑角巴蓟马 *Bathrips melanicornis* (Shumsher)
94. 袖指蓟马 *Chirothrips manicatus* Haliday
95. 花蓟马 *Frankliniella intonsa* (Trybon)
96. 禾蓟马 *Frankliniella tenurcornis* (Uzel)
97. 茭笋花蓟马 *Frankliniella zizaniophila* Han et Zhang
98. 温室蓟马 *Heliothrips haemorrhoidalis* (Bauche)
99. 端大蓟马 *Megalurothrips distalis* (Karny)
100. 豆大蓟马 *Megalurothrips usitatus* (Bagnall)
101. 茶黄蓟马 *Scirtothrips dorsalis* Hood
102. 稻蓟马 *Stenchaetothrips bifromis* (Bagnall)
103. 杜鹃蓟马 *Thrips andrewsi* (Bagnall)
104. 色蓟马 *Thrips coloratus* Schmutz
105. 豆黄蓟马 *Thrips nigropilosus* Uzel
106. 棕榈蓟马 *Thrips palmi* Karny
107. 烟蓟马 *Thrips tabaci* Lindeman
108. 黄胸蓟马 *Thrips hawaiiensis* (Morgan)

二十五、 管蓟马科 Phlaeothripidae

109. 短管棒蓟马 *Bactrothrips brevitubus* Takahashi
110. 小齿钩管蓟马 *Elaphrothrips denticollis* (Bagnall)
111. 榕管蓟马 *Gynaikothrips uzeli* Zimmermann
112. 稻简管蓟马 *Haplothrips aculeatus* (Fabricius)
113. 中华简管蓟马 *Haplothrips chinensis* Priesner
114. 黄胫武管蓟马 *Haplothrips flavipes* (Bagnall)
115. 菊简管蓟马 *Haplothrips gowdeyi* (Franklin)
116. 百合滑蓟马 *Liothrips vaneeckei* Priesner
117. 榕腿管蓟马 *Mesothrips jordani* Zimmermann
118. 日本冠蓟马 *Stephanothrips japonicus* Saikawa

Ⅰ-9. 长翅目 Mecoptera

二十六、 蝎蛉科 Panorpidae

119. 马氏新蝎蛉 *Neopanorpa maai* Cheng
120. 异新蝎蛉 *Neopanorpa mutabilis* Cheng
121. 透明新蝎蛉 *Neopanorpa translucida* Cheng
122. 金身蝎蛉 *Panorpa aurea* Cheng
123. 黄蝎蛉 *Panorpa flavicorparis* Cheng
124. 三带蝎蛉 *Panorpa trifasciata* Cheng

Ⅰ-10. 毛翅目 Trichoptera

二十七、 原石蛾科 Rhyacophilidae

125. 长翅竖毛螯石蛾 *Apsilochoremaa hwangi* (Hwang)
126. 四叶背原石蛾 *Rhyacophila tetraphylla* Sun & Yang

二十八、 畸距石蛾科 Dipseudopsidae

127. 星点畸距石蛾 *Dipseudopsis stellata* McLachlan

二十九、 蝶石蛾科 Psychomyiidae

128. 福建蝶石蛾 *Psychomyia fukienensis* Hwang

三十、 等翅石蛾科 Philopotamidae

129. 邵武缺叉等翅石蛾 *Chimarrashaowuensis* (Hwang)

三十一、 角石蛾科 Stenopsychidae

130. 贝氏角石蛾 *Stenopsychebanksi* Mosely
131. 中华角石蛾 *Stenopsyche chinensis* Hwang
132. 齿突角石蛾 *Stenopsychedenticulata* Ulmer

三十二、 纹石蛾科 Hydropsychidae

133. 三斑异纹石蛾 *Aethalopteraevanescens* (McLachlan)
134. 叉突长管纹石蛾 *Diplectronafurcata* Hwang
135. 横带长角纹石蛾 *Macrostemumfastosum* (Walken)
136. 中华缺距纹石蛾 *Potamyia chinensis* (Ulmer)

三十三、 鳞石蛾科 Lepidostomatidae

137. 长钩毛脉鳞石蛾 *Dinarthrumlongispina* Hwang
138. 弯茎条鳞石蛾 *Goerodesarcuata* (Hwang)
139. 孟顺条鳞石蛾 *Goerodespropriopalpa* Hwang

三十四、 齿角石蛾科 Odontoceridae

140. 东方裸齿角石蛾 *Psilotreta orientalis* Hwang

Ⅰ-11. 半翅目 Hemiptera

三十五、 负子蝽科 Belostomatidae

141. 褐负子蝽 *Diplonychus rusticus* (Fabricius)
142. 印田鳖蝽 *Lethocerus indicus* (Lepeletier et Serville)

三十六、 仰蝽科 Notonectidae

143. 直角小仰蝽 *Anisops kuroiwae* Matsumura
144. 华粗仰蝽 *Enithares sinica* (Stål)

三十七、 蜍蝽科 Ochteridae

145. 黄边蜍蝽 *Ochterus marginatus* (Latreille)

三十八、 黾蝽科 Gerridae

146. 圆臀大黾蝽 *Aquarius paludum* Fabricius
147. 细角黾蝽 *Gerris gracilicornis* Horvath

三十九、 龟蝽科 Plataspidae

148. 黑头平龟蝽 *Brachyplatys funeberis* Distant
149. 锡平龟蝽 *Brachyplatys silphoides* (Fabricius)
150. 亚铜平龟蝽 *Brachyplatys subaeneus* (Westwood)
151. 双峰圆龟蝽 *Coptosoma bicuspis* Hsiao et Jen
152. 双痣圆龟蝽 *Coptosoma biguttula* Motschulsky
153. 达圆龟蝽 *Coptosoma davidi* Montandon
154. 孟达圆龟蝽 *Coptosoma munda* Bergroth
155. 小饰圆龟蝽 *Coptosoma parvipicta* Montandon
156. 多变圆龟蝽 *Coptosoma variegata* (Herrich et Schaeffer)
157. 双峰豆龟蝽 *Megacopta bituminata* (Montandon)
158. 筛豆龟蝽 *Megacopta cribraria* (Fabricius)
159. 狄豆龟蝽 *Megacopta distani* (Montandon)

160. 坎肩豆龟蝽 *Megacopta lobata* (Walker)

四十、 土蝽科 Cydnidae

161. 侏地土蝽 *Geotomus pygmaeus* (Dallas)

162. 青革土蝽 *Macroscytus subaeneus* (Dallas)

四十一、 盾蝽科 Scutelleridae

163. 角盾蝽 *Cantao ocellatus* (Thunberg)

164. 紫蓝丽盾蝽 *Chrysocoris stollii* (Wolff)

165. 扁盾蝽 *Eurygaster testudinarius* (Geoffroy)

166. 半球盾蝽 *Hyperonous lateritius* (Westwood)

167. 桑宽盾蝽 *Poecilocoris druraei* (Linnaeus)

168. 油茶宽盾蝽 *Poecilocoris latus* Dallas

169. 尼泊尔宽盾蝽 *Poecilocoris nepalensis* (Herrich et Schaeffer)

四十二、 荔蝽科 Tessaratomidae

170. 硕荔蝽 *Eurostus validus* Dallas

171. 斑缘巨荔蝽 *Eusthenes femoralis* Zia

172. 巨荔蝽 *Eusthenes robustus* (Lepeletier et Serville)

四十三、 兜蝽科 Dinidoridae

173. 九香虫 *Coridius chinensis* (Dallas)

174. 细角瓜蝽 *Megymenum gracilicorne* (Dallas)

四十四、 蝽科 Pentatomidae

175. 云蝽 *Agonoscelis nubilis* (Fabricius)

176. 丹蝽 *Amyotea malabarica* (Fabricius)

177. 翠蝽 *Anaca fasciata* (Distant)

178. 黑角翠蝽 *Anaca florens* (Walker)

179. 鲁牙蝽 *Axiagastus rosmarus* Dallas

180. 薄蝽 *Brachymna tenuis* Stål

181. 峨眉疣蝽 *Cazira emeia* Zhang et Lin

182. 无刺疣蝽 *Cazira inerma* Yang

183. 疣蝽 *Cazira verrucosa* (Westwood)

184. 中华岱蝽 *Dalpada cinctipes* Walker

185. 岱蝽 *Dalpada oculata* (Fabricius)

186. 绿岱蝽 *Dalpada smaragdina* (Walker)

187. 滴蝽 *Dybowskyia reticulata* (Dalllas)

188. 麻皮蝽 *Erthesina fullo* (Thunberg)

189. 黄蝽 *Euryspis flavescens* Distant

190. 厚蝽 *Exithemusas samensis* Distant

191. 二星蝽 *Eysarcoris guttiger* (Thunberg)

192. 广二星蝽 *Eysarcoris ventralis* (Westwood)

193. 黑斑二星蝽 *Eysarocoris fabricii* Kirkaldy

194. 青蝽 *Glaucias subpunctatus* (Walker)

195. 谷蝽 *Gonopsis affinis* (Uhler)

196. 卵圆蝽 *Hippotiscus dorsalis* (Stål)

197. 全蝽 *Homalogonia obtusa* (Walker)

198. 广蝽 *Laprius varicornis* (Dallas)

199. 梭蝽 *Megarrhamphus hastatus* (Fabricius)

200. 平尾梭蝽 *Megarrhamphus truncatus* (Westwood)

201. 墨蝽 *Melanopgara dentata* Haglund

202. 宽曼蝽 *Menida lata* Yang

203. 大臭蝽 *Metonymia glandulosa* (Wolff)

204. 稻绿蝽 *Nezara viridula* (Linnaeus)

205. 稻褐蝽 *Niphe elongata* (Dallas)

206. 棱蝽 *Rhynchocoris humeralis* Thunberg

207. 珠蝽 *Rubiconia intermedia* (Wolff)

208. 稻黑蝽 *Scotinophara lurida* (Burmeister)

209. 角胸蝽 *Tetroda histeroides* (Fabricius)

210. 横带点蝽 *Tolumnia basalis* (Dallas)

211. 蓝蝽 *Zicrona caerulea* (Linnaeus)

四十五、 同蝽科 Acanthosomatidae

212. 显同蝽 *Acanthosoma distincta* Dallas

213. 曲匙同蝽 *Elasmucha recurva* (Dallas)

214. 盾匙同蝽 *Elasmucha scutellata* (Distant)

四十六、 异蝽科 Urostylidae

215. 剑突盲异蝽 *Urolabida spathulifera* Blote

216. 带盲异蝽 *Urolabida subtruncata* Maa

四十七、 缘蝽科 Coreidae

217. 瘤缘蝽 *Acanthocoris scaber* (Linnaeus)

218. 斑背安缘蝽 *Anoplocnemis binotata* Distant

219. 稻棘缘蝽 *Cletus punctiger* Dallas

220. 长肩棘缘蝽 *Cletus trigonus* Thunberg

221. 双斑同缘蝽 *Homoeocerus bipunctatus* Hsiao

222. 广腹同缘蝽 *Homoeocerus dilatatus* Horvath

223. 斑腹同缘蝽 *Homoeocerus marginiventris* Dohrn

224. 一点同缘蝽 *Homoeocerus unipunctatus* Thunberg

225. 异肩同缘蝽 *Homoeocerus viridis* Hsiao

226. 暗黑缘蝽 *Hygia opaca* Uhler

227. 中稻缘蝽 *Leptocorisa chinensis* Dallas

228. 黑胫侏缘蝽 *Mictis fuscipes* Hsiao

229. 曲径侏缘蝽 *Mictis tenebrosa* Fabricius

230. 山竹缘蝽 *Notobitus montanus* Hsiao

231. 茶色赭缘蝽 *Ochrochira camelina* Kiritshenko

232. 四刺侏缘蝽 *Pseudomictis quadrispinus* Hsiao

233. 肩异缘蝽 *Pterygomia humeralis* Hsiao

234. 条蜂缘蝽 *Riptortus linearis* Fabricius

235. 点蜂缘蝽 *Riptortus pedestris* Fabricius

四十八、 长蝽科 Lygaeidae

236. 斑角隆胸长蝽 *Eucosmetus tenuipes* Zheng

237. 宽大眼长蝽 *Geocoris varius* (Uhler)

238. 东亚毛肩长蝽 *Neloethaeus dallasi* (Scott)

239. 台裂腹长蝽 *Nerthus taivanicus* (Bergroth)

240. 长须梭长蝽 *Pachygrontha antennata* (Uhler)

241. 斑翅细长蝽 *Paromius excelsus* Bergroth
242. 竹后刺长蝽 *Pirkimerus japonicus* (Hidaka)

四十九、 红蝽科 Pyrrhocoridae

243. 直红蝽 *Pyrrhopeplus carduelis* (Stål)
244. 小斑红蝽 *Physopelta cincticollis* Stal

五十、 扁蝽科 Aradidae

245. 中华扁蝽 *Aradus sinensis* Kormilev
246. 刺扁蝽 *Aradus spinicollis* Jakovlev

五十一、 猎蝽科 Reduviidae

247. 暴猎蝽 *Agriosphodrus dohrni* (Signoret)
248. 斑缘土猎蝽 *Coranus fuscipennis* Reuter
249. 艳红猎蝽 *Cydnocoris russatus* Stal
250. 黑光猎蝽 *Ectrychotes andreae* (Thunberg)
251. 云斑真猎蝽 *Harpactor incertus* (Distant)
252. 棘猎蝽 *Polididus armatissmus* Stål
253. 桔红背猎蝽 *Reduvius tenebrosus* Walker
254. 华齿胫猎蝽 *Rihirbus sinicus* Hsiao et Ren
255. 轮刺猎蝽 *Scipinia horrida* Stål
256. 齿缘刺猎蝽 *Sclomina erinacea* Stål
257. 舟猎蝽 *Staccia diluta* (Stål)
258. 红腹脂猎蝽 *Velinus rufiventris* Hsiao

五十二、 姬蝽科 Nabidae

259. 日本高姬蝽 *Gorpis japonicus* Kerzhner

五十三、 花蝽科 Anthocoridae

260. 束翅叉胸花蝽 *Amphiareus contrictus* (Stål)
261. 南方小花蝽 *Orius similis* Zheng

五十四、 盲蝽科 Miridae

262. 狭领纹唇盲蝽 *Charagochilus angusticollis* Linnavuori
263. 明翅盲蝽 *Isabel ravana* (Kirby)
264. 绿丽盲蝽 *Lygocoris lucorum* (Meyer-Dur)
265. 拟绿丽盲蝽 *Lygocoris spinolae* (Meyer-Dur)

五十五、 网蝽科 Tingidae

266. 小网蝽 *Agramma gibbum* Fieber
267. 菊贝脊网蝽 *Galeatus spinifrons* (Fallen)
268. 梨冠网蝽 *Stephanitis nashi* Esaki et Takeya

五十六、 臭蝽科 Cimicidae

269. 热带臭蝽 *Cimex hemipterus* (Fabricius)
270. 温带臭蝽 *Cimex lectularius* Linnaeus

I-12. 同翅目 Homoptera

五十七、 蝉科 Cicadidae

271. 黑蚱蝉 *Cryptotympana atrata* (Fabricius)
272. 黄蚱蝉 *Cryptotympana mandarina* Distant
273. 斑蝉 *Gaeana maculata* (Drury)
274. 周氏碧蝉 *Hea choui* Lei

275. 红蝉 *Huechys sanguinea* (De Geer)

276. 绿草蝉 *Mogannia hebes* (Walker)

277. 青草蝉 *Mogannia indigotea* Dist.

278. 黄蟪蛄 *Platypleura hilpa* Walker

279. 蟪蛄 *Platypleura kaempferi* (Fabricius)

五十八、 角蝉科 **Membracidae**

280. 羚羊矛角蝉 *Leptobellus gazella* (Fairmaire)

281. 沃氏三刺角蝉 *Tricentrus walkeri* Walker

五十九、 沫蝉科 **Cercopidae**

282. 四斑长头沫蝉 *Abidama contigua* (Walker)

283. 稻沫蝉 *Callitettix versicolor* (Fabricius)

284. 东方丽沫蝉 *Cosmoscarta heros* (Fabricius)

285. 南方曙沫蝉 *Eoscarta borealis* (Distant)

286. 黑点曙沫蝉 *Eoscarta liternoides* Breddin

287. 红头凤沫蝉 *Paphnutius ruficeps* (Melichar)

六十、尖胸沫蝉科 **Aphrophoridae**

288. 中华尖胸沫蝉 *Aphrophora corticina* Melichar

289. 宽带尖胸沫蝉 *Aphrophora horizontalis* Kato

290. 毋忘尖胸沫蝉 *Aphrophora memorabilis* Walker

291. 尖胸沫蝉 *Aphrophora naevia* Jacobi

292. 松铲头沫蝉 *Clovia conifer* (Walker)

293. 福建铲头沫蝉 *Clovia diffusipennis* Jacobi

294. 方斑铲头沫蝉 *Clovia quadrangularis* Metcalf et Horton

295. 松卵沫蝉 *Peuceptyelus indentatus* (Uhler)

296. 白纹卵沫蝉 *Peuceptyelus lacteisparsus* Jacobi

297. 黄翅象沫蝉 *Philagradis similis* Distant

298. 四斑象沫蝉 *Philagra quadrimaculata* Schmidt

六十一、 巢沫蝉科 **Machaerotidae**

299. 二斑巢沫蝉 *Hindoloides bipunctata* (Haupt)

六十二、 叶蝉科 **Cicadellidae**

300. 凹大叶蝉 *Bothrogonia ferruginea* (Fabricius)

301. 三刺丽叶蝉 *Calodia obliqua* Nielson

302. 大青叶蝉 *Cicadella viridis* (Linne)

303. 小绿叶蝉 *Empoasca flavescence* (Fabricius)

304. 假眼小绿叶蝉 *Empoasca vitis* (Gothe)

305. 二点叶蝉 *Macrosteles fascifrons* (Stål)

306. 四点叶蝉 *Macrosteles quadrimaculata* (Matsumura)

307. 黑尾叶蝉 *Nephotettix cincticeps* (Uhler)

308. 二点黑尾叶蝉 *Nephotettix virescens* Distant

309. 电光叶蝉 *Recilia dorsalis* (Motschulsky)

310. 横带叶蝉 *Scaphoideus festivus* Matsumura

311. 白翅叶蝉 *Thaia rubiginosa* Kuoh

六十三、 菱蜡蝉科 **Cixiidae**

312. 斑帛菱蜡蝉 *Borysthenes maculatus* (Matsumura)

六十四、　脉蜡蝉科　Meenoplidae

313. 雪白粒脉蜡蝉 *Nisia atrovenosa* (Lethierry)

六十五、　袖蜡蝉科　Derbidae

314. 红袖蜡蝉 *Diostrombus politus* Uhler

六十六、　象蜡蝉科　Dictyopharidae

315. 中华象蜡蝉 *Dictyophara sinica* Walker

316. 丽象蜡蝉 *Orthopagus splendens* (Germar)

六十七、　广翅蜡蝉科　Ricaniidae

317. 带纹疏广蜡蝉 *Euricania fascialis* (Walker)

318. 眼纹疏广蜡蝉 *Euricania ocellus* (Walker)

319. 琼边广翅蜡蝉 *Ricania flabellum* Noualhier

320. 暗带广翅蜡蝉 *Ricania fumosa* Walker

321. 粉黛广翅蜡蝉 *Ricania pulverosa* Stål

322. 八点广翅蜡蝉 *Ricania speculum* (Walker)

323. 褐带广翅蜡蝉 *Ricania taeniata* Stål

六十八、　蛾蜡蝉科　Flatidae

324. 彩蛾蜡蝉 *Cerynia maria* (White)

325. 碧蛾蜡蝉 *Geisha distinctissima* (Walker)

326. 褐缘蛾蜡蝉 *Salurnis marginella* (Guerin)

六十九、　蜡蝉科　Fulgoridae

327. 斑衣蜡蝉 *Lycorma delicatula* (White)

七十、　飞虱科　Delphacidae

328. 灰飞虱 *Laodelphax striatellus* (Fallen)

329. 拟褐飞虱 *Nilaprvata bakeri*(Muir)

330. 褐飞虱 *Nilaparvata lugens* (Stål)

331. 伪褐飞虱 *Nilaparvata muiri* China

332. 长绿飞虱 *Saccharosydne procerus* (Matsumura)

333. 白背飞虱 *Sogatella furcifera* (Horvath)

334. 烟翅白背飞虱 *Sogatella kolophon* (Kirkaldy)

335. 稗飞虱 *Sogatella vibix* (Haupt)

336. 白脊飞虱 *Unkanodes sapporona* (Matsumura)

七十一、　木虱科　Psyllidae

337. 柑桔呆木虱 *Diaphorina citri* Kuwayama

七十二、　粉虱科　Aleyrodidae

338. 柑桔黑刺粉虱 *Aleurocanthus citriperdus* Quaintance et Baker

339. 黑刺粉虱 *Aleurocanthus spiniferus* (Quaintance)

340. 稻粉虱 *Aleurocybotus indicus* David et Subramaniam

341. 马氏眼粉虱 *Aleurolobus marlatti* (Quaintance)

342. 烟草粉虱 *Bemisia tabaci* Gennadius

343. 柑桔粉虱 *Dialeurodes citri* (Ashm.)

七十三、　瘿绵蚜科　Pemphigidae

344. 蔗根蚜 *Geoica lucifuga* (Zehntner)

345. 五倍子蚜 *Schlechtendalia chinensis* (Bell)

七十四、　大蚜科　Lachnidae

346. 柳瘤大蚜 *Tuberolachnus salignus* (Gmelin)

七十五、 蚜科 Aphididae

347. 豌豆蚜 *Acyrthosiphon pisum* (Harris)

348. 绣线菊蚜 *Aphis citricola* van der Goot

349. 豆蚜 *Aphis craccivora* Koch

350. 柳蚜 *Aphis farinosa* Gmelin

351. 大豆蚜 *Aphis glycines* Matsumura

352. 棉蚜 *Aphis gossypii* Glover

353. 夹竹桃蚜 *Aphis neriiBoyer* de Fonscolombe

354. 甘蓝蚜 *Brevicoryne brassicae* (Linnaeus)

355. 萝卜蚜 *Lipaphis erysimi* (Kaltenbach)

356. 桃蚜 *Myzus persicae* (Sulzer)

357. 香蕉交脉蚜 *Pentalonia nigronervosa* Coquerel

358. 玉米蚜 *Rhopalosiphum maidis* (Fitch)

359. 莲缢管蚜 *Rhopalosiphum nymphaeae* (Linnaeus)

360. 禾谷缢管蚜 *Rhopalosiphum padi* (Linnaeus)

361. 桔二叉蚜 *Toxoptera aurantii* (Boyer Fonscolombe)

362. 橘蚜 *Toxoptera citricidus* (Kirkaldy)

363. 莴苣指管蚜 *Uroleucon formosanum* (Takahashi)

七十六、 珠蚧科 Margarodidae

364. 澳洲吹绵蚧 *Icerya purchasi* Maskell

365. 银毛吹绵蚧 *Icerya seychellarum* Westwood

七十七、 粉蚧科 Pseudococcidae

366. 柑橘堆粉蚧 *Nipaecoccus viridis* (Newstead)

367. 桔臀纹粉蚧 *Planococcus citri* (Risso)

368. 柑桔栖粉蚧 *Pseudococcus calceolariae* (Maskell)

369. 柑橘棘粉蚧 *Pseudococcus cryptus* Hempel

七十八、 链蚧科 Asterolecaniidae

370. 透体竹链蚧 *Bambusaspis delicatus* (Green)

371. 半球竹链蚧 *Bambusaspis hemisphaerica* (Kuwana)

七十九、 蚧科 Coccidae

372. 角蜡蚧 *Ceroplastes ceriferus* (Anderson)

373. 佛州龟蜡蚧 *Ceroplastes floridensis* Comstock

374. 日本龟蜡蚧 *Ceroplastes japonicus* Green

375. 红蜡蚧 *Ceroplastes rubens* Maskell

376. 橘绿绵蚧 *Chloropulvinaria aurantii* (Cockerell)

377. 油茶绿绵蚧 *Chloropulvinaria floccifera* (Westwood)

378. 中国白蜡蚧 *Ericerus pela* (Chavannes)

八十、 盾蚧科 Diaspididae

379. 荻白轮蚧 *Aulacaspis divergens* Takahashi

380. 玫瑰白轮蚧 *Aulacaspis rosae* (Bouche)

381. 褐圆金顶盾蚧 *Chrysomphalus aonidum* (Linnaeus)

382. 橙圆金顶盾蚧 *Chrysomphalus dictyospermi* (Morgan)

383. 冬青递叶盾蚧 *Dynaspidiotus britannicus* (Newstead)

384. 松围盾蚧 *Fiorinia pinicola* Maskell

385. 茶围盾蚧 *Fiorinia theae* Green

386. 黄栲盾蚧 *Hemiberlesia cyanophylli* (Signoret)

387. 棕栲盾蚧 *Hemiberlesia lataniae* (Signoret)

388. 紫牡蛎蚧 *Lepidosaphes becki* (Newman)

389. 茶牡蛎蚧 *Lepidosaphes camelliae* Hoke

390. 长牡蛎蚧 *Lepidosaphes gloverii* (Packard)

391. 夹竹桃林盾蚧 *Lindinga spisrossi* (Maskell)

392. 糠片盾蚧 *Parlatoria pergandii* Comstock

393. 茶片盾蚧 *Parlatoria theae* Cookerell

394. 黑片盾蚧 *Parlatoria zizyphi* (Lucas)

395. 柑橘并盾蚧 *Pinnaspis aspidistrae* (Signoret)

396. 椰子拟轮蚧 *Pseudaulacaspis cockerelli* (Cooley)

397. 桑拟轮蚧 *Pseudaulacaspis pentagona* (Targioni)

398. 三叶网纹盾蚧 *Pseudaonidia trilobitiformis* (Green)

399. 梨笠盾蚧 *Quadraspidiotus perniciosus* (Comstock)

400. 矢尖蚧 *Unaspis yanonensis* (Kuwana)

Ⅰ-13. 啮目 Psocoptera

八十一、 单啮科 Caeciliidae

401. 中带单啮 *Caecilius medivittatus* Li

402. 窄纵带单啮 *Caecilius persimilaris* (Thornton et Wong)

403. 横红斑单啮 *Caecilius spiloerythrinus* Li

八十二、 啮科 Psocidae

404. 锤形触啮 *Psococerastis melleatus* Li et Yang

Ⅰ-14. 革翅目 Dermaptera

八十三、 大尾蠼科 Pygidicranidae

405. 袋肥蠼 *Anisolabis* (*Euborellia*) *stali* (Dohrn)

406. 条纹盔尾蠼 *Cranopygia vitticollis* (Stål)

八十四、 肥蠼科 Anisolabidae

407. 袋肥蠼 *Anisolabis* (*Euborellia*) *stali* (Dohrn)

408. 海肥蠼 *Anisolabis maritima* (Gene)

八十五、 蠼蠼科 Labiduridae

409. 弓铗蠼蠼 *Forcipula clavata* Liu

410. 溪岸蠼蠼 *Labidura riparia* (Pallas)

411. 纳蠼 *Nala lividipes* (Dufour)

八十六、 蛱蠼科 Forficulidae

412. 异蛱蠼 *Allodahlia scabriuscula* (Serville)

413. 达蛱蠼 *Forficula davidi* Burr

414. 中华蛱蠼 *Forficula sinica* Bey-Bienko

415. 乔蛱蠼 *Timomenus oannes* (Burr)

Ⅰ-15. 脉翅目 Neuroptera

八十七、 粉蛉科 Coniopterygidae

416. 广重粉蛉 *Semidalis aleyrodiformis* (Stephens)

八十八、 褐蛉科 Hemerobiidae

417. 点线脉褐蛉 *Micromus multipunctatus* Matsumura

418. 多支脉褐蛉 *Micromus ramosus* Mavas

419. 梯阶脉褐蛉 *Micromus timidus* Hagen

八十九、 草蛉科 Chrysopidae

420. 平大草蛉 *Chrysopa flata* Yang

421. 丽草蛉 *Chrysopa formosa* Brauer

422. 大草蛉 *Chrysopa septempunctata* Wesmael

423. 普通草蛉 *Chrysoperla carnea* (Stephens)

424. 中华通草蛉 *Chrysoperla sinica* (Tjeder)

425. 赵氏叉草蛉 *Dichochrysa chaoi* Yang

426. 弯突意草蛉 *Italochrysa conflexa* Yang et Wang

427. 日意草蛉 *Italochrysa japonica* (MacLachlan)

428. 亚非玛草蛉 *Mallada boninensis* (Okamoto)

九十、螳蛉科 Mantispidae

429. 黄背东螳蛉 *Orientispa xuthoraca* Yang

九十一、 蝶角蛉科 Ascalaphidae

430. 锯角蝶角蛉 *Acheron trux* (Walker)

431. 黄脊蝶角蛉 *Hybris subjacens* (Walker)

Ⅰ-16. 广翅目 Megaloptera

九十二、 齿蛉科 Corydalidae

432. 单斑巨齿蛉 *Acanthacorydalis unimaculata* Yang et Yang

433. 污翅斑鱼蛉 *Neochauliodes fraternus* MacLachlan

434. 中华斑鱼蛉 *Neochauliodes sinensis* (Walker)

435. 普通齿蛉 *Neoneuromus ignobilis* Navás

436. 花边星齿蛉 *Protohermes costalis* (Walker)

Ⅰ-17. 捻翅目 Strepsiptera

九十三、 跗蝙科 Elenchidae

437. 稻飞跗蝙 *Elenchus japonicus* (Esaki et Hashimoto)

Ⅰ-18. 蜻蜓目 Odonata

九十四、 色蟌科 Agriidae

438. 黑顶色蟌 *Calopteryx melli* Ris

439. 褐单脉色蟌 *Matrona basilaris* Selys

440. 烟翅绿色蟌 *Mnais mneme* Ris

441. 透翅绿色蟌 *Mnais tenuis* Oquma

442. 黑角细色蟌 *Vestalis smaragdina* Selys

443. 褐色细色蟌 *Vestalis velata* Ris

九十五、 鼻蟌科 Chlorocyphidae

444. 三斑鼻蟌 *Rhinocypha perforata perforata* (Percheron)

九十六、 丝蟌科 Lestidae

445. 舟尾丝蟌 *Lestes praemorsa* Selys

九十七、 优蟌科 Euphaeidae

446. 褐翅黑优蟌 *Euphaea opaca* Selys

九十八、 溪蟌科 Epallagidae

447. 紫闪溪蟌 *Caliphaea consimilis* Mclachlan

448. 大溪蟌 *Philoganga vetusta* Ris

九十九、 扇蟌科 Platycnemididae

449. 黄纹长腹扇蟌 *Cocliccia cyanomelas* Ris

450. 白狭扇蟌 *Copera ciliata* Selys

451. 黄狭扇蟌 *Copera marginipes* Rambur

452. 白扇蟌 *Platycnemis foliacea* Selys

一百、蟌科 Coenagrionidae

453. 蓝尾狭翅蟌 *Aciagrion olympicum* Laidlaw

454. 圆尾黄蟌 *Ceriagrion coromandelianum* Fabricius

455. 截尾黄蟌 *Ceriagrion erubescens* Selys

456. 长尾黄蟌 *Ceriagrion fallax* Ris

一百〇一、 春蜓科 Gomphidae

457. 溪居缅春蜓 *Burmagomphus intinctus* (Needham)

458. 深山闽春蜓 *Fukienogomphus prometheus* (Lieftinck)

459. 角突春蜓 *Gomphus cuneatus* Needham

460. 扭尾曦春蜓 *Heliogomphus retroflexus* (Ris)

461. 独角曦春蜓 *Heliogomphus scorpio* (Ris)

462. 小团扇春蜓 *Ictinogomphus rapax* (Rambur)

463. 凶猛春蜓 *Labrogomphus torvus* Needham

464. 双峰弯尾春蜓 *Melligomphus ardens* (Needham)

465. 帕维长足春蜓 *Merogomphus paviei* Martin

466. 光钩尾春蜓 *Onychogomphus ardens* Needham

467. 华钩尾春蜓 *Onychogomphus sinicus* Chao

468. 中华长钩春蜓 *Ophiogomphus sinicus* (Chao)

469. 大团扇春蜓 *Sinictinogomphus clavatus* (Fabricius)

470. 黄角扩腹春蜓 *Stylurus flavicornis* (Needham)

471. 净棘尾春蜓 *Trigomphus citimus* Needham

一百〇二、 蜓科 Aeschnidae

472. 宽痣头蜓 *Cephalaeschna acutifrons* Martin

一百〇三、 大蜓科 Cordulegasteridae

473. 巨圆臀大蜓 *Anotogaster sieboldii* Selys

一百〇四、 蜻科 Libellulidae

474. 锥腹蜻 *Acisoma panorpoides* (Ranbur)

475. 黄翅蜻 *Brachythemis contaminata* Fabricius

476. 红蜻 *Crocothemis servilia* Drury

477. 闪绿宽腹蜻 *Lyriothemis pachygastra* Selys

478. 截斑脉蜻 *Neurothemis tullia* (Drury)

479. 白尾灰蜻 *Orthetrum albistylumspeciosum* Selys

480. 黑尾灰蜻 *Orthetrum glaucum* Brauer

481. 褐肩灰蜻 *Orthetrum japonicum internum* McLachlan

482. 吕宋灰蜻 *Orthetrum luzonicum* Brauer

483. 狭腹灰蜻 *Orthetrum sabina* Drury

484. 白腰灰蜻 *Orthetrum triangulare* (Selys)

485. 六斑曲缘蜻 *Palpopleura sex-maculata* Fabricius

486. 黄蜻 *Pantala flavescens* Fabricius

487. 竖眉赤蜻 *Sympetrum eroticumardens* Mclachlan

488. 褐顶赤蜻 *Sympetrum infuscatum* Selys

489. 晓褐蜻 *Trithemis aurora* (Burmeister)

Ⅰ-19. 襀翅目 Plecoptera

一百〇五、襀科 Perlidae

490. 双突叉突襀 *Furcaperla bifurcata* (Wu)

491. 白尾扣襀 *Kiotina albopila* (Wu)

492. 黄色扣襀 *Kiotina bicocellata* (Chu)

493. 巨斑纯襀 *Paragnetina pieli* Navás

494. 长形襟襀 *Togoperla perpicta* Klapálek

一百〇六、卷襀科 Leuctridae

495. 东方拟卷襀 *Paraleuctra orientalis* (Chu)

一百〇七、叉襀科 Nemouridae

496. 叉刺倍叉襀 *Amphinemoura furcospinata* (Wu)

497. 有棘倍叉襀 *Amphinemoura spinata* (Wu)

Ⅰ-20. 鳞翅目 Lepidoptera

一百〇八、凤蝶科 Papilionidae

498. 宽尾凤蝶 *Agehana elwesi* (Leech)

499. 麝凤蝶 *Byasa alcinous* (Klug)

500. 长尾麝凤蝶 *Byasa lmpediens* (Rothschild)

501. 灰绒麝凤蝶 *Byasa mencius* (Felder et Felder)

502. 宽带青凤蝶 *Graphium cloanthus* (Westwood)

503. 木兰青凤蝶 *Graphium doson* (Felder et Felder)

504. 青凤蝶 *Graphium sarpedon* (Linnaeus)

505. 红珠凤蝶 *Pachliopta aristolochiae* (Fabricius)

506. 碧凤蝶 *Papilio bianor* Cramer

507. 达摩凤蝶 *Papilio demoleus* Linnaeus

508. 玉斑凤蝶 *Papiliohelenus* Linnaeus

509. 金凤蝶 *Papilio machaon* Linnaeus

510. 美凤蝶 *Papilio memnon* Linnaeus

511. 巴黎翠凤蝶 *Papilio paris* Linnaeus

512. 翠凤蝶 *Papilio polyctor* Boisduval

513. 玉带凤蝶 *Papilio polytes* Linnaeus

514. 蓝凤蝶 *Papilio protenor* Cramer

515. 柑桔凤蝶 *Papilio xuthus* Linnaeus

516. 华夏剑凤蝶 *Pazala mandarina* (Oberthur)

517. 丝带凤蝶 *Sericinus montelus* Gray

518. 金裳凤蝶 *Troides aeacus* (Felder et Felder)

一百〇九、 粉蝶科 **Pieridae**

519. 兰姬尖粉蝶 *Appias lalage* (Doubleday)，福建新纪录

520. 斑缘豆粉蝶 *Colias erate* (Esper)

521. 艳妇斑粉蝶 *Delias belladonna* (Fabricius)

522. 黑角方粉蝶 *Dercas lycorias* (Doubleday)

523. 檗黄粉蝶 *Eurema blanda* (Boisduval)

524. 宽边黄粉蝶 *Eurema hecabe* (Linnaeus)

525. 尖角黄粉蝶 *Eurema laeta* (Boisduval)

526. 圆翅钩粉蝶 *Gonepteryx amintha* Blanchard

527. 钩粉蝶 *Gonepteryx rhamni* (Linnaeus)

528. 橙粉蝶 *Ixias pyrene* (Linnaeus)

529. 东方菜粉蝶 *Pieris canidia* (Sparrman)

530. 黑脉粉蝶 *Pieris melete* Ménétriès

531. 菜粉蝶 *Pieris rapae* (Linnaeus)

532. 飞龙粉蝶 *Talbotia naganum* (Moore)

一百一十、 斑蝶科 **Danaidae**

533. 凤眼方环蝶 *Discophora sondaica* Boisduval

534. 灰翅串珠环蝶 *Faunis aerope* (Leech)

535. 拟旖斑蝶 *Ideopsis similis* (Linnaeus)

一百一十一、 环蝶科 **Amathusiidae**

536. 纹环蝶 *Aemona amathusia* Hewitson

537. 箭环蝶 *Stichophthalma howqua* (Westwood)

538. 双星箭环蝶 *Stichophthalma neumogeni* Leech

一百一十二、 眼蝶科 **Satyridae**

539. 带眼蝶 *Chonala episcopalis* (Oberthür)

540. 曲纹黛眼蝶 *Lethe chandica* Moore

541. 白带黛眼蝶 *Lethe confusa* (Aurivillius)

542. 长纹黛眼蝶 *Lethe europa* Fabricius

543. 波纹黛眼蝶 *Lethe rohria* Fabricius

544. 连纹黛眼蝶 *Lethe syrcis* (Hewitson)

545. 蓝斑丽眼蝶 *Mandarinia regalis* (Leech)

546. 暮眼蝶 *Melanitis leda* (Linnaeus)

547. 拟稻眉眼蝶 *Mycalesis francisca* (Stoll)

548. 稻眉眼蝶 *Mycalesis gotama* Moore

549. 密纱眉眼蝶 *Mycalesis misenus* de Niceville

550. 平顶眉眼蝶 *Mycalesis panthaka* Fruhstorfer

551. 布莱荫眼蝶 *Neope bremeri* (Felder)

552. 蒙链荫眼蝶 *Neope muirheadii* (Felder)

553. 黄斑荫眼蝶 *Neope pulaha* Moore

554. 古眼蝶 *Palaeonympha opalina* Butler

555. 白斑眼蝶 *Penthema adelma* (Felder)

556. 矍眼蝶 *Ypthima balda* (Fabricius)

557. 中华矍眼蝶 *Ypthima chinensis* Leech

558. 密纹矍眼蝶 *Ypthima multistriata* Butler

一百一十三、 蛱蝶科 Nymphalidae

559. 姻蛱蝶 *Abrota ganga* Moore

560. 斐豹蛱蝶 *Argyreus hyperbius* (Linnaeus)

561. 老豹蛱蝶 *Argyronome laodice* (Pallas)

562. 珠履带蛱蝶 *Athyma asura* Moore

563. 双色带蛱蝶 *Athyma cama* Moore

564. 玉杵带蛱蝶 *Athyma jina* Moore

565. 虬眉带蛱蝶 *Athyma opalina* (Kollar)

566. 六点带蛱蝶 *Athyma punctata* Leech

567. 新月带蛱蝶 *Athyma selenophora* (Kollar)

568. 孤斑带蛱蝶 *Athyma zeroca* Moore

569. 白带螯蛱蝶 *Charaxes bernardus* (Fabricius)

570. 粟铠蛱蝶 *Chitoria subcaerulea* (Leech)

571. 网丝蛱蝶 *Cyrestis thyodamas* Boisduval

572. 青豹蛱蝶 *Damora sagana* (Doubleday)

573. 电蛱蝶 *Dichorragia nesimachus* (Boisduval)

574. 黄铜翠蛱蝶 *Euthalia nara* Moore

575. 绿裙边翠蛱蝶 *Euthalia niepelti* Strand

576. 珀翠蛱蝶 *Euthalia pratti* Leech

577. 捻带翠蛱蝶 *Euthalia strephon* Grose-Smith

578. 西藏翠蛱蝶 *Euthalia thibetana* (Poujade)

579. 银白蛱蝶 *Helcyra subalba* (Poujade)

580. 傲白蛱蝶 *Helcyra superba* Leech

581. 黑脉蛱蝶 *Hestina assimilis* (Linnaeus)

582. 美眼蛱蝶 *Junonia almana* (Linnaeus)

583. 翠蓝眼蛱蝶 *Junonia orithya* (Linnaeus)

584. 枯叶蛱蝶 *Kallima inachus* Doubleday

585. 琉璃蛱蝶 *Kaniska canace* (Linnaeus)

586. 扬眉线蛱蝶 *Limenitis helmanni* Lederer

587. 残锷线蛱蝶 *Limenitis sulpitia* (Cramer)

588. 断锷线蛱蝶 *Limenitis* sp.(nom. inc)

589. 迷蛱蝶 *Mimathyma chevana* (Moore)

590. 重环蛱蝶 *Neptis alwina* (Bremer et Grey)

591. 阿环蛱蝶 *Neptis ananta* Moore

592. 矛环蛱蝶 *Neptis armandia* (Oberthür)

593. 珂环蛱蝶 *Neptis clinia* Moore

594. 中环蛱蝶 *Neptis hylas* (Linnaeus)

595. 弥环蛱蝶 *Neptis miah* Moore

596. 链环蛱蝶 *Neptis pryeri* Butler

597. 断环蛱蝶 *Neptis sankara* (Kollar)

598. 小环蛱蝶 *Neptis sappho* (Pallas)

599. 娑环蛱蝶 *Neptis soma* Moore

600. 白钩蛱蝶 *Polygonia c-album* (Linnaeus)

601. 黄钩蛱蝶 *Polygonia c-aureum* (Linnaeus)

602. 二尾蛱蝶 *Polyura narcaea* (Hewitson)

603. 忘忧尾蛱蝶 *Polyura nepenthes* (Grose-Smith)

604. 帅蛱蝶 *Sephisa chandra* (Moore)

605. 黄帅蛱蝶 *Sephisa princeps* (Fixsen)

606. 素饰蛱蝶 *Stibochiona nicea* (Gray)

607. 白裳猫蛱蝶 *Timelaea albescens* (Oberthür)

608. 小红蛱蝶 *Vanessa cardui* (Linnaeus)

609. 大红蛱蝶 *Vanessa indica* (Herbst)

一百一十四、 珍蝶科 Acraeidae

610. 苎麻珍蝶 *Acraea issoria* (Hübner)

一百一十五、 蚬蝶科 Riodinidae

611. 蛇目褐蚬蝶 *Abisara echerius* (Stoll)

612. 黄带褐蚬蝶 *Abisara fylla* (Westwood)

613. 白带褐蚬蝶 *Abisara fylloides* (Moore)

614. 长尾褐蚬蝶 *Abisara neophron* (Hewitson)

615. 斜带缺尾蚬蝶 *Dodona ouida* Moore

616. 白蚬蝶 *Stiboges nymphidia* Butler

617. 波蚬蝶 *Zemeros flegyas* (Cramer)

一百一十六、 灰蝶科 Lycaenidae

618. 东北梳灰蝶 *Ahlbergia frivaldszkyi* (Lederer)

619. Y 灰蝶 *Amblopala avidiena* (Hewitson)

620. 百娆灰蝶 *Arhopala bazala* (Hewitson)

621. 绿灰蝶 *Artipe eryx* (Linnaeus)

622. 三尾灰蝶 *Catapaecilma major* (Deuce)

623. 琉璃灰蝶 *Celastrina argiola* (Linnaeus)

624. 尖翅银灰蝶 *Curetis acuta* Moore

625. 棕灰蝶 *Euchrysops cnejus* (Fabricius)

626. 蓝灰蝶 *Everes argiades* (Pallas)

627. 浓紫彩灰蝶 *Heliophorus ila* (de Niceville)

628. 亮灰蝶 *Lampides boeticus* (Linnaeus)

629. 黑丸灰蝶 *Pithecops corvus* Fruhstorfer

630. 酢浆灰蝶 *Pseudozizeeria maha* (Kollar)

631. 蓝燕灰蝶 *Rapala caerulea* (Bremer et Grey)

632. 霓纱燕灰蝶 *Rapala nissa* (Kollar)

633. 珞灰蝶 *Scolitantides orion* (Pallas)

634. 山灰蝶 *Shijimia moorei* (Leech)，福建新纪录

635. 生灰蝶 *Sinthusa chandrana* (Moore)

636. 银线灰蝶 *Spindasis lohita* (Horsfield)

637. 豆粒银线灰蝶 *Spindasis syama* (Horsfield)

638. 蚜灰蝶 *Taraka hamada* (Druce)

639. 点玄灰蝶 *Tongeia filicaudis* (Pryer)

640. 白斑妩灰蝶 *Udara albocaerulea* (Moore)

一百一十七、 弄蝶科 Hesperiidae

641. 黄斑弄蝶 *Ampittia dioscorides* (Fabricius)

642. 小黄斑弄蝶 *Ampittia nana* (Leech)

643. 腌翅弄蝶 *Astictopterus jama* (Felder et Felder)

644. 大伞弄蝶 *Bibasis miracula* Evans

645. 斑星弄蝶 *Celaenorrhinus maculosus* (Felder et Felder)

646. 绿弄蝶 *Choaspes benjaminii* (Guérin-Meneville)

647. 黑弄蝶 *Daimio tethys* (Ménétriès)

648. 黄斑蕉弄蝶 *Erionota torus* Evans

649. 独子酣弄蝶 *Halpe homolea* (Hewitson)

650. 曲纹袖弄蝶 *Notocrypta curvifascia* (Felder et Felder)

651. 幺纹稻弄蝶 *Parnara bada* (Moore)

652. 曲纹稻弄蝶 *Parnara ganga* Evans

653. 直纹稻弄蝶 *Parnara guttata* (Bremer et Grey)

654. 南亚谷弄蝶 *Pelopidas agna* (Moore)

655. 隐纹谷弄蝶 *Pelopidas mathias* (Fabricius)

656. 中华谷弄蝶 *Pelopidas sinensis* (Mabille)

657. 盒纹孔弄蝶 *Polytremis theca* (Evans)

658. 刺纹孔弄蝶 *Polytremis zina* (Evans)

659. 黄襟弄蝶 *Pseudocoladenia dan* (Fabricius)

660. 红翅长标弄蝶 *Telicota ancilla* Herrich-Schaffer

661. 花裙陀弄蝶 *Thoressa submacula* (Leech)

662. 姜弄蝶 *Udaspes folus* (Cramer)

一百一十八、 木蠹蛾科 Cossidae

663. 芦苇蠹蛾 *Phragmataecia castaneae* (Hübner)

664. 咖啡豹囊蛾 *Zeuzera coffeae* Nietner

一百一十九、 透翅蛾科 Sesiidae

665. 猕猴桃准透翅蛾 *Paranthrene actinidiae* Yang et Wang

一百二十、 潜蛾科 Lyonetiidae

666. 甘薯潜蛾 *Bedellia gomnulentella* (Zeller)

一百二十一、 叶潜蛾科 Phyllocnistidae

667. 柑桔叶潜蛾 *Phyllocnistis citrella* Stainton

一百二十二、 菜蛾科 Plutellidae

668. 黄菜蛾 *Cerostoma blandella* Christoph

669. 菜蛾 *Plutella xylostella* (Linnaeus)

一百二十三、 卷蛾科 Tortricidae

670. 棉褐带卷蛾 *Adoxophyes orana* (Fischer v. Röslerstamm)

671. 柑桔黄卷蛾 *Archips seminubilis* (Meyrick)

672. 梨小食心虫 *Grapholitha molesta* (Busck)

673. 柳杉长卷蛾 *Homona issiki* Yasuda

674. 杉梢花翅小卷蛾 *Lobesia cunninghamiacola* (Liu et Bai)

675. 马尾松梢小卷蛾 *Rhyacionia dativa* Heinrich

一百二十四、 谷蛾科 Tineidae

676. 谷蛾 *Nemapogon granella* (Linnaeus)

677. 热带烟草蛾 *Setomorpha rutella* Zeller

678. 灰褐谷蛾 *Tinea metonella* Pierce et Metcalfe

679. 四点谷蛾 *Tinea tugurialis* Meyrick

一百二十五、 举肢蛾科 Heliodinidae

680. 柿子举肢蛾 *Kakivoria flavofasciata* Nagano

一百二十六、　尖蛾科 Cosmopterigidae

681. 茶梢尖蛾 *Parametriptes theae* Kuznetzov

一百二十七、　麦蛾科 Gelechiidae

682. 甘薯阳麦蛾 *Helcystogramma triannulella* (Herrich-Schäffer)

683. 红铃麦蛾 *Pectinophora gossypiella* (Saunders)

684. 马铃薯茎麦蛾 *Phthorimaea operculella* (Zeller)

685. 麦蛾 *Sitotroga cerealella* (Olivier)

一百二十八、　木蛾科 Xyloryctidae

686. 茶灰木蛾 *Synchalara rhombata* Meyrick

一百二十九、　羽蛾科 Pterophoridae

687. 甘薯羽蛾 *Emmelina monodactyla* (Linnaeus)

一百三十、　螟蛾科　Pyralidae

688. 小蜡螟 *Achroia grisella* (Fabricius)

689. 地中海斑螟 *Anagastra kuehniella* (Zeller)

690. 茶须野螟 *Analthes semitritalis* Lederer

691. 日本巢草螟 *Ancylolomia japonica* Zeller

692. 褐边螟 *Catagela adjunella* Walker

693. 二点螟 *Chilo infuscatellus* Smellen

694. 二化螟 *Chilo suppressalis* (Walker)

695. 稻纵卷叶野螟 *Cnaphalocrocis medinalis* (Guenée)

696. 竹织叶野螟 *Coclebotys coclesalis* (Walker)

697. 桃蛀野螟 *Conogethes punctiferalis* (Guenée)

698. 米螟 *Corcyra cephalonica* (Stainton)

699. 瓜绢野螟 *Diaphania indica* (Saunder)

700. 黄杨绢野螟 *Diaphania perspectalis* (Walker)

701. 梨斑螟 *Ectomylois pyrivorella* (Matsumura)

702. 豆荚斑螟 *Etiella zinckenella* (Trietschke)

703. 大蜡螟 *Galleria mellonella* (Linnaeus)

704. 菜心野螟 *Hellula undalis* (Fabricius)

705. 水稻切叶野螟 *Herpetogramma licarsisalis* (Walker)

706. 豆荚野螟 *Maruca testulalis* (Geyer)

707. 黑点蚀叶野螟 *Nacoleia commixta* (Butler)

708. 褐萍水螟 *Nymphula responsalis* (Walker)

709. 盐肤木瘤丛螟 *Orthaga euadrusalis* Walker

710. 亚洲玉米螟 *Ostrinia furnacalis* (Guenée)

711. 黄环绢须野螟 *Palpita annulata* (Fabricius)

712. 稻筒水螟 *Parapoynx fluctuosalis* (Zeller)

713. 枇杷卷叶野螟 *Pleuroptya balteata* (Fabricius)

714. 油桐纹野螟 *Polygrammodes sabelialis* (Guenée)

715. 三化螟 *Scirpophaga incertulas* (Walker)

716. 纯白禾螟 *Scirpophaga praelata* (Scopoli)

717. 枯叶螟 *Tamraca torridalis* (Lederer)

一百三十一、　斑蛾科 Zygaenidae

718. 黑带薄翅斑蛾 *Agalope formosana* Matsumura，福建新纪录

719. 黄纹旭锦斑蛾 *Campylotes pratti* Leech

720. 茶柄脉锦斑蛾 *Eterusia aedea* (Clerck)

一百三十二、 蓑蛾科 Psychidae

721. 丝脉蓑蛾 *Amatissa snelleni* Heylaerts

722. 白囊蓑蛾 *Chalioides kondonis* Matsumura

723. 茶蓑蛾 *Clania minuscula* Butler

724. 大蓑蛾 *Clania variegata* Suellen

725. 黛蓑蛾 *Dappula tertia* Templeton

726. 褐蓑蛾 *Mahasena colona* Sonan

一百三十三、 刺蛾科 Eucleidae

727. 白痣姹刺蛾 *Chalcocelis albiguttata* (Snellen)

728. 黄刺蛾 *Cnidocampa flavescens* (Walker)

729. 漪刺蛾 *Iraga rugosa* (Wileman)

730. 双齿绿刺蛾 *Latoia hilarata* Staudinger

731. 波眉刺蛾 *Narosa corusca* Wileman

732. 白眉刺蛾 *Narosa edoensis* Kawada

733. 纵带球须刺蛾 *Scopelodes contracta* Walker

734. 桑褐刺蛾 *Setora postornata* (Hampson)

735. 素刺蛾 *Susica pallida* Walker

736. 扁刺蛾 *Thosea sinensis* (Walker)

一百三十四、 钩蛾科 Drepanidae

737. 交让木钩蛾 *Oreta insignis* Butler

738. 华夏山钩蛾 *Oretapavaca sinensis* Watson

一百三十五、 凤蛾科 Epicopeiidae

739. 蚬蝶凤蛾 *Psychostrophia nymphidiaria* (Oberthur)，福建新纪录

一百三十六、 蚕蛾科 Bombycidae

740. 三线茶蚕蛾 *Andraca bipunctata* Walker

741. 家蚕蛾 *Bomhyx mori* Linnaeus

742. 野蚕蛾 *Theophila mandarina* Moore

一百三十七、 大蚕蛾科 Saturniidae

743. 长尾大蚕蛾 *Actias dubernardi* Oberthür

744. 黄尾大蚕蛾 *Actias heterogyna* Mell

745. 绿尾大蚕蛾 *Actias seleneningpoana* Felder

746. 柞蚕蛾 *Antheraea pernyi* Gnérin-Méneville

747. 银杏大蚕蛾 *Dictyoploca japonica* Moore

748. 樟蚕蛾 *Eriogyna pyretorum* (Westwood)

749. 豹大蚕蛾 *Loepa oberth*üri Leech

750. 蓖麻蚕蛾 *Philosamia cynthiaricina* Donovan

751. 樗蚕蛾 *Philosamia cynthia* Walker et Feider

一百三十八、 箩纹蛾科 Brahmaeidae

752. 日球箩纹蛾 *Brahmophthalma japonica* (Butler)

753. 枯球箩纹蛾 *Brahmophthalma wallichii* (Gray)

一百三十九、 天蛾科 Sphingidae

754. 面形天蛾 *Acherontia lachesis* (Fabricius)

755. 葡萄天蛾 *Ampelophaga rubiginosa rubiginosa* Bremer et Grey

756. 咖啡透翅天蛾 *Cephonodes hylas* (Linnaeus)

757. 豆天蛾 *Clanis bilineatatsingtauica* Mell

758. 洋槐天蛾 *Clanis deucalion* (Walker)

759. 芒果天蛾 *Compsogene panopus* (Cramer)

760. 绒星天蛾 *Dolbina tancrei* Staudinger

761. 旋花天蛾 *Herse convolvuli* (Linnaeus)

762. 黑长喙天蛾 *Macroglossum pyrrhosticta* (Butler)

763. 梨六点天蛾 *Marumba gaschkewitschi complacens* Walker

764. 桃六点天蛾 *Marumba gaschkewitschi gaschkewitschi* (Bremer et Grey)

765. 枇杷六点天蛾 *Marumba spectabilis* Butler

766. 栎鹰翅天蛾 *Oxyambulyx liturata* (Butler)

767. 鹰翅天蛾 *Oxyambulyx ochracea* (Butler)

768. 构月天蛾 *Parum colligata* (Walker)

769. 红天蛾 *Pergesa elpenorlewisi* (Butler)

770. 梧桐霜天蛾 *Psilogramma menephron* (Cramer)

771. 蒙绒天蛾 *Rhagastis mongoliana mongoliana* (Butler)

772. 蓝目天蛾 *Smerimthus planusplanus* (Walker)

773. 斜纹天蛾 *Theretra clotho clotho* (Drury)

774. 日斜纹天蛾 *Theretra japonica* (Orza)

775. 青背斜纹天蛾 *Theretra nessus* (Drury)

776. 单线斜纹天蛾 *Theretra pinastrina pinastrina* (Martyn)

一百四十、尺蛾科 Geometridae

777. 黄星尺蛾 *Arichanna melanaria fraterna* (Butler)

778. 大造桥虫 *Ascotis selenaria* (Denis et Schaffmuller)

779. 焦边尺蛾 *Bizia aexaria* Walker

780. 油桐尺蠖 *Buzura suppresaria* (Guenée)

781. 瑞霜尺蛾 *Cleora repulsaria* (Walker)

782. 小茶尺蛾 *Ectropis obliqua* Prout

783. 柑桔尺蛾 *Menophra subplagiata* Walker

784. 女贞尺蛾 *Naxa seriaria* (Motschulsky)

785. 枯斑翠尺蛾 *Ochrognesia difficta* (Walker)

786. 绿花尺蛾 *Pseudeuchlora kafebera* Swinhow

787. 台湾镰翅绿尺蛾 *Tanaorhinus formosanus* Okano，福建新纪录

788. 樟翠尺蛾 *Thalassodes quadraria* Guenée

一百四十一、　舟蛾科 Notodontidae

789. 竹篦舟蛾 *Besaia goddrica* (Schaus)

790. 柳二尾舟蛾 *Cerura menciana* Moore

791. 黑蕊尾舟蛾 *Dudusa sphingiformis* Moore

792. 栎纷舟蛾 *Fentonia ocypete* (Bremer)

793. 钩翅舟蛾 *Gangarides dharma* Moore

794. 竹缕舟蛾 *Loudonda dispar* (Kiriakoff)

795. 梭舟蛾 *Netria viridescens* Walker

796. 浅黄箩舟蛾 *Norraca decurrens* (Moore)

797. 榆掌舟蛾 *Phalera fuscescens* Butler

798. 豹舟蛾 *Poncetia albistriga* (Moore)

799. 点舟蛾 *Stigmatophorina hammamelis* Mell

一百四十二、 灯蛾科 Arctiidae

800. 绣苔蛾 *Asuridia carnipicta* (Butler)

801. 黑条灰灯蛾 *Creatonotus gangis* (Linnaeus)

802. 八点灰灯蛾 *Creatonotus transiens* (Walker)

803. 优雪苔蛾 *Cyana hamata*(Walker)

804. 棕背土苔蛾 *Eilemafuscodorsalis* (Matsumura)

805. 粤望灯蛾 *Lemyra kuangtungenesis* (Daniel)

806. 异美苔蛾 *Miltochrista aberrans* Butler

807. 俏美苔蛾 *Miltochrista convexa* Wileman

808. 东方美苔蛾 *Miltochrista orientalis* Daniel

809. 黄边美苔蛾 *Miltochrista pallida* (Bremer)

810. 优美苔蛾 *Miltochrista striata* (Bremer et Grey)

811. 之美苔蛾 *Miltochrista ziczac* (Walker)

812. 泥苔蛾 *Pelosia muscerda* (Hüfnagel)

813. 尘污灯蛾 *Spilarctia obliqua* (Walker)

814. 长斑苏苔蛾 *Thysanoptyx tetragona* (Walker)

一百四十三、 鹿蛾科 Ctenuchidae

815. 广鹿蛾 *Amata emma* (Butler)

816. 蕾鹿蛾 *Amata germana* (Felder)

一百四十四、 夜蛾科 Noctuidae

817. 桃剑纹夜蛾 *Acronicta intermedia* Warren

818. 梨剑纹夜蛾 *Acronicta rumicis* Linnaeus

819. 点疖夜蛾 *Adrapsa notigera* Butler

820. 黄地老虎 *Agrotis segetum* (Denis et Schiffermüller)

821. 大地老虎 *Agrotis tokionis* Butler

822. 小地老虎 *Agrotis ypsilon* (Rottemberg)

823. 小造桥夜蛾 *Anomis flava* (Fabricius)

824. 桥夜蛾 *Anomis mesogona* (Walker)

825. 苎麻夜蛾 *Arcte coerula* (Guenée)

826. 白条夜蛾 *Argyrogramma albostriata* (Bremer et Grey)

827. 朽木夜蛾 *Axylia putris* (Linnaeus)

828. 白线尖须蛾 *Bleptina albolinealis* Leech

829. 齿斑畸夜蛾 *Bocula quadrilineata* (Walker)

830. 散纹夜蛾 *Callopistria juventina* Stoll

831. 红晕散纹夜蛾 *Callopistria repleta* Walker

832. 壶夜蛾 *Calyptra thalictri* (Borkhausen)

833. 细皮夜蛾 *Celepa celtis* Moore

834. 甘薯卷绮夜蛾 *Cretonia vegata* (Swinhoe)

835. 灰歹夜蛾 *Diarsia canescens* (Butler)

836. 玫瑰巾夜蛾 *Dysgonia arctotaenia* (Guenée)

837. 弓巾夜蛾 *Dysgonia arcuata* Moore

838. 霉巾夜蛾 *Dysgonia maturata* (Walker)

839. 肾巾夜蛾 *Dysgonia praetermissa* (Warren)

840. 石榴巾夜蛾 *Dysgonia stuposa* (Fabricius)

841. 鼎点钻夜蛾 *Earias cupreoviridis* (Walker)

842. 粉缘钻夜蛾 *Earias pudicana* Staudinger

843. 白肾夜蛾 *Edessena gentiusalis* Walker

844. 目夜蛾 *Erebus crepuscularis* (Linnaeus)

845. 枯艳叶夜蛾 *Eudocima tyrannus* (Guenée)

846. 十日锦夜蛾 *Euplexia gemmifera* (Walker)

847. 漆尾夜蛾 *Eutelia geyeri* (Felder et Rogenhofer)

848. 霜夜蛾 *Gelastocera exusta* Butler

849. 斜线哈夜蛾 *Hamodes butleri* (Leech)

850. 棉铃虫 *Helicoverpa armigera* (Hübner)

851. 烟实夜蛾 *Helicoverpa assulta* (Guenée)

852. 粉翠夜蛾 *Hylophilodes orientalis* Hampson

853. 鹰夜蛾 *Hypocala deflorata* Fabricius

854. 癞皮夜蛾 *Iscadia inexacta* (Warren)

855. 白点黏夜蛾 *Leucania loreyi* (Duponchel)

856. 淡脉黏夜蛾 *Leucania roseilinea* Walker

857. 曲黏夜蛾 *Leucania sinuosa* Moore

858. 白脉黏夜蛾 *Leucania venalba* Moore

859. 淡银纹夜蛾 *Macdunnoughia purissima* (Butler)

860. 标瑙夜蛾 *Maliattha signifera* (Walker)

861. 甘蓝夜蛾 *Mamestra brassicae* Linnaeus

862. 毛胫夜蛾 *Mocis undata* Fabricius

863. 缤夜蛾 *Moma alpium* Osbeck

864. 稻螟蛉夜蛾 *Naranga aenescens* Moore

865. 黑点疽夜蛾 *Nodaria similis* (Moore)

866. 竹笋禾夜蛾 *Oligia vulgaris* (Butler)

867. 青安钮夜蛾 *Ophiusa tirhaca* (Cramer)

868. 嘴壶夜蛾 *Oraesia emarginata* (Fabricius)

869. 鸟嘴壶夜蛾 *Oraesia excavata* (Butler)

870. 粉条巧夜蛾 *Oruza divisa* (Walker)

871. 佩夜蛾 *Oxyodes scrobiculata* (Fabricius)

872. 黏虫 *Pseudaletia separata* (Walker)

873. 显长角皮夜蛾 *Risoba prominens* Moore

874. 稻蛀茎夜蛾 *Sesamia inferens* (Walker)

875. 甜菜夜蛾 *Spodoptera exigua* Hübner

876. 斜纹夜蛾 *Spodoptera litura* (Fabricius)

877. 褐析夜蛾 *Sypnoides prunosa* (Moore)

878. 纶夜蛾 *Thalatha sinens* Walker

879. 庸肖毛翅夜蛾 *Thyas juno* (Dalman)

880. 掌夜蛾 *Tiracola plagiata* (Walker)

881. 分夜蛾 *Trigonodes hyppasia* (Cramer)

882. 内黄后夜蛾 *Trisuloides entoxantha* (Hampson)

883. 黄后夜蛾 *Trisuloides subflava* Wileman

884. 绿角翅夜蛾 *Tyana falcata* (Walker)

885. 焦条黄夜蛾 *Xanthodes graellsi* (Feisthamel)

886. 犁纹黄夜蛾 *Xanthodes transversa* Guenée

887. 八字地老虎 *Xestia c-nigrum* (Linnaeus)

888. 花夜蛾 *Yepcalphis dilectissima* (Walker)

一百四十五、 毒蛾科 Lymantriidae

889. 茶白毒蛾 *Arctornis alba* (Bremer)

890. 白线肾毒蛾 *Cifuna jankowskii* (Oberthür)

891. 肾毒蛾 *Cifuna locuples* Walker

892. 松茸毒蛾 *Dasychira axutha* Collenette

893. 线茸毒蛾 *Dasychira grotei* Moore

894. 叉带黄毒蛾 *Euproctis angulata* Matsumura

895. 乌桕黄毒蛾 *Euproctis bipunctapex* (Hampson)

896. 闽黄毒蛾 *Euproctis parva* Collenette

897. 茶黄毒蛾 *Euproctis pseudoconspersa* Strand

898. 小黄毒蛾 *Euproctis pterofera* Strand

899. 素毒蛾 *Laelia coenosa* (Hübner)

900. 瑕素毒蛾 *Laelia monoscola* Collenette

901. 络毒蛾 *Lymantria concolor* Walker

902. 枫毒蛾 *Lymantria umbrifera* Wileman

903. 白斜带毒蛾 *Numenes albofascia* Leech

904. 刚竹毒蛾 *Pantana phyllostachysae* Chao

905. 暗竹毒蛾 *Pantana pluto* (Leech)

906. 华竹毒蛾 *Pantana sinica* Moore

907. 黄羽毒蛾 *Pida strigipennis* (Moore)

908. 戟盗毒蛾 *Porthesia kurosawai* Inoue

909. 豆盗毒蛾 *Porthesia piperita* (Oberthür)

910. 双线盗毒蛾 *Porthesia scintillans* (Walker)

911. 盗毒蛾 *Porthesia similis* (Fueszly)

912. 茶点足毒蛾 *Redoa phaeocraspeda* Collenette

913. 杨雪毒蛾 *Stilpnotia candida* Staudinger

914. 带跗雪毒蛾 *Stilpnotia chrysoscela* Collenette

一百四十六、 枯叶蛾科 Lasiocampidae

915. 云南松毛虫 *Dendrolimus houi* Lajonquiére

916. 马尾松毛虫 *Dendrolimuspunctatus* (Walker)

917. 天目松毛虫 *Dendrolimus sericus* Lajonquiére

918. 桔毛虫 *Gastropacha pardale sinensis* Tams

919. 李枯叶蛾 *Gastropacha quercifolia* Linnaeus

920. 黄褐天幕毛虫 *Malacosoma neustriatestacea* Motschulsky

921. 松栎毛虫 *Paralebeda plagifera* Walker

922. 竹黄毛虫 *Philudoria laeta* Walker

Ⅰ-21. 膜翅目 Hymenoptera

一百四十七、 长节叶蜂科 Xyelidae

923. 细角长节叶蜂 *Xyela exilicornis* Maa

924. 中华长节叶蜂 *Xyela sinicola* Maa

一百四十八、 扁叶蜂科 Pamphiliidae

925. 鞭角华扁叶蜂 *Chinolyda flagellicornis* (F. Smith)

926. 王氏扁叶蜂 *Pamphilius wongi* Maa

一百四十九、 蕨叶蜂科 Selandriidae

927. 日本侧齿叶蜂 *Neostromboceros nipponicus* Takeuchi

928. 深裂平缝叶蜂 *Nesoselandria schizovolsella* Wei

929. 中华浅沟叶蜂 *Pseudostromboceros sinensis sinensis* (Forsius)

一百五十、 突瓣叶蜂科 Nematidae

930. 樟叶蜂 *Mesoneura rufonota* Rohwer

931. 中华锉叶蜂 *Pristiphora sinensis* Wong

一百五十一、 叶蜂科 Tenthredinidae

932. 黑唇平背叶蜂 *Allantus luctifer* (Smith)

933. 黑翅菜叶蜂 *Athalia lugensproxima* (Klug)

934. 黑胫残青叶蜂 *Athalia proxima* (Klug)

935. 黄翅菜叶蜂 *Athalia rosaeruficornis* (Jakovler)

936. 横斑丽叶蜂 *Linomorpha flava* (Takeuchi)

937. 樟叶蜂 *Mesoneura rufonota* Rohwer

一百五十二、 蔺叶蜂科 Blennocampidae

938. 台湾真片叶蜂 *Eutomostethus formosanus* Enslin

939. 三色真片叶蜂 *Eutomostethus tricolor* (Malaise)

940. 白唇角瓣叶蜂 *Senoclidea decora* (Konow)

一百五十三、 姬蜂科 Ichneumonidae

941. 螟虫顶姬蜂 *Acropimpla persimilis* (Ashmead)

942. 三化螟沟姬蜂 *Amauromorpha accepta schoenobii* (Viereck)

943. 稻红胸棘腹姬蜂 *Astomaspis metathoracica jacobsoni* (Szepligeti)

944. 夹色奥姬蜂 *Auberteterus alternecoloratus* (Cushman)

945. 负泥虫沟姬蜂 *Bathythrix kuwanae* Viereck

946. 稻纵卷叶螟凹眼姬蜂 *Casiaria simillima* Maheshwary & Gupta

947. 黑足凹眼姬蜂 *Casinaria nigripes* (Gravenhorst)

948. 螟蛉悬茧姬蜂 *Chorops bicolor* (Szepligeti)

949. 短翅悬茧姬蜂 *Chorops brachypterum* (Cameron)

950. 稻纵卷螟黄胸姬蜂 *Chorinaeus facialis* Chao

951. 满点黑瘤姬蜂 *Coccygomimus aethiops* (Curtis)

952. 舞毒蛾黑瘤姬蜂 *Coccygomimus disparis* (Viereck)

953. 野蚕黑瘤姬蜂 *Coccygomimus luctuosus* (Smith)

954. 中华毛圆胸姬蜂 *Colpotrochia pilosa sinensis* Uchida

955. 同心细颚姬蜂 *Enicospilus concentralis* Cushman

956. 单斑细颚姬蜂 *Enicospilus enicospilus* Nikam

957. 细线细颚姬蜂 *Enicospilus lineolatus* (Roman)

958. 黑斑细颚姬蜂 *Enicospilus melanocarpus* Cameron

959. 黑纹细颚姬蜂 *Enicospilus nigropectus* Cameron

960. 白痣细颚姬蜂 *Enicospilus pallidistigma* Cushman

961. 茶毛虫细颚姬蜂 *Enicospilus pseudoconspersae* (Sonan)

962. 大螟钝唇姬蜂 *Eriborus terebranus* (Gravenhorst)

963. 纵卷叶螟钝唇姬蜂 *Eriborus vulgaris* (Morley)

964. 中华密栉姬蜂 *Excavarus sinensis* Mason

965. 横带驼姬蜂 *Goryphus basilaris* Holmgren

966. 花胸姬蜂 *Gotra octocincta* (Ashmead)

967. 松毛虫异足姬蜂 *Heteropelma amictum* (Fabricius)

968. 松毛虫黑胸姬蜂 *Hyposoter takagii* (Matsumura)

969. 黑尾姬蜂 *Ischnojoppa luteator* (Fabricius)

970. 桑蟥聚瘤姬蜂 *Iseropus (Gregopimpla)kuwanae* (Viereck)

971. 螟蛉埃姬蜂 *Itoptectis naranyae* (Ashmead)

972. 中华冠姬蜂 *Kristotomus chinensis* Kasparyan

973. 稻切叶螟细柄姬蜂 *Leptobatopsis indica* (Cameron)

974. 盘背菱室姬蜂 *Mesochorus discitergus* (Say)

975. 斜纹夜蛾盾脸姬蜂 *Metopius rufus browni* (Ashmead)

976. 东方显新模姬蜂 *Neotypus nobilitator orientalis* Uchida

977. 黄带长痣姬蜂 *Sychnostigma flavobalteatum* (Cameron)

978. 黑纹囊爪姬蜂 *Theronia zebra diluta* Gupta

979. 菲岛抱缘姬蜂 *Temelucha philippinensis* Ashmead

980. 稻纵卷叶螟白星姬蜂 *Vulgichneumon diminutus* (Matsumura)

981. 黏虫白星姬蜂 *Vulgichneumon leucaniae* Uchida

982. 棒黑点瘤姬蜂 *Xanthopimpla clavata* Krieger

983. 樗蚕黑点瘤姬蜂 *Xanthopimpla konowi* Krieger

984. 松毛虫黑点瘤姬蜂 *Xanthopimpla pedator* (Fabricius)

985. 广黑点瘤姬蜂 *Xanthopimpla punctata* (Fabricius)

一百五十四、 茧蜂科 Braconidae

986. 脊腹脊茧蜂 *Aleiodes cariniventris* (Enderlein)

987. 异脊茧蜂 *Aleiodes dispar* (Curtis)

988. 松毛虫脊茧蜂 *Aleiodes esenbeckii* (Hartig)

989. 螟蛉脊茧蜂 *Aleiodes narangae* (Rohwer)

990. 纵卷叶螟绒茧蜂 *Apanteles cypris* Nixon

991. 长腿反颚茧蜂 *Aspilota louiseae* Achterberg

992. 丽短须径茧蜂 *Bassus festivus* (Muesebeck)

993. 黄锥齿茧蜂 *Conspinaria flavum* (Enderlein)

994. 螟黄足盘茧蜂 *Cotesia flavipes* (Cameron)

995. 黑角长喙径茧蜂 *Cremnops artricornis* (Smith)

996. 红腹反颚茧蜂 *Dapsilarthra rufiventris* (Nees)

997. 弄蝶长颊茧蜂 *Dolichogenidea baoris* (Wilkson)

998. 茶毛虫长颊茧蜂 *Dolichogenidea lacteicolor* (Viereck)

999. 日本真径茧蜂 *Euagathis japonica* Szepligeti

1000. 多刺真径茧蜂 *Euagathis sentosus* Chen et Yang

1001. 三化螟稻田茧蜂 *Exoryza schoenobii* (Wilkson)

1002. 纵卷叶螟长体茧蜂 *Macrocentrus cnapholocrocis* He et Lou

1003. 长翅卷蛾悬茧蜂 *Meteorus cinctellus* (Spinola)

1004. 黏虫悬茧蜂 *Meteorus gyrator* (Thunberg)

1005. 虹彩悬茧蜂 *Meteorus versicolor* (Wesmael)

1006. 小节反颚茧蜂 *Orthostigma pumilum* (Nees)

1007. 竹长蠹柄腹茧蜂 *Platyspathius dinoderi* Gahan

1008. 斑拟内茧蜂 *Rogasodes masaicus* Chen et He

1009. 斑翅柄腹茧蜂 *Spathius poecilopterus* Chao

1010. 冈田长柄茧蜂 *Streblocera okadai* Watanabe

一百五十五、　蚜茧蜂科 Aphidiidae

1011. 燕麦蚜茧蜂 *Aphidius avenae* Haliday

1012. 烟蚜茧蜂 *Aphidius gifuensis* Ashmead

1013. 广双瘤蚜茧蜂 *Binodoxys communis* (Gahan)

1014. 菜蚜茧蜂 *Diaeretiella rapae* (M'Intosh)

1015. 黑全脉蚜茧蜂 *Ephedrus niger* Gautier, Bonnamour et Gaumont

1016. 麦蚜茧蜂 *Ephedrus plagiator* Nees

1017. 桃蚜茧蜂 *Fovephedrus persicae* (Froggatt)

一百五十六、　小蜂科 Chalcididae

1018. 分脸凹头小蜂 *Antrocephalus dividens* (Walker)

1019. 箱根凹头小蜂 *Antrocephalus hakonensis* (Ashmead)

1020. 黑暗凹头小蜂 *Antrocephalus lugubris* (Masi)

1021. 麦遒凹头小蜂 *Antrocephalus mitys* (Walker)

1022. 鼻突凹头小蜂 *Antrocephalus nasuta* (Holmgren)

1023. 无脊大腿小蜂 *Brachymeria excarinata* Gahan

1024. 粉蝶大腿小蜂 *Brachymeria femorata* (Panzer)

1025. 广大腿小蜂 *Brachymeria lasus* (Walker)

1026. 麻蝇大腿小蜂 *Brachymeria minuta* (Linnaeus)

1027. 红腿大腿小蜂 *Brachymeria podagrica* (Fabricius)

1028. 次生大腿小蜂 *Brachymeria secundaria* (Ruschka)

1029. 黑煤角头小蜂 *Dirhinus anthracia* Walker

1030. 贝克角头小蜂 *Dirhinus bakeri* (Crawford)

1031. 白翅脊柄小蜂 *Epitranus albipennis* Walker

一百五十七、　金小蜂科 Pteromalidae

1032. 圆形赘须金小蜂 *Halticoptera circulus* (Walker)

1033. 凹金小蜂 *Notoglyptus scutellaris* (Dodd et Girault)

1034. 蚜虫楔缘金小蜂 *Pachyneuron aphidis* (Bouche)

1035. 丽楔缘金小蜂 *Pachyneuron formosum* Walker

1036. 蝇蛹俑小蜂 *Spalangia endius* Walker

1037. 沟盾俑小蜂 *Spalangia simplex* Perkins

1038. 矩胸金小蜂 *Syntomopus thoracicus* Walker

一百五十八、　姬小蜂科 Eulophidae

1039. 潜蝇绿姬小蜂 *Chrysocharis pentheus* (Walker)

1040. 稻苞虫缺唇姬小蜂 *Dimmockia secunda* Crawford

1041. 稻苞虫柄腹姬小蜂 *Pediobius mitsukurii* (Ashmead)

1042. 鹿蛾柄腹姬小蜂 *Pediobius pyrgo* (Walker)

1043. 稻纵卷叶螟姬小蜂 *Stenomesius japonicus* (Ashmead)

1044. 蜡蚧啮小蜂 *Tetrastichus ceroplastae* (Girault)

1045. 螟卵啮小蜂 *Tetrastichus schoenobii* Ferriere

一百五十九、　跳小蜂科 Encyrtidae

1046. 软蚧扁角跳小蜂 *Anicetus annulatus* Timberlake

1047. 红帽蜡蚧扁角跳小蜂 *Anicetus ohgushii* Tachikawa

1048. 粉蚧蓝绿跳小蜂 *Clausenia purpurea* Ishii

1049. 双带巨角跳小蜂 *Comperiella bifasciata* Howard

1050. 绵蚧阔柄跳小蜂 *Metaphycus pulvinariae* (Howard)

一百六十、 蚜小蜂科 Aphelinidae

1051. 糠片蚧黄蚜小蜂 *Aphytis hispanicus* (Mercet)

1052. 褐圆蚧纯黄蚜小蜂 *Aphytis holoxanthus* DeBach

1053. 镟盾蚧黄蚜小蜂 *Aphytis unaspidis* Rose et Rosen

1054. 矢尖蚧黄蚜小蜂 *Aphytis yanonensis* DeBach et Rosen

1055. 长蚧花角蚜小蜂 *Azotus chionaspidis* Howard

1056. 双带花角蚜小蜂 *Azotus perspeciosus* (Girault)

1057. 斑翅食蚧蚜小蜂 *Coccophagus ceroplastae* (Howard)

1058. 糠片蚧恩蚜小蜂 *Encarsia inquirenda* (Silvestri)

1059. 日本恩蚜小蜂 *Encarsia japonica* Viggiani

1060. 浅黄恩蚜小蜂 *Encarsia transvena* (Timberlake)

1061. 瘦柄花翅蚜小蜂 *Marietta carnesi* (Howard)

一百六十一、 赤眼蜂科 Trichogrammatidae

1062. 印度毛翅赤眼蜂 *Chaetostricha terebrator* Yousuf & Shafee

1063. 长棒单棒赤眼蜂 *Doirania longiclavata* Yashiro

1064. 叶蝉寡索赤眼蜂 *Oligosita nephotetticum* Mani

1065. 长突寡索赤眼蜂 *Oligosita shibuyae* Ishii

1066. 褐腰赤眼蜂 *Paracentrobia andoi* (Ishii)

1067. 螟黄赤眼蜂 *Trichogramma chilonis* Ishii

1068. 松毛虫赤眼蜂 *Trichogramma dendrolimi* Matsumura

1069. 稻螟赤眼蜂 *Trichogramma japonicum* Ashmead

1070. 玉米螟赤眼蜂 *Trichogramma ostriniae* Pang & Chen

1071. 微突赤眼蜂 *Trichogramma raoi* Nagaraja

一百六十二、 缨小蜂科 Mymaridae

1072. 稻虱缨小蜂 *Anagrus nilaparvatae* Pang & Wang

一百六十三、 瘿蜂科 Cynipidae

1073. 板栗瘿蜂 *Dryocosmus kuriphilus* Yasumatsu

一百六十四、 肿腿蜂科 Bethylidae

1074. 管氏硬皮肿腿蜂 *Scleroderma guani* Ziao et Wu

一百六十五、 螯蜂科 Dryinidae

1075. 黄腿双距螯蜂 *Gonatopus flavifemur* (Esaki et Hashimoto)

1076. 侨双距螯蜂 *Gonatopus hospes* (Perkins)

1077. 稻虱红单节螯蜂 *Haplogonatopus apicalis* Perkins

1078. 黑腹单节螯蜂 *Haplogonatopus oratorius* (Westwood)

一百六十六、 土蜂科 Scoliidae

1079. 白毛长腹土蜂 *Campsomeris annulata* (Fabricius)

1080. 金毛长腹土蜂 *Campsomeris prismatica* (Smith)

一百六十七、 蚁科 Formicidae

1081. 日本弓背蚁 *Camponotus japonicus* Mayr

1082. 东方行军蚁 *Dorylus orientalis* Westwood

1083. 丝光褐林蚁 *Formica fusca* Linnaeus

1084. 中国小黑家蚁 *Monomorium chinensis* Santschi

1085. 小黄家蚁 *Monomorium pharaonis* (Linnaeus)

1086. 大山跳齿蚁 *Odontomachus monticola* Emery

1087. 印大头蚁 *Pheidole indica* Mayr

1088. 柄结大头蚁 *Pheidole nodus* F. Smith

1089. 菱结大头蚁 *Pheidole rhombinoda* Mayr

1090. 双突多刺蚁 *Polyrhachis dives* (F. Smith)

1091. 四刺腹结蚁 *Polyrhachis rastellata* Latreille

1092. 鼎突多刺蚁 *Polyrhachis vicina* Roger

1093. 红蚂蚁 *Tetramorium bicarinatum* (Nylander)

一百六十八、　蜾蠃科 Eumenidae

1094. 黄缘蜾蠃 *Anterhynchium flavomarginatum flavomarginatum* (Smith)

1095. 原野华丽蜾蠃 *Delta campaniforme esuriens* (Fabricius)

1096. 中华唇蜾蠃 *Eumenes labiatus sinicus* Giordani Soika

1097. 孔蜾蠃 *Eumenes punctatus* Saussure

1098. 黑胸蜾蠃 *Orancistrocerus drewseni drewseni* (Saussure)

1099. 黄喙蜾蠃 *Rhynchium quinquecinctum* (Fabricius)

1100. 黑背喙蜾蠃 *Rhynchium tahitense* Saussure

1101. 福直盾蜾蠃 *Stenodynerus frauenfeldi* (Saussure)

一百六十九、　胡蜂科 Vespidae

1102. 黄腰胡蜂 *Vespa affinis* (Linnaeus)

1103. 黑盾胡蜂 *Vespa bicolor bicolor* Fabricius

1104. 金环胡蜂 *Vespa mandarinia mandarinia* Smith

1105. 黑尾胡蜂 *Vespa tropica ducalis* Smith

1106. 墨胸胡蜂 *Vespavelutina nigrithorax* Buysson

一百七十、　铃腹胡蜂科 Ropalidiidae

1107. 带铃腹胡蜂 *Ropalidia fasciata* (Fabricius)

一百七十一、　马蜂科 Polistidae

1108. 角马蜂 *Polistes antennalis* Perez

1109. 中华马蜂 *Polistes chinensis* Fabricius

1110. 台湾马蜂 *Polistes formosanus* Sonan

1111. 棕马蜂 *Polistes gigas* (Kirby)

1112. 亚非马蜂 *Polistes hebraeus* Fabricius

1113. 约马蜂 *Polistes jokahamae* Radoszkowski

1114. 澳门马蜂 *Polistes macaensis* Fabricius

1115. 柑马蜂 *Polistes mandarinus* Saussure

1116. 陆马蜂 *Polistes rothneyi grahami* van der Vecht

1117. 斯马蜂 *Polistes snelleni* Saussure

一百七十二、　泥蜂科 Sphecidae

1118. 鞭角异色泥蜂 *Astata boops* (Schrank)

1119. 黑扁股泥蜂 *Isodontia nigellus* (Smith)

1120. 刻臀小唇泥蜂 *Larra fenchihuensis* Tsuneki

1121. 红股脊小唇泥蜂 *Liris subtessellata* (Smith)

1122. 二齿锯泥蜂 *Prionyx subfuscatus* (Dahlbom)

一百七十三、　隧蜂科 Halictidae

1123. 黄带淡脉隧蜂 *Lasioglossum calceatum* (Scopoli)

1124. 尖肩淡脉隧蜂 *Lasioglossum subopalum* (Smith)

1125. 安棒腹蜂 *Rhopalomelissa yasumatsui* Hirashima

一百七十四、 切叶蜂科 Megachilidae

1126. 黑孔蜂 *Heriades sauteri* Cockerell

1127. 黑刺胫蜂 *Lithurgus atratus* Smith

1128. 净切叶蜂 *Megachile abluta* Cockerell

1129. 平唇切叶蜂 *Megachile conjunctiformis* Yasumatsu

1130. 小突切叶蜂 *Megachile disjuncta* Fabricius

1131. 丘切叶蜂 *Megachile monticola* Smith

1132. 淡翅切叶蜂 *Megachile remota* Smith

1133. 细切叶蜂 *Megachile spissula* Cockerell

1134. 拟蔷薇切叶蜂 *Megachile subtranquilla* Yasumatsu

1135. 达戈切叶蜂 *Megachile takoensis* Cockerell

一百七十五、 蜜蜂科 Apidae

1136. 甜元垫蜂 *Amegilla dulcifera* Cockerell

1137. 绿条无垫蜂 *Amegilla zonata* Linnaeus

1138. 中华蜜蜂 *Apis cerana* Fabricius

1139. 意大利蜂 *Apis mellifera* Linnaeus

1140. 黑足熊蜂 *Bombus atripes* Smith

1141. 短头熊蜂 *Bombusbreviceps* Smith

1142. 萃熊蜂 *Bombus eximius* Smith

1143. 黄熊蜂 *Bombus flavescens* Smith

1144. 三条熊蜂 *Bombus trifasciatus* Smith

1145. 中华回条蜂 *Habropoda sinensis* Alfken

1146. 绿芦蜂 *Pithitis smaragdula* Fabricius

1147. 中国四条蜂 *Tetralonia chinensis* Smith

1148. 黄胸木蜂 *Xylocopa appendiculata* Smith

1149. 竹木蜂 *Xylocopa nasalis* Westwood

1150. 赤足木蜂 *Xylocopa rufipes* Smith

1151. 中华木蜂 *Xylocopa sinensis* Smith

1152. 长木蜂 *Xylocopa tranquabaroum* (Swederus)

Ⅰ-22. 鞘翅目 Coleoptera

一百七十六、 虎甲科 Cicindelidae

1153. 金斑虎甲 *Cicindela aurulenta* Fabricius

1154. 中国虎甲 *Cicindela chinensis* De Geer

1155. 星斑虎甲 *Cicindela kaleea* Bates

一百七十七、 步甲科 Carabidae

1156. 榄细胫步甲 *Agonum elainus* (Bates)

1157. 日本细胫步甲 *Agonum japonicum* Motsch

1158. 尼罗锥须步甲 *Bembidion niloticum* Dej.

1159. 中国丽步甲 *Calleida chinensis* Jedlicka

1160. 中华星步甲 *Calosoma chinense* Kirby

1161. 大星步甲 *Calosoma maximoviczi* Morawitz.

1162. 火步甲 *Carabus* (*Coptolabrus*) *ignimetalla* Bates .

1163. 印度细颈步甲 *Casnoidea indica* Thunb.

1164. 双斑青步甲 *Chlaenius bioculatus* Motsch.

1165. 脊青步甲 *Chlaenius costiger* Cchaudoir

1166. 狭边青步甲 *Chlaenius inops* Chaudoir

1167. 附边青步甲 *Chlaenius prostenus* Bates

1168. 逗斑青步甲 *Chaenius virgulifer* Chand.

1169. 粟小蝼步甲 *Clivina castanea* Westwood

1170. 双斑长颈步甲 *Colliuris bimaculata* (Redteb.)

1171. 黄尾长颈步甲 *Colliuris fuscipennis* (Chaud.)

1172. 台重唇步甲 *Diplocheila zeelandicus* Redtenbacher

1173. 铜绿婪步甲 *Harpalus (Harpalus) chalcentus* Bates

1174. 肖毛婪步甲 *Harpalus jureceki* (Jedlicka)

1175. 中华婪步甲 *Harpalus sinicus* Hope

1176. 三斑大唇步甲 *Macrochilus trimaculatus* Olivief

1177. 侧带彩步甲 *Mastax latefasciata* Liebke

1178. 黄斑小丽步甲 *Microcosmus flavospilus* (Laferte)

1179. 爪哇屁步甲 *Pheropsophus javanus* Dejean

1180. 耶屁步甲 *Pheropsophus jessoensis* Mor.

1181. 广屁步甲 *Pheropsophu soccipitalis* (Macleay)

1182. 宽额步甲 *Platymetopus flavilabris* (Fabricins)

1183. 大宽步甲 *Platynus magnus* (Bates)

1184. 鞘凹宽步甲 *Platynus prostenus* Morawitz

1185. 单齿蝼步甲 *Scarites terricola* Bonelli

1186. 克氏小步甲 *Tachys klapprichi* Jedlicka

一百七十八、 龙虱科 Dytiscidae

1187. 齿缘龙虱 *Eretes sicticus* (Linnaeus)

1188. 东方短褶龙虱 *Guignotus orientalis* (Clark)

1189. 单斑龙虱 *Hydaticus vittatus* (Fabricius)

1190. 中华粒龙虱 *Laccophilus chinensis* Boheman

1191. 圆眼粒龙虱 *Laccophilus difficilis* Sharp

1192. 双线粒龙虱 *Laccophilus sharpi* Regimbart

一百七十九、 豉甲科 Gyrinidae

1193. 东方沟背豉甲 *Gyrinus orientalis* Regimbart

一百八十、 牙甲科 Hydrophilidae

1194. 尖突巨牙甲 *Hydrophilus acuminatus* Motschulsky

1195. 红脊胸牙甲 *Sternolophus rufipes* Fabricius

一百八十一、 隐翅虫科 Staphylinidae

1196. 梭毒隐翅虫 *Paederus fuscipes* Curtis

1197. 塔毒隐翅虫 *Paederus tamulus* Erichson

1198. 黑斑足虎隐翅虫 *Stenus cicindela* Sharp

1199. 宽带虎隐翅虫 *Stenus latefasciatus* Benick

1200. 迈克虎隐翅虫 *Stenu smercator* Sharp

1201. 细虎隐翅虫 *Stenus tenuipes* Sharp

一百八十二、 皮蠹科 Dermestidae

1202. 小圆皮蠹 *Anthrenus verbasci* (Linnaeus)

1203. 黑毛皮蠹 *Attagenus unicolor japonicus* Reitter

1204. 白腹皮蠹 *Dermestes maculatus* de Geer

1205. 赤毛皮蠹 *Dermestes tessellatocollis* Motschulsky

1206. 花斑皮蠹 *Trogoderma variabile* Ballion

一百八十三、　窃蠹科 Anobiidae

1207. 档案窃蠹 *Falsogastrallus sauteri* Pic

1208. 烟草甲 *Lasioderma serricorne* (Fabricius)

1209. 大理窃蠹 *Ptilineurus marmoratus* (Reitter)

1210. 药材甲 *Stegobium paniceum* (Linnaeus)

一百八十四、　露尾甲科 Nitidulidae

1211. 细胫露尾甲 *Carpophilus delkeskampi* Hisamatsu

1212. 酱曲露尾甲 *Carpophilus hemipterus* (Linnaeus)

1213. 隆胸露尾甲 *Carpophilus obsoletus* Erichson

1214. 小露尾甲 *Carpophilus pilocellus* Motschulsky

一百八十五、　郭公虫科 Cleridae

1215. 赤颈郭公虫 *Necrobia ruficollis* (Fabricius)

1216. 赤足郭公虫 *Necrobia rufipes* (Degeer)

1217. 青蓝郭公虫 *Necrobia violacea* (Linnaeus)

1218. 暗褐郭公虫 *Thaneroclerus buquet* Lefebvre

1219. 玉带郭公虫 *Tarsostenus univittatus* (Rossi)

一百八十六、　谷盗科 Ostomidae

1220. 大谷盗 *Tenebroides mauritanicus* (Linnaeus)

一百八十七、　扁谷盗科 Laemophloeidae

1221. 米扁虫 *Ahasverus advena* (Walti)

1222. 长角扁谷盗 *Cryptolestes pusillus* (Schonherr)

1223. 大眼锯谷盗 *Oryzaephilus mercator* Fauvel

1224. 锯谷盗 *Oryzaephilus surinamensis* (Linnaeus)

一百八十八、　豆象科 Bruchidae

1225. 豌豆象 *Bruchus pisorum* Linnaeus

1226. 绿豆象 *Callosobruchus chinensis* (Linnaeus)

一百八十九、　拟步甲科 Tenebrionidae

1227. 黑色朽木甲 *Allecula melanaria* Maklin

1228. 二带粉菌甲 *Alphitophagus bifasciatus* (Say)

1229. 胫污朽木甲 *Borboresthes tibialis* Bochmann

1230. 大圆朽木甲 *Borbostetha maxima* (Pic)

1231. 黑足脊朽木甲 *Cistelina atripes* (Fairmaire)

1232. 粗角脊朽木甲 *Cistelina crassicornis* Borchmann

1233. 阔角谷甲 *Gnathocerus cornutus* (Fabricius)

1234. 革质土甲 *Gonocephalum coriaceum* Motschulsky

1235. 克氏土甲 *Gonocephalum klapperichi* Kaszab

1236. 直角土甲 *Gonocephalum kochi* Kaszab

1237. 长头谷甲 *Latheticus oryzae* Waterhouse.

1238. 毛扁足甲 *Mesomorphus villiger* (Blanchard)

1239. 黄粉甲 *Tenebrio molitor* Linnaeus

1240. 黑粉甲 *Tenebrio obscurus* Fabricius

1241. 赤拟谷甲 *Tribolium castaneum* (Herbst)

1242. 杂拟谷甲 *Tribolium confusum* Jacqulin du Val

一百九十、　伪叶甲科 Lagriidae

1243. 凸纹伪叶甲 *Lagria lameyi* Fairmaire

1244. 黑胸伪叶甲 *Lagria nigricollis* Hope

1245. 中华小垫甲 *Luprops sindnsis* Marseul

一百九十一、　三栉牛科 Trictenotomidae

1246. 三栉牛 *Trictenotoma davidi* Deyrolle

一百九十二、　小蠹科 Scolytidae

1247. 马尾松梢小蠹 *Cryphalus massonianus* Tsai et Li

1248. 阔面材小蠹 *Euwallacea validus* (Eichhoff)

1249. 小咪小蠹 *Hypothenemus etuditus* Westwood

1250. 松瘤小蠹 *Orthotomicus erosus* Wollaston

1251. 杉肤小蠹 *Phloeosinus sinensis* Schedl

1252. 纵坑切梢小蠹 *Tomicus piniperda* Linnaeus

1253. 小粒材小蠹 *Xyleborus saxeseni* Ratzeburg

一百九十三、　长蠹科 Bostrychidae

1254. 竹长蠹 *Dinoderus minutus* (Fabricius)

1255. 谷蠹 *Rhizopertha dominica* (Fabricius)

一百九十四、　粉蠹科 Lyctidae

1256. 褐粉蠹 *Lyctus brunneus* Stephens

1257. 中华粉蠹 *Lyctus sinensis* Lesne

一百九十五、　叩甲科 Elateridae

1258. 细胸锥尾叩甲 *Agriotes subvittatus* Motschulsky

1259. 暗色槽缝叩甲 *Agrypnus musculus* (Cande`ze)

1260. 丽叩甲 *Campsosternus auratus* (Drury)

1261. 巨四叶叩甲 *Tetralobus perroti* Fleutiaux

一百九十六、　吉丁虫科 Buprestidae

1262. 柑桔窄吉丁 *Agrilus auriventris* Saunders

1263. 缠皮窄吉丁 *Agrilus inamoenus* Kerremans

1264. 中华窄吉丁 *Agrilus sinensis* Thomson

1265. 柑橘星吉丁 *Chrysobothris succedanea* Saunders

1266. 林奈纹吉丁 *Coraebus linnei* Obenberger

1267. 赤纹吉丁 *Coraebus sidae* Kerremans

1268. 灰绒角吉丁 *Habroloma formaneki* Obenberger

1269. 蓝翅脊胸吉丁 *Nalanda balthasani* (Obenberger)

1270. 四黄斑吉丁 *Ptosima chinensis* Marseul

1271. 金缘针斑吉丁 *Scintillatrix djingschani* Obenberger

一百九十七、　瓢虫科 Coccinellidae

1272. 二星瓢虫 *Adalia bipunctata* (Linnaeus)

1273. 大豆瓢虫 *Afidenta misera* (Weise)

1274. 细纹裸瓢虫 *Bothrocalvia albolineata* (Gyllenhal)

1275. 四斑裸瓢虫 *Calvia muiri* (Timberlake)

1276. 十五星裸瓢虫 *Calvia quinquedecimguttata* (Fabricius)

1277. 闪蓝红点唇瓢虫 *Chilocorus chalybeatus* Gorham

1278. 细缘唇瓢虫 *Chilocorus circumdatus* (Gyll.)

1279. 闪蓝唇瓢虫 *Chilocorus hauseri* Weise

1280. 红点唇瓢虫 *Chilocorus kuwanae* Silvestri

1281. 七星瓢虫 *Coccinella septempunctata* Linnaeus

1282. 狭臀瓢虫 *Coccinella transversalis* Fabricius

1283. 孟氏隐唇瓢虫 *Cryptolaemus montrouzieri* Mulsant

1284. 变斑隐势瓢虫 *Cryptogonus orbiculus* (Gyllenhal)

1285. 细缘唇瓢虫 *Chilocorus circumdatus* (Gyll.)

1286. 红点唇瓢虫 *Chilocorus kuwanae* Silvestri

1287. 异色瓢虫 *Harmonia axyridis* (Pallas)

1288. 红肩瓢虫 *Harmonia dimidiata* (Fabricius)

1289. 八斑和瓢虫 *Harmonia octomaculata* (Fabricius)

1290. 隐斑瓢虫 *Harmonia yedoensis* (Takizawa)

1291. 茄二十八星瓢虫 *Henosepilachna vigintioctopunctata* (Fabricius)

1292. 双带盘瓢虫 *Lemnia biplagiata* (Swartz)

1293. 十斑盘瓢虫 *Lemnia bissellata* (Mulsant)

1294. 黄斑盘瓢虫 *Lemnia saucia* (Mulsant)

1295. 六斑月瓢虫 *Menochilus sexmaculata* (Fabricius)

1296. 稻红瓢虫 *Micraspis discolor* (Fabricius)

1297. 台湾巧瓢虫 *Oenopia formosana* (Miyatake)

1298. 四斑广盾瓢虫 *Platynaspis maculosa* Weise

1299. 龟纹瓢虫 *Propylea japonica* (Thunberg)

1300. 澳洲瓢虫 *Rodolia cardinalis* (Mulsant)

1301. 小红瓢虫 *Rodolia pumila* Weise

1302. 大红瓢虫 *Rodolia rufopilosa* Mulsant

1303. 刀角瓢虫 *Serangium japonicum* Chapin

1304. 黑囊食螨瓢虫 *Stethorus aptus* Kapur

1305. 广东食螨瓢虫 *Stethorus cantonensis* Pang

1306. 长管食螨瓢虫 *Stethorus longisiphonulus* Pang

1307. 拟小食螨瓢虫 *Stethorus parapauperculus* Pang

1308. 深点食螨瓢虫 *Stethorus punctillum* Weise

1309. 腹管食螨瓢虫 *Stethorus siphonulus* Kapur

1310. 大突肩瓢虫 *Synonycha grandis* (Thunberg)

1311. 整胸寡节瓢虫 *Telsimia emerginata* Chapin

一百九十八、 芫菁科 Meloidae

1312. 豆芫菁 *Epicauta gorhami* Marseul

1313. 红头豆芫菁 *Epicauta ruficeps* Illiger

1314. 眼斑芫菁 *Mylabris cichorii* (Linnaeus)

1315. 大斑芫菁 *Mylabris phalerata* (Pallas)

一百九十九、 花金龟科 Cetoniidae

1316. 褐鳞花金龟 *Cosmiomorpha modesta* Saunders

1317. 三带丽花金龟 *Euselates ornata* (Saunders)

1318. 斑青花金龟 *Oxycetonia bealiae* (Gory et Percheron)

1319. 小青花金龟 *Oxycetonia jucunda* (Faldermann)

1320. 白星花金龟 *Protaetia brevitarsis* (Lewis)

1321. 纺星花金龟 *Protaetia* (*Heteroprotaetia*) *fusca* (Herbst)

二百、 丽金龟科 Rutelidae

1322. 中华喙丽金龟 *Adoretus sinicus* Burmeister

1323. 腹毛异丽金龟 *Anomala amychodes* Ohaus

1324. 铜绿异丽金龟 *Anomala corpulenta* Motschulsky

1325. 毛边异丽金龟 *Anomala coxalis* Bates

1326. 墨绿异丽金龟 *Anomala cypriogastra* Ohaus

1327. 等毛异丽金龟 *Anomala hirsutoides* Lin

1328. 光沟异丽金龟 *Anomala laevisulcata* Fairmaire

1329. 红脚异丽金龟 *Anomala rubripes* Lin

1330. 红翅异丽金龟 *Anomala semicastanea* Fairmaire

1331. 斑翅异丽金龟 *Anomala spiloptera* Burmeister

1332. 弱脊异丽金龟 *Anomala sulcipennis* (Faldermann)

1333. 大绿异丽金龟 *Anomala virens* Lin

1334. 中华彩丽金龟 *Mimela chinensis* Kirby

1335. 棕腹彩丽金龟 *Mimela fusciventris* Lin

1336. 墨绿彩丽金龟 *Mimela splendens* (Gyllenhal)

1337. 眼斑彩丽金龟 *Mimela sulcata* Ohaus

1338. 棉花弧丽金龟 *Popillia mutans* Newman

1339. 曲带弧丽金龟 *Popillia pustulata* Fairmaire

1340. 中华弧丽金龟 *Popillia quadriguttata* Fabricius

二百〇一、 金龟科 Scarabaeidae

1341. 神农洁蜣螂 *Catharsius molossus* (Linnaeus)

1342. 翘侧裸蜣螂 *Gymnopleurus sinuatus* (OLivier)

1343. 镰双凹蜣螂 *Onitis falcatus* (Wulfen)

1344. 黑裸蜣螂 *Paragymnopleurus melanarius* Harold

二百〇二、 犀金龟科 Dynastidae

1345. 双叉犀金龟 *Allomyrina dichotoma* (Linnaeus)

二百〇三、 臂金龟科 Euchiridae

1346. 阳彩臂金龟 *Cheirotonus jansoni* Jordan，国家Ⅱ级重点保护野生动物

二百〇四、 鳃金龟科 Melolonthidae

1347. 筛阿鳃金龟 *Apogonia cribricollis* Burmeister

1348. 宽齿爪鳃金龟 *Holotrichia lata* Brenske

1349. 小黑鳃金龟 *Holotrichia picea* Waterhouse

1350. 黑绒鳃金龟 *Maladera orientalis* Motschulsky

1351. 小阔胫玛娟金龟 *Maladera ovatula* (Fairmaire)

1352. 锈色鳃金龟 *Melolontha rubiginosa* Fairmaire

二百〇五、 葬甲科 Silphidae

1353. 黑负葬甲 *Necrophorus concolor* Kraatz

1354. 尼负葬甲 *Necrophorus nepalensis* Hope

二百〇六、 锹甲科 Lucanidae

1355. 粤盾锹甲 *Aegus kuangtungensis* Nagel

1356. 沟纹眼锹甲 *Aegus laevicollis* Saunders

1357. 福州锹甲 *Lucanus fortunei* Saunders

1358. 小黑新锹甲 *Neolucanus championi* Parry

1359. 库光胫锹甲 *Odontolabis cuvera* Hope

1360. 中华奥锹甲 *Odontolabis sinensis* (Westwood)

1361. 巨锯锹甲 *Serrognathus titanus* (Biosduval)

二百〇七、 天牛科 Cerambycidae

1362. 金绒锦天牛 *Acalolepta permutans* (Pascoe)(*Monochamus*)

1363. 双斑锦天牛 *Acalolepta sublusca* (Thomson)(*Monochamus*)

1364. 小灰长角天牛 *Acanthocinus griseus* (Fabricius)(*Cerambyx*)

1365. 楝闪光天牛 *Aeolesthes induta* (Newman)(*Hammaticherus*)

1366. 黑棘翅天牛 *Aethalodes verrucosus* Gahan

1367. 苜蓿多节天牛 *Agapanthia amurensis* Kraatz

1368. 东亚缨天牛 *Allotraeus asiaticus* (Schwarzer)(*Neosphaerion*)

1369. 斑胸纹虎天牛 *Anaglyptus nokosanus* (Kano)(*Aglaophis*)

1370. 宽翅连突天牛 *Anastathes robusta* Gressitt

1371. 天目突肩花天牛 *Anoploderomorpha excavata* (Bates)(*Anoplodera*)

1372. 绿绒星天牛 *Anoplophora beryllina* (Hope)(*Monochamus*)

1373. 拟绿绒星天牛 *Anoplophora bowringii* (White)

1374. 星天牛 *Anoplophora chinensis* (Forster)(*Cerambyx*)

1375. 光肩星天牛 *Anoplophora glabripennis* (Motschulsky)(*Cerosterna*)

1376. 拟星天牛 *Anoplophora imitatrix* (White)(*Cerosterna*)

1377. 皱绿柄天牛 *Aphrodisium gibbicolle* (White)(*Chelidonium*)

1378. 赤梗天牛 *Arhopalus unicolor* (Ganhan)

1379. 桃红颈天牛 *Aromia bungii* (Faldermann)(*Cerambyx*)

1380. 黑跗眼天牛 *Bacchisa atritarsis* (Pic)(*Chreonoma*)

1381. 黑肩眼天牛 *Bacchisa basalis* (Gahan)(*Chreonoma*)

1382. 黄蓝眼天牛 *Bacchisa guerryi* (Pic)

1383. 橙斑白条天牛 *Batocera davidis* Deyrolle

1384. 云斑白条天牛 *Batocera horsfieldi* (Hope)(*Lamia*)

1385. 棕扁胸天牛 *Callidium villosulum* Fairmaire

1386. 橘光绿天牛 *Chelidonium argentatum* (Dalman)(*Cerambyx*)

1387. 紫绿长绿天牛 *Chloridolum lameerei* (Pic)(*Leontium*)

1388. 竹绿虎天牛 *Chlorophorus annularis* (Fabricius)(*Callidium*)

1389. 弧纹绿虎天牛 *Chlorophorus miwai* Gressitt

1390. 弧斑红天牛 *Drythrus fortunei* White

1391. 油茶红天牛 *Erythrus blairi* Gressitt

1392. 红天牛 *Erythrus championi* White

1393. 樟彤天牛 *Eupromus ruber* (Dalman)(*Lamia*)

1394. 黑缘彤天牛 *Eupromus nigrivittatus* Pic

1395. 榆并脊天牛 *Glenea relicta* Pascoe

1396. 蓝粉短脊天牛 *Glenida suffusa* Gahan

1397. 黄翅圆眼花天牛 *Lemula testaceipennis* Gressitt

1398. 金丝花天牛 *Leptura aurosericans* Fairmaire

1399. 瘤筒天牛 *Linda femorata* (Chevrolat)(*Amphionycha*)

1400. 顶斑瘤筒天牛 *Linda fraterna* (Chevrolat)(*Amphionycha*)

1401. 隆纹大幽天牛 *Megasemum quadricostulatus* (Krratz)

1402. 中华薄翅天牛 *Megopis sinica* (White)

1403. 宽带象天牛 *Mesosa latifasciata* (White)(*Cacia*)

1404. 松墨天牛 *Monochamus alternatus* Hope

1405. 红足墨天牛 *Monochamus dubius* Gahan

1406. 线纹粗点天牛 *Mycerinopsis lineata* (Gahan)(*Zotale*)

1407. 橘褐天牛 *Nadezhdiell cantori* (Hope)(*Cerambyx*)

1408. 叉尾吉丁天牛 *Niphona furcata* (Bates)(*Aelara*)

1409. 缘翅脊筒天牛 *Nupserha marginella* (Bates)(*Oberea*)

1410. 黄腹脊筒天牛 *Nupserha testaceipes* Pic

1411. 黑角筒天牛 *Oberea atroantennalis* Breuning

1412. 台湾筒天牛 *Oberea formosana* Pic

1413. 暗翅筒天牛 *Oberea fuscipennis* (Chevrolat)(*Isosceles*)

1414. 日本筒天牛 *Oberea japonica* (Thunberg)(*Saperda*)

1415. 桔狭胸天牛 *Philus antennatus* (Gyllenhal)

1416. 蔗狭胸天牛 *Philus pallescens* Bates

1417. 橄榄梯天牛 *Pharsalia subgemmata* (Thomson)(*Monochamus*)

1418. 橘狭胸天牛 *Philus antennatus* (Gyllenhal)

1419. 蔗狭胸天牛 *Philus pallescens* Bates

1420. 黄纹小筒天牛 *Phytoecia comes* (Bates)(*Epiglenea*)

1421. 菊小筒天牛 *Phytoecia rufiventris* Gautier

1422. 黄带多带天牛 *Polyzonus fasciatus* (Fabricius)(*Saperda*)

1423. 斜尾驴天牛 *Pothyne obliquetruncata* Gressitt

1424. 橘接眼天牛 *Priotyrranus closteroides* (Thomson)

1425. 长跗天牛 *Prothema signata* Pascoe

1426. 黄星天牛 *Psacothea hilaris* (Pascoe)(*Monohammus*)

1427. 斑角坡天牛 *Pterolophia annulata* (Chevrolat)(*Coptops*)

1428. 二点紫天牛 *Purpuricenus spectabilis* Motschulsky

1429. 竹紫天牛 *Purpuricenus temminckii* Guerin-Meneville

1430. 中华棒角天牛 *Rhodopina sinica* (Pic)

1431. 脊胸天牛 *Rhytidodera bowringii* White

1432. 扁角天牛 *Sarmydus antennatus* Pascoe

1433. 粗鞘杉天牛 *Semanotus sinoauster* (Gressitt)

1434. 双条杉天牛 *Semanotus bifasciatus* (Motschulsky)(*Hylotrupes*)

1435. 椎天牛 *Spondylis buprestoides* (Linnaeus)

1436. 环斑突尾天牛 *Sthenias franciscanus* Thomson

1437. 蚤瘦花天牛 *Strangalia fortunei* Pascoe

1438. 赭眼瘦花天牛 *Strangalia linsleyi* Gressitt

1439. 尖尾散天牛 *Sybra savioi* Pic

1440. 光胸断眼天牛 *Tetropium castaneum* (Linnaeus)

1441. 黄带刺楔天牛 *Thermistis croceocincta* (Saunders)(*Lamia*)

1442. 黄斑锥背天牛 *Thranius signatus* Schwarzer

1443. 麻竖毛天牛 *Thyestilla gebleri* (Faldermanni)(*Saperda*)

1444. 粗脊天牛 *Trachylophus sinensis* Gahan

1445. 樟泥色天牛 *Uraecha angusta* (Pascoe)(*Monohammus*)

1446. 黄点棱天牛 *Xoanodera maculata* Schwarzer

1447. 叉脊虎天牛 *Xylotrechus buqueti* (Castelnau et Gory)(*Clytus*)

1448. 合欢双条天牛 *Xystrocera globosa* (Olivier)(*Cerambyx*)

二百〇八、　负泥虫科 Crioceridae

1449. 红顶负泥虫 *Lema coronata* Baly

1450. 鸭跖草负泥虫 *Lema diversa* Baly

1451. 蓝翅负泥虫 *Lema honorata* Baly

1452. 薯蓣负泥虫 *Lema infranigra* Pic

1453. 小负泥虫 *Lilioceris minina* (Weise)

1454. 斑肩负泥虫 *Lilioceris scapularis* (Baly)

1455. 中华负泥虫 *Lilioceris sinica* (Heyden)

1456. 直胸负泥虫 *Ortholema punctaticeps* (Pic)

1457. 水稻负泥虫 *Oulema oryzae* (Kuwayama)

二百〇九、　铁甲科 Hispidae

1458. 甘薯梳龟甲 *Aspidomorpha furcata* (Thunberg)

1459. 大锯龟甲 *Basiprionota chinensis* (Fabricius)

1460. 瘦丽甲 *Callispa angusta* Gressitt

1461. 中华丽甲指名亚种 *Callispa fortunei fortunei* Baly

1462. 锯齿叉趾铁甲 *Dactylispa angulosa* (Solsky)

1463. 三刺趾铁甲 *Dactylispa issiki* Chûjô

1464. 阔刺扁趾铁甲 *Dactylispa latispina* (Gestro)

1465. 盾刺扁趾铁甲 *Dactylispa planispina* Gressitt

1466. 水稻铁甲华东亚种 *Dicladispa armigerasimilis* (Uhmann)

1467. 长刺尖爪铁甲大陆亚种 *Hispellinus callicanthusmoetus* (Baly)

1468. 甘薯腊龟甲指名亚种 *Laccoptera quadrimaculata* (Thunb.)

1469. 中华瘤龟甲 *Notosacantha sinica* (Gressitt)

1470. 枣掌铁甲 *Platypria melli* Uhmann

1471. 甘薯台龟甲 *Taiwania circumdata* (Herbst)

二百一十、　叶甲科 Chrysomelidae

1472. 旋心异跗萤叶甲 *Apophylia flavovirens* (Fairmaire)

1473. 胸斑异跗萤叶甲 *Apophylia thoracica* Gressitt et Kimoto

1474. 黑跗凹唇跳甲 *Argopus nigritarsis* (Gebler)

1475. 中华阿萤叶甲 *Arthrotus chinensis* (Baly)

1476. 黄褐阿萤叶甲 *Arthrotus testaceus* Gressitt et Kimoto

1477. 双色长刺萤叶甲 *Atrachya bipartita* (Jacoby)

1478. 豆长刺萤叶甲 *Atrachya menetriesi* (Faldermann)

1479. 三色长刺萤叶甲 *Atrachya tricolor* Gressitt et Kimoto

1480. 黄缘樟萤叶甲 *Atysa marginata marginata* (Hope)

1481. 谷氏黑守瓜 *Aulacophora coomani* Laboissiere

1482. 印度黄守瓜 *Aulacophora indica* (Gmelin)

1483. 黑足黑守瓜 *Aulacophora nigripennis* Motschulsky

1484. 黑盾黄守瓜 *Aulacophora semifusca* Jacoby

1485. 大锯龟甲 *Basiprionata chinensis* (Fabricius)

1486. 泡桐叶甲 *Basiprionota bisignata* (Boheman)

1487. 古铜凹胫跳甲 *Chaetocnema concinnicollis* (Baly)

1488. 恶性桔啮跳甲 *Clitea metallica* Chen

1489. 虹彩丽萤叶甲 *Clitenella ignitincta* (Fairmaire)

1490. 闽克萤叶甲 *Cneorane fokiensis* Weise

1491. 蓝翅克萤叶甲 *Cneorane subcoerulescens* Fairmaire

1492. 胡枝子克萤叶甲 *Cneorane violaceipennis* Allard

1493. 紫蓝德萤叶甲 *Dercetina carinipennis* Gressitt et Kimoto

1494. 黄斑德萤叶甲 *Dercetina flavocincta* (Hope)

1495. 黑背攸萤叶甲 *Euliroetis nigrinotum* Gressitt et Kimoto

1496. 黑角窝额萤叶甲 *Fleutiauxia septentrionalis* (Weise)

1497. 二纹柱萤叶甲 *Gallerucida bifasciata* Motschulsky

1498. 褐背小萤叶甲 *Galerucella grisescens* (Joannis)

1499. 十三斑角胫叶甲 *Gonioctena tredecimmaculata* (Jacoby)

1500. 褐背哈萤叶甲 *Haplosomoides annamitus* (Allard)

1501. 棕顶沟胫跳甲 *Hemipyxis moseri* (Weise)

1502. 黑角沟胫跳甲 *Hemipyxis nigricornis* (Baly)

1503. 凹角梯萤叶甲 *Hoplosaenidea aerosa* (Laboissiere)

1504. 蓝毛角萤叶甲 *Hyphaenia cyanescens* Laboissiere

1505. 黄胸寡毛跳甲 *Luperomorpha xanthodera* (Fairmaire)

1506. 黑肩麦萤叶甲 *Medythia suturalis* (Motschulsky)

1507. 桑黄米萤叶甲 *Mimastra cyanura* (Hope)

1508. 黑腹米萤叶甲 *Mimastra soreli* Baly

1509. 粗刻米萤叶甲 *Mimastra unicitarsis* Laboissiere

1510. 竹长跗萤叶甲 *Monolepta pallidula* (Baly)

1511. 黄斑长跗萤叶甲 *Monolepta signata* (Olivier)

1512. 金秀长跗萤叶甲 *Monolepta yaosanica* Chen

1513. 日榕萤叶甲 *Morphosphaera japonica* (Hornstedt)

1514. 蓝色九节跳甲 *Nonarthra cyaneum* Baly

1515. 异色九节跳甲 *Nonarthra variabilis* Baly

1516. 蓝翅瓢萤叶甲 *Oides bowringii* (Baly)

1517. 黑胸瓢萤叶甲 *Oides lividus* Weber

1518. 中华拟守瓜 *Paridea sinensis* Laboissiere

1519. 梨斑叶甲 *Paropsides soriculata* (Swartz)

1520. 小猿叶甲 *Phaedon brassicae* Baly

1521. 牡荆肿爪跳甲 *Philopona vibex* (Erichson)

1522. 十八斑牡荆叶甲 *Phola octodesimguttata* (Fabricius)

1523. 黄直条菜跳甲 *Phyllotreta rectilineata* Chen

1524. 黄曲条菜跳甲 *Phyllotreta strillata* (Fabricius)

1525. 橘潜跳甲 *Podagricomela nigricollis* Chen

1526. 枸橘潜跳甲 *Podagricomela weisei* Heikertinger

1527. 黑跗伪瓢萤叶甲 *Pseudoides tibialis* (Chen)

1528. 油菜蚤跳甲 *Psylliodes punctifrons* Baly

1529. 黑肩毛萤虫甲 *Pyrrhalta humeralis* (Chen)

1530. 十斑毛萤叶甲 *Pyrrhalta maculata* Gressitt et Kimoto

1531. 东方毛萤叶甲 *Pyrrhalta orientalis* (Ogloblin)

二百一十一、　肖叶甲科 Eumolpidae

1532. 钝角胸叶甲 *Basilepta davidi* (Lefevere)

1533. 褐足角胸叶甲 *Basilepta fulvipes* (Motschulsky)

1534. 黑足角胸叶甲 *Basilepta melanopus* (Lefevre)

1535. 肖钝角胸叶甲 *Basilepta pallidula* (Baly)

1536. 粗壮角胸叶甲 *Basilepta puncticollis* (Lefevre)

1537. 褐跗瘤叶甲 *Chlamisus fulvitarsis* (Achard)

1538. 红瘤叶甲 *Chlamisus rufulus* (Chen)

1539. 亮叶甲 *Chrysolampra splendens* Baly

1540. 梳叶甲 *Clytrasoma palliatum* (Fabricius)

1541. 甘薯叶甲丽鞘亚种 *Colasposoma dauricum auripenne* (Motschulsky)

1542. 丽隐头叶甲 *Cryptocephalus festivus* Jacoby

1543. 艾蒿隐头叶甲 *Cryptocephalus koltzei* Weise

1544. 中华球叶甲 *Nodina chinensis* Weise

1545. 皮纹球叶甲 *Nodina tibialis* Chen

1546. 玉米鳞斑叶甲 *Pachnephorus brettinghami* Baly

1547. 斑鞘豆叶甲 *Pagria signata* (Motschulsky)

1548. 绿缘扁角叶甲 *Platycorynus parryi* Baly

1549. 黑额光叶甲 *Smaragdina nigrifrons* (Hope)

二百一十二、 锥象科 **Brenthidae**

1550. 甘薯小象 *Cylas formicarius* (Fabricius)

二百一十三、 卷象科 **Attelabidae**

1551. 槲卷叶象 *Byctiscus congener* (Jek.)

1552. 栎长颈象 *Paracycnotrachelus longiceps* Motschulsky

二百一十四、 象虫科 **Curculionidae**

1553. 乌桕长足象 *Alcidodes erro* (Pascoe)

1554. 铜光长足象 *Alcidodes scenicus* (Faust)

1555. 中国角喙象 *Anosimus klapperichi* Voss

1556. 山茶象 *Curculio chinensis* Chevrolat

1557. 直锥象 *Cyrtotrachelus longimanus* (Fabricius)

1558. 稻象 *Echinocnemus squameus* (Billberg)

1559. 短带长颚象 *Eugnathus distinctus* Roelofs

1560. 细叉叶象 *Hypera basalis* (Voss)

1561. 蓝绿象 *Hypomeces squamosus* Fabricius

1562. 茶丽纹象 *Myllocerinus aurolineatus* Voss

1563. 白条筒喙象 *Lixus lautus* Voss

1564. 红褐圆筒象 *Macrocorynus discoideus* Olivier

1565. 宽带圆筒象 *Macrocorynus fallaciosus* Voss

1566. 大圆筒象 *Macrocorynus psittacinus* Redtenbacher

1567. 茶丽纹象 *Myllocerinus aurolineatus* Voss

1568. 黑斑尖筒象 *Myllocerus illitus* Reitter

1569. 金绿尖筒象 *Myllocerus scitus* Voss

1570. 长毛尖筒象 *Myllocerus sordidus* Voss

1571. 鞍象 *Neomyllocerus hedini* (Marshall)

1572. 一字竹象 *Otidognatus davidi* Fairmaire

1573. 尖齿尖象 *Phytoscaphus dentirostris* Voss

1574. 小齿斜脊象 *Platymycteropsis excisangulus* (Reitter)

1575. 柑桔斜脊象 *Plytymycteropsis mandarinus* Fairmaire

1576. 圆锥毛棒象 *Rhadinopus subornatus* Voss

1577. 马尾松角胫象 *Shirakoshizo patruelis* (Voss)

1578. 粗足角胫象 *Shirakoshizo pini* Morimoto

1579. 米象 *Sitophilus oryzae* (Linnaeus)

1580. 玉米象 *Sitophilus zeamais* Motsch.

1581. 柑橘灰象 *Sympiezomias citri* Chao

二百一十五、 萤科 Lampyridae

1582. 中华黄萤 *Luciola chinensis* Linnaeus

二百一十六、 花萤科 Cantharidae

1583. 颊斑异花萤 *Athemus genaemaculatus* Wittmer

1584. 糙翅钩花萤 *Lycocerus asperipennis* (Fairmaire)

1585. 凹丽花萤 *Themus foveicollis* (Fairmaire)

二百一十七、 方头甲科 Cybocephalidae

1586. 日本方头甲 *Cybocephalus nipponicus* Endrödy-Younga

Ⅰ-23. 双翅目 Diptera

二百一十八、 大蚊科 Tipulidae

1587. 尖突短柄大蚊 *Nephrotoma impigra* Alexander

1588. 中华短柄大蚊 *Nephrotoma sinensis* (Edwards)

1589. 新雅大蚊 *Tipula* (*Yamatotipula*) *nova* Walker

二百一十九、 蠓科 Ceratopogonidae

1590. 琉球库蠓 *Culicoides actoni* Smith

1591. 端斑库蠓 *Culicoides erairai* Kono et Takahai

1592. 涉库蠓 *Culicoides fordae* Wirth et Hubert

1593. 标库蠓 *Culicoides insignipenis* Macfie

1594. 克膨库蠓 *Culicoides kepongensis* Wirth et Hubert

1595. 多斑库蠓 *Culicoides maculatas* Shiraki

1596. 明边库蠓 *Culicoides matsuzawai* Tokunaga

1597. 冲蝇库蠓 *Culicoides okinawensis* Aruand

1598. 东方库蠓 *Culicoides orientalis* Macfie

1599. 黄边库蠓 *Culicoides para flavescens* Wirth et Hubert

1600. 斑须库蠓 *Culicoides punctatus* Meigen

1601. 尖喙库蠓 *Culicoides shutzei* Enderlein

1602. 细须库蠓 *Culicoides tenuipalpis* Wirth et Hubert

1603. 天目库蠓 *Culicoides tianmushanensis* Chu

1604. 三斑库蠓 *Culicoides trimaculatus* Mcdonald et Lu

1605. 和田库蠓 *Culicoides wadai* Kitaoka

1606. 台湾蟻蠓 *Lasiohelea taiwana* Shiraki

二百二十、 摇蚊科 Chironomidae

1607. 羽摇蚊 *Chironomus plumosus* (Linnaeus)

1608. 溪岸摇蚊 *Chironomus riparius* Meigen

1609. 喙隐摇蚊 *Cryptochironomus rostratus* Kieffer

1610. 暗绿二叉摇蚊 *Dicrotendipes pelochloris* (Kieffer)

1611. 微小沼摇蚊 *Limnophyes minimus* (Meige)

1612. 云集多足摇蚊 *Polypedilum nubifer* (Skuse)

1613. 花翅前突摇蚊 *Procladius choreus* Meigen

1614. 施密摇蚊 *Smittia aterrima* (Meigen)

1615. 云翅狭摇蚊 *Stenochironomus nublipennis* Yamamoto

1616. 刺铗长足摇蚊 *Tanypus punctipennis* (Meigen)

1617. 台湾长跗摇蚊 *Tanytarsus formosanus* Kieffer

二百二十一、 蚊科 Culicidae

1618. 银雪伊蚊 *Aedes alboniveus* Barraud

1619. 白纹伊蚊 *Aedes albopictus* Skuse

1620. 尖斑伊蚊 *Aedes craggi* Barraud

1621. 异形伊蚊 *Aedes dissimillis* Leicester

1622. 棘刺伊蚊 *Aedes elsiae* Barraud

1623. 冯氏伊蚊 *Aedes fengi* Edwards

1624. 哈维伊蚊 *Aedes harveyi* Barraud

1625. 双棘伊蚊 *Aedes hatorii* Yamada

1626. 日本伊蚊 *Aedes japonicus* Theobald

1627. 马立伊蚊 *Aedes malikuli* Huang

1628. 中点伊蚊 *Aedes mediopunctatus* Theobald

1629. 显著伊蚊 *Aedes prominens* Barraud

1630. 伪白纹伊蚊 *Aedes pseudalbopictus* Borel

1631. 艾肯按蚊 *Anopheles aitkenii* James

1632. 嗜人按蚊 *Anopheles anthropophagus* Xu & Feng

1633. 环纹按蚊 *Anopheles annularis* Van der Wulp

1634. 孟加拉按蚊 *Anopheles bengalensis* Puri

1635. 溪流按蚊 *Anopheles fluviatilis* James

1636. 杰普按蚊 *Anopheles jeyporiensis* James

1637. 多斑按蚊 *Anopheles maculatus* Theobald

1638. 微小按蚊 *Anopheles minimus* Theobald

1639. 中华按蚊 *Anopheles siensis* Wiedemann

1640. 棋斑按蚊 *Anopheles tessellatus* Theobald

1641. 骚扰阿蚊 *Armigeres subalbatus* Coquillett

1642. 环带库蚊 *Culex annulus* Theobald

1643. 二带喙库蚊 *Culex bitaeniorhynchus* Giles

1644. 短须库蚊 *Culex brevipalpis* Giles

1645. 贪食库蚊 *Culex halifaxii* Theobald

1646. 林氏库蚊 *Culex hayashii* Yamada

1647. 小斑翅库蚊 *Culex mimulus* Edwards

1648. 白胸库蚊 *Culex pallidothorax* Theobald

1649. 致倦库蚊 *Culex pipiens quinquefasciatus* Say

1650. 中华库蚊 *Culex sinensis* Theobald

1651. 三带喙库蚊 *Culex tritaeniorhynchus* Giles

1652. 迷走库蚊 *Culex vagans* Wiedemann

1653. 吕宋小蚊 *Mimomyia* (*Etorleptiomyia*) *luzonensis* Ludlow

1654. 常型曼蚊 Mansonia uniformis Theobald

1655. 拟按直脚蚊 *Othopodomyia anopheloides* Giles

1656. 黄边巨蚊 *Toxorhynchites edwardsi* Barraud

1657. 紫腹巨蚊 *Toxorhynchites gravelyi* Edwards

1658. 竹生杵蚊 *Tripteroides banbusa* Yamada

1659. 安氏蓝带蚊 *Uranotaenia annandalei* Barraud

1660. 新糊蓝带蚊 *Uranotaenia novobscura* Barraud

1661. 麦氏蓝带蚊 *Uranotaenia macfarlanei* Edwards

二百二十二、 瘿蚊科 Cecidomyiidae

1662. 大豆荚瘿蚊 *Asphondylia gennadii* (Marchal)

1663. 桔蕾浆瘿蚊 *Contarinia citri* Barnes

1664. 灰树瘿蚊 *Lestremia cinerea* Macquart

1665. 亚洲稻瘿蚊 *Orseolia oryzae* (Wood-Mason)

二百二十三、 虻科 Tabanidae

1666. 二斑黄虻 *Atylotus bivittateinus* Takahasi

1667. 黄绿黄虻 *Atylotus horvathi* Szilady

1668. 骚扰黄虻 *Atylotus miser* Shiraki

1669. 蹄斑斑虻 *Chrysops dispar* Fabricius

1670. 黄胸斑虻 *Chrysops flaviscutellatus* Philip

1671. 帕氏斑虻 *Chrysops potanini* Plesk

1672. 中华斑虻 *Chrysops siensis* Walker

1673. 范氏斑虻 *Chrysops vanderwulpi* Krober

1674. 华广虻 *Tabanus amaenus* Walker

1675. 窄额虻 *Tabanus angustofrons* Wang

1676. 金条虻 *Tabanus aurotestaceus* Walker

1677. 缅甸虻 *Tabanus brimanicus* Bigot

1678. 纯黑虻 *Tabanus candidus* Ricardo

1679. 浙江虻 *Tabanus chekiangensis* Ouchi

1680. 广西虻 *Tabanus kwangsiensis* Liu et Wang

1681. 印度虻 *Tabanus indianus* Ricardo

1682. 柏杰虻 *Tabanus johnburgeri* Xu et Xu

1683. 线带虻 *Tabanus lineataenia* Xu

1684. 晨螯虻 *Tabanus matutinimordicus* Xu

1685. 黑额虻 *Tabanus nigrefront* Liu

1686. 暗螯虻 *Tabanus nigrimordicus* Xu

1687. 全黑虻 *Tabanus nigrus* Liu & Wang

1688. 日本虻 *Tabanus nipponicus* Murdoch &Takahasi

1689. 山生虻 *Tabanus oreophilus* Xu & Liao

1690. 浅胸虻 *Tabanus pallidepectoratus* Bigot

1691. 五带虻 *Tabanus quinquencinctus* Ricardo

1692. 角斑虻 *Tabanus signifer* Walker

1693. 断纹虻 *Tabanus striatus* Farbricius

1694. 亚马来虻 *Tabanus submalayensis* Wang et Liu

1695. 亚青腹虻 *Tabanus suboliventris* Xu

1696. 唐氏虻 *Tabanus tangi* Xu et Xu

1697. 天目虻 *Tabanus tienmuensis* Liu

1698. 三重虻 *Tabanus trigeminus* Coquillett

1699. 亚布力虻 *Tabanus yablonicus* Takagi

二百二十四、 蜂虻科 Bombyliidae

1700. 长突姬蜂虻 *Systropus excisus* (Enderlein)

二百二十五、 食虫虻科 Asilidae

1701. 中华单羽食虫虻 *Cophinopoda chinensis* (Fabricius)

1702. 苏拉细腹食虫虻 *Lagynogaster suensoni* Frey

1703. 微芒食虫虻 *Microstylum dux* (Wiedemann)

1704. 中华基叉食虫虻 *Philodicus chinensis* Schiner

二百二十六、 食蚜蝇科 Syrphidae

1705. 卷毛瘤木蚜蝇 *Brachypalpoides crispichaeta* He et Chu

1706. 宽带垂边食蚜蝇 *Epistrophe horishana* (Matsumura)

1707. 黑带食蚜蝇 *Episyrphus balteatus* (DeGeer)

1708. 黑色斑眼蚜蝇 *Eristalinus aeneus* (Scopoli)

1709. 棕腿斑眼蚜蝇 *Eristalinus arvorum* (Fabricius)

1710. 黄跗斑眼蚜蝇 *Eristalinus quinquestriatus* (Fabricius)

1711. 亮黑斑眼蚜蝇 *Eristalinus tarsalis* (Macquart)

1712. 灰带管蚜蝇 *Eristalis cerealis* Fabricius

1713. 长尾管蚜蝇 *Eristalis tenax* (Linnaeus)

1714. 中华迷蚜蝇 *Milesia sinensis* Curran

1715. 黄带狭腹食蚜蝇 *Meliscaeva cinctella* (Zetterstedt)

1716. 羽毛宽盾蚜蝇 *Phytomia zonata* (Fabricius)

1717. 黑足食蚜蝇 *Syrphus vitripennis* Meigen

二百二十七、 花蝇科 Anthomyiidae

1718. 粪种蝇 *Adia cinerella* Fallen

1719. 横带花蝇 *Anthomyia illocata* Walker

二百二十八、 蝇科 Muscidae

1720. 东方芒蝇 *Atherigona orientalis* Schiner

1721. 瘦弱秽蝇 *Coenosia attenuata* Stein

1722. 铜腹重毫蝇 *Dichaetomyia bibax* Wiedemann

1723. 白纹厕蝇 *Fannia leucosticta* Meigen

1724. 元厕蝇 *Fannia prisca* Stein

1725. 瘤胫厕蝇 *Fannia scalaris* Fabricius

1726. 疏斑纹蝇 *Graphomya paucimaculata* Ouchi

1727. 绯胫纹蝇 *Graphomya rufitibia* Stein

1728. 血刺蝇 *Haematobosca sanguinolenta* Austen

1729. 暗毛膝蝇 *Hebecnema fumosa* Meigen

1730. 隐斑池蝇 *Limnophora fallax* Stein

1731. 小隐斑池蝇 *Limnophora minutifallax* Lin et Xue

1732. 黑池蝇 *Limnophora nigra* Xue

1733. 双条溜蝇 *Lispe bivittata* Stein

1734. 东方溜蝇 *Lispe orientalis* Weidemann

1735. 瘦须溜蝇 *Lispe pygmaea* Fallen

1736. 黑瓣莫蝇 *Morellia nigrisquama* Malloch

1737. 逐畜家蝇 *Musca conduns* Walker

1738. 带纹家蝇 *Musca confiscata* Speiser

1739. 突额家蝇 *Musca convexifrons* Thomson

1740. 家蝇 *Musca domestica* Linnaeus

1741. 市蝇 *Musca sorbens* Wiedemann

1742. 黄腹家蝇 *Muscaventrosa* Wiedemann

1743. 厩腐蝇 *Muscina stabulans* Fallen

1744. 紫翠蝇 *Neomyia gavisa* Walker

1745. 蓝翠蝇 *Neomyia timorensis* Robineau-Desvoidy

1746. 斑跖黑蝇 *Ophyra chalcogaster* Wiedemann

1747. 净翅尾秽蝇 *Pygophora immaculipennis* Frey

1748. 厩螫蝇 *Stomoxys calcitrans* Linnaeus

1749. 南螫蝇 *Stomoxys sitiens* Rondani

1750. 琉球螫蝇 *Stomoxys uruma* Shinonaga et Kano

二百二十九、 丽蝇科 Calliphoridae

1751. 绯颊裸金蝇 *Achoetandrus rufifacies* Macq

1752. 巨尾阿丽蝇 *Aldrichina grahami* Aldrich

1753. 环斑孟蝇 *Bengallia escheri* Bezzi

1754. 大头金蝇 *Chrysomya megacephala* Fabricius

1755. 黄足裸变丽蝇 *Gymnadichosia pusilla* Villeneuve

1756. 瘦叶带绿蝇 *Hemipyrellia ligurriens* Wiedemann

1757. 南岭绿蝇 *Lucilia bazini* Seguy

1758. 铜绿蝇 *Lucilia cuprina* Wiedemann

1759. 紫绿蝇 *Lucilia porphyrina* Walker

1760. 丝光绿蝇 *Lucilia sericata* Meigen

1761. 闽北蜗蝇 *Melinda maai* Kurahashi

1762. 不显口鼻蝇 *Stomorhina obsoleta* Wiedemann

二百三十、 麻蝇科 Sarcophagidae

1763. 棕尾别麻蝇 *Boettcherisca peregrina* Robineau-Desvoidy

1764. 松毛虫缅麻蝇 *Burmanomyia beesoni* Senior-White

1765. 盘突缅麻蝇 *Burmanomyia pattoni* Senior-White

1766. 黑尾黑麻蝇 *Helicophagella melanura* Meigen

1767. 白头亚麻蝇 *Parasarcophaga albiceps* Meigen

1768. 短角亚麻蝇 *Parasarcophaga brevicornis* Ho

1769. 酱亚麻蝇 *Parasarcophaga dux* Thomson

1770. 义乌亚麻蝇 *Parasarcophaga iwuensis* Ho

1771. 巨耳亚麻蝇 *Parasarcophaga macroauriculata* Ho

1772. 黄须亚麻蝇 *Parasarcophaga misera* Walker

1773. 多突亚麻蝇 *Parasarcophaga polystylata* Ho

1774. 褐须亚麻蝇 *Parasarcophaga sericea* Walker

1775. 披阳细麻蝇 *Pierretia prosbaliina* Baranov

1776. 立刺麻蝇 *Sinonipponia hervebazini* Seguy

二百三十一、 寄蝇科 Tachinidae

1777. 蚕饰腹寄蝇 *Blepharipazebina* (Walker)

1778. 东方狭颊寄蝇 *Carcelia orientalis* Shima

1779. 巨柯罗寄蝇 *Crosskeya gigas* Shima et Chao

1780. 粗类长足寄蝇 *Dexiomimops curtipes* Shima

1781. 中华膝芒寄蝇 *Gonia chinensis* Wiedemann

1782. 双斑截尾寄蝇 *Nemorilla maculosa* (Meigen)

1783. 黏虫颜鬃寄蝇 *Peleteria varia* (Fabricius)

1784. 短喙异相寄蝇 *Phasioormia bicornis* Malloch

1785. 毛斑裸板寄蝇 *Phorocerosoma postulans* (Walker)

1786. 稻苞虫赛寄蝇 *Pseudoperichaeta nigrolineata* (Walker)

二百三十二、 实蝇科 Tephritidae

1787. 秀长痣实蝇 *Acidiostigma postsignata* (Chen)

1788. 四带短羽实蝇 *Acrotaeniostola quadrivittata* Chen

1789. 山地短痣实蝇 *Actinoptera montana* (deMeijere)

1790. 常斜脉实蝇 *Anomoia vulgaris* (Shiraki)

1791. 瓜实蝇 *Bactrocera cucurbitae* (Coquillett)

1792. 桔小实蝇 *Bactrocera dorsalis* (Hendel)

1793. 宽带果实蝇 *Bactrocera scutellata* (Hendel)

1794. 南亚果实蝇 *Bactrocera tau* (Walker)

1795. 华南缘鬃实蝇 *Chaetostomella nigripunctata* Shiraki

1796. 四斑锦翅实蝇 *Elaphromyia pterocallaeformis* (Bezzi)

1797. 黑盾光沟实蝇 *Euphranta scutellaris* (Chen)

1798. 淡笋羽角实蝇 *Gastrozona vulgaris* Zia

1799. 爱叶实蝇 *Philophylla aethiops* (Hering)

1800. 中华双带实蝇 *Sphenella sinensis* Schiner

1801. 多点花翅实蝇 *Tephritismultiguttulata* Hering

二百三十三、 突眼蝇科 Diopsidae

1802. 东方华突眼蝇 *Sinodiopsis orientalis* (Ouchi)

1803. 中国华突眼蝇 *Sinodiopsis sinensis* (Ouchi)

二百三十四、 潜蝇科 Agromyzidae

1804. 豌豆彩潜蝇 *Chromatomyia horticola* (Goureau)

1805. 美洲斑潜蝇 *Liriomyza sativae* Blanchard

1806. 豆秆黑潜蝇 *Melanagromyza sojae* (Zehnther)

1807. 豆根皮蛇潜蝇 *Ophiomyia centrosematis* (de Meijere)

1808. 黄股植潜蝇 *Phytomyza flavofemoralis* Sasakawa

二百三十五、 秆蝇科 Chloropidae

1809. 稻秆蝇 *Chlorops oryzae* Matsumura

二百三十六、 果蝇科 Drosophilidae

1810. 白颜果蝇 *Drosophila auraria* Peng

1811. 双梳果蝇 *Drosophila bipectinata* Duda

1812. 布氏果蝇 *Drosophila buschii* Coquillett

1813. 伊米果蝇 *Drosophila immigrans* Sturtevant

1814. 吉川氏果蝇 *Drosophila kikkawai* Burla

1815. 黑腹果蝇 *Drosophila melanogaster* Meigen

1816. 丽果蝇 *Drosophila pulchrella* Tan, Hsu et Sheng

1817. 铃木果蝇 *Drosophila suzukii* (Matsumura)

1818. 高桥果蝇 *Drosophila takahashii* Sturtevant

1819. 叔白颜果蝇 *Drosophila triauraria* Bock et Wheeler

1820. 大果蝇 *Drosophila virilis* Sturtevant

1821. 黑花果蝇 *Scaptodrosophila coracina* Kikkawa et Peng

1822. 灰姬果蝇 *Scaptomyza pallida* (Zetterstedt)

二百三十七、 水蝇科 **Ephydridae**

1823. 东方毛眼水蝇 *Hydrellia orientalis* Miyagi

1824. 菲律宾毛眼水蝇 *Hydrellia philippina* Ferino

二百三十八、 粪蝇科 **Scathophagidae**

1825. 红尾粪蝇 *Scathophaga analis* (Meigen)

1826. 丝翅粪蝇 *Scathophaga scybalaria* (Linnaeus)

1827. 小黄粪蝇 *Scathophaga stercoraria* (Linnaeus)

二百三十九、 甲蝇科 **Celyphidae**

1828. 恼甲蝇 *Celyphus difficilis* Malloch

1829. 棕色稀甲蝇 *Spaniocelyphus fuscipes* (Macquart)

1830. 柔毛稀甲蝇 *Spaniocelyphus papposus* Tenorio

1831. 盾稀甲蝇 *Spaniocelyphus scutatus* (Wiedemann)

二百四十、 蜣蝇科 Pyrgotidae

1832. 盾适蜣蝇 *Adapsilia scutellaris* Chen

二百四十一、 蚋科 Simuliidae

1833. 黄毛真蚋 *Simulium aureohirtum* Brunetti

1834. 双齿蚋 *Simulium bidentatum* (Shiraki)

Ⅰ-24. 蚤目 **Siphonaptera**

二百四十二、 蚤科 **Pulicidae**

1835. 近端远棒蚤二刺亚种 *Aviostivalius klossi bispiniformis* (Li et Wang)

1836. 缓慢细蚤 *Leptopsylla segnis* (Schonherr)

1837. 不同新蚤福建亚种 *Neopsylla dispar fukienensis* Chao

1838. 人蚤 *Pulex irritans* Linnaeus

1839. 盲潜蚤 *Tungla caecigena* Jordan et Rothschild

1840. 印鼠客蚤 *Xenopsylla cheopis* (Rothschild)

二百四十三、 臀蚤科 **Pygiophyllidae**

1841. 印度蝠蚤 *Ischnopsyllus indicus* Jordan

1842. 李氏蝠蚤 *Ischnopsyllus liae* Jordan

1843. 低地狭臀蚤 *Stenischia humilis* Xie et Gong

二百四十四、 角叶蚤科 **Ceratophyllidae**

1844. 李氏大锥蚤 *Macrostylophora liae* Wang

1845. 不等单蚤 *Monopsyllus anisus* (Rothschildd)

Ⅰ-25. 虱目 **Anoplura**

二百四十五、 血虱科 **Haematopinidae**

1846. 瘤突血虱 *Haematopinus toberculatus* (Burmeister)

1847. 人虱 *Pediculus humanus* Linnaeus

二百四十六、 阴虱科 **Pthiridae**

1848. 耻阴虱 *Pthirus pubis* (Linnaeus)

二百四十七、 颚虱科 **Linognathidae**

1849. 牛颚虱 *Linognathus vituli* (Linnaeus)

二百四十八、 虱科 **Pediculidae**

1850. 人虱 *Pediculus humanus* L.

Ⅰ-26. 食毛目 Mallophaga

二百四十九、 短角鸟虱科 Menoponidae

1851. 角翎鸟虱 *Menacanthus cornutus* (Schommer)

1852. 白翎鸟虱 *Menacanthus pallidulus* (Neumann)

1853. 短角鸟虱 *Menopongallinae* (Linnaeus)

二百五十、 长角鸟虱科 Philopteridae

1854. 鸡圆腹鸟虱 *Cuclotogaster heterographus* (Nitzsch)

1855. 鸡圆鸟虱 *Goniodes dissimilis* (Denny)

1856. 鸡长鸟虱 *Liperus caponis* Linnaeus

二百五十一、 兽鸟虱科 Trichodectidae

1857. 狗鸟虱 *Trichodectes canis* (De Geer)

Ⅱ. 蛛形纲 Arachnida

Ⅱ-1. 中气门目 Mesostigmata

二百五十二、 厉螨科 Laelapidae

1858. 钝毛广厉螨 *Cosmolaelaps obtusisetosus*

1859. 毒棘厉螨 *Echinolaelaps echidninus* (Berlese)

1860. 福建棘厉螨 *Echinolaelaps fukienensis* Wang

1861. 纳氏厉螨 *Laelaps nuttalli* Hiret

二百五十三、 血革螨科 Haemogamasidae

1862. 山区血革螨 *Heamogumasus monticola* Wang et Li

二百五十四、 皮刺螨科 Dermanyssidae

1863. 駒鼱赫刺螨 *Hirstionyssus sunci* Wang

1864. 柏氏禽刺螨 *Ornithonyssus bacoti* (Hirst)

二百五十五、 植绥螨科 Phytoseiidea

1865. 钝毛钝绥螨 *Amblyseius obtuserellus* Winstein et Begljarov

1866. 冲绳钝绥螨 *Amblyseius okinawanus* Ehara

1867. 津川钝绥螨 *Amblyseius tsugawai* Ehara

1868. 卵圆真绥螨 *Euseius ovalis* (Evans)

Ⅱ-2. 后气门目 Backstigmata

二百五十六、 硬蜱科 Ixodidae

1869. 金泽革蜱 *Dermacentor auratus* Supino

1870. 微小牛蜱 *Boophilus microplus* (Canestrini)

Ⅱ-3. 前气门目 Prostigmata

二百五十七、 巨须螨科 Cunaxidae

1871. 中华红瘤螨 *Cunaxa sinensis* (Fan)

二百五十八、 跗线螨科 Tarsonemidae

1872. 侧多食跗线螨 *Polyphagotarsonemus latus* (Banks)

1873. 乱跗线螨 *Tarsonemus confusus* Ewing

1874. 双叶跗线螨 *Tarsonemus bilobatus* Suskinew

二百五十九、 瘿螨科 Eriophyidae

1875. 斯氏尖叶瘿螨 *Acaphylla steinwedeni* Keifer

1876. 柑橘皱叶刺瘿螨 *Phyllocoptruta oleivora* (Ashmead)

二百六十、 肉食螨科 Cheyletidae

1877. 普通肉食螨 *Cheyletus eruditus* (Schrank)

1878. 韦氏半扇毛螨 *Hemicheyletia wellsi* (Baker)

二百六十一、 叶螨科 Tetranychidae

1879. 柑橘始叶螨 *Eotetranychus kankitus* Ehara

1880. 柑橘全爪螨 *Panonychus citri* (McGregor)

1881. 神泽氏叶螨 *Tetranychus kanzawai* Kishida

二百六十二、 细须螨科 Tenuipalpidae

1882. 紫红短须螨 *Brevipalpus phoenicis* (Geijskes)

二百六十三、 小黑螨科 Caligonellidae

1883. 介六新颚螨 *Neognathus jieliui* Hu and Yu

二百六十四、 长须螨科 Stigmaeidae

1884. 硬真长须螨 *Eustigmaeus firmus* Tseng

1885. 福建真长须螨 *Eustigmaeus fujianicus* Zhang

二百六十五、 恙螨科 Trombiculidae

1886. 广东珠恙螨 *Doloisia guangdongensis* Liang

1887. 八毛背展恙螨 *Garhliepia octosetosa* Chen et al.

1888. 川村纤恙螨 *Leptotrombidium kawamurai* (Fukuzumi et Obata)

1889. 小板纤恙螨 *Leptotrombidium scutellare* Nagayo et al.

1890. 中华无前恙螨 *Walchia chinensis* (Chen et Hsu)

1891. 太平洋无前恙螨 *Walchia pacifica* (Chen et Hsu)

II-4. 无气门目 Acarida

二百六十六、 粉螨科 Acaridae

1892. 粗脚粉螨 *Acarus siro* Linnaeus

1893. 腐食酪螨 *Tyrophagus putrescentiae* (Schrank)

二百六十七、 食甜螨科 Glycyphagidae

1894. 拱殖嗜渣螨 *Chotoglyphus arcuatus* (Troupeau)

1895. 家食甜螨 *Glycyphagus domesticus* (De Geer)

1896. 害嗜鳞螨 *Lepidoghyphus destructor* (Schrank)

参 考 文 献

陈学新. 1997. 昆虫生物地理学. 北京: 中国林业出版社

国家林业局. 2000. 国家保护的有益的或者有重要经济、科学研究价值的陆生野生动物名录. 国家林业局第 7 号令发布

黄邦侃. 1999. 福建昆虫志, 第一卷. 福州: 福建科学技术出版社

黄邦侃. 1999. 福建昆虫志, 第二卷. 福州: 福建科学技术出版社

黄邦侃. 1999. 福建昆虫志, 第三卷. 福州: 福建科学技术出版社

黄邦侃. 2000. 福建昆虫志, 第九卷. 福州: 福建科学技术出版社

黄邦侃. 2001. 福建昆虫志, 第四卷. 福州: 福建科学技术出版社

黄邦侃. 2003. 福建昆虫志, 第七卷. 福州: 福建科学技术出版社

赵修复. 1981. 福建省昆虫名录. 福州: 福建科学技术出版社

朱弘复. 1987. 动物分类学理论基础. 上海: 上海科学技术出版社

第七章 贝类资源[*]

福建省泰宁峨嵋峰省级自然保护区位于福建省泰宁县，属武夷山脉中段西南麓。保护区内水系发达，植被发育良好，植物和土壤分布规律具有明显的垂直地带性，其复杂多变的环境为贝类的生长繁殖提供了良好的生存环境。有关福建峨嵋峰自然保护区贝类方面的研究工作至今未见任何报道，作者于 2012 年 11 月初调查了该保护区贝类种类及分布，为保护区贝类资源保护提供基础资料。

第一节 研究方法

根据峨嵋峰自然保护区的植被分布情况及地形地貌特征，选取了大田、大坪、坑坪、排根等 4 个采集区。在各采集区选择不同生境采用点面结合的方法进行采集，采集的标本于 75%的乙醇瓶中固定保存，带回室内分类鉴定，并统计数量。

第二节 结 果

2.1 种类组成

本次采集共获得标本 225 号，经鉴定得贝类 20 种（表 7-1），分属于 2 纲 11 科。其中淡水蚌类仅河蚬 1 种，淡水螺类 4 科 6 种，陆生贝类 6 科 13 种。从种类组成来看，保护区内拟阿勇蛞蝓科种类数最多，为 2 属 5 种，占总种数的 25.0%；其次为巴蜗牛科 3 属 3 种，占总种数的 15.0%；田螺科、环口螺科均为 2 属 2 种，各占总种数的 10.0%；椎实螺科为 1 属 2 种；占总种数的 10%；蚬科、豆螺科、肋蜒科、耳螺科、瓦娄蜗牛科、钻头螺科均为 1 属 1 种，各占总种数的 5.0%（图 7-1）。

表 7-1 峨嵋峰自然保护区贝类名录及区系

种名	个体数量	大田	大坪	坑坪	排根	地理区系
瓣鳃纲						
河蚬 Corbicula fluminea	1		+			□
腹足纲						
中国圆田螺 Cipangopaludina chinensis	1	+				□
梨形环棱螺 Bellamya purificata	4	+	+			★◎
大沼螺 Parafossarulus eximius	4		+			★◎
放逸短沟蜷 Semisulcospira libertine	109	+++	+	+++	+++	★
耳萝卜螺 Radix auricularia	1				+	□
椭圆萝卜螺 Radix swinhoei	1			+		★
湖南扁脊螺 Platyrhaphe hunana	45			+++	+	★
倍唇螺属未定种 Diplommatina sp.	2				+	
天目山果瓣螺 Carychium tianmuchanese	29			+++	+	★
薄唇瓦娄蜗牛 Vallonia tenuilabria	4			+		◎
细钻螺 Opeas gracile	1				+	★

---

*本章作者：欧阳珊, 谢广龙, 吴小平（南昌大学流域生态研究所, 南昌 330047）

续表

种名	个体数量	采集区				地理区系
		大田	大坪	坑坪	排根	
瓣鳃纲						
河蚬 *Corbicula fluminea*	1		+			□
小丘恰里螺 *Kaliella munipurensis*	4			+		★
扁恰里螺 *Kaliella depressa*	5			+		★
穴恰里螺 *Kaliella spelaea*	1			+		★
华巨楯蛞蝓 *Macrochlamys cathaiana*	5				+	★
光滑巨楯蛞蝓 *Macrochlamys superlita superlita*	1				+	★
灰尖巴蜗牛 *Bradybaena ravida ravida*	9		++			□
蛛形环肋螺 *Plectotropis araneatela*	1	+				★
扁平华蜗牛 *Cathaica (Cathaica) placenta*	3			+		◎

注：★东洋界；◎古北界；□广布种；+标本数为1~5；++标本数为6~10，+++标本数为10个以上

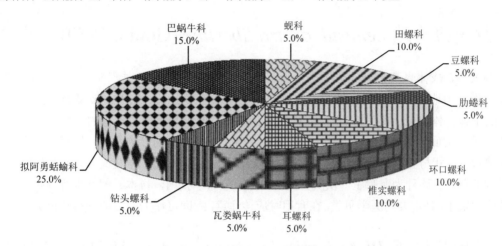

图 7-1　各科种数占总种数的百分比

2.2　分　布　特　点

由表 7-1 可以看出保护区内的优势种为淡水螺类放逸短沟蜷和陆生螺类湖南扁脊螺，两者分布广泛，采集到的个体数分别占总个体数的 47.19% 和 19.48 %。从分布看，淡水贝类采集较多的地点为大田、大坪。优势种放逸短沟蜷喜栖于水体清澈透明、流速较急的山溪中，保护区内具有良好水质，故分布大量放逸短沟蜷。陆生贝类则以坑坪、排根种类较多，坑坪植被较为丰富，溪流环绕，阔叶林下有丰富的灌木丛，由于林冠层对辐射的阻挡，林内的气温变化幅度小于林外，为陆生贝类提供了有利的栖息环境，有大量的微小型贝类分布于该采集区，如湖南扁脊螺、天目山果瓣螺；排根土质疏松、肥沃、湿润，阔叶林下有较厚的腐殖质，非常有利于陆生贝类的生存。由此可见，环境因子对贝类的分布起着重要作用。

2.3　区　系　分　析

根据目前我国的动物地理区划，福建峨嵋峰自然保护区处于东洋界，华中区，东部丘陵平原亚区。从区系成分看，峨嵋峰自然保护区贝类以东洋界的种类占主要成分。在采集的 20 种中，属东洋界的种类有 11 种，占总种数的 55.0%；属于古北界的种类有 2 种，占总种数的 10%；东洋界与古北界共有的种类 2 种，占总种数的 10.0%；广布种有 4 种，占总种数的 20.0%；未定种 1 种，占总种数的 5.0%（图 7-2）。峨嵋峰保护区贝类区系以东洋界为主，少数古北界种类渗透，这与保护区动物地理区划属东洋界华中区，

毗邻古北界华北区的地理位置相关。

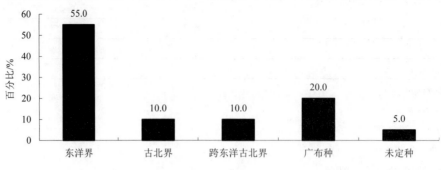

图 7-2　峨嵋峰自然保护区贝类区系组成

第三节　重要种类描述

3.1　放逸短沟蜷 *Semisulcospira libertine* (Gould, 1859)，肋蜷科

贝壳中等大小，成体壳高27mm，壳宽11mm左右，壳质厚，坚固，外形略呈尖圆锥形，有6~7个螺层，各层缓慢均匀地增长，螺层略外凸，或者平坦，体螺层略膨胀。壳顶常被腐蚀。壳面呈黄褐色或暗褐色，有的个体在体螺层上具有2~3层红褐色色带，并有细致的螺纹及较粗的生长纹，两者交叉形成布纹状花纹，或者壳面光滑。壳口呈梨形，周缘完整、薄，下缘具有明显的斜槽，轴缘短、弯曲。厣为角质黄褐色的薄片，形状与壳口相同，具有稀疏的螺旋形的生长纹。吻短，稍交叉。外套膜边缘光滑，雌性育儿囊位于颈部背侧。该种为卵胎生。以藻类为食。广泛分布于我国，日本、朝鲜也有分布。该种为卫氏并殖吸虫的中间宿主，是重要的医学贝类，在食用时应该注意。螺肉可作为家禽的饲料和鱼类的天然饵料。

3.2　湖南扁脊螺 *Platyrhaphe hunana* (Gredler, 1881)，环口螺科

贝壳微小型，呈扁圆锥形，壳质厚，坚固。有3~4个螺层。缝合线深、壳顶尖。前几个螺层增长缓慢，体螺层增长迅速。壳面黄褐色。外唇肥厚，厣为角质、圆形。脐孔大而深，直径约为壳宽的1/3，呈洞穴状，可见最前一螺层。分布于湖南、广西、江西等地。

3.3　天目山果瓣螺 *Carychium tiamushanese* Chen, 1992，耳螺科

贝壳微小型，壳质薄、易碎、半透明，呈长纺锤形。有 5 个螺层，螺旋部高，壳面为浅黄色。具有光泽。壳面较光滑。壳顶钝，缝合线清晰而深。口缘完整而向外翻卷。在外唇、内唇及轴唇上各有一枚乳状突起；即一枚外唇齿，一枚内唇齿和一枚呈片状的轴唇齿。脐孔被轴缘所覆盖。分布于浙江、江西。

第四节　贝类名录

软体动物门 Mollusca

I. 瓣鳃纲 Lamellibranchia

一、蚬科 Corbiculidae

1. 河蚬 *Corbicula fluminea*(Müller, 1774)

Ⅱ. 腹足纲 Gastropoda

二、田螺科 Viviparidae

2. 中国圆田螺 *Cipangopaludina chinensis* (Gray, 1834)
3. 梨形环棱螺 *Bellamya purificata*(Heude, 1890)

三、豆螺科 Bithyniidae

4. 大沼螺 *Parafossarulus eximius* (Neumayr, 1883)

四、肋蜷科 Pleuroceridae

5. 放逸短沟蜷 *Semisulcospira libertine* (Gould, 1859)

五、环口螺科 Cyclophoridae

6. 倍唇螺未定种 *Diplommatina* sp.
7. 湖南扁脊螺 *Platyrhaphe hunana* (Gredler, 1881)

六、椎实螺科 Lymnaeidae

8. 耳萝卜螺 *Radix aurichlaria* (Linnaeus, 1758)
9. 椭圆萝卜螺 *Radix swinhoei* (H. Adams, 1866)

七、耳螺科 Ellobiidae

10. 天目山果瓣螺 *Carychium tianmuchanese* Chen, 1992

八、瓦娄蜗牛科 Valloniidae

11. 薄唇瓦娄蜗牛 *Vallonia tenuilabria* (A. Braun, 1847)

九、钻头螺科 Subulinidae

12. 细钻螺 *Opeas gracile* (Hutton, 1834)

十、拟阿勇蛞蝓科 Ariophantidae

13. 小丘恰里螺 *Kaliella munipurensis* (Godwin-Austen,1882)
14. 扁恰里螺 *Kaliella depressa* Moellendorff, 1883
15. 穴恰里螺 *Kaliella spelaea* (Heude, 1882)
16. 华巨楯蛞蝓 *Macrochlamys cathaiana* Moellendorff, 1899
17. 光滑巨楯蛞蝓 *Macrochlamys superlita superlita* (Morelet, 1882)

十一、巴蜗牛科 Bradybaenidae

18. 灰尖巴蜗牛 *Bradybaena ravida ravida* (Benson, 1842)
19. 蛛形环肋螺 *Plectotropis araneatela* (Heude, 1882)
20. 扁平华蜗牛 *Cathaica (Cathaica) placenta* (Ping et Yen, 1933)

参 考 文 献

陈德牛, 张国庆. 2004. 中国动物志(第三十七卷: 软体动物门•腹足纲•巴蜗牛科). 北京: 科学出版社

陈德牛，高家祥. 1987. 中国经济动物志, 陆生软体动物. 北京: 科学出版社

刘月英, 张文珍, 王耀先. 1979. 中国经济动物志: 淡水软体动物. 北京: 科学出版社

刘月英, 张文珍, 王耀先. 1993. 医学贝类学. 北京: 海洋出版社

周芳兵. 2008. 江西陆生贝类物种多样性研究. 南昌大学: 硕士研究生学位论文

Heude P M. 1882-1885. Notes sur les mollusques terrestres de la vatlee du Fleuve Bleu. Mem. d Nat. l'Emp .Chinols

Yen T C. 1939. Die Chinesischen land und Suesswasser-Gastropoden des Natur-Museums Senkenberg. Abh. Senken. Nat. Ges., 444:1-178

第八章 大型真菌资源*

第一节 概 述

福建峨嵋峰自然保护区位于泰宁县东南部，地理位置为东经 116 护区位′14′-117 区位于′02′，北纬 26 纬 7 区′31′- 27 区位于′06′，东北部与建宁交界。

保护区内的地貌以高丘和中、低山为主，海拔为 400～1714m，最高峰峨嵋峰海拔 1714m，大部分山势高峻，多陡坡和尖峭高峰，山地坡度多在 30°～45°，峨嵋峰自然保护区总面积 10 299.59hm²。

峨嵋峰自然保护区生态环境多样，着生着各类野生经济植物，在本区维管束植物中，目前已被利用或已知具有开发利用价值的就有138科1000种以上。目前在该区发现属于国家重点保护的植物有南方红豆杉*Taxus wallichiana* var. *mairei*、伯乐树*Bretschneidera sinensis*等20余种。保护区的植被条件、地理位置、气候条件十分适宜大型真菌的繁衍、生长。

这次考察时间为 2012 年 7 月 1 日～9 月 4 日，第二阶段在 2013 年 4 月 8 日～5 月 11 日补点。根据我们的经验，福建省野生大型真菌发生的季节多集中在 7～9 月，2 次考察能代表保护区内大型真菌的总体概貌。

本次调查表明保护区内有大型真菌资源 13 目 40 科 159 种。

第二节 大型真菌资源区系分析

根据中国科学院昆明植物研究所臧穆（1991）、中国科学院微生物研究所卯晓岚（1985）的分析，我国食用菌的地理分布，因气候降水量、植被类型不同，大体分为如下几类。

2.1 东 北 地 区

本区属温带湿润和半湿润森林及森林草原地区。大小兴安岭及长白山森林面积占全国森林总面积的 1/3。温带食用菌资源丰富，并以林居种类占优势，最著名的种：松口蘑（松茸）、蜜环菌（榛蘑）、亚侧耳（元蘑）、金顶侧耳（榆黄蘑）、猴头菌、黑木耳、香蘑、黏盖牛肝菌、铆钉菇（肉蘑）等。

2.2 蒙 新 地 区

本区气候干旱，降水量由东向西递减，属典型的大陆性气候，植被由干草原到荒漠草原，食用菌种类较少。其中以口蘑、雷蘑、香杏口蘑、大马勃、翘鳞肉齿菌（獐子菌）、阿魏蘑较为出名。

2.3 华 北 地 区

本区属温带落叶阔叶林区，是全国东西南北食用菌交汇和过渡的地区。食用菌种类有香菇、黑木耳、口蘑、雷蘑、侧耳（平菇）、丛枝菌（鹿茸菌）、猴头菌。

*本章作者: 刘新锐 [1]，谢宝贵 [1]，白荣健 [2]，许可明 [2]（1. 福建农林大学生命科学学院，福州 350002; 2. 福建峨嵋峰自然保护区管理处，泰宁 354400）

2.4　华中和华南地区

本区大部分属南亚热带、中亚热带地区，包括长江中下游地区和两广、福建、台湾及西双版纳，降水多，树木以常绿树种为主，食用菌资源丰富，是红菇、乳菇、鸡油菌、牛肝菌、鸡枞、香菇、草菇、银耳、黑木耳、毛木耳的主要产区。

2.5　西　南　地　区

本区大部分属亚热带西部地区，森林广布，地形复杂，包括云贵高原、四川盆地、横断山区，有多种鸡枞、华鸡枞、青头菌、绣球菌、干巴菌、香肉齿菌（香虎掌菌）、松口蘑（松茸）、黑木耳、银耳、金耳、红菇、丝膜菌、各种牛肝菌、鹅膏菌、竹荪等。

2.6　青藏高原地区

本区平均海拔 4000～5000m，地势高，气候寒冷，食用菌的分布受到限制，是世界上食用菌分布最高的地区。如黄绿蜜环菌垂直分布达 4300m。藏南各地林区及青海柴达木盆地的草原是本区野生食用菌的重要产区，目前尚未很好利用，尤其是雅鲁藏布江谷地尚待考察。

在福建峨嵋峰自然保护区，大型真菌资源的分布基本上属于我国华中和华南的真菌区系，是我国亚热带地区大型真菌资源向热带地区大型真菌资源交汇和过渡的地区。既有温带地区的种类，又有亚热带地区常见的种类，也有一些热带地区特有的种类。多孔菌科 Polyporaceae（23 种）、红菇科 Russulaceae（18 种）、鹅膏菌科 Amanitaceae（13 种）、白蘑科 Tricholomataceae（12 种）、牛肝菌科 Boletaceae（10 种）等种类较多。

第三节　重要大型真菌种类和分布

保护区内常见的经济真菌如下：

3.1　假蜜环菌 *Armillariella tabescens* (Scop. et Fr.) Sing.，白蘑科

别名：枫树菇。

形态特征：子实体一般中等大。菌盖直径 2.8～8.5cm，幼时扁半球形，后渐平展，有时边缘稍翻起，蜜黄色或黄褐色，老后锈褐色，往往中部色深并有纤毛状小鳞片，不黏。菌肉白色或带乳黄色。菌褶白色至污白色，或稍带暗肉粉色，近延生，稍稀，不等长。菌柄长 2～13cm，粗 0.3～0.9cm，上部污白色，中部以下灰褐色至黑褐色，有时扭曲，具平伏丝状纤毛，内部松软变至空心。无菌环。孢子印近白色。孢子无色，光滑，宽椭圆形至近卵圆形，(7.5～10.0)μm×(5.3～7.5)μm。菌丝体初期在暗处发光，菌丝索黄色至黄棕色，根状扁平，不发荧光。

习性：夏秋季于树干基部或根部丛生。分布广泛。可人工栽培。

采集地点：福建峨嵋峰自然保护区内。

经济价值：可食用，味道好。据报道，菌丝体对胆囊炎及传染性肝炎有一定疗效。抗癌试验中，对小白鼠肉瘤 180 及艾氏癌的抑制率为 70%。

3.2　银耳 Tremella fuciformis Berk.，银耳科

别名：白木耳，白耳子。

形态特征：子实体胶质，新鲜时纯白色、半透明，耳基黄色或黄褐色，由3~10枚甚至更多枚波曲的瓣片组成，鸡冠形或菊花形，大小不一，4~25cm。干后角质，硬而脆，白色或米黄色，体积强烈收缩，子实层生于整个瓣片的表面。担子卵形或近球形，十字形垂直或稍斜分割成4个细胞，每一个细胞上生一枚细长的柄——上担子，每一枚上担子生一枚担子梗，其上再生一枚担孢子。担孢子无色透明（成堆时白色），卵球形或卵形，罕瓜子形，(5.0~7.5)μm×(4.0~6.0)μm（5~7μm）。萌发产生再生孢子或芽管。

习性：春秋生长于栓皮栎、麻栎、蒙古栎、栎、杨、柳、桑、榆、赤杨叶、千年桐、杜英、乌桕等阔叶树枯木或倒木上。可人工栽培。

采集地点：福建峨嵋峰自然保护区内。

经济价值：食用。中国著名的食用菌之一。长期食用，有滋补强壮作用。除含多种氨基酸、酸性异多糖及有机磷、铁等成分之外，还含有其他生理活性物质。药用，性味甘平，无毒，能滋阴、润肺、养胃、生津。主治虚劳、咳嗽、痰中带血、虚热口渴。银耳多糖对小白鼠肉瘤180有抑制作用。银耳糖浆有增强巨噬细胞吞噬能力的作用，对 ^{60}Co、γ射线辐照后造成的损伤有较好的保护作用。可显著提高化疗和放疗患者白细胞的增殖能力，有增加白细胞的作用。近几年人工袋栽培的银耳出现耳片变黄、泡松率降低等种性退化现象，从野生的银耳中分离菌种可有效地改善种性。

3.3　毛木耳 *Auricularia polytricha* (Mont.) Sacc.，木耳科

别名：构耳，黄背木耳，白背木耳，粗木耳。

形态特征：子实体群生或丛生。初期杯状，后为耳状或叶片状，韧胶质，表面有棕色或灰褐色的毛，多数平滑，有时有皱纹，红褐色，常常带紫色，直径可达18cm。干后子实体变为紫色至黑色，不孕面青褐色或灰白色，毛长(50~600)μm×(45~65)μm，基部膨大处粗10μm。担子(52~62)μm×(3.0~3.5)μm。孢子肾形，(13~15)μm×6μm，无色，光滑。

习性：夏秋生长于榕、枫、构等阔叶树树干或枯枝上。可用木屑、蔗渣、棉籽壳等进行袋栽。

采集地点：福建峨嵋峰自然保护区内。

经济价值：食用，素有木头海蜇皮之称。药用，治疗寒湿性腰腿疼痛，产后虚弱、抽筋麻木；治疗外伤引起的疼痛、血脉不通、麻木不仁、手足抽搐；治疗白带过多、便血、痔疮出血、子宫出血、反胃多疾；缓解误食毒蕈中毒，年老生疮久不封口。

3.4　云芝 *Coriolus versicolor* (L. et Fr.) Quel.，多孔菌科

别名：杂色云芝、彩绒革盖菌、瓦菌。

形态特征：子实体覆瓦状叠生。革质，无柄，平伏而反卷，半圆形至贝壳状，相互连接，(1~6)cm×10cm，有细长毛和绒毛，灰褐色、灰黑色、黑色等多种颜色，有光滑、狭窄多彩的同心环带，边缘较薄，完整或波浪状。菌肉白色，厚0.5~1.5cm。菌管长0.5~3cm；管口白色、浅黄色或灰色，3~5 个/mm。孢子无色，光滑，长椭圆形，(4.5~7.2)μm×(1.8~2.7)μm。

习性：全年，尤其夏秋生长于阔叶树腐木上。

采集地点：福建峨嵋峰自然保护区内。

经济价值：药用。祛湿、化痰、理肺。云芝多糖PSK、云芝糖肽对肝炎、各种肿瘤都有疗效，是新型的免疫调节剂。

3.5　正红菇 *Russula vinosa* Lindbl.，红菇科

别名：红菇，葡酒红菇。

形态特征：子实体散生或群生。菌盖直径可达14cm。初圆形，后平展至浅凹，表面干燥，大红色或胭脂红色，中央暗紫黑色。菌肉白色，近表皮处玫瑰红色或浅红色。菌褶长短不一，基部有分叉，鲜时

白色，干时银灰色。菌柄圆柱形，(5～10)cm×(1～2.5)cm，白色或有红色的斑块。孢子印白色或淡奶油色；孢子近球形，(8～9)μm×(7～8)μm，表面有小疣，囊状体超出子实层约 20μm，梭形，(25～127)μm×(9～13)μm。

习性：夏秋生长于米槠、栲树、青钩锥等林地上。

采集地点：福建峨嵋峰自然保护区内。

经济价值：著名的食用菌，也供药用。

3.6 松乳菇 *Lactarius deliciosus* (L. et Fr.) Gray，红菇科

别名：雁鹅菌，美味松乳菇，寒菌，松菌。

形态特征：子实体单生或群生。菌盖直径 4～15cm，扁半球形，中央脐状，伸展后不凹，边缘最初内卷，后平展，湿时黏，光滑，虾仁色、胡萝卜黄色或深橙色。有或无色泽较明显的环带，后色变淡，伤变绿色，特别是菌盖边缘部分变绿显著。菌肉初带白色，后变胡萝卜黄色。乳汁量少，橘红色，最后变绿色，味道柔和，后稍辛辣，气味好闻。菌褶与菌盖同色，稍密，近柄处分叉，褶间具横脉，直生或稍延生，伤后或老后变绿色。菌柄长 2～5cm，粗 0.7～2cm，近圆柱形或向基部渐细，有时具暗橙色凹窝，色同菌褶或更浅，伤变绿色，内部松软或变中空；菌柄切面先变橙红色，后变暗红色。孢子印近米黄色；孢子无色，广椭圆形，有小疣和网纹，(8～10)μm×(7～9)μm。囊状体稀少，近梭形，(40～65)μm×(4.7～7)μm。

习性：夏秋生长于松林内地上。

采集地点：保护区内接近峨嵋峰顶处。形成小范围的蘑菇圈。

经济价值：是深受欢迎的一种美味食用菌。湖南、江苏等地已将此菌收入菜谱。用其幼菇为主要原料和茶油等一起制成的"菌油"，既是佐餐美肴，又是调味佳品。松乳菇与云杉、铁杉、冷杉、黄山松和马尾松形成外生菌根，在林业上有很大用途。

第四节 开发利用意见

福建峨嵋峰自然保护区是中亚热带常绿阔叶林区，温暖湿润的气候，保护完整的生态环境，为大型真菌的繁衍提供了优越的条件。通过 2 次科学考察，共采集并鉴定了大型真菌 13 目 40 科 159 种，估计保护区内的大型真菌数量应在 300 种以上。菌类是自然界物质大循环中重要的一环，保护真菌资源，对保护生物的多样性具有重要意义。

保护区内野生食用菌资源十分丰富，有不少是珍稀种类，如正红菇 *Russula vinosa* Lindbl.、假蜜环菌 *Armillariella tabescens* (Scop. et Fr.) Sing.、梨红菇 *Russula cyanoxantha* f. *peltereaui* R. Maire 等，具有较高的经济价值，当地农民也有采食这些野生食用菌的习惯。建议有关部门采取有效措施，本着保护与适度开发的原则，合理开发利用保护区内的野生食用菌资源。

建议适度发展香菇 *Lentinus edodes* (Berk.) Pegler、杨树菇 *Agrocybe aegerita* (Brig.) Sing.、杏鲍菇 *Pleurotus eryngii* (DC. et Fr.) Quel.等食用菌生产，为发展本地经济做贡献。

第五节 自然保护区大型真菌名录

子囊菌亚门 Ascomycotina

Ⅰ. 核菌纲 Pyrenomycetes

Ⅰ-1. 麦角菌目 Clavicipitales

一、麦角菌科 Clavicipitaceae

1. 椿象虫草 *Cordyceps nutans* Pat.

Ⅰ-2. 炭角菌目 Xylariales

二、炭角菌科 Xylariaceae

2. 炭球 *Daldinia concentrica* (Bolt.) Ces. et de Not.
3. 大孢炭角菌 *Xylaria berkeleyi* Mont.
4. 鹿角炭角菌 *Xylaria hypoxylon* (L.) Grev.
5. 长柄炭角菌 *Xylaria longipes* (Nits.) Dennis

Ⅱ. 盘菌纲 Discomycetes

Ⅱ-1. 盘菌目 Pezizales

三、盘菌科 Pezizaceae

6. 红毛盘菌 *Scutellinia scutellata* (L. et Fr.) Lamb.

四、蜡钉菌科 Helotiaceae

7. 黄蜡钉菌 *Helotium subserotinum* Henn. et Nym.

担子菌亚门 Basidiomycotina

Ⅲ. 异隔担子菌纲 Heterobasidiomycetes

A. 有隔担子菌亚纲 Phragmobasidiomycetidae

Ⅲ-1. 银耳目 Tremellales

五、银耳科 Tremellaceae

8. 银耳 *Tremella fuciformis* Berk.

Ⅲ-2. 木耳目 Auriculariales

六、木耳科 Auriculariaceae

9. 黑木耳 *Auricularia auricula* (L. et Hook.) Underw.
10. 毛木耳 *Auricularia polyticha* (Mont.) Sacc.

B. 无隔担子菌亚纲 Holobasidiomycetidae

Ⅲ-3. 花耳目 Dacrymycetales

七、花耳科 Dacrymycetaceae

11. 胶角 *Calocera cornea* (Batsch et Fr.) Fr.
12. 桂花耳 *Dacrpinax spathularia* (Schw.) Martin [*Guepinia spathularia* (Schw. et Fr.) Fr.]

Ⅲ-4. 无褶菌目（非褶菌目）Aphyllophorales

八、鸡油菌科（喇叭菌科）Cantharellaceae

13. 金黄喇叭菌 *Craterellus aureus* Berk. et Curt.
14. 鸡油菌 *Cantharellus cibarius* Fr.
15. 灰号角 *Craterellus cornucopioides* (L. et Fr.) Pers.
16. 淡黄鸡油菌 *Cantharellus lutescens* Pers. et Fr.
17. 小鸡油菌 *Cantharellus minor* Peck

18.　管状鸡油菌 *Cantharellus tubaeformis* (Bull.) Fr.

九、齿耳菌科 Steccherinaceae

19.　粗糙肉齿菌 *Sarcodon scabrosus* (Fr.) Karst.

十、猴头菌科 Hericiaceae

20.　猴头菌 *Hericium erinaceus* (Bull. et Fr.) Pers.

十一、枝瑚菌科（丛枝菌科）Ramariaceae

21.　葡萄状枝瑚菌（扫把菇）*Ramaria botrytis* (Fr.) Ricken

十二、锁瑚菌科（灰瑚菌科）Clavulinaceae

22.　灰锁瑚菌 *Clavulina cinerea* (Bull. et Fr.) Schroet.

十三、珊瑚菌科 Clavariaceae

23.　角拟锁瑚菌 *Clavulinopsis corniculata* (Schaeff. et Fr.) Corner

24.　梭形黄拟锁瑚菌（鼎刷菇）*Clavulinopsis fusiformis* (Sowia et Fr.) Corner

25.　红拟锁珊瑚菌 *Clavulinopsis miyabeana* (S. Ito.) S. Ito.

26.　白色拟枝瑚菌 *Ramariopsis kunzei* (Fr.) Donk

十四、革菌科 Thelephoraceae

27.　橙黄糙孢革菌 *Thelephora aurantiotincta* Corner

28.　掌状糙孢革菌 *Thelephora palmata* (Scop.) Fr.

29.　帚状糙孢革菌 *Thelephora penicillata* (Pers.) Fr.

30.　莲座糙孢革菌 *Thelephora vialis* Schw.

十五、韧革菌科 Stereaceae

31.　粗毛硬革菌 *Stereum hirsutum* (Willd.) Fr.

十六、多孔菌科 Polyporaceae

32.　北方顶囊孔菌 *Climacocystis borealis* (Fr.) Kotlalaba & Pouz.

33.　多年生集毛菌 *Coltricia perennis* (L. et Fr.) Murr.

34.　小集毛菌 *Coltricia pusilla* Imazeki et Y. Kobayasi

35.　鲑贝云芝 *Coriolus consors* (Berk.) Imaz.

36.　粗毛云芝 *Coriolus hirsutus* (Wulf et Fr.) Quel.

37.　云芝 *Coriolus versicolor* (L. et Fr.) Quel.

38.　漏斗棱孔菌 *Favolus arcularius* (Fr.) Ames.

39.　松生拟层孔菌 *Fomitopsis pinicola* (Sw. et Fr.) Karst.

40.　篱边黏褶菌 *Gloeophyllum saepiarium* (Wulf. et Fr.) Karst.

41.　硫磺菌 *Laetiporus sulphureus* (Fr.) Murr.

42.　朱红硫磺菌 *Laetiporus sulphureus* var. *miniatus* (Jungh.) Imaz.

43.　桦褶孔菌 *Lenzites betulina* (L.) Fr.

44.　扇形小孔菌 *Microporus flabelliformis* (Fr.) Kuntze

45.　纯黄小孔菌 *Microporus luteus* (Bl. et Nees) Fr.

46.　黄柄小孔菌 *Microporus xanthopus* (Fr.) Kuntze

47.　蹄形干酪菌 *Oligoporus tephroleucus* (Fr.) Gilbn. et Ryv.

48.　厚贝针层孔菌 *Phellinus densus* (Lloyd) Teng

49.　朱红密孔菌 *Pycnoporus cinnabarinus* (Jacq. et Fr.) Karst.

50.　绯红密孔菌 *Pycnoporus coccineus* (Fr.) Bond et Sing.

51.　东方栓菌 *Trametes orientalis* (Yasuda) Imaz.

52.　紫褐囊孔菌 *Trichaptum fuscoviolaceum* (Fr.) Ryvarden

53.　茯苓 *Wolfiporia cocos* (Schw.) Ryv. et Gilbn.

54.　粗毛褐孔菌 *Xanthochrous hispidus* (Bull. et Fr.) Pat. [*Inonotus hispidus* (Bull. et Fr.) Karst.]

十七、灵芝科 Ganodermataceae

55. 假芝 *Amauroderma rugosum* (Bl. et Nees) Torrend
56. 树舌 *Ganoderma applanatum* (Pers.) Pat
57. 喜热灵芝 *Ganoderma calidophilum* Zhao, Xu et Zhang
58. 灵芝 *Ganoderma lucidum* (Curt. et Fr.) Kars
59. 紫芝 *Ganoderma sinense* Zhao, Xu et Zhang

Ⅳ. 层菌纲 Hymenomycetes

C. 同隔担子菌亚纲 Holobasidiomycetidae

Ⅳ-1. 伞菌目 Agaricales

十八、侧耳科 Pleurotaceae

60. 香菇 *Lentinus edodes* (Berk.) Pegler
61. 翘鳞香菇 *Lentinus squarrosulus* Mont.
62. 革耳 *Panus rudis* Fr.
63. 鲍鱼菇 *Pleurotus abalonus* Han, K. M. Chen et S. Cheng
64. 杏鲍菇 *Pleurotus eryngii* (DC. et Fr.) Quel.
65. 侧耳 *Pleurotus ostreatus* (Jacq. et Fr.) Quel.
66. 凤尾菇 *Pleurotus pulmonarius* (Fr.) Sing.

十九、裂褶菌科 Schizophyllaceae

67. 裂褶菌 *Schizophyllum commune* Fr.

二十、蜡伞科 Hygrophoraceae

68. 尖橙红湿伞 *Hygrocybe cuspidata* (Peck) Murrill
69. 柠檬黄蜡伞 *Hygrophorus lucorum* Kalchbr.

二十一、白蘑科 Tricholomataceae

70. 假蜜环菌 *Armillariella tabescens* (Scop. et Fr.) Sing.
71. 斜盖菇 *Clitopilus prunulus* (Scop. et Fr.) Kummer
72. 金针菇 *Flammulina velutipes* (Curt. et Fr.) Sing.
73. 白微皮伞 *Marasmiellus candidus* (Bolt.) Sing.
74. 叶生皮伞 *Marasmius epiphyllus* (Pers. et Fr.) Fr.
75. 大皮伞 *Marasmius maximus* Hongo
76. 车轴皮伞 *Marasmius rotula* (Scop. et Fr.) Fr.
77. 黄绒长根菇 *Oudemansiella pudens* (Pers.) Pegler
78. 长根菇 *Oudemansiella radicata* (Relh. et Fr.) Sing.
79. 长根菇鳞柄变种 *Oudemansiella radicata* (Relh. et Fr.) Sing. var. *furfururacea* (Peck) Pegler et Young
80. 鳞皮扇菇 *Panellus stypticus* (Bull. et Fr.) Karst.
81. 假杯伞 *Pseudoclitocybe cyathiformis* (Bull. et Fr.) Sing.

二十二、鹅膏菌科 Amanitaceae

82. 球茎鹅膏 *Amanita abrupta* Peck
83. 灰褐小鹅膏 *Amanita ceciliiae* (Berk. & Br.) Bas.
84. 灰絮鳞鹅膏 *Amanita griseofarinosa* Hongo
85. 褐云斑鹅膏 *Amanita porphyria* (Alb. et Schw. et Fr.) Secr.
86. 土红鹅膏 *Amanita rufoferruginea* Hongo
87. 角鳞白鹅膏 *Amanita solitaria* (Bull. et Fr.) Karst.

88. 角鳞灰鹅膏 *Amanita spissacea* Imai

89. 纹缘鹅膏 *Amanita spreta* (Peck) Sacc.

90. 松果鹅膏（名寿菇）*Amanita stribiliformis* (Vitt.) Quel.

91. 锥鳞白鹅膏 *Amanita virgineoides* Bas.

92. 白鳞粗柄鹅膏 *Amanita vittadinii* (Moret.) Vitt.

93. 鸡枞（裂菇）*Termitomyces eurrhizus* (Berk.) Heim

94. 小果鸡枞 *Termitomyces microcarpus* (Berk. et Br.) Herm

二十三、光柄菇科 Pluteaceae

95. 灰光柄菇 *Pluteus cervinus*(Schaeff.) P. Kumm. [*Pluteus atricapillus* (Batsch) Fayod]

96. 草菇 *Volvariella volvacea* (Bull. et Fr.) Sing.

二十四、蘑菇科（黑伞科）Agaricaceae

97. 双孢蘑菇 *Agaricus bisporus* (Lange) Sing.

98. 巴西蘑菇 *Agaricus blazei* Murr.

99. 小紫蘑菇 *Agaricus purpurellus* (Moeller) Moeller

100. 柏列氏白鬼伞 *Leucoagaricus bresadolae* (Schulz.) S. Wasser

101. 极脆白鬼伞 *Leucoagaricus fragilissimus* (Rav.) Pat.

二十五、鬼伞科 Coprinaceae

102. 白斑褶伞 *Anellaria antillarum* (Berk.) Sing.

103. 墨汁鬼伞 *Coprinus atramentarius* (Bull. et Fr.) Fr.

104. 毛头鬼伞 *Coprinus comatus* (Mull. et Fr.) S. F. Gray

105. 晶粒鬼伞 *Coprinus micaceus* (Bull.) Fr.

106. 辐毛鬼伞 *Coprinus radians* (Desm.) Fr.

107. 花褶伞 *Panaeolus retirugis* (Fr.) Gill.

108. 假鬼伞 *Pseudocoprinus disseminatus* (Pers. et Fr.) S. F. Cray

二十六、粪锈伞科 Bolbitiaceae

109. 杨树菇 *Agrocybe aegerita* (Brig.) Sing.

110. 粪锈伞 *Bolbitius vitellinus* (Pers.) Fr.

二十七、球盖菇科 Strophariaceae

111. 皱环球盖菇 *Stropharia rugosoannulata* Farlow

二十八、丝膜菌科 Cortlinariaceae

112. 紫丝膜菌 *Cortinarius violaceus* (L. et Fr.) Fr.

113. 长根暗金钱菌 *Phaeocollybia christinae* (Fr.) Heim

二十九、锈耳科（锈褶菌科）Crepidotaceae

114. 茶毛靴耳 *Crepidotus crocophyllus* (Berk.) Sacc.

三十、赤褶菌科（粉褶菌科）Rhodophyllaceae

115. 黄色赤褶菇 *Rhodophyllus murraii* (Berk. et Curt.) Sing.

116. 褐盖赤褶菇 *Rhodophyllus rhodopolius* (Fr.) Quel.

三十一、肝菌科 Boletaceae

117. 木生条孢牛肝菌 *Boletellus emodensis* (Berk.) Sing.

118. 长领黏盖条孢牛肝菌 *Boletellus longicollis* (Ces.) Pegler et Young

119. 红柄牛肝菌 *Boletus erythropus* (Fr.) Secr.

120. 网柄牛肝菌 *Boletus ornatipes* Peck

121. 华美牛肝菌 *Boletus speciosus* Frost

122. 美丽黄褶孔牛肝菌 *Phylloporus bellus* (Mass.) Corner

123. 黄粉末牛肝菌 *Pulveroboletus ravenelii* (Berk. et Curt.) Murr.

124. 苦粉孢牛肝菌 *Tylopilus felleus* (Bll. et Fr.) Karst.

125. 褐绒盖牛肝菌 *Xerocomus badius* (Fr.) Kuhner

126. 红绒盖牛肝菌 *Xerocomus chrysenteron* (Fr.) Quel.

三十二、松塔牛肝菌科 Strobilomycetaceae

127. 梭孢南方牛肝菌 *Austroboletus fusisporus* (Kawam. Imaz. et Hongo) Wolfe

128. 日本红牛肝菌 *Heimiella japonica* Hongo

129. 混淆松塔牛肝菌 *Strobilomyces confusis* Sing.

130. 半裸松塔牛肝菌 *Strobilomyces seminudus* Hongo

131. 松塔牛肝菌 *Strobilomyces strobilaceus* (Scop. et Fr.) Berk.

三十三、红菇科 Russulaceae

132. 污灰褶乳菇 *Lactarius controversus* (Pers.) Fr.

133. 松乳菇 *Lactarius deliciosus* (L. et Fr.) Gray

134. 格拉氏乳菇 *Lactarius gerardii* PK.

135. 红汁乳菇 *Lactarius hatsudake* Tanaka

136. 稀褶乳菇 *Lactarius hygroporoides* Berk. et Curt.

137. 辣乳菇 *Lactarius piperatus* (L. et Fr.) Gray

138. 毛头乳菇 *Lactarius torminosus* (Schaeff. et Fr.) Gray.

139. 绒白乳菇 *Lactarius vellereus* Fr.

140. 多汁乳菇 *Lactarius volemus* Fr.

141. 白（红）菇 *Russula albida* Peck

142. 梨红菇 *Russula cyanoxantha* f. *peltereaui* R. Maire

143. 大白菇 *Russula delica* Fr.

144. 臭黄（红）菇 *Russula foetens* Pers. et Fr.

145. 拟臭黄菇 *Russula laurocerasi* Melzer

146. 淡紫红菇 *Russula lilacea* Quel.

147. 绒紫红菇 *Russula mariae* Peck

148. 亚稀褶黑菇 *Russula subnigricans* Hongo

149. 正红菇 *Russula vinosa* Lindbl.

D. 腹菌亚纲 Gasteromycetidae

Ⅳ-1. 硬皮马勃目 Sclerodermatales

三十四、鬼笔菌科 Phallaceae

150. 棘托竹荪 *Dictyophora echinovolvata* Zang, Zheng et Hu

151. 黄裙竹荪 *Dictyophora multicolor* Berk. et Br.

Ⅳ-2. 马勃目 Lycoperdales

三十五、马勃科 Lycoperdaceae

152. 头状秃马勃 *Calvatia craniiformis* (Schw.) Fr.

153. 粒皮马勃 *Lycoperdonumbrinum* Pers.

154. 网纹灰包 *Lycoperdon perlatum* Pers.

Ⅳ-3. 硬皮马勃目 Sclerodermatales

三十六、硬皮马勃科 Sclerodermataceae

155. 黄硬皮马勃 *Scleroderma flavidum* Ell. et Ev.

Ⅳ-4. 柄灰包目 Tulostomatales

三十七、美口菌科 Calostomataceae

156. 红皮美口菌 *Calostoma cinnbarinus* (Desv.) Mass.

三十八、豆包菌科（豆马勃科）Pisolithaceae

157. 豆包菌 *Pisolithus tinctorius* (Pers.) Coker et Couch

Ⅳ-5. 鸟巢菌目 Nidulariales

三十九、硬皮地星科 Astraceae

158. 硬皮地星 *Astraus hygrometricus* (Pers.) Morg.

四十、鸟巢菌科 Nidulariaceae

159. 白毛红蛋巢菌 *Nidula niveotomentosa* (P. Henn.) Lioyd

参 考 文 献

戴玉成, 周丽伟, 杨祝良, 等. 2010. 中国食用菌名录. 菌物学报, 29(1): 1-21

邓叔群. 1964. 中国的真菌. 北京: 科学出版社

黄年来等. 1998. 中国大型真菌原色图鉴. 北京: 中国农业出版社

卯晓岚等. 2000. 中国大型真菌. 郑州: 河南科学技术出版社

第九章 旅游资源与社区经济[*]

第一节 旅 游 资 源

泰宁峨嵋峰是个自然景观奇特、人文底蕴深厚的闽西北闻名的历史名山，主要景观特色。

泰宁山清水秀，人杰地灵，旅游资源丰富。泰宁拥有面积达492km²的泰宁世界地质公园，地质公园内自然景观奇特，以水上丹霞、峡谷群落、洞穴奇观、原始生态为主要特点。境内有寨下大溪谷地质景观，有千姿百态的丹霞地貌与浩瀚湖水完美结合的百里金湖，有"天为山欺、水求石放"的上清溪峡谷曲流，还有状元名士深山苦读的丹霞岩穴、"闽中雄峤"的福建境内第二高峰金铙山及被誉为"峡谷大观园"的金龙谷等精品景观。大金湖、上清溪、状元岩、猫儿山、九龙潭、金龙谷、泰宁古城七大景区，各种类型的旅游景观几乎都有，既有丹崖、深谷、奇石等地景，又有碧湖、幽溪、飞瀑等水景，还有珍禽异草等生态景观，及古城风貌、苏区风采等人文景致，如此众多不同类型的旅游景观集于一县之域为全国少有。[*]

泰宁拥有国家重点文物保护单位、江南保存最完好、规模最大的明代民居尚书第建筑群，"一柱插地、不假片瓦"的悬空古刹甘露岩寺，被文化部命名为"天下第一团"的梅林戏，及原始粗犷的傩舞，灵趣盎然的桥灯等民俗风情等，昭示了灿烂醇厚的历史文化。境内还有中国东南沿海面积最大、种类最齐全、海拔最高、年代最久远、景观最丰富、生态最完好的丹霞地貌群落，蕴藏着丰富神奇的丹霞地质文化，是一本解读地球、诠释自然的地质教科书。

泰宁的旅游资源具有奇特性、多样性、休闲性、文化性的特点，经过全县共同努力，泰宁目前已拥有中国优秀旅游县、国家重点风景名胜区、国家"5A"级旅游区、国家森林公园、国家地质公园、全国重点文物保护单位、中国生物圈保护区网络成员单位、国家自然保护区等8块国家级"金牌"，特别是在2005年和2010年，泰宁分别荣膺世界地质公园和世界自然遗产地，成为福建第一个世界地质公园和继武夷山之后的第二个世界级旅游区。

1.1 生物多样性景观资源

1.1.1 资源丰富的自然区域

保护区内山高林密、溪流纵横、植物和土壤分布规律具有明显的垂直地带性，是我省境内生物多样性最为丰富地区之一。区内有维管束植物239科826属1938种。其中蕨类植物41科78属178种；裸子植物8科13属14种；被子植物190科735属1746种。其中，国家Ⅰ级保护植物有东方水韭、南方红豆杉、伯乐树及银杏4种；国家Ⅱ级保护植物有金毛狗、白豆杉、长叶榧、鹅掌楸、凹叶厚朴、樟树、闽楠、浙江楠、莲、金荞麦、蛛网萼、野大豆、山豆根、花榈木、红豆树、半枫荷、大叶榉、伞花木、喜树、香果树等20种；兰科植物有钩距虾脊兰、心叶球柄兰、鹤顶兰、细叶石仙桃等43种；福建省重点保护珍贵树木有江南油杉、长苞铁杉、柳杉、乐东拟单性木兰、黄山玉兰、沉水樟、黄樟、刨花润楠、黑叶锥、乌岗栎、青钱柳、瘿椒树、银钟花等13种；植被群落有11个植被型、50个群系和103个群丛，有原生性的亮叶水青冈落叶阔叶林与不同演替阶段的中山沼泽湿地植被类型。

保护区内有野生脊椎动物34目99科374种。其中，淡水鱼类5目12科53种；两栖类2目7科

---

*本章作者：丁振华[1]、靳明华[1]、王佳[1]、李祖贵[2]、白荣健[3]、许可明[3]（1. 厦门大学环境与生态学院，厦门 361102; 2. 泰宁县林业局，泰宁 354400; 3. 福建峨嵋峰自然保护区管理处，泰宁 354400）

26 种；爬行类 2 目 12 科 64 种；鸟类 17 目 47 科 187 种；兽类 8 目 21 科 44 种。其中国家 I 级重点保护野生动物有蟒蛇、云豹、白颈长尾雉、黄腹角雉等 4 种；国家 II 级重点保护野生动物有花鳗鲡、虎纹蛙、三线闭壳龟、海南虎斑鳽、鸳鸯、黑翅鸢、黑鸢、雀鹰、赤腹鹰、灰脸鵟鹰、乌雕、苍鹰、普通鵟、林雕、白腹山雕、白腹隼雕、蛇雕、鹰雕、游隼、红隼、白腿小隼、草鸮、长耳鸮、雕鸮、领鸺鹠、斑头鸺鹠、鹰鸮、红角鸮、褐林鸮、灰林鸮、勺鸡、白鹇、褐翅鸦鹃、小鸦鹃、猕猴、藏酋猴、穿山甲、黑熊、豺、水獭、大灵猫、小灵猫、鬣羚等 43 种；福建省重点保护野生动物 29 种；福建省一般保护野生动物 236 种。自然保护区内有昆虫资源（含蛛形纲蜱螨亚纲）30 目 267 科 1896 种。其中阳彩臂金龟 *Cheirotonus jansoni* 为国家 II 级重点保护野生动物，兰姬尖粉蝶、山灰蝶、黑带薄翅斑蛾、台湾镰翅绿尺蛾和蚬蝶凤蛾为福建新纪录。

自然保护区内有大型真菌资源 13 目 40 科 159 种。基本上属于我国华中和华南地区真菌区系，是我国亚热带地区大型真菌资源向热带地区大型真菌资源交汇和过渡的地区。

1.1.2 雄浑峻秀的人间仙境

峨嵋峰具有特殊的地貌、山体、植被、动物、天象、季象，构成了雄浑峻秀、丰富多样的自然奇观。峨嵋峰海拔高 1714m，是泰宁县第二高峰，山势雄伟，直插云端，峰顶可一览泰宁、建宁、邵武 3 县交界地带，峰脚海拔 1500m，是一马平川的天然草坪和沼泽地，素称"东海洋"，总面积达 1000 多亩，东海洋四周，是一望无际的莽莽竹林和松带，最令人心旷神怡的"十大风景"如下。

一是云海观日。晴天的早晨，鲜红的旭日从东方云海中喷薄而出，傍晚瑰丽的残阳西沉云海，构成峨嵋峰第一大壮丽雄浑景观。

二是群山隐耀。登上峰顶远眺，3 县山水一览无余，群山在云海环绕中，若隐若现，似真似幻，气象万千。

三是松涛长啸。清风一起，十里松、竹迎风齐舞，阵阵长啸如歌如涛，令人倍感大自然之伟大、浩荡。

四是鹰击危崖。几只雄鹰时而在云间展翅盘旋，时而直飞崖间兀立，让人感到大自然生灵之顽强、可爱。

五是湖山览镜。登上主峰，只见大金湖在眼底波光闪耀，犹如天庭遗落在泰宁古城旁的一面大镜子，令人惊异大自然的无限创意。

六是林间月影。月夜在竹林或松林漫步，银色月光泻入林间，让人感到幽静、柔和、清新、神爽，充满禅意。

七是山泉鸣蛙。惊蛰春分一过，清明谷雨来临，山溪石涧，泉水叮咚，蛙声一片，令人感到春回大地，生机勃勃。

八是春山鹃啼。清明季节，满山遍野杜鹃花开，如火如荼，鸟儿对歌，清脆悦耳，令人感到春意盎然，万物繁荣。

九是雨后佛光。晴天新雨过后，云间常有佛光闪耀，山间常现七彩虹桥。令有幸一睹壮观的人感到大自然壮美，天象奇异，定能给人世间带来祥瑞福祉。

十是秋枫似火。到了晚秋，丛林间常有火红般的枫树屹立在凛烈的秋风中，令人感到霜叶比二月鲜花更红、更美、更顽强。

1.1.3 天地钟灵的风水宝地

峨嵋峰的风水特点是，主峰高入云端，峰前山坡形如弥勒大肚，坡前明堂开阔，平坦，对面前瞻有双重笔架山，峨嵋峰四周有青山环抱护卫，左山青龙蜿蜒、刚挺，右山白虎驯服、低卧，山下绿水环绕滋润，方向位乾向坤，更是阴阳和合，因而饱受天地灵气涵养，常禀日月精华哺育。2000 年来，峨嵋峰这一主龙脉给泰宁提供了很好的风水果实，使泰宁从战国后期闽越王属下的偏僻的古金城场，逐步发展成后唐时期的军事重镇，后在尚书左仆射、威武军节度使邹勇夫的治理下，成为了民丰物阜、市场繁荣的归化县，至北宋又蒙朝廷赐以孔子阙里府号泰宁为名改归化为泰宁县。两宋时代，泰宁进入"人文鼎盛、科举蝉联"盛世，全县中状元 2 名，中进士 23 人，中举人 46 人，并出现了"隔河两状元，一门四进士，一巷九举人"的盛况，到了明代，泰宁又出现经济和文化发展的一个鼎盛时期，全县中进士 7 人，中举 31 人，人口发展到 15 万余人。

1.1.4　保存完好的中山沼泽湿地群

峨嵋峰省级自然保护区的东海洋有一片中山沼泽湿地，该地海拔 1500m 左右，四面环山，中间为广阔平坦的山顶凹地，并长期积水，形成了典型山地沼泽湿地，湿地面积为 80hm^2，是中国南方典型的、零星分布的、面积最大的、结构最为完整的沼泽湿地群。世界珍稀濒危物种——东方水韭就生长在此，这是一种在地球上已经生存了 3 亿年之久的古老生物品种，为我国特有的水生古老遗留植物，在全世界范围内的数量仅有数百丛，属于世界级珍稀濒危植物，国家一级重点保护野生植物，也填补了水韭科植物在福建没有分布的空白。

1.1.5　猫儿山

猫儿山国家森林公园位于福建三明泰宁县境内，濒临金湖十里平湖景区，是大金湖旅游线上一颗璀璨明珠，公园面积 2560hm^2，主要景区有金猫山景区、鹤鸣山景区、黄家湖景区、平湖景区。

猫儿山国家森林公园旅游资源十分丰富，这里森林植被翠绿繁茂，物种较为丰富，峰岩瀑泉各具神韵，各种人文景观引人入胜，可谓是景多类齐，可览度很高。

一是翠绿的森林，繁茂的植被。公园森林植被繁茂，景区内森林覆盖率达90%。物种资源丰富，有各种野生植物102科360余种，珍稀树种有南方红豆杉、柳杉、乌岗栎、浙江山茶等，浙江山茶林是公园景观的重要组成部分，是森林公园的基础和主要特征之一。

二是险峻的峰岩，奇异的洞峡。猫儿山森林公园地貌属典型的丹霞地貌，是一种十分珍贵的风景地貌，由于地质构造、流水侵蚀、崩塌和风化作用，公园内山峰平地拔起，丹崖赤避，峭拔奇特。

三是碧秀的平湖，美丽的瀑潭。公园地处平湖环抱之中，几乎山山有泉瀑，谷谷有溪涧。

四是悠久的历史，神奇的传说。以公园景物为主线，在群众中还长期流传着许多生动有趣、想象奇特的民间传说，不仅有较大的民俗学价值和美景价值，而且丰富了公园的景观。

五是宜人的气候，优美的环境。公园一带湖区温暖湿润，由于山峻林密的森林小气候，形成了冬无严寒、夏日凉润、秋高气爽、春暖花香的得天独厚的小气候，这里空气质量一流，山泉清澈甘甜，尤其负氧离子含量高，堪称金湖"天然氧吧"。

1.2　人文景观资源

1.2.1　成就高僧的道场

峨嵋峰庆云寺坐落于峨嵋峰兜率岭下素称东海洋的平坦开阔地。寺院海拔 1600m 以上，是闽浙赣台海拔最高的寺院。寺院后倚峨嵋主峰，背靠天然太师椅形山体，安座于太师椅中微微隆起如弥勒大肚的山坡上，前瞻对山有双门石、黄峰岩两座高峰，气势恢宏，寺郊平坦，空气清爽，紫气氤氲，野花满山，古树苍劲，石涧泉飞，深塘犹如天然放生池，确是佛门建宝刹的圣地。因而从宋代建寺以来，历代香火旺盛，高僧辈出，其中最为著名的是播誉四海、声震海峡两岸的肉身菩萨慈航法师，名闻东南亚的优昙法师，名闻海峡两岸的本性法师。

慈航法师（1895~1954 年），福建建宁人，俗姓艾，名继荣，父为清代国子监生，以私塾为业，母谢氏生性慈善，艾继荣 13 岁前念书，14 岁学裁缝，17 岁严父去世，他竟然怀揣表哥送给他娶妻成家的 40 块银圆，去了泰宁峨嵋峰庆云寺，礼住持自忠和尚剃度而出家，自忠和尚为他取法名慈航，次年秋自忠和尚带他到江西九江能仁寺受三坛大戒，此后，慈航遍访名山大寺，遍参高僧大德，先后在闽南佛学院深造，学承太虚大师，法接圆瑛大师，被大师授记成为我国南禅曹洞宗第 47 代法脉宗师，此后在中国内地、中国香港、缅甸、东南亚各国弘法利生，宣传抗日救国，最后在中国台湾兴办教育，大力倡导"人生佛教"理念，致力禅唯兼修，专于弥勒法门，成为发展台湾僧伽教育事业的先驱。1953 年冬季在台北汐止弥勒院圆寂后肉身不朽，证入无余涅槃，成为台湾首尊肉身舍利菩萨。一生留下 120 万言大作《慈航大师全集》。现海峡两岸和东南亚佛教界都公认他是"弥勒应世，玄奘再来"。

慈航大师曾对弟子说，我的祖庭在闽北泰宁，那里山灵水秀，佛缘隆盛，但愿入寂后，将来能落叶归根。2007 年，在国家民宗局和省人民政府支持下，两岸佛教界和美国、加拿大、澳大利亚佛教界千名大德高僧护送慈航大师金身回到峨嵋峰庆云寺祖庭安奉并举行了开光暨祈福大法会，从厦门到福州、泰宁，沿途上万名群众参加了瞻仰、礼敬活动。

优昙法师（1908~1993 年），安徽怀宁人，俗姓杨，名华卿，1928 年随姨母（慈航大师的弟子）亲近慈航大师，大师为其剃度出家，曾在武昌佛学院求法，后迁居香港，先后到缅甸、仰光弘法，1932 年回福州鼓山涌泉寺受具足戒，1937 年春赴香港专修弥勒法门，抗日战争胜利后先后为香港佛教联合会理事和世界佛教友谊会港澳分会理事。1960 年后，被推举为香港佛教僧伽联合会第一届会长，1964 年，率团出席在印度召开的第七届世界佛教徒联谊会，会后访问了新加坡、马来西亚、泰国、越南、菲律宾、日本、韩国等国，最后到中国台湾参拜师父慈航肉身装金舍利，并受到蒋中正接见。是年优昙法师又与台北的中国佛教会理事长白圣法师共同发起创立了世界佛教华僧会并被选为理事，1982 年出任新加坡毗卢寺住持，佛教施医所第一分所主席，1990 年 9 月，被推举为新加坡佛教总会第二十二届主席，1993 年 7 月 30 日圆寂，世寿 86 岁，僧腊 64 夏。

本性法师，祖籍福建霞浦，毕业于斯里兰卡大学，文学硕士学位，慈航大师弟子。现为中国佛教协会常务理事，福建省佛教协会副会长兼秘书长，福建佛学院院务委员会副主任，福建省开元佛教文化研究所所长，福州开元寺方丈，兼任福建省政协常委，省政协民宗委副主任。现又兼慈航大师祖庭泰宁峨嵋峰庆云寺住持，慈航大师文化研究会会长，为实践慈航大师振兴佛教的三大理念，推动闽台佛教先通做出了重要贡献，现正致力于筹建峨嵋峰佛教文化园，誓愿把峨嵋峰慈航大师祖庭——佛教文化园建成东南沿海的弥勒佛国、闽台佛教交流的窗口桥梁、全国闻名的佛教旅游朝圣胜地。

1.2.2　闽台佛教交流的桥梁纽带

由于慈航菩萨一心想回归祖庭，寻根谒祖，以报法乳之恩，因此机缘，为闽台佛教开拓了交流的新局面，搭建了合作的大平台，泰宁峨嵋峰，如今已成为闽台佛教交流与合作的桥梁与纽带。

一是慈航回归祖庭，架起了两岸佛教法缘相续的桥梁。在国家民宗局和省人民政府支持下，在闽台佛教界的共同努力下，2007 年 9 月，来自中国大陆和中国台湾、东南亚国家、美国、澳大利亚、加拿大佛教界千名高僧和沿途万名信众，从台北汐止弥勒院一种护送慈航大师金身到达泰宁峨嵋峰庆云寺出家祖庭，并在庆云寺举行了慈航大师回归祖庭开光和祈祷海峡两岸和平稳定发展大法会，使两岸佛教界终于走到一起，从此，缘缘相续，法脉相承，真正起到了"三通未通、宗教先通、宗教未通、佛教先通"的重大促进作用。正是因为这一机缘，回归开光当日，峨嵋峰祥瑞异兆频生，连绵秋雨突然停止，云中出现耀眼佛光。

二是重建慈航大师出家祖庭，成为两岸佛教界共同的心愿。慈航大师弘法一生，培养了一大批僧伽人才，后来多有成就，且不乏开拓性人物和大德高僧、法门龙象，如在台湾的星云大师、净良长老、了中长老、真华长老、宽裕长老、广元长老、晴虚长老，旅菲的自立长老、唯慈长老，旅美的妙峰长老、浩霖长老、印海长老、净海长老。他们都诚挚地表示，要为重修慈航大师祖庭创建弥勒道场尽心尽力。在两岸的共同努力下，近 2 年来，各地佛教界已为重建祖庭募捐达 1000 多万元，宏伟的祖庭重建工程早已有详细规划和项目设计，祖庭的建设，将凝聚着两岸佛教界的智慧与力量，成为促进两岸交流的增上缘。

三是弘扬慈航大师兴教理念，已成为两岸合作目标。慈航大师金身回归祖庭后，泰宁佛教协会牵头成立了慈航大师文化研究会，特邀了中国台湾和东南亚、美国、澳大利亚佛教界一部分慈航大师弟子和大德高僧为研究会顾问，已征集有关慈航大师佛学思想学术论文上百篇，出版论文集8册，举办佛教文化讲座3场，举办了隆重纪念慈航大师诞辰115周年和金身回归祖庭2周年庆典活动和书法墨宝展1期，两岸佛教界已在佛学研究领域进入了一个崭新的合作时期，这一共同目标的实践，对促进两岸和平稳定与发展必将起到较深远的影响。

1.2.3　修禅养生的最佳境界

这里是山川如画的景区，有巍巍高山、坦坦平原、茫茫云海、绵绵森林。登峰览胜，可以让人感悟到"山高我为峰，一览众山小"和"一山一世界、一花一境地"的辩证思维和禅念，体验到大自然的博大精深，风云变幻，使自己身心受到陶冶，感到快乐。

这里是生态平衡的自然保护区。境内万物繁荣，和谐相处，按大自然的法则自由生存、生长、生活。进入境内，可以让人感悟到万物有序、众生平等、阴阳平衡、物竞天择的禅机，体验到大自然的伟大创造力。

这里有品质良好的天然茶树和人工茶园。因高山气候和云雾、甘露的涵养，生产的茶叶色翠、味醇，经久耐泡，数百年来名闻遐迩，被誉为峨嵋禅茶，在此饮岩中甘泉，品峨嵋禅茶，定让人心旷神怡、提神健脾，并可由品茶入禅，参悟人生，品味人生。

这里有浩瀚的天然氧吧。十余万亩的杉、松、竹、杂和碧绿草地，使空气得到净化，格外清新凉爽，负离子弥漫虚空，在此运动散步或坐禅静虑，使人神清气爽，引人进入忘我、忘年、忘怀、忘忧的精神境界，因而具有延年益寿的功效。

这里有悠久深厚的佛教文化底蕴。庄严肃穆的佛像前，香烟袅袅，梵音悠悠，弥勒佛的大肚能容、笑口常开的形象，让人更加宽容和谐，淡泊名利，抛弃恩怨，斩断烦恼，笑对人生，因而对身心健康，对社会和谐具有重要影响。

由此可见，峨嵋峰庆云寺具有得天独厚的自然优势和法缘优势，是佛教界参禅、养生的极好境界，是人们亲近回归大自然、亲近慈悲佛祖菩萨、净化思想灵魂、提升道德修养、增强身体素质、获得延年益寿的良田福境。

1.2.4　泰宁古城

泰宁古城位于泰宁县城。据县志和其他历史资料记载，泰宁古城古称"金城场"，西汉时为闽越王无诸的校猎场所，南唐中兴元年（公元958年）建县，宋明两代为泰宁鼎盛时期，有"汉唐古镇、两宋名城"之美誉。当时人文发达，物华天宝，李纲、朱熹、杨时等历史名人曾留隅、讲学于此，历史上泰宁曾出过状元2名，进士50多名，历代"爵列王廷者相继不绝"。宋元佑元年（公元1086年），宋哲宗赵煦钦赐孔子阙里府号"国泰民安"中"泰民"的谐音"泰宁"二字为县名，沿用至今。

1.2.5　尚书第

尚书第坐落于泰宁县城中央，是全国重点保护文物之一，是明代万历四十四年（1616年）进士，天启间协理京营戎政太子太保兵部尚书李春烨的宅第。面积达4000多 m²（南北长87m，东西宽52m），主体建筑为五5幢，辅房八8栋，分五5道门一字排列，除厅堂、天井、回廊外，有房120余间，均是砖、石、木结构。甬道、庭院、走廊、天井全用花岗岩石板铺设，厅堂是方砖地，天井有石柱花架和石水缸。庭院前的甬道，分南北二门进出，北端有仪仗厅、接客厅。甬道设五重门楼，横匾分别有尚书第、柱国少保、四世一品、礼门、义路、曳覆星辰、依光日月、都柬等石刻。尚书第建筑布局严谨、合理，对于研究明代建筑具有较高价值。现"尚书第"内还辟有"明代蜡像馆"等。

1.2.6　状元岩

状元岩景区坐落在泰宁县城北郊长兴村，离城区 11.7km，与上清溪唇齿相依。据县志记载，南宋庆元年间，少年邹应龙读书于此（庆元二年中状元，时年 25 岁），后人称其读书处为状元岩。距状元岩 0.5km又有琵琶岩，是明朝道仙邢德兴修炼之处。这一带的山水，丹崖悬岩，茂林奇树，幽峡奇洞，飞瀑流泉，风景险绝优美，还有众多的珍禽异兽。从人文景观来看，它浸染了深厚的儒家文化和道家文化。作为一代名臣邹应龙的读书处，状元岩的山山水水打上了儒家文化深深的印记，产生了不少传说，后人视为教育子弟努力求学的圣地。

1.2.7　梅林戏

泰宁古城的又一人文景观便是金湖风情演艺馆。馆内的梅林戏是全国稀有的地方剧种之一，其唱腔融合了民歌小调和道教音乐，有本地民间小调，也有皮簧、徽州调、浙江调、南北词及拨子等，具有浓郁的闽西北地方特色。行当方面，吸收百家之长，有"七紧八宽九逍遥"之称，生旦净末丑一应俱全，唱做念打别具一格。表演朴实粗犷，韵味深长。自编自导的古装故事剧《贬官记》在文化部举办的"天下第一团"优秀剧目展演中荣获优秀剧目、优秀编剧、优秀演员 3 项大奖。民间祭祀式舞蹈傩舞，原始古朴，热情奔放，文神稳重，武神刚劲。更有传统的祭祖、娶新娘、杂耍、歌舞等民俗表演，热闹有趣，令人赏心悦目。

1.2.8　红色历史旅游资源

此外，泰宁还是革命老区和中央 21 个苏区县之一。土地革命时期，中国工农红军曾 3 次解放泰宁，建立了党组织和苏维埃政权。古城内有保存完好的红军街、红军总部、东方军司令部等旧址，老一辈无产阶级革命家周恩来、朱德、彭德怀、杨尚昆、康克清等曾在这里运筹帷幄，指挥作战。

1.2.9　祈福驱邪的傩面舞

傩舞表演以古朴悍猛的动作为主，最前面两个戴弥勒佛面具，手持木鱼敲击挥舞在前引路，对后面鼓队进行指挥。紧跟其后的是以两人为纵队排列，每人头戴一个面具，赤膊，脚穿草鞋，各手持一根鼓槌，敲击跳跃前行。该舞起源于北宁初年，由南唐开元元年（公元 937 年）任尚书左仆射兼中书侍郎的严续（泰宁县新侨乡人）带来。该舞在 2003 年 6 月被福建省文联、省文艺工作者协会收为"福建省民间艺术团成员"。

1.3　地质景观资源

泰宁地质景观资源以丹霞地貌景观为主体，同时还有花岗岩地貌景观点缀其中。丹霞地貌空间分布：北起龙湖镇的天成岩往西南经上清溪、泰宁城关至读书山、记子顶，后南转至猫儿山、龙王岩、八仙崖（大牙顶）至龙安乡，依次分布有上清溪、金湖、龙王岩、八仙岩 4 个红色盆地。平面上构成近似"人"形的分布格局，北东长 34km，南北长 29km，总面积 215.2km²，地势总体由东北往西南逐渐升高，以记子顶、龙王岩、大牙顶一线为大金湖丹霞地貌最高地带，其中以八仙崖（大牙顶）为最高峰，海拔为 907.6m，该地带也是峰、柱地貌发育最好最典型的地区，也是景点最集中地带。在丹霞地貌的西南侧还有花岗岩地貌景观，中部有人文景观。地质公园总体上可划分为 5 个风景区（即上清溪风景区、泰宁古城游览区、金湖风景区、龙王岩——八仙崖风景区、金铙山风景区）、11 个景区、13 个景群、160 个景点。

1.3.1　寨下大峡谷

寨下大峡谷位于杉城镇与大田乡交界处的际溪村，距县城 16km，景区面积约 2km^2，因该景区似一条巨龙盘卧而得名。

该景区处在福建邵武至广东河源的地质断裂带上，是在距今约 6500 万年的裂陷盆地的背景下形成、发展起来的青年时期的丹霞地貌峡谷景观，其深邃悠长，丹崖斑斓，奇险峻秀，谷内植物茂密，藤萝攀岩附树，流水潺潺，恍若世外桃源。

主要地质景观有丹霞洞穴、巷谷、线谷、赤壁、石墙、孤峰、石柱、崩塌堆积、堰塞湖、穿洞，板状交错层理、漂砾、石钟乳等。

主要景点有问天岩、三仙岩、祈天峡、倚天剑、佛足岩、金龟爬壁、天穹岩、翠竹湖、云崖岭、金龙线谷群、金龟寺叠瀑、线瀑、华夏第一藤、千年柳杉王、千藤壁等。

1.3.2　上清溪

上清溪位于泰宁东北部，金湖的上游，从县城到上清溪大约22km。它得名于道教，"上清"是道教"三清境"即太清、上清、玉清之一，后来被广泛用于指"仙境"，漂游上清溪最大的感受就是如同进入了人间仙境，让人飘然欲仙，超凡脱俗。

上清溪发源于泰宁上青乡的川里村，全长50多千米，穿过上青境内腹地，经杉城镇长兴村，于瑶坪上流入朱口溪。其中已开发竹筏漂流河段为崇际至长兴段，长15km，全程漂游约2h，游程共分十筏，九十九曲、八十八滩、七十七弯、六十六峰、五十五岩、四十四景、三十三里，主要景点有"鲤鱼跳龙门"、"金钟长鸣"、"五老看仙"、"阳光三叠"、"孔雀开屏"、栖鹰崖、落霞壁和"海市蜃楼"等。

上清溪深藏于群山幽谷之间，融汇桂林漓江的水、武夷山的山、张家界的景、九寨沟的色彩、三峡的险峻于一峡。顺筏而下，溪流蜿蜒在山峦叠嶂的赤石翠峰之间，弯多、滩急、峡逼，千回百转，天为山欺，水求石放，山重水复，别有天地；溪水或急流成滩，水不没膝；或凝滞成潭，深不可测，宽处平坦，不过 10 余米，窄处宛若小巷，不足 2m，天留一线，仅容一筏通过，人过则空谷传声；两岸人迹罕至，森林茂密，方圆几十里内仍保持原始状态；常年有奇花异草盛开，暗香扑鼻，溪谷中随处可见野鸭、鸳鸯、白鹭、飞鹰翱翔山林，嬉戏水间；更绝的是，每一个景点都可以从不同的角度，不同的距离，幻化出不同的景物，不同的意境，惟妙惟肖，明朝礼部主事池显方曾在《上清溪游记》中，形容上清溪移步换景的绝妙境界："转一景如闭一户焉，想一景如翻一梦焉，会一景如绎一封焉，复一景如逢一故人焉"。

上清溪的野、幽、奇、趣构成了当今世界上罕见的千年原生态峡谷曲流大观园。

1.3.3　金溪新湖

金湖是金溪新湖的简称，位于武夷山脉南端泰宁县境内。金溪是闽江上游富屯溪的一大支流，因河床沙里含金沙而得名。1980 年，装机容量 10 万 kW 的池潭水电站建成投产，而高 78m，长 253m 的电站大坝则将金溪拦腰截断，在上游形成了一个全长 60 余千米、湖面 5 万多亩、库容 8.7 亿 m^3 的人工湖。

金湖是目前福建最大的人工湖。

1.3.4　泰宁地质博物苑

泰宁地质博物苑位于县城湖滨路百竹园内，占地面积 8hm^2，总投资 550 万元，是"申世"迎检重中之重项目。

地质博物苑由服务中心、管理中心、展示区、园内绿化 4 个小区组成。其中，服务中心包括停车场、入口大门风车、丹霞石售票房、硕石仿木台阶、地质名人大道、圆形七星平台、地质名人碑刻和八角大煽平台。管理中心包括办公室、接待室、资料室、库房等。展览区包括多媒体演示厅、地质遗迹展示馆。园内绿化包括园内休闲步道、休息平台、水体景观等项目。

1.4　民　居　民　俗

在峨嵋峰保护区附近坐落着一些极具闽北民居特征的村落，由于交通闭塞、远离城市，该村落至今仍保持着古朴的生活、生产方式，如水车、水龙、笋作坊、水磨坊、榨油坊等，体现了峨嵋峰一带天人合一的人文生态风貌。

1.5　土　特　产　品

峨嵋峰保护内生长分布着许多野生药用植物和野生观赏植物，主要有短萼黄连、草珊瑚、八角莲、半夏、何首乌、百合、云锦杜鹃、满山红、山樱花等。另外，长期以来，当地居民利用丰富的笋竹资源，编制生产出种类繁多、古朴大方的竹编工艺品及绿色食用笋产品。

第二节　社区及社区经济

2.1　行　政　区　划

福建峨嵋峰自然保护区距泰宁县城 10~30km，包括杉城、上青、新桥、大田等 4 个乡（镇）的 15 个行政村。

2.2　人　口　民　族

保护区地跨杉城、上青、新桥、大田 4 个乡（镇）15 个行政村，核心区和缓冲区内无居民，实验区内有部分村庄分散，共有 768 户，户籍人口 3328 人，其中常住人员 1840 人。全部分布在保护区的实验区内，人口密度为 18 人/km^2，全部为汉族。生产方式以农业和生产毛竹为主。

2.3　交　通、通　信

现保护区管理处办公地址在泰宁县杉城镇，福银高速、建泰高速、向莆铁路穿境而过，东距福州 3h 车程，西去南昌 2.5h 车程，交通便捷。泰宁县及保护区邮政和通信畅通，可直接与国内、国际联系。保护区内村村通公路和有线通信，可与外界直接联系。保护区的核心区无公路通过，交通闭塞。实验区、缓冲区交通较为方便。林区公路分别贯穿峨嵋峰保护区，可达最高峰。

2.4　土　地　或　资　源　权　属

依照《中华人民共和国自然保护区管理条例》，保护区内的野生动植物、土地、林木等资源归峨嵋峰自然保护区依法统一管理，其权属均已划清。

2.5　土　地　现　状　与　利　用　结　构

泰宁县林业用地面积 12.55 万 hm^2，有林地面积 11.7 万 hm^2，活立木总蓄积量 928 万 m^3。森林覆盖率 76.7%，绿化程度 93.4%，泰宁森林资源非常丰富，是我国南方林业生产重点县、国家级生态示范县、国家森林公园、中国生物圈网络成员。

福建峨嵋峰自然保护区土地总面积10 299.59hm²，保护区内耕地面积397.8hm²，其中林业用地9636.46hm²，占自然保护区总面积的93.56%，非林业用地663.13hm²，占自然保护区总面积的6.44%。在林业用地中，有林地面积8909.16hm²，占86.50%，灌木林地492.33hm²，占4.78%，其他234.97hm²，占2.28%，森林覆盖率87.13%。活立木蓄积76.5万m³。

2.6 经济状况

泰宁县耕地面积1.31万hm²，有效灌溉面积1.1万hm²，是福建产粮区之一。农业产值占工农业总产值的53.7%。粮食作物以稻谷为主，其次为大豆等，经济作物有茶叶、油茶、锥栗、烟草等。有林地面积12.55万hm²，林木蓄积量928万m³，毛竹林面积1.59万hm²，立竹量2401万根，全县森林覆盖率76.9%。林副产品有香菇、笋干、油桐、油茶等，其中新桥乡的明笋有千年历史。

自然保护区内社区耕地面积463.3hm²，人均0.13hm²，2012年人均收入8910元，其中林业作为主要副业收入占30%，占村财政收入的50%左右。

2.7 社区发展概况

保护区周边各行政村已实现村村通公路、通电话、通电视节目，基础设施初步建成。

第十章　自然保护区的管理与评价[*]

第一节　自然保护区的管理

1.1　基　础　设　施

福建峨嵋峰自然保护区总面积 10 299.59hm^2，其中核心区面积为 3648.1hm^2，缓冲区面积为 3763.6hm^2，实验区面积为 3076.1hm^2。土地权属清楚，无纠纷。保护区管理处位于泰宁县城，目前主要设施有以下几种。房屋：管理处办公用房 1 层，面积 100m^2；峨嵋峰管理站 1 栋，面积 180m^2；水源护林哨卡 1 座，面积 120m^2；宣教与科研用房面积 412m^2。路网建设：干线公路 15km；支线公路 40km；巡护路 30km。办公设备：计算机 6 台；笔记本电脑 2 台；多功能打印机 2 台；传真机 1 台；摄像机 1 台；办公桌 10 套。交通工具：汽车一辆；巡护摩托车 10 辆。防火设备：风力灭火器 3 台；油锯 6 台；二号灭火器 30 把；劈刀 30 把；点火器 20 个；灭火水泵 2 套；对讲机 10 部。科研监测设备：东海洋监测站 1 个；GPS3 台；照相机 1 台；野外监测设备 2 套。警示牌：大型宣传牌 2 个；防火警示牌 10 个；小型宣传牌 20 个；界碑 23 个；界桩 40 个。保护区现有基础设施具备开展工作所需的办公、保护、科研、交通、通讯和生活用房等基础条件。

1.2　机　构　设　置

2002 年 1 月经泰宁县机构编制委员会批准成立了峨嵋峰省级自然保护区管理处，为副科级财政核拔事业单位，核定人员编制 6 人，内设机构 2 个（综合办公室与保护科），近年来，我处不断充实管理人员，并新成立了管理站、水源护林哨卡和保护区警务室，完善了保护区分级管理体系，即保护区管理处—保护管理站（护林哨卡）二级管理体系。目前，保护区共有管理人员 6 人，另聘用护林人员 12 人，同时管理经费有保障，已列入县财政预算（每年 50 万元），确保了保护区管理工作的正常运转。

保护区具有健全的管理机构和适宜的人员配备，专业技术人员为 4 人，占管理人员比例 67%。

1.3　保　护　管　理

泰宁县人民政府历来重视生态环境建设，为了保护好这一生态环境优美、物种资源丰富并对闽江全流域生态环境具有重要意义的源头，1995 年在全县划定自然保护小区，1998 年在全县实施禁伐天然林，2001 年，泰宁县林业局根据县实际情况，提出在原县级自然保护区的基础上建立峨嵋峰省级自然保护区方案，并成立了领导小组，此项工作得到县委、县政府、县人大、县政协的高度重视。目前已经建立了自然保护区管理系统，重点负责保护区范围内的自然保护小区、保护点及名木古树的物种保护与繁殖，新桥林业站等有关乡（镇）林业站配备了专职人员协助工作。

1.4　科　学　研　究

一是在核心区设置固定观测点进行长期变化监测，发现和总结生境（指生物的生长环境）、生物的

---

*本章作者：李振基 [1]，丁振华 [1]，李祖贵 [2]，白荣健，许可明 [3]（1. 厦门大学环境与生态学院，厦门 361102; 2. 泰宁县林业局，泰宁 354400; 3. 福建峨嵋峰自然保护区管理处，泰宁 354400）

变化规律，为生态环境和生物遗传多样性保护提供科学管理依据；二是积极开展综合科学考察工作。厦门大学、南昌大学与福建农林大学的科考队先后分 20 个批次进驻峨嵋峰保护区开始开展科考工作，通过考察，先后发现了东方水韭、武夷慈姑、野生睡莲、海南虎斑鳽、勺鸡、兰姬尖粉蝶、山灰蝶、黑带薄翅斑蛾、台湾镰翅绿尺蛾、蚬蝶凤蛾等珍稀动植物及大面积原生性落叶阔叶林，摸清了保护区的家底；三是保护区分别与厦门大学、福建农林大学等院校合作，共同开展了一批科研项目，配备了相关科研设备，取得初步成果，是厦门大学教学与科研基地。同时聘请复旦大学、厦门大学的一些知名专家教授为保护区顾问，指导保护区科研项目的开展与建设。

今后需要在以下几个方面加强工作。

（1）调查保护区的勺鸡、白颈长尾雉、黄腹角雉、白鹇等动物的种类、数量和活动规律；

（2）峨嵋峰山地落叶阔叶林森林生态系统生态效益与经济效应评估；

（3）建立东方水韭等珍稀树种培育基地；

（4）食用、药用、花卉等经济植物资源的开发利用研究；

（5）加强生物防火林带建设。

第二节　自然保护区评价

2.1　生物资源评价

保护区内生物资源主要体现在特色明显、珍稀濒危物种、物种代表性、种群结构、生境重要性、科学研究意义等方面。

2.1.1　特色明显

福建峨嵋峰自然保护区以极度濒危的水生植物及其栖息地——中山沼泽湿地、珍稀雉科鸟类及其栖息地、全球濒危的海南虎斑鳽种群、独特的原生性亮叶水青冈落叶阔叶林为主要特色。

（1）极度濒危的水生植物及其栖息地——中山沼泽湿地

在保护区海拔 1500m 的中山盆地东海洋所孕育的中国南方典型的、面积最大的、结构最为完整的中山沼泽湿地群，面积达 $80hm^2$，独特的微地形，孕育了独特的珍稀植物，这里成为世界极危的国家 I 级保护植物——东方水韭的最佳栖息地，种群数量在 1000 株以上，为目前世界上的最大种群，同时还发现了大量的武夷慈姑、睡莲、江南桤木、黑三棱等群落，这些群落构成了完整的中山沼泽湿地群。

水韭是古老的水韭纲水韭科的蕨类植物。在 IUCN 红皮书中，中华水韭为全球极危（CR）物种，东方水韭自中华水韭中分出，目前仅在浙江松阳与福建泰宁发现，数量极少，其濒危状况甚为严峻。在东海洋中山沼泽湿地群发现了 3 处东方水韭群落，种群数量达 1000 株以上，占目前发现总数量的 70%，且种群结构合理，物种繁育正常，这里成为全球极度濒危的国家 I 级保护植物——东方水韭的最佳栖息地。

武夷慈姑，见于武夷山和江西东乡，濒临灭绝。此次在东海洋见到了比较大的种群，种群数量在 200 株以上。

睡莲，野生睡莲的生境越来越少，已濒临灭绝，东海洋是野生睡莲的良好生境。

在东海洋，有面积达 480 亩的江南桤木群落，发育良好。

（2）珍稀雉科鸟类及其栖息地

大面积的落叶阔叶林、毛竹林、苔藓矮曲林及盆地的地形地貌，丰富的交让木果实与其他食物资源，使得这里成为雉科鸟类的天堂。目前已发现白颈长尾雉、黄腹角雉、白鹇、勺鸡、白眉山鹧鸪、灰胸竹鸡、鹌鹑、雉鸡等 8 种珍稀雉科鸟类。其中，国家 I 级重点保护的黄腹角雉种群数量 100～200 只；国家 I 级重点保护的白颈长尾雉种群数量 200～300 只；国家 II 级重点保护的白鹇种群数量 1000～2000 只；国家 II 级保护的勺鸡种群数量 100～200 只；白眉山鹧鸪种群数量约 50 只；灰胸竹鸡种群数量约 2000 只。其特有种约占我国雉科鸟类特有种的 20%。种类之多和种群数量之大，是我国雉科鸟类的重要集中分布区之一。

（3）全球濒危的海南虎斑鳽种群

清澈的溪流、良好的水库水域及周边农田，为全球濒危的海南虎斑鳽的繁育创造了良好的栖息地，种群数量达 20 只以上，为国内迄今发现的最大种群。

（4）独特的原生性亮叶水青冈落叶阔叶林

地带性的落叶阔叶林分布在暖温带地区，在暖温带以南的地区，落叶阔叶林成为垂直分布带上的山地植被类型，水青冈群落主要分布在长江流域的山地，越往南，该群落越不显著。在峨嵋峰保护区海拔 1200～1500m 处，成片分布着原生性亮叶水青冈落叶阔叶林，面积 100hm²，树龄达数百年，最大胸径达 120cm，整个种群保存完整，是数千年演替的结果，极具特色，是目前分布最南的山地落叶阔叶林。

2.1.2　珍稀濒危物种

水韭是古老的蕨类植物，生长在亚热带地区清澈的水洼生境，随着人类的土地利用，已濒临灭绝。因此，在 IUCN 红皮书中，水韭被评估为全球极危物种，东方水韭目前仅分布于浙江松阳与福建泰宁，其濒危状况甚为严峻。与东方水韭生长在一起的是武夷慈姑，该物种仅见于福建武夷山、泰宁、邵武与江西东乡，种群数量极少。

在保护区内两度发现海南虎斑鳽，在 IUCN 红皮书（2008）中，海南虎斑鳽为濒危种（EN）。国内自 1999 年以来，仅 5 处报道过该鸟类，累积报道的种群数量不到 10 只，在福建峨嵋峰自然保护区内估计种群数量在 20 只以上。

雉科鸟类主要在中国，在主要保护的雉科鸟类中，白颈长尾雉已列为国家 I 级重点保护野生动物，是 IUCN 红皮书全球近危种，CITES 附录 I 禁止国际贸易的物种。黄腹角雉为国家 I 级重点保护野生动物，IUCN 红皮书全球易危种，CITES 附录 I 禁止国际贸易的物种。勺鸡为国家 II 级重点保护野生动物，IUCN 红皮书全球低危的物种。白鹇为已被列为国家 II 级重点保护野生动物，IUCN 将它列为红皮书全球低危的物种。

此外，在保护区内调查到福建新纪录植物 10 种；国家 I 级保护植物 4 种，国家 II 级保护植物 20 种，兰科植物 43 种；国家 I 级重点保护野生动物 4 种，国家 II 级重点保护野生动物 43 种。

2.1.3　物种代表性

保护区地处亚热带常绿阔叶林区域，其动植物区系具有中国亚热带地区的代表意义。

福建峨嵋峰自然保护区内有维管束植物 239 科 826 属 1938 种，占福建省野生维管束植物总属数的 65.87% 和总种数的 51.37%。其中蕨类植物 41 科 78 属 178 种，占全省蕨类植物种类的 50.28%；裸子植物 8 科 13 属 14 种，占全省裸子植物种类的 50.00%；被子植物 190 科 735 属 1746 种，占全省被子植物种类的 51.49%。福建峨嵋峰自然保护区植物区系成分很复杂，在 15 个分布区类型及其变型中，仅中亚分布及其变型未见，其他各种成分都有。以泛热带分布类型及其变型最多，达 152 属，自然保护区森林群落的植物区系组成中，以热带、亚热带的成分——壳斗科（常绿种类）、樟科、茜草科、蝶形花科、山茶科、大戟科、紫金牛科、桑科、桃金娘科、野牡丹科、冬青科、山矾科、金缕梅科为主。

动物种类中，林栖动物和树栖种类丰富，与森林密切相关的雉科鸟类、猕猴、藏酋猴、云豹、鹿类等林栖动物及赤腹松鼠、隐纹花松鼠、棕鼯鼠等树栖啮齿类都非常丰富或活动频度较高。峨嵋峰自然保护区的动物资源具有典型的亚热带特性。在 318 种陆生脊椎动物中，东洋界物种 216 种，古北界物种 44 种，广布种 58 种，陆生脊椎动物以东洋界种类为绝对优势。我国共有 25 个南方鸟类代表科和亚科，峨嵋峰自然保护区分布有 16 个，占全国南方鸟类代表科和亚科总数的 64%。保护区分布的我国南方代表科动物，在两栖动物、爬行动物和哺乳动物分别占全国南方代表科和亚科总数的 66.67%、20.00% 和 36.84%，因此，该保护区是保护和研究亚热带森林生态系统的典型场所。

在科考过程中陆续调查到了越来越多的生物，调查到了福建新纪录 13 种：其中植物有浙江商陆、短梗菝葜、岩生薹草、卵叶阴山荠、水苎麻、糙叶水苎麻、总状山矾、狭序鸡矢藤、毛脉翅果菊、江西大青等 10 种；昆虫资源中，兰姬尖粉蝶、山灰蝶、黑带薄翅斑蛾、台湾镰翅绿尺蛾和蚬蝶凤蛾为福建新纪录。

同时峨嵋峰保护区在生物区系、森林生态系统方面也是武夷山脉自然保护区群网中不可缺少的部分。

2.1.4　种群结构

在保护区内，东方水韭的种群数量在 1000 株以上，分布在 3 个小生境中；武夷慈姑种群数量在 200 株以上，分布在 2 个小生境；睡莲在东海洋沼泽湿地群和山麓沟谷中均有分布；南方红豆杉主要分布在夎山及一些村边的毛竹林中，从小苗到胸径 100cm 的古树都有分布；黄山玉兰（即黄山木兰）在东海洋的湿地周边常见。同时，这些珍稀植物的种群结构合理，稳定并能正常繁衍，处于良性增长状态。

海南虎斑鳽，国家 II 级重点保护野生动物，在保护区内溪流和水库均有发现，种群数量估计为 20 只以上。

黄腹角雉，国家 I 级重点保护野生动物，最多时在野外观察到每千米约 12 只，主要分布在常绿阔叶林、落叶阔叶林、竹林与苔藓矮曲林中，种群数量 100~200 只。

白颈长尾雉，国家 I 级重点保护野生动物，最多时在野外观察到一群，有 30~40 只，从山下到山顶的常绿阔叶林、落叶阔叶林、竹林与苔藓矮曲林中均可见，种群数量 200~300 只。

白鹇，国家 II 级重点保护野生动物，最多时野外观察到每千米样线约 12 只，从山下到山顶的常绿阔叶林、落叶阔叶林、竹林与苔藓矮曲林中均可见，种群数量 1000~2000 只。

勺鸡，国家 II 级重点保护野生动物，从山下到山腰竹林中均可见，最多时在 5km 观察到 20 只，种群数量估计 100~200 只。

白眉山鹧鸪，珍稀鸟类，估计种群数量约 50 只。

灰胸竹鸡，珍稀鸟类，在野外观察到每千米约 12 只，从山下到山顶的常绿阔叶林、落叶阔叶林、竹林与苔藓矮曲林中均可见，种群数量约 2000 只。

同时，通过近几年的观测，雉科鸟类种群数量有明显增加，在栖息地中多次发现了它们的鸟巢、卵与雏鸟，种群结构合理稳定，并能正常繁衍。

2.1.5　生境重要性

峨嵋峰独特的地貌，即在海拔 1500m 以下山峰陡峭，而在海拔 1500m 的山间多处形成了较大面积的台地和山间盆地，盆地积水而为湿地生态系统，面积达 1200 亩，是中国南方典型的、面积最大的、结构最为完整的中山沼泽湿地群，湿地中物种丰富，保存了东方水韭、武夷慈姑、睡莲、江南桤木、黑三棱等水生植物及众多的湿地植被类型与过程。周边的沼泽湿地中保存了东方蝾螈等两栖爬行动物；清澈的溪流、水库水域及周边农田成为海南虎斑鳽繁衍栖息地；山顶的落叶阔叶林是亮叶水青冈与雷公鹅耳枥的天下，同时发现大面积以交让木为建群种的中山苔藓矮曲林，此连同山麓的毛竹林成为这里丰富的雉科鸟类的栖息场所；这里是渐狭鳞盖蕨、福建鳞盖蕨、龙安毛蕨、泰宁毛蕨、无齿鳞毛蕨、泰宁鳞毛蕨、无柄线蕨、泰宁假瘤蕨的全球唯一生境，建宁金腰仅分布于建宁与泰宁。

峨嵋峰保护区这些独特或极其重要的生境，成为众多珍稀动植物的最佳栖息地。

2.1.6　生境自然性

由于峨嵋峰保护区山峰陡峭，海拔高，处封闭状态，保护区的核心区与缓冲区人迹罕至，人为干扰极少，区内植被以原生性森林为主，森林覆盖率高达 87%，特别是区内保存了大面积的山地落叶阔叶林和中山湿地生态系统，并为自然状态，这些原生性森林、天然次生林和原生性的珍稀植物群落具有极高的科研价值，对进一步研究我国植物区系的起源、发展和植被的演替均具有重大意义。

2.1.7 面积适宜性

峨嵋峰自然保护区总面积 10 299.59hm²，且三区划分合理，同时，在生态空间上看，最低海拔 400m，最高海拔 1714m，跨越了 1314m 的高度差，既有中山区又有低山丘陵区，包括了水源、朱家际、坪寮、大坪、帐干、料坊、茶坪等 7 个不同的小流域地貌单元。区域内植被与立地条件基本涵盖了地带性的各种类型，包括 11 个植被型、50 个群系、103 个群丛，森林、灌丛、草地等中亚热带山地典型的植被群落均有出现，充分体现了生态环境的多样性。

其中，东海洋中山沼泽湿地面积达 1200 亩，其面积能维持该区湿地沼泽水生植物，特别是东方水韭的繁衍；众多的溪流、新桥水库大面积的水域为海南虎斑鳽提供了足够的栖息与活动场所；从山下到山顶的常绿阔叶林、落叶阔叶林、竹林与苔藓矮曲林面积达数万亩，能够满足雉科鸟类的取食与活动。

2.1.8 科学研究意义

保护区保存完好的东海洋湿地沼泽，为研究全球濒危的东方水韭的发生、繁衍、遗传多样性、湿地格局、湿地水文、地质地貌因素等提供了良好的平台；也为研究武夷慈姑的遗传多样性奠定了良好的基础。

雉科鸟类的集中分布为研究大量雉类与食物的关系、生态位分化、与人类活动的关系、行为生态等提供了良好的平台；神秘的海南虎斑鳽在保护区内种群数量估计居全国之首，为接下来研究这种鸟类的行为生态学奠定了良好的基础。

大面积的山地落叶阔叶林为研究中国地带性分布的落叶阔叶林与非地带性分布的落叶阔叶林提供了良好的场所。

峨嵋峰山顶的昆虫多样性丰富，短期的科考已发现不少区域与福建的新纪录，有必要进一步研究。

2.2 经济价值评价

保护区是闽江上游生态安全的重要生态屏障之一，森林覆盖率高达 87%，良好的植被为水源涵养、保持水土、净化空气、滞留尘埃、维持城区生态环境发挥着重要作用，为保障大金湖乃至闽江的生态环境作出贡献；保护区有众多的材用植物、药用植物、花卉植物、经济鱼类种质资源，具有较高的资源利用价值；峨嵋峰自然保护区风光绚丽、环境优美、空气新鲜、景观特色明显，具有较高的生态开发利用价值；保护区良好的生态环境、丰富的水资源，是我县城区饮用水的主要来源，对保障泰宁世界自然遗产地的水安全具有重要作用；峨嵋峰自然保护区是生物多样性的宝库，是活的自然博物馆，区内特色的生态系统和生物多样性，对公众了解自然、增强环保意识将发挥积极的作用，同时成为学生亲近自然、认识自然的课外大讲堂。

鉴于峨嵋峰自然保护区内东方水韭、海南虎斑鳽和雉科鸟类等众多的珍稀濒危野生动植物资源及独特的原生性亮叶水青冈落叶阔叶林，具有不可替代性，保护意义极其重要，将保护区类型调为野生生物类保护区申报国家级保护区，可以更好地对峨嵋峰自然保护区不可或缺的珍稀濒危物种及栖息地进行保护。

2.3 管 理 评 价

2.3.1 领导十分重视

泰宁县县委、县政府高度重视对生态环境保护的建设，1996 年，县人民政府批准"泰宁县生物多样性保护工程规划"，并要求按规划实施。1998 年县政府决定对相关乡（镇）实施禁伐天然林的举措。2001

年 2 月开展了森林分类经营工作，对生态公益林签订了界定合同书，2001 年 5 月顺利通过福建省、三明市验收。2001 年 6 月被批准为福建省级自然保护区，在此基础上，县委、县政府高度重视，成立了申报国家级自然保护区的筹备领导小组，为峨嵋峰自然保护区的建设与管理奠定了良好的基础。

2.3.2　管理机构完善

峨嵋峰自然保护区具有完善的管理机构，配备有专职管理人员，构成有效的保护管理体系。

已建立野生动植物保护管理站，其人员编制和经费来源明确，属于县事业人员，经费纳入县财政预算，乡（镇）野生动植物保护管理站也有相应人员，编制挂靠林业站。

具有一支森林管护防火队伍，保护设施完善，设备齐全。

2.3.3　管理制度健全

保护区建立以来，根据自然保护区的有关法律、法规，制订了一系列的管理制度和办法，先后颁布了《泰宁县人民政府关于加强泰宁峨嵋峰省级自然保护区管理的通告》（泰政[2002]1 号）、《泰宁县林业局关于加强泰宁峨嵋峰省级自然保护区管理的通告》（泰林[2002]65 号），以加强保护和管理。

2013 年 3 月 1 日经泰宁县人民政府 2013 年第二次常务会议研究通过了《泰宁峨嵋峰省级自然保护区管理管理办法》，并于 2013 年 4 月 1 日起实施。对进一步保护好自然保护区的自然资源和生态环境，规范自然保护区的管理和发展，促进对外交流与合作，推动自然保护区及周边的和谐发展，实现人与自然和谐发挥了至关重要的作用。

组建了泰宁峨嵋峰省级自然保护区联合委员会，委员会主要由县林业局、保护区管理处、森林公安分局、林业执法大队、杉城镇政府、新桥乡政府、大田乡政府，相关林业站和村等有关人员组成，并制订和通过了泰宁峨嵋峰省级自然保护区联合保护公约和章程，形成了所涉乡村积极参与保护区管理的局面。

同时加强内部管理，先后制订了护林员管理办法、护林哨卡工作人员岗位职责、管理站工作职责、保护区警务室工作职责和警务室工作制度等，并全部上墙；明确落实工作责任，根据工作需要，对保护区管理处工作人员进行分工，明确了每位人员的工作任务与责任，工作效率明显提高，保护区的保护和管理能力有显著的提高。

2.3.4　合作领域拓宽

开展与全国保护网络、有关大专院校与研究机构的交流；聘请有关专家、学者进行科学考察；组织合作研究与学术交流；进行生物多样性工程产品与技术的贸易与交流。

参 考 文 献

耿宝荣, 蔡明章. 1995. 诏安、永泰、建宁两栖动物的调查及区系比较. 福建师范大学学报(自然科学版), 11(4): 78-81

林来官. 1995. 福建植物志. 第六卷. 福州: 福建科学技术出版社

林鹏. 1990. 福建植被. 福州: 福建科学技术出版社

吴征镒. 1980. 中国植被. 北京: 科学出版社

吴征镒. 1991. 中国种子植物属的分布区类型. 云南植物研究, 增刊, IV, 1-139